新编大豆食品加工原理与技术

迟玉森　主编

科学出版社

北京

内 容 简 介

本书主要介绍我国大豆食品加工原理与技术,包括大豆与大豆蛋白质的基础理论、传统大豆食品、新型大豆食品和大豆功能性制品四篇。其中,传统大豆食品包括豆腐、腐竹、大豆素食、豆酱、腐乳、豆豉、纳豆、天培和豆芽;新型大豆食品包括大豆蛋白质冲调饮品和方便食品;大豆功能性制品包括大豆低聚糖、大豆异黄酮、大豆多肽、大豆磷脂和大豆膳食纤维。在编写过程中结合了科学实践与经验,将传统工艺与现代加工技术相结合,内容全面具体,条理清晰,通俗易懂,实用性和可操作性强。

本书可作为广大食品加工企业、加工生产者的指导书,亦可作为相关科研人员、管理人员及食品专业师生的参考书。

图书在版编目(CIP)数据

新编大豆食品加工原理与技术/迟玉森主编.—北京:科学出版社,2014.3

ISBN 978-7-03-040068-0

Ⅰ.①新… Ⅱ.①迟… Ⅲ.①大豆-豆制品加工 Ⅳ.①TS214.2

中国版本图书馆 CIP 数据核字(2014)第 045501 号

责任编辑:张海洋　岳漫宇/责任校对:彭　涛
责任印制:吴兆东/封面设计:北京铭轩堂广告设计有限公司

科学出版社 出版
北京东黄城根北街 16 号
邮政编码:100717
http://www.sciencep.com
北京厚诚则铭印刷科技有限公司印刷
科学出版社发行　各地新华书店经销

*

2014 年 3 月第 一 版　　开本:787×1092　1/16
2025 年 1 月第五次印刷　　印张:20 1/4
字数:456 000

定价:98.00 元
(如有印装质量问题,我社负责调换)

编写委员会

主　　编：迟玉森

副主编：刘新旗　李兆祥　王书平　张连慧

编　　委：迟玉森　刘新旗　李兆祥　王书平　张连慧

肖军霞　张振山　纪俊敏　周宇光　贺　寅

陈海华　仇宏伟　杜永霞　于　丹

序

  我国是大豆的故乡,早在5000多年前就已开始种植,在世界大豆史上曾谱写过辉煌的篇章。随着生命科学的发展,大豆作为一般食品及功能食品配料尤其引人注目。遗憾的是,我国虽然是大豆的发源地,但对大豆中营养成分的理解和认识及科学地食用大豆,并利用大豆蛋白质等营养成分进行保健功能,却落后于发达国家。当大豆蛋白质、大豆多肽等一系列保健食品玲琅满目,成为时尚的健康食品时,我国还处于食用传统豆腐、豆浆的时代。

  目前,我国大豆油脂产业用的基本都是进口转基因大豆。要振兴我国非转基因大豆产业,必须大力发展大豆全产业链,发掘大豆在油脂以外的有价值成分。通过大豆精深加工将大豆的营养成分"吃干榨尽",将大豆中的蛋白质、大豆多肽、低聚糖、异黄酮、磷脂、皂甙、维生素E、多糖及膳食纤维等多种生物活性物质综合开发利用起来,提升大豆加工产业的附加价值。

  《新编大豆食品加工原理与技术》一书由青岛农业大学的迟玉森教授编著。迟教授很早就开始从事"大豆全方位食用开发"的研究工作,对大豆及其副产物综合利用相关领域的科学研究有着独到的见解。

  该书将大豆科学分为四篇,从大豆与大豆蛋白质的基础理论的阐述,到传统大豆食品的现代化生产及新型大豆蛋白质食品的开发现状,再到大豆中各种功能性成分的开发利用,将大豆这一我国传统作物的营养成分,以及大豆的精深加工原理娓娓道来。希望该书能够为中国大豆产业的发展起到有力的推动作用。

刘手燕

2013 年 10 月

前　言

我国是大豆的故乡,早在 5000 多年前就已开始种植,在世界大豆史上曾谱写过辉煌的篇章。迄今,大豆产业仍是我国重要的传统民族产业。

《新编大豆食品加工原理与技术》共分为四篇。全书结合国内外的研究动态及研究成果,针对我国大豆加工生产领域存在的实际问题,系统介绍了大豆中的功能成分,以及大豆精深加工的现状和发展趋势。

本书主要由国内从事大豆产业研究的资深专家、学者共同编写。第一篇"大豆与大豆蛋白质的基础理论",介绍了大豆的起源与加工技术发展,对比了国内外大豆蛋白质加工现状与趋势,同时着重介绍了大豆蛋白质这一营养物质的加工现状。大豆蛋白质是与牛奶蛋白质、鸡蛋蛋白质一样的优质蛋白质。美国食品药品监督管理局(FDA)早在 1999年 10 月就批准了大豆蛋白质的健康认证,声称每人每日摄入 25g 大豆蛋白质就可以预防心血管疾病,同时允许在含有大豆蛋白质的产品包装上标明大豆蛋白质的健康声明。充分开发大豆中的蛋白质资源,是发展大豆精深加工的重要环节。

第二篇介绍了大豆的传统加工食品,包括豆制品和传统发酵制品,详细阐述了传统加工工艺的原理及产品特性,对于帮助研究人员将大豆类传统食品进行现代化工艺改进具有很高的借鉴价值。

第三篇是在第一篇介绍大豆蛋白质营养价值和加工特性的基础上,通过搜集国内外大豆蛋白质产品,系统介绍了下游大豆蛋白质食品的研究进展。

第四篇阐述了大豆的功能成分(包括大豆低聚糖、异黄酮、皂苷、大豆多肽)在大豆深加工过程中的提取工艺,以及这些成分在食品中的应用。

通过上述四篇的介绍,将大豆产业从上游的种植加工,到下游的产品开发应用,完整地展现给读者。

参加本书编写的作者都是在第一线长期从事大豆深加工科研教学工作的专家学者,在编写的过程中各位作者在结合自己科研经验的同时,参考了大量国内外大豆深加工的最新研究进展。本书可作为相关领域科研人员、教师及研究生的参考用书。

大豆蛋白是植物蛋白中唯一可以与牛奶蛋白、鸡蛋白蛋白等相媲美的植物蛋白,所以含大豆蛋白的大豆食品其营养价值不言而喻,广大消费者对大豆食品的认识仍然有一个深化、提升的过程。在此,欢迎各位专家、学者尤其是来自生产一线的专家、学者的批评和指导,以帮助我们发现和改正本书的不足之处,不断完善本书。

张连慧

2013 年 10 月

目　　录

第一篇 大豆与大豆蛋白质的基础理论

第一章 大豆与大豆食品概述

第一节 大豆籽粒的结构和组成

一、大豆籽粒的结构

大豆荚果脱去其果荚后即大豆籽粒。大豆籽粒有球形、扁圆形等,结构如图 1-1 所示。

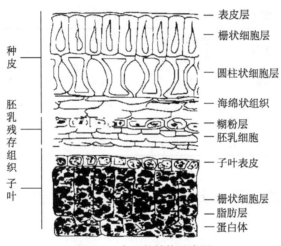

图 1-1 大豆的结构示意图

大豆籽粒是典型的双子叶无胚乳种子。大豆籽粒的外层为种皮,其内为胚,种皮和胚之间为胚乳残存组织,成熟的大豆种子由种皮和胚两部分构成。

1. 种皮

种皮位于大豆籽粒的外层,约占整个大豆籽粒质量的 8%,对种子有保护作用。多数大豆品种的种皮表面光滑,种皮呈不同颜色,如黄、褐、青、黑等,其上还附有种脐、孔和合点等结构。

大豆种子的种皮从外向内由 4 层形状不同的细胞组织构成。最外层为栅栏细胞组织,由一层似栅栏状并且排列整齐的长条形细胞组成,细胞长 40~60μm,外壁很厚,为外皮层。栅栏细胞较坚硬且排列紧密,一般情况水较易透过,但若栅状细胞间排列过分紧密时,水便无法透过,使大豆籽粒成为"石豆"或"死豆",这种大豆几乎不能加工利用。靠近栅状细胞的是圆柱状细胞组织,由两头较宽而中间较窄的细胞组成,长 30~50μm,细胞间有空隙。当进行泡豆处理时,这些圆柱状细胞膨胀,使大豆体积增大。圆柱状细胞组织再向里一层是海绵组织,由有 6~8 层薄细胞壁的细胞组成,间隙较大,泡豆处理时吸水剧烈膨胀。最里层是糊粉层,由类似长方形细胞组成,壁厚,而且还含有一定的蛋白质、糖、脂肪等成分。

2. 胚

大豆籽粒的胚由胚根、胚轴(茎)、胚芽和两枚子叶构成。胚根、胚轴、胚芽约占大豆籽粒质量的 2%。大豆子叶是大豆主要的可食部分,其质量约占大豆籽粒质量的 90%。子叶的表面是由近似正方形的薄壁细胞组成的表皮,其下面有 2~3 层呈长形的栅栏细胞,栅栏细胞下面为柔软细胞,它们都是大豆子叶的主体。

二、大豆籽粒的组成

大豆籽粒的各个组成部分由于细胞组织形态不同,构成物质也有很大差异。大豆种皮除糊粉层含有一定量的蛋白质和脂肪外,其他部分几乎都是由纤维素、半纤维素、果胶质等物质组成,食品加工中种皮一般作为豆渣而除去。而胚根、胚轴、胚芽、子叶主要以蛋白质、脂肪、糖为主,富含异黄酮和皂苷。整粒大豆及其各部分的化学组成见表 1-1。

表 1-1 整粒大豆及其各部位的化学组成(单位:%)

部位	粗蛋白	碳水化合物(包括粗纤维)	粗脂肪	水分	灰分
整粒	38.8	27.3	18.6	11.0	4.3
子叶	41.5	23.0	20.2	11.4	4.4
种皮	8.4	74.3	0.9	13.5	3.7
胚(根、轴、芽)	39.3	35.2	10.0	12.0	3.9

第二节 大豆的营养与保健价值

1. 蛋白质

大豆中的蛋白质含量一般占干重的 40% 左右,高者则达 50%,是农作物中蛋白质含量最高的作物。大豆及豆制品的蛋白质和脂肪含量与小麦、玉米、大米相比分别高出 3~6 倍和6~10倍,比牛奶、鸡蛋和瘦猪肉的蛋白质含量也要高。

大豆不仅蛋白质含量高,其蛋白质品质也较好。大豆蛋白质含有人体所必需的 8 种氨基酸:赖氨酸、甲硫氨酸、亮氨酸、异亮氨酸、苏氨酸、色氨酸、苯丙氨酸、缬氨酸,这 8 种氨基酸在人体内不能自身合成,必须从食物中摄取。如果食物中缺少任何一种必需氨基酸,其他多种氨基酸的吸收利用率也会降低。

2. 脂肪

大豆中含 15%~20% 的脂肪,是重要的油料作物。大豆油是优质的食用油,约 85% 的脂肪酸是人体必需的脂肪酸,其中亚油酸含量占总脂肪酸的 50% 以上,经常食用大豆油有益人体健康。

3. 卵磷脂

大豆中卵磷脂含量非常丰富,为 1.2%~3.2%。卵磷脂是一种类脂,主要成分有磷脂酰胆碱(PC)、磷脂酰乙醇胺(PE)、磷脂酰肌醇(PI)、磷脂胺(PA)等。

卵磷脂又是一种乳化剂,具有多种保健功能:能够阻止胆固醇在血管内壁的沉积并能清除其沉淀物,还可降低血液黏度,促进血液循环,对预防心脑血管病有重要作用;能促进大脑活力的提高,增强记忆力,预防阿尔茨海默病,延缓衰老;能预防脂肪肝,防止肝硬化等。

4. 异黄酮

大豆异黄酮是大豆生长中形成的一类次级代谢产物,它是从植物中提取,与雌激素有相似结构,因此称为植物雌激素。大豆异黄酮的雌激素作用可影响到激素分泌、蛋白质合成、生长因子活性,是天然的癌症预防剂。它具有抗癌、抗氧化、降低胆固醇、预防骨质疏松症、改善妇女更年期综合征、预防心血管病等功能。

5. 矿物元素和维生素

大豆中含有丰富的矿物元素。每100g大豆中钙的含量高达200～300mg,铁的含量为6～10mg,并富含磷、锌等矿物元素,是植物性食物中矿物元素的良好来源。

大豆中含有多种维生素,其中硫胺素和核黄素的含量相当可观,分别为0.3～0.8mg和0.15～0.40mg,是谷类食物中硫胺素和核黄素含量的数倍。除此之外,大豆中还富含维生素C、维生素E、维生素B_1、维生素B_2、叶酸等,对全面补充和平衡营养有重要的作用。

6. 其他营养价值

大豆含有其他的微量物质也具有一定的保健作用,例如,大豆中的生物凝血素可以提高免疫力;胰蛋白酶抑制素具有抗癌作用;膳食纤维可改善消化器官功能和脂肪代谢,预防结肠癌等疾病;大豆的多肽具有降低血糖、降低血压、防止动脉硬化和减肥的功效。

第三节 大豆食品种类与发展

一、大豆食品的定义

大豆食品,指采用大豆为原料加工而成的食品。大豆食品丰富多样,例如,豆腐、豆粉、豆浆、豆奶等,大豆食品味美价廉、营养丰富、老少皆宜,是健康安全的营养食品。

二、大豆食品的种类

所有以大豆为主要原料经过加工制作或精练提取而得到的产品均可称为大豆制品。大豆食品,则指采用大豆为原料加工而成的食品。

我国大豆食品品种繁多,到目前为止,大豆食品已有几千种之多,包括豆腐、豆浆、豆腐干、腐竹、腐乳、豆芽等16大类上百种产品,其中包括具有几千年生产历史的中国传统豆制品和采用新科学、新技术生产的新兴豆制品。习惯上将其分为:传统大豆食品和新型大豆食品。

(1)传统大豆食品

传统大豆食品具有悠久的食用加工历史。一直沿用传统的加工工艺或加工基本原理生产的大豆食品,为传统大豆食品。传统大豆食品按加工原理或加工工艺,可分为发酵型大豆食品和非发酵型大豆食品,如图1-2所示。

发酵型豆食品是以大豆为主要原料,利用一种或几种特殊的微生物经过发酵而得到的产品,产品具有特殊的风味,如豆酱、酱油、大豆发酵饮料、发酵型豆渣制品、豆豉等。

非发酵型豆食品涵盖了豆腐、腐竹、豆浆、卤制豆制品、油炸豆制品、冷冻豆制品、熏制豆制品、干燥豆制品、豆腐脑等,产品的物态都属于蛋白质凝胶。

豆芽也属于传统大豆食品,其形态不属于蛋白质凝胶,也不是利用微生物发酵所得到的产品,所以既不属于发酵型大豆食品,也不属于一般意义上的非发酵型大豆食品,它应该归于芽菜类大豆食品,是蔬菜的一种。

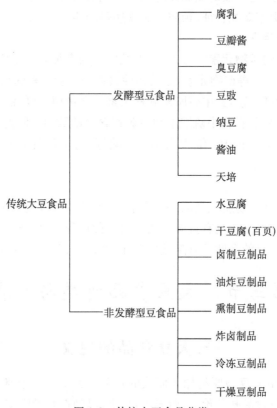

图 1-2 传统大豆食品分类

(2)新型大豆食品

新型大豆食品是相对于传统大豆食品而言的,是指那些食用、加工历史很短,或者是刚出现的大豆食品种类。其主要是指以脱脂大豆为原料的大豆蛋白质制品,以及近年来新研制出来的全脂大豆制品。新型大豆食品是利用现代科学技术手段研制加工而成的,部分不同于或完全不同于传统意义上的大豆食品。

新型大豆食品,是一个比较新的概念,涵盖的范围也比较广,不仅包括一般意义上的食品范畴内的产品,而且还包括以大豆为主要原料制造的休闲食品、仿生食品、方便食品,甚至包括以大豆加工副产物提取的保健因子制造的不再具有传统意义上的食品形态的保健食品及食品添加剂等。

目前,新型大豆食品主要包括豆奶粉、液体豆奶和大豆的仿生食品——大豆植物蛋白肉。具体如图 1-3 所示。

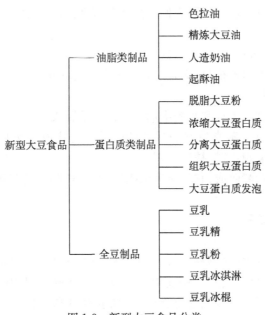

图 1-3　新型大豆食品分类

三、大豆食品的历史

1. 作为主食阶段

我国是具有悠久发展历史的农业大国,古代农业种植理念和技术非常发达。在种庄稼方面,古代曾总结了一条"种谷必杂五种"的经验(用现代话讲,就是多种经营的一种形式),即在同季节栽种几种作物。不论怎样搭配,总少不了大豆,所以,古代的一些谷物概念中,如"百谷","九谷","六谷","五谷"等,均包括大豆在内。

春秋战国期间,大豆和粟差不多并驾齐驱,同为当时的主要食粮。记载鲁国大事的一部文献——《春秋左传》,对粟、菽、麦往往连记在一起,可见菽的重要了。

菽是广大劳动人民的主要食粮,统治阶级也不得不关心它的生产。辅助齐桓公"称霸"的管仲(公元前 708 年～公元前 643 年),止楚攻宋的墨翟(公元前 468 年～公元前 376 年)乃至到处游说的孟轲(公元前 372 年～公元前 289 年),都一再鼓励发展菽、粟生产。

在这一阶段,大豆是作为主要粮食作物生产消费的。换句话说作为主食是毫无疑问的,但是究竟以何种食物出现,如何食用,并无详细记载。

2. 作为副食出现

大约在战国晚期,大豆的播种面积发生了较显著的变化。这时大豆的利用也有了新的发展,除了做粮食外还充当副食,最早人们利用它"为豉作酱"。《楚辞·招魂》里有"大苦咸酸"的记载,"大苦"即豆豉,那时期,通商大都之中竟有经营豆豉在千答(古"合"字,为容量单位,10 合为 1L)以上的商人。

(1)豆芽、豆腐的出现

西汉(或以前)出现有"黄卷"(豆芽),在马王堆汉墓出土的 161 号竹简上记载着"黄卷"(豆芽)字样。这说明早在汉朝,我们的祖先就开始食用豆芽,这一时期,豆腐也相继问世。自西汉起,人们提起主粮作物,往往以"粟、麦"为代表,而大豆则逐步转入"蔬饵膏馔"之中。由于大豆的产量比粟低,人们自然要扩大粟的栽培面积,更多地用黍、稷、菽等作物来代替大豆。

（2）调味豆制品的出现

豆腐在中国历史上出现很早,而且一直占据豆类加工的主导地位。其后陆续出现了其他豆制品和调味豆制品。

1）酱油是在烘烤过的大豆和小麦中加入曲霉孢子制成,是广泛运用的调味品。

2）豆豉是整粒大豆经蒸煮发酵而成的调味品。它味道鲜美可口,既能调味又能入药,食用可开胃增食、消积化滞、祛风散寒。

3）腐乳为豆腐经发酵而成,它的质地像奶酪,有一种刺激的味道,是一种风味独特的佐餐食品。

3. 新型大豆食品阶段

（1）豆浆

豆浆是一种奶油色的像牛奶一样的饮料,大豆经浸泡后再经碾磨、加水煮沸制得的食品,也可用加工好的豆粉加水冲调而成。豆浆不含乳糖和胆固醇,不喜欢乳糖或对牛奶过敏的人们常常饮用它。豆浆含有蛋白质、维生素 B 和矿物质,好的品牌豆浆还含有维生素 D、钙和维生素 B_{12},豆浆是异黄酮的良好来源。在亚洲国家,新鲜豆浆在大街小巷都能买到,近年来,豆浆在美国的销售量直线上升。豆浆也可制成冷热饮料,配以谷类食物食用,或者在烹调中用作牛奶食品的代用品。

（2）豆粉

豆粉是经现代先进技术加工而成的粉末状大豆制品,既可作为食品加工原材料,也可作为老少皆宜的营养固体饮料,是蛋白质和异黄酮的良好来源。

（3）豆奶

豆奶是以大豆和牛奶混合而成的饮品,综合了牛奶与大豆的优点,以其动植物营养互补、较佳的口感和越来越受关注的健康功效正在全球范围内热销,其风头甚至高于牛奶。我国国务院和国家食物与营养咨询委员会于 1993 年在"营养、卫生、科学、合理"的原则下,提出并实施"大豆行动计划"。其核心内容是:在试点地区保证以低价供应中小学生每天一杯豆奶,以解决我国学生优质蛋白质不足的问题,到现在为止已取得了初步成效。

四、大豆蛋白质食品加工技术起源

1. 大豆制品的起源与发展

前面将大豆制品分为两大类,即中国的传统大豆制品与新型大豆制品,事实上这两类大豆制品有各自的起源与发展历程。

（1）传统大豆制品加工技术的起源与发展

最早的中国传统大豆食品当为豆腐,因此,中国传统大豆食品的起源一般都从豆腐的起源开始算起。

中国是大豆的故乡,也是大豆制品的发源地,这是世界所公认的。豆腐制法产生于中华大地,但究竟出于哪个朝代,哪个人之手,实为食品史中之一谜。

多数人认为豆腐是公元前 2 世纪由淮南王刘安所创造的。明朝罗颐在《物原》中提到前汉书籍中刘安做豆腐的记载。明朝李时珍在《本草纲目》中也说:豆腐之法,始于前汉淮南王刘安。五代十国时陶谷所著《清异录》中说:"日市豆腐数个,邑人呼豆腐为小宰羊。"陶谷的故乡就是淮南,这就是说当时淮南一带不仅有了制作豆腐的技术,并且其已成为非常受欢迎的食品。

刘安是汉高祖刘邦之孙,袭父封为淮南王。关于淮南王做豆腐的传说很多。一说刘安在八公山上用大豆炼丹,偶然发现豆浆的凝固现象,逐渐试做出豆腐;又说八公山上的和尚受不了长年吃素之苦,以豆代荤,逐步试做出豆腐,在禅寺庙内秘食,淮南王善于游禅交僧,一日尝到了和尚们做的豆腐顿觉口味素新,便将豆腐的制作技术推广到民间,相继传到各地;还有一说淮南王刘安非常孝敬父母,其母喜吃黄豆,汉高祖十一年时,淮南王的母亲生了病,刘安让人把她平时爱吃的黄豆磨成粉,用水冲着喝,并为了调味放了些盐,"结果就出现了蛋白质凝集现象",刘安的母亲吃了很高兴,病也很快好了,于是盐卤点豆腐的技术便流传下来。

豆腐的制作技术在唐朝传入日本,以后又相继传到东南亚及世界其他一些国家和地区。

（2）新型大豆制品的起源与发展

新型大豆制品主要是指以脱脂大豆为原料的大豆蛋白质产品及近年来新研制出来的全脂大豆制品。

从 20 世纪 50 年代初开始,许多国家为了弥补食物蛋白质供应不足,以及解决粮食短缺等问题,都积极开展了以大豆蛋白质作为新蛋白质资源并将其广泛应用于各种食品之中的研究活动。随着此项研究的深入,新型大豆制品工业便开始形成,并得到了迅速的发展。在新型大豆制品工业领域中,美国和日本无论是基础理论和应用研究方面还是实际生产消费数量方面,均处于领先地位。

早在 20 世纪 50 年代初,美国就以高等学校、科研机关、厂商公司三位一体的形式建立了研究、应用、推广大豆蛋白质的完整体系。20 世纪 80 年代以来,美国在大豆蛋白质加工方面又取得了一些新进展。

1）用挤压法制大豆蛋白肉:采用两次挤压法改进人造肉的组织结构。

2）超滤技术的应用:利用超滤技术将大豆中的低聚糖、矿物质、蛋白质分离浓缩。

3）三相分离技术:通过这项技术将大豆中的蛋白、脂肪和其他组分一次分开,分别加以提纯利用。

4）超临界 CO_2 萃取技术:利用这一技术,萃取的大豆油晶莹透明,豆粕蛋白质功能性好,无变性。

日本在新型大豆制品开发上仅次于美国。日本在 1967 年由一些学者发起成立了日本大豆蛋白质食品开发研究会。40 多年来,这个研究会从基础理论和实际应用等方面对大豆蛋白质进行了广泛深入的研究。

我国对新型大豆制品的开发,实际上起步也比较早,20 世纪 50 年代初,我国就有过这方面的探索,但由于特定的历史环境,发展极为缓慢。70 年代末期,随着人民饮食观念的改变,开发利用大豆蛋白质资源的重要意义逐渐被人们所认识。许多科研单位、大专院校及生产企业都积极开展了科学研究和试生产,并在较短的时间内取得了一定的成效。

第二章 大豆中的蛋白质

第一节 大豆蛋白质的基本化学组成

大豆的品种很多,单是我国就有 936 个品种。由于栽培条件和各品种本身的遗传特性不同,大豆的物理性状和化学组成也各不相同。大豆的一般化学组成见表 2-1,大豆中的蛋白质和脂肪的含量较高,这是大豆化学组成的一个特点。

表 2-1 大豆的一般化学组成(单位:%)

	水分	粗蛋白	粗脂肪	可溶性无氮物	粗纤维	灰分
中国	8.89	39.27	17.24	28.78	—	5.83
美国	7.74	35.00	20.37	26.57	4.53	5.79
日本	10.00	33.20	17.50	30.20	4.40	4.70
朝鲜	12.00	37.12	18.69	22.88	4.60	4.22
欧洲	9.94	34.30	17.69	28.44	4.79	5.31

大豆种子可分为种皮和胚(子叶、胚芽、胚轴、胚根)两部分,其中种皮约占 8%,子叶约占 90%,胚芽、胚轴、胚根约占 2%。大豆各部分的化学组成见表 2-2。大豆蛋白质主要聚集在子叶中,虽然胚中蛋白质含量较高,但其相对质量比子叶小得多。这种情况正好与其他谷物相反,谷物蛋白质主要集中在胚乳中,种子的其余部分大都是淀粉。而大豆种子是典型的双子叶无胚乳种子,子叶中几乎不含淀粉,这是大豆化学组成的又一特点。

表 2-2 大豆各部分的化学组成(单位:%)

	水分	粗蛋白	碳水化合物	粗脂肪	灰分
整粒	9 (5～17)	40 (36～50)	17 (14～24)	18 (13～24)	4.6 (3～6)
子叶	10.6	41.3	14.6	20.7	4.4
种皮	15.2	7.0	21.0	0.6	3.8
胚(胚芽、胚轴)	12.0	36.9	17.3	10.5	4.1

注:碳水化合物主要为蔗糖、棉子糖、水苏糖和多聚戊糖

大豆蛋白质是存在于大豆种子中诸多蛋白质的总称。根据大豆蛋白质的溶解特性,可将其分为两类,大豆球蛋白和大豆清蛋白。

将大豆粗粉碎后,用水或稀碱溶液浸出时,其中 90% 以上的含氮物均移入浸出液中。如果用酸将浸出液的 pH 调节为 4.3 左右,则其中 90% 的含氮物质会沉淀析出。由于该蛋白质分子的长轴和短轴之比小于 10∶1,故命名为大豆球蛋白。因大豆球蛋白是在酸性条件下沉淀析出的,因而又称为酸沉淀蛋白。

大豆蛋白质为结合蛋白质，即大豆蛋白质的水解产物除氨基酸外，还有某些配体，如糖等。因而大豆蛋白质的相对分子质量分布十分广泛，包括相对分子质量 1 万～2 万的组分，也有 50 万以上的组分。加工处理大豆蛋白质食品所表现出来的各种功能特性及其适口性，与构成大豆蛋白质的各组分的性质，以及形成这些性质的分子结构有着密切的关系。

第二节　大豆蛋白质的氨基酸组成

组成大豆蛋白质的氨基酸有 18 种之多，其中，大豆不同部位的蛋白质及同一部位或不同部位的不同蛋白质的氨基酸组成比例均有差异。不过，无论哪一种蛋白质，均含有人体自身不能合成的、必须从食物中摄取的 8 种必需氨基酸，且比例比较合理。只是赖氨酸相对稍高，而甲硫氨酸、半胱氨酸含量略低。

此外，不同地区、不同品种的大豆，其蛋白质的氨基酸组成也会有差异。就是同一地区，同一品种的大豆，由于生育期长短（出苗到开花、鼓粒及成熟日数）不同，栽培环境（出苗到开花、鼓粒及成熟的季温、总日照实数和总降雨量）的不同，其蛋白质的氨基酸组成也不同。甘氨酸、丙氨酸、缬氨酸、亮氨酸、色氨酸、胱氨酸（属 A 组）的含量与生育期及栽培环境呈正相关性；而天冬氨酸、谷氨酸、苯丙氨酸、酪氨酸、甲硫氨酸（属 B 组）与生育期及栽培环境呈负相关性；异亮氨酸、赖氨酸、精氨酸、组氨酸、胱氨酸、丝氨酸、苏氨酸（属 C 组）与生育期及栽培环境不存在相关性。

现在世界各国正在进行改良食用大豆蛋白质含量和氨基酸组成的研究，希望能通过农业技术手段，来改变大豆蛋白质的氨基酸组成，提高其营养价值。

第三节　大豆蛋白质的营养评价

一、大豆蛋白质的消化率

蛋白质消化率是评价蛋白质营养价值的重要指标之一，是指一种蛋白质在机体消化酶的作用下被分解的程度。蛋白质消化率愈高，则其被机体吸收利用的可能性愈大，其营养价值也就愈大。蛋白质消化率包括真消化率（true digestibility）和表观消化率（apparent digestibility），计算公式如下

$$真消化率\ D = \frac{N_A}{N_I} \times 100 = \frac{N_I - (N_F - N_{mF})}{N_I} \times 100$$

$$表观消化率\ D' = \frac{N_I - N_F}{N_I} \times 100$$

其中：N_I——摄入的总氮量；N_F——粪便中排出的氮量；N_A——机体消化吸收的氮量；N_{mF}——代谢粪氮。

表 2-3 为通常烹调条件下，大豆蛋白质等几种常见食品蛋白质的消化率。可见，植物性蛋白质的消化率较动物性蛋白质要低些；而豆浆，特别是豆腐中的蛋白质消化率，比其

他植物性蛋白质消化率要高些,甚至与动物性蛋白质相接近。但生大豆中的蛋白质,由于未发生变性,并且含有胰蛋白抑制物,其消化率明显偏低。

表 2-3　几种常见蛋白质的消化率(单位:%)

蛋白质种类	D	蛋白质种类	D
整大豆	65.3	马铃薯	74
豆浆	84.9	玉米面	66
豆腐	92~96	肉类	92~94
大米	82	乳类	97~98
小麦粉	79	蛋类	98

二、大豆蛋白质的生物学价值

所谓生物学价值(biological value,BV)就是蛋白质消化吸收后被机体利用的程度,在数值上等于吸收后在体内储留的氮量与所吸收的氮量之比:

$$生物学价值(BV) = \frac{机体内储留的氮量}{机体内吸收的氮量} \times 100$$

影响蛋白质生物学价值的因素较多,其中最重要的是蛋白质的氨基酸组成,一般来说必需氨基酸组成越接近人体蛋白,其生物学价值越高。

表 2-4 为几种常见食品蛋白质的生物学价值。

表 2-4　各种常见食品蛋白质的生物学价值(单位:%)

蛋白质	生物学价值	蛋白质	生物学价值	蛋白质	生物学价值
大豆	64	甘薯	72	白鱼	76
大豆粉	75	马铃薯	67	虾	77
大米	77	玉米	60	牛肉	76
小麦	67	蚕豆	58	牛乳	85
大麦	64	绿豆	58	鸡蛋	94
高粱	56	花生	59	猪肉	74
小米	57	白菜	76		

三、大豆蛋白质的净蛋白质利用率

大豆蛋白质的净蛋白质利用率(net protein utilization,NPU)是表示所摄入的蛋白质在体内被利用的情况,即表示在一定条件下,体内贮留蛋白质占摄入蛋白质的比例。净蛋白质利用率也可以用蛋白质生物学价值和消化率来表示,即

$$NPU = BV \times D$$

大豆蛋白质等各种常见食品蛋白质的净利用率见表 2-5。

表 2-5　各种常见食品蛋白质净利用率

| | 3～7 岁儿童 | | | | | | 大白鼠 |
| | 蛋白质占膳食总热量（百分比/％） | | | | | | 蛋白质占膳食总热量（百分比/％） |
	2～3	4～5	6～7	8～10	11～14	18～21	
大豆							65±7
大豆粉			54				
炒大豆	72	80	67	71			
豆浆	78	76	75				
芝麻			54		53		54
棉子			41		47	38	
花生			57		53	52	47
全蛋	87						94±487
人奶	95	85	96				
牛奶	81	79	81	74			82±4

四、大豆蛋白质的功效比

蛋白质的功效比（protein efficiency ratio，PER）表示蛋白质被利用生长的效率，即生长发育中的幼小动物每摄入 1g 蛋白质时，体重增加值（g），可表示如下

$$PER = \frac{\text{动物体重增加值（g）}}{\text{摄入蛋白质量（g）}}$$

大豆蛋白质与其他食品蛋白质的 PER 值如图 2-1 所示。

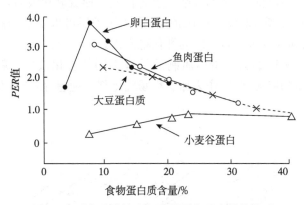

图 2-1　蛋白质功效比与食品蛋白质含量的关系

可见大豆等优质蛋白质，在蛋白质含量 9％时，其 PER 最高。

五、大豆蛋白质的必需氨基酸分数

某种蛋白质或混合蛋白质中每一种必需氨基酸的含量与参考蛋白质中该种氨基酸的含量相比，比值最低的即限制氨基酸，此最低比值即欲测蛋白质的氨基酸分数（amino acid score，AAS），亦即：

$$AAS=\frac{欲测蛋白质的每克氮的氨基酸含量（mg）}{参考蛋白质每克氮的氨基酸含量（mg）}$$

氨基酸分数有时也称蛋白质分数或化学分数。

一种蛋白质的氨基酸分数越接近 1.0，则表示其氨基酸组成越接近人体蛋白质的氨基酸组成，因而越容易被机体所吸收。

几种常见蛋白质的氨基酸分数见表 2-6。

表 2-6　几种常见蛋白质的氨基酸分数

蛋白质	AAS	蛋白质	AAS
全蛋	1.00	芝麻	0.50
人乳	1.00	花生	0.65
牛乳	0.95	棉子	0.81
大豆	0.74	谷类	0.44

第四节　大豆蛋白质的加工特性

一、乳化性

蛋白质具有乳化剂的特征结构，即两亲结构，在蛋白质分子中同时含有亲水基团和亲油基团。在油水混合液中，分散蛋白质有扩散到油-水界面的趋势，并使疏水性多肽部分展开朝向脂质，极性部分朝向水相。因此，大豆蛋白质用于食品加工时，聚集于油-水界面，使其表面张力降低，促进形成油-水乳化液。形成乳化液后，乳化的油滴被聚集在其表面的蛋白质所稳定，形成一种保护层，这个保护层可以防止油滴聚积和乳化状态破坏。这就是通常所说的大豆蛋白质的乳化稳定性。

在实际应用中，不同的大豆蛋白质制品具有不同的乳化效果。就加工肉类制品而言，大豆浓缩蛋白质的溶解度低，作为加工香肠乳化剂不理想，而分离大豆蛋白质较好。

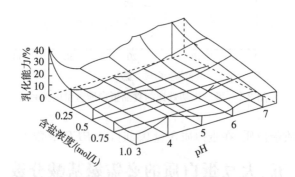

图 2-2　pH 和盐浓度对蛋白质乳化能力的影响

　　分离蛋白质的乳化作用,取决于 NSI,NSI 为 32％时,对午餐肉不能起稳定乳化作用,只有当 NSI 接近 80％时,分离蛋白质才能起到良好的乳化效果。分离大豆蛋白质的乳化效果,不仅与其内在的质量有关,而且还受环境的影响,主要是 pH 和离子强度。图2-2 所示为大豆分离蛋白质的乳化强度,由图可知,总的趋势是含盐量越低(离子强度越小)、pH 越高,乳化能力越强。

二、吸　油　性

　　大豆蛋白质对肉类制品的吸油性,表现在促进脂肪吸收,促进脂肪结合,从而减少蒸煮时脂肪的损失。关于大豆蛋白质吸收脂肪或结合脂肪的机制尚不清楚。有人推测,大豆蛋白质的吸油性,可能是大豆蛋白质乳化性与胶凝性的综合效应。正是由于乳化液和凝胶基质的形式,才阻止了脂肪的表面移动。

　　大豆蛋白质制品的吸油性,与蛋白质含量有密切关系,大豆粉、浓缩蛋白质和分离蛋白质的吸油率分别为 84％、133％、154％。组织大豆粉的吸油率在 60％～130％,最大吸油率发生在 15～20min,而且粉越细吸油率越高。

　　大豆蛋白质制品的吸油率,与环境有关,主要影响因素是 pH,如图 2-3 所示某种分离大豆蛋白质的吸油率(及吸水率)与 pH 的关系。由此可知,脂肪吸收能力随 pH 的增大而减少。

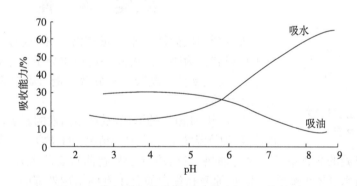

图 2-3　分离蛋白质吸油、吸水能力与 pH 的关系

三、吸水性与保水性

　　所谓吸水性是指干燥蛋白质在一定湿度中达到水分平衡时的水分含量。保水性是指离心分离后,蛋白质中残留的水分含量。大豆蛋白质的吸水性,除与自身的结构特征有关,还与 pH 及离子强度有关。例如,pH8.5 的类似面团的豆粉块吸水量,为 pH4.5～6.3 时的 2 倍(图 2-3)。

　　保水性是指离心分离后,蛋白质残留的水分含量。影响大豆蛋白质保水性的因素有很多,除大豆蛋白质自身的结构外,温度、pH、离子强度等都是非常重要的因素。

　　了解大豆蛋白质的吸水性和保水性,对于改善食品质量,改进生产工艺是非常有益的。例如,用大豆粉代替脱脂奶粉添加到焙烤食品中去,不但可以增加面包产量,改进面包的加工特性,而且可以减少糕点的收缩,延长面包和糕点的货架期。

四、黏　　度

大豆蛋白质分散液的黏度受蛋白质组分流体力学性质的影响,而这种性质又都受到下列因素的影响:温度,pH,电离强度及能影响分子结构、聚集状态、水化性的加工方法。

表 2-7 列出了几种不同蛋白质制品的黏度。由表中可知,分离大豆蛋白质的黏度大于浓缩蛋白,浓缩蛋白的黏度大于大豆粉的黏度。

表 2-7　大豆蛋白质制品在不同固体浓度下的黏度

大豆蛋白质制品	黏度/Pa·s			
	蛋白质浓度5%	蛋白质浓度10%	蛋白质浓度15%	蛋白质浓度20%
大豆粉		25	230	2 000
浓缩蛋白质	10	200	330	28 300
分离蛋白质 A	160	10 500	783 000	783 000
分离蛋白质 B	1 300	3 200	7 000	25 000

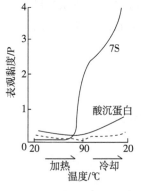

图 2-4　蛋白质的解离-缔合反应

大豆蛋白质分散液的黏度随温度变化的情况是:从 80℃ 开始,黏度随温度增加,超过 90℃ 时,黏度反而下降。这种变化可能与蛋白质的解离—缔合反应有关(图 2-4)。经研究发现,大豆蛋白质的黏度变化主要是 7S 组分的贡献。

五、凝　胶　性

大豆蛋白质分散于水中形成溶胶体,这种溶胶在一定条件下可以转变为凝胶。溶胶是蛋白质分子分散在水中的分散体系,具有流动性。凝胶是水分散于蛋白质中的分散体系,具有固体性质。

大豆蛋白质凝胶的形成,受许多因素的影响,如蛋白质溶胶的浓度、加热温度与时间、制冷情况、pH、盐类及巯基化合物等。

加热是胶凝的必备条件。通过加热,蛋白质分子从卷曲状态舒展开,原来包在卷曲结构内部的疏水基团就暴露出来,而原来在蛋白质分子卷曲结构外部的亲水性基团都相应减少。同时蛋白质分子吸收热能,运动加剧,蛋白质分子相互接触,交联机会增加。随着加热过程的继续,蛋白质分子间通过疏水键、二硫键的结合,形成中间留有空隙的立体网络结构,这便是凝胶态,也就是大豆蛋白质包水的一种胶体形式。但只有浓度高于 8% 的溶液加热以后才能出现大范围的交联,形成真正的凝胶体。而浓度低于 8% 的溶胶,加热以后只能发生小范围的交联,形成所谓的"前凝胶",这种前凝胶只有通过调节 pH 或离子强度才能进一步形成凝胶,但这种前凝胶的形成也是必需的。

浓度在 8% 以上的溶胶转化为凝胶的过程可以用下式表示:

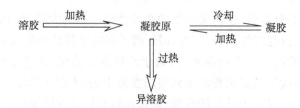

在加热的时候,溶胶转变成凝胶原,这个过程是不可逆的,其加热温度随溶胶的浓度增大而增高。

对于浓度低于 8％的溶胶体,加热虽然不能直接得到凝胶(或凝胶原),但加热温度较低时,同样不能形成最高性能的凝胶(图 2-5)。

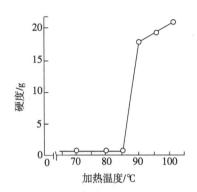

图 2-5　豆乳的加热温度对豆腐硬度的影响

胶凝性是大豆蛋白质的重要功能特性之一。传统的豆腐就是利用了这一特性制得的。香肠、午餐肉等碎肉制品也可利用这一特性,赋予其良好的凝胶组织结构,增加咀嚼感。

六、起　泡　性

大豆蛋白质分子由于具有典型的两亲结构,因而在分散液中表现出较强的界面活性,具有一定程度的降低界面张力的作用。大豆蛋白质溶胶受到急速的机械搅拌时,会有大量的气体混入,形成相当量的水－空气界面,溶液中的大豆蛋白质分子吸附到这些界面上来,降低了界面张力,促进界面形成,同时由于大豆蛋白质的部分肽链在界面上伸展开来,通过肽链间(包括分子内和分子间)的相互作用,形成了一个二维保护网络,使界面膜得以加强,这样就促进了泡沫的形成与稳定。所谓“稳定”,是指泡沫形成以后能保持一定的时间,并具有一定的抗破坏能力。

蛋白质溶液的浓度低,黏度小,容易搅打,易起泡,但泡沫稳定性差。蛋白浓度高,溶液黏度大,不易起泡,但泡沫稳定性好。研究发现,仅考虑发泡力,大豆蛋白质浓度为 9％时,效果最好;而将起泡性与泡沫稳定性结合起来考虑,浓度为 22％时最有实用价值。

此外,脂肪具有消泡性;糖类可以提高黏度,可以增加泡沫的稳定性。

七、调　色　性

大豆蛋白质制品在食品加工中的调色作用,表现在两个方面,一是漂白,二是增色。在面包加工过程中添加活性大豆粉能起增白作用。这是因为大豆粉中的脂肪氧化酶能氧化多种不饱和脂肪酸,产生氧化脂质,而氧化脂质对小麦粉中的类胡萝卜素有漂白作用,使之由黄变白,结果形成内瓤很白的面包。另外,在加工面包时添加大豆粉,可以增加其表皮的颜色。这是大豆蛋白质与面粉中的糖类发生美拉德反应(maillard reaction)的结果。

第二篇　传统大豆食品

第三章 豆腐类食品

第一节 豆腐的制作理论

我国是最早种植大豆的国家，也是最早利用大豆制成豆腐的国家。豆腐都是以大豆为原料，经选料、泡料、磨豆、滤浆、煮浆、点脑、成型等工序制成的以大豆蛋白质为主体的乳白色凝胶，是大豆蛋白质在凝固剂作用下相互结合形成的具有三维网络结构的凝胶产品。在豆腐制作的过程中，化学工艺起着重要的作用，不论是传统豆腐还是营养和口感更好的内酯豆腐，以及在此基础上研发的复合型凝固剂配方的豆腐，都与化学有着紧密的联系。豆腐的制作涉及生物化学、食品生物化学、物理化学、胶体化学等，整个变化过程是非常复杂而又微妙的。豆腐制作虽然看起来简单，但是其凝固机制至今还不是特别清楚。

一、豆腐凝乳形成机制研究进展

(一)"阳离子"电荷说

对盐类凝固剂作用机制，刘志胜等认为，盐类凝固剂的加入对豆浆产生了两方面作用：一方面是使得豆浆体系的 pH 降低，另一方面是盐的正离子中和了蛋白质的部分负电荷。凝固剂添加得越多，阳离子中和的蛋白质负电荷就越多，导致蛋白质之间静电斥力就越小，因此制作出的豆腐会越硬，内部组织更致密，失水率越高。然而，同样是钙作为阳离子的凝固剂氯化钙和硫酸钙，分别添加至豆浆中时，豆腐凝乳凝固的速率和品质却不同。可见盐类凝固剂的阴离子比阳离子的影响更为重要，但阴离子具体是如何影响的还需今后进一步研究。

(二)"凝胶"学说

多年来，人们一直认为凝胶性是大豆蛋白质的重要功能特性之一，诱导大豆蛋白质胶凝的方式主要有加热、酸、盐及酶等，并由此提出多种诱导凝胶机制假说。

1. 热诱导胶凝机制

热胶凝对于大豆制品（如豆腐）、酸乳酪等的生产来说是一个非常重要的特性。大豆蛋白质网络结构的形成被认为是蛋白质与蛋白质、蛋白质与水之间相互作用，以及相邻多肽链之间吸引力与排斥力相互平衡的结果。

蛋白质胶凝的机制非常复杂，参与形成三维网络结构的力包括氢键、二硫键、疏水相互作用及静电相互作用。

Utsumi 等通过对 7S、11S 大豆球蛋白和大豆分离蛋白热凝胶研究发现，11S 球蛋白凝胶的形成涉及静电相互作用和二硫键，7S 球蛋白凝胶的形成主要涉及氢键，大豆分离蛋白热凝胶的形成涉及疏水相互作用和氢键。大豆蛋白质在浓度低于 6% 时，虽然通过加热黏度会有所增加,但是却不能形成凝胶。热凝胶的强度主要取决于蛋白质的浓度,当蛋白质的浓度为 16%～17% 时,则会形成明显的自支持凝胶。Nagano 等通过对大豆分离蛋白热胶凝过程中动态黏弹性的研究发现,β-伴大豆球蛋白在热胶凝中起着非常重要的作用。

豆腐点浆前要经过"烧开"即煮浆过程,豆浆在加热过程中,随着温度的升高,蛋白质分子内能增加,运动速度加快,相互撞击,将多肽链的侧链,即氨基酸的 R 基团相互作用形成的弱键断裂开来。大豆蛋白质分子从原来有秩序的紧密规则结构,变成松散的无规则状态。同时,随着内能的增加,蛋白质分子卷曲的多肽链也会克服分子内部的范德华力而舒展伸直,如图 3-1 所示。

图 3-1　肽链舒展伸长示意图

变性后的蛋白质分子相互碰撞,有形成较大的粒子而聚沉的趋势,便于凝固成型,而且"煮浆"还能消除热敏性的抗胰蛋白酶抑制素、凝血因子等,减少豆腥气。

在大豆蛋白质溶液中,蛋白质分子呈卷曲的紧密结构,表面被水化膜包围着,不存在分子间的二硫键,疏水相互作用也非常弱,因此具有相对的稳定性。经加热,大豆蛋白质的肽链由于受过分的热振荡使得保持其空间结构的次级键(主要是氢键)受到破坏,于是蛋白质就从卷曲状态舒展开来,使得原先深埋在其结构内部的疏水基团得以暴露。同时,由于蛋白质分子吸收热能,运动加剧,使得蛋白质分子之间的接触、交联的机会增加。而且,在蛋白质变性过程中暴露的 CO 和 NH 基团极性化,将沿着多肽链形成多重水化层,在冷却过程中相互作用,会形成新的氢键。此外,加热还会引起－SH 和－S－S－的交换反应,形成分子间的二硫键。巯基和分子间的二硫键的形成能强化蛋白质的网状结构,有利于凝胶的形成。

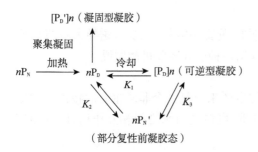

图 3-2　蛋白质热胶凝过程示意图

n 为蛋白质分子数;P_N、P_D 和 $[P_D]n$ 分别为天然状态、受性状态和凝胶状态的蛋白质;P_N' 为部分复性的蛋白质;$[P_D']n$ 为凝固型凝胶状态的蛋白质;K_1、K_2 和 K_3 为平衡常数

Nakamura 等认为大豆球蛋白的热胶凝分为两个步骤:首先大豆球蛋白分子聚集形成丝状簇集体;之后,此类簇集体之间相互作用形成网络。后来他们发现随着时间的增加凝胶的强度也会相应增大,因此又提出大豆球蛋白的热胶凝分为 3 个步骤:大豆球蛋白分子聚集形成丝状簇集体;丝状簇集体之间相互作用形成网络及凝胶网络稳定性及强度的增加。Damodaran 则认为大豆球蛋白的胶凝过程如下:天然大豆蛋白质解离变性,相邻的蛋白质分子通过氢键、二硫键、疏水相互作用以及静电相互作用等化学

作用力形成三维网络结构,具体如图 3-2 所示。

虽然蛋白质变性是蛋白质胶凝的必要条件,但如果加热温度过高,蛋白质则会发生热降解,从而导致蛋白质溶液失去胶凝能力而成为亚溶胶(metasol)。

2. 盐诱导胶凝机制

我们知道,盐卤中含有氯化镁($MgCl_2$),硫酸镁($MgSO_4$,即硫苦,泻盐)和硫酸钠(Na_2SO_4)等,都能使豆浆凝结。山矾叶,具有矾的属性,叶汁酸涩,矾为盐类,酸碱中和成盐类起使豆浆凝结的作用。酸浆和醋为酸性,都能使豆浆凝结。使用凝结剂将豆浆凝结成豆腐,这道工序称为"点浆"。

关于盐诱导大豆蛋白质胶凝的机制,主要有 3 种假说。

(1)离子桥学说

Lee 认为盐类凝固剂使大豆蛋白质胶凝是由于盐类凝固剂的二价阳离子(如 Ca^{2+}、Mg^{2+})与蛋白质分子的羧基和咪唑基之间的桥联作用。Kao 等也持同样看法,他们认为首先加热使蛋白质分子展开并在二硫键和疏水相互作用下形成蛋白质丝状体。Ca^{2+} 的加入会减少带电丝状体之间的静电排斥作用并使它们发生聚集。在此过程中,Ca^{2+} 就是在相邻蛋白质分子之间起着一种桥联的作用。事实上,Ca^{2+} 的确可与大豆蛋白质结合,但 Kroll 等研究发现,在 pH4～9 时,随着 pH 降低,大豆蛋白质对钙离子的亲和性降低,这与豆浆中加入钙盐,使其凝固的情况明显不符,故这种学说值得怀疑。

(2)盐析学说

有研究者认为豆浆凝固其实就是一种盐析现象,然而却忽视了这样一个事实,即盐析需要相当高浓度的盐(如饱和或半饱和),而豆浆凝固时盐凝固剂的浓度相当低。而且,这种看法也不能解释蛋白质胶凝与蛋白质沉淀的区别。

(3)等电点机制

即豆浆中加入中性盐后,豆浆的 pH 下降,在 pH6 左右,豆浆凝固成豆腐。因此认为盐使大豆蛋白质胶凝是由于盐使得大豆蛋白质溶胶的 pH 接近大豆蛋白质的等电点,引起蛋白质荷电量降低而凝固。

然而,这种理论不能解释酸凝固豆腐和盐凝固豆腐在质构上的差异。总之,以上 3 种假说都有各自的合理性与局限性。

3. 酸诱导胶凝机制

各种酸诱导大豆蛋白质胶凝的机制比较一致,即酸产生 H^+,使溶液 pH 下降,当 pH 接近大豆蛋白质等电点时,引起蛋白质表面层电量下降,破坏了胶体的稳定性,因而形成大豆蛋白质凝胶。

例如,乙酸在大豆蛋白质溶胶中解离成氢离子和乙酸根离子(反应式如图 3-3 所示)。弱酸性的蛋白质负离子极易俘获这种氢离子而呈电中性。蛋白质粒子俘获氢离子之后的胶凝作用,主要有氢键和二硫键及疏水基团相互作用、偶极相互作用等。不过,这样形成的网络结构较之离子键的桥联结构要弱。

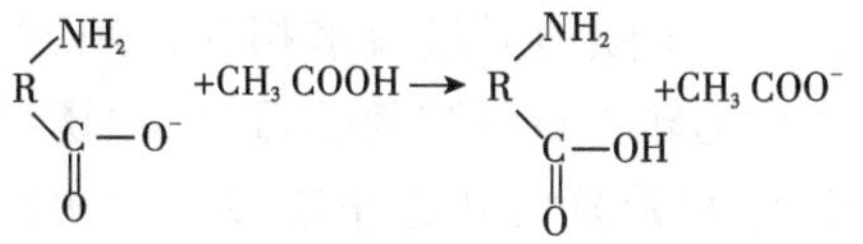

图 3-3　乙酸与蛋白质反应式 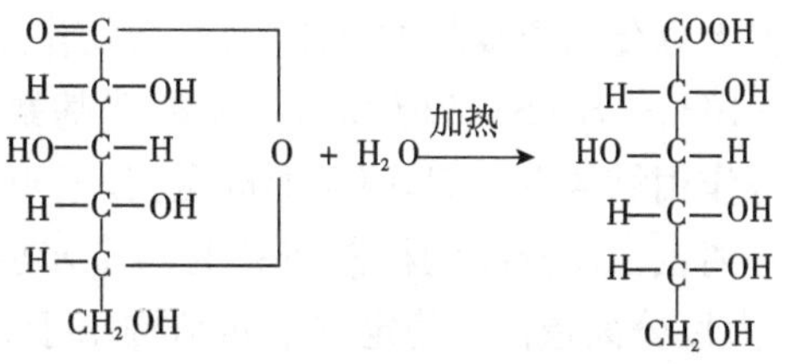　　　　　图 3-4　GDL 水解反应式

GDL 是一种广泛使用的酸性凝固剂，其本身不能沉淀蛋白质，只有在加热的条件下分解为葡萄糖酸（反应式如图 3-4 所示），从而使 pH 下降，进而使蛋白质分子沉淀。

Kohyama 等认为 GDL 使大豆蛋白质胶凝包括两个步骤，即蛋白质的变性和疏水性聚结。首先天然大豆蛋白质内部的疏水性区域由于热变性暴露出来，然后变性大豆蛋白质的负电荷被 GDL 水解释放出来的氢离子而中和，结果中性的蛋白质分子由于疏水相互作用而聚合。

刘志胜提出一种 GDL 的凝固机制，具体如图 3-5 所示。天然大豆蛋白质（Ⅰ）经加热后，其亚基发生解离，暴露出疏水区，成为变性大豆蛋白质（Ⅱ）。由于溶液的 pH 远远高于大豆蛋白质的等电点，蛋白质分子带有较多的负电荷，因此分子间产生较强的静电斥力，难于接近。当加入 GDL 后，GDL 逐渐水解产生氢离子，使蛋白质分子荷负电减少，分子间的静电斥力减弱，当溶液的 pH 降低到 6.0 左右时，在疏水相互作用等引力作用下，大豆蛋白质分子逐渐结合到一起，形成凝胶网络（Ⅲ）。之后，GDL 进一步水解产生氢离子，蛋白质分子荷电量继续减小，分子间的结合力相对加强。当凝胶的 pH 降低到大豆蛋白质的等电点时，大豆蛋白质呈电中性（Ⅳ），此时凝胶强度达到最大值。之后，GDL 继续水解，产生的氢离子使蛋白质分子荷呈正电（Ⅴ），此时分子间重新产生静电斥力，大豆蛋白质凝胶的强度也随之降低。

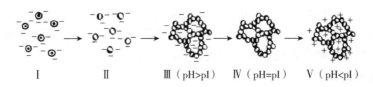

Ⅰ   Ⅱ   Ⅲ（pH>pI）   Ⅳ（pH=pI）   Ⅴ（pH<pI）

图 3-5　GDL 凝固大豆蛋白的机制模型

4. 酶诱导胶凝机制

常见的蛋白酶凝固剂主要有转谷氨酰胺酶、木瓜蛋白酶及菠萝蛋白酶等。现有的研究主要集中于植物蛋白酶凝固大豆蛋白质的机制。

Fuke 研究了菠萝蛋白酶对大豆 11S 和 7S 球蛋白凝固过程中降解的情况，推测疏水相互作用和二硫键可能对蛋白酶凝固大豆蛋白质形成凝胶起一定的作用。栾广忠等通过对不同比例的 11S 与 7S 大豆蛋白质在被碱性蛋白酶（alcalalse）凝固过程中分子质量和 TPA 参数的测定，发现在 alcalase 凝固大豆蛋白质过程中，11S 球蛋白是形成凝胶的主要物质，并认为 alcalase 对豆乳凝固作用的本质是蛋白质肽链的部分水解造成的蛋白质凝聚。

通过测定酶反应过程中游离氨基和蛋白质表面疏水性的变化，巫庆华推测木瓜蛋白酶使大豆蛋白质胶凝的机制为：在酶的作用下，大豆蛋白质一些特定部位的肽链被打断，使—SH、—S—S—和疏水性氨基酸残基暴露，蛋白质分子随即通过疏水相互作用、二硫键等作用结合在一起，因而形成凝胶。Tang 等将微生物转谷氨酰胺酶（MTGase）诱导大豆分离蛋白质胶凝的机制概括为两个步骤，即所谓的初始阶段和终止阶段。在初始阶段，大豆分离蛋白质稳定的空间结构由于共价交联而逐渐变得不稳定，起先埋藏在蛋白质分子内部的疏水性区域如大豆球蛋白的碱性亚基和 β-伴大豆球蛋白的 β 亚基被部分暴露出来。这些部分暴露或者交联的蛋白是不稳定的中间体。在终止阶段,这些变性蛋白在疏水相互作用下进一步交联和相互聚集从而形成凝胶。同时他们认为大豆分离蛋白质的这种胶凝作用主要取决于其初始的浓度。

5. 对凝胶假说的质疑

20 世纪 90 年代以前,人们一直将豆腐当作凝胶来研究。因为,当向熟豆浆中添加钙盐、镁盐等凝固剂时,大豆蛋白质会发生聚集进而形成有序的凝胶网状结构。人们一直认为豆腐凝乳形成的机制和大豆蛋白质凝胶的形成一样,认为豆腐也是凝胶的一种。

早期 Kohyama 等使用大豆分离蛋白质为原料对豆腐凝胶机制进行了探讨,认为豆腐凝乳的形成分为两步:①加热使蛋白质变性;②添加葡萄糖酸内酯(GDL)或者钙盐凝固剂后,通过 GDL 释放的质子或者钙盐凝固剂的钙离子促使变性的大豆蛋白质发生疏水胶凝。

后来研究发现,蛋白溶液体系(如豆浆、牛奶)经过加工形成的奶酪"胶凝"产品(豆腐、奶酪),与多糖形成的凝胶果冻不一样,故将其称为"凝乳"而非"凝胶"。

凝乳和凝胶不同:凝乳是大分子之间相互紧扣后排除液体剩下的部分;凝胶是高分子在一定条件下互相连接,形成的空间网状结构并锁住水分的一种特殊的分散体系。凝乳和凝胶最大的区别是,在通常情况下,凝乳排除水分不会发生脱水缩合作用,而凝胶常常会发生脱水现象。

(三)"颗粒蛋白-油滴"学说

高速离心机的应用,对豆腐机制研究的发展,起到了推动作用。研究者用高速离心法将豆浆中蛋白质分成浮物蛋白质、可溶蛋白质和颗粒蛋白质 3 个部分后,豆腐凝乳形成机制的研究取得了突飞猛进的发展。

研究者在做钙和 pH 对豆浆中可溶性蛋白质影响的研究中发现,使用低浓度钙离子时,颗粒蛋白质比可溶性蛋白质更容易凝聚,即加入凝固剂的时候,首先应该是豆浆中的颗粒蛋白质凝聚。

蛋白质溶液和豆浆不同的地方是豆浆还有油滴球。向豆浆中加入 $CaCl_2$ 后,跟踪其中油滴球的行为,发现在颗粒蛋白质凝聚的同时,油滴球也在不断参与凝聚。而对于可溶性蛋白质,情形则不同,虽然凝固剂浓度达到一定量,可溶性蛋白质和油滴球也不会发生聚集,但是由可溶性蛋白质形成的新的蛋白质颗粒还是会发生聚集。

由此可见,豆腐的形成应该是当向豆浆中添加凝固剂后,首先是颗粒蛋白质和油滴球开始结合,然后再和可溶性蛋白质相结合。

(四)"豆腐凝乳"学说

在这些研究的基础上,又提出了新的豆腐形成模型——"豆腐凝乳"学说。其要点是:

1)豆浆中的油滴球是其中的油脂与蛋白复合包裹形成的、含有油和蛋白质两种物质的油体状粒子,其热力学性质比较稳定,不会自动发生聚集。

2)添加凝固剂,凝固剂中的离子解离后,体系中会发生离子中和作用,使得油滴球周围的蛋白质颗粒凝结成块,然后这种成网状的凝乳块被水包裹而结合,进而形成豆腐圈。

3)当添加的凝固剂分布均匀时,可溶性蛋白质会形成新的蛋白质颗粒和网状体相结合,生成完整的豆腐凝乳。

　　由此可见,豆腐中的油滴球是被油质蛋白质、颗粒蛋白质及可溶性蛋白质3层蛋白质所包裹,因而表现出不容易酸化且稳定的状态圈。

二、豆腐凝乳形成影响因素

1. 蛋白质浓度

　　蛋白质是豆浆的主要成分,蛋白质浓度越高的豆浆,制成的豆腐硬度就越大。我国做豆腐,豆浆蛋白质浓度一般在8％～9％。若豆浆蛋白质浓度低,点脑后形成的豆腐花太小,保不住水,出品率低。豆浆蛋白质含量越高,在加热过程中形成的蛋白质颗粒越多,当加入凝固剂时参与形成凝乳块的脂肪也会相应增加,也就是说蛋白质颗粒以油滴球为核心叠加形成的凝乳块越多。Cheng等制作了不同浓度的豆浆,发现随着豆浆浓度的增加,其黏度也会增加,豆浆浓度越高制成的豆腐破裂应力就越大,即豆腐越硬。

2. 脂质浓度

　　有研究显示,向豆浆中添加油脂会使得制成的豆腐硬度增大。脂肪的含量对豆腐的得率和质构都会产生影响。油脂含量在一定范围内会提高豆腐的得率,提高豆腐保水性。周冬丽等向大豆分离蛋白液中添加大豆油时发现,当油滴量和蛋白质量达到一定比例时,制成的豆腐会变硬,在这个比例之上或之下生成的豆腐硬度都会降低。

　　研究者发现,将豆浆的极性脂肪脱除后,其中的蛋白质颗粒含量会减少,这样还导致凝乳块包裹的中性脂肪含量也减少,从而导致制成的豆腐凝乳硬度降低;油滴量过多,包围它的蛋白质的量就会不足,制作出的豆腐中包裹脂肪的蛋白质会很薄很弱。油滴量过少的话,形成的凝乳块就少,因为由蛋白质组成的部分过多,硬度也会变弱。这说明脂质和蛋白质的平衡对豆腐网状的形成起到很重要的作用。

3. 11S蛋白质与7S蛋白质的比值

　　虽然豆浆蛋白质的含量越高,制作出的豆腐就会越硬,但是有研究发现,不同品种的大豆制成的豆浆,就算蛋白质浓度一样,生产工艺也一样,制作出的豆腐品质却不一样。

　　大豆蛋白质的主要成分为11S组分(主要为大豆球蛋白)和7S组分(主要为β-半球蛋白)。当用7S蛋白比例高的和11S蛋白比例高的溶液,使用GDL作为凝固剂制作凝胶,11S比例高的溶液制作出的凝胶比较硬,这表明由于11S蛋白游离巯基含量较多,在凝胶中形成的二硫键起到了很大的作用。Toda等认为11S/7S比例不同会在凝乳块形成的初期影响其形成的数量,和包裹在凝乳块中的中性脂肪的数量。Guo等分别制备了不同11S/7S比例和不同蛋白质颗粒含量的豆浆,对豆浆中蛋白质颗粒的含量和组成与制成豆腐品质相关性进行了研究。进一步证实了11S组分越多的豆浆中蛋白质颗粒数量也越多,制成的豆腐硬度也越大,因为蛋白质颗粒的增多加强了蛋白质颗粒之间的交联。

　　试验还发现豆腐硬度不仅与蛋白质颗粒数量有关,而且还与颗粒组成有关,11S球蛋白含量多的蛋白质颗粒比7S球蛋白含量多的蛋白质颗粒形成的豆腐要硬。

　　Onodera等对具有不同11S/7S球蛋白比例的豆腐在不同凝固剂浓度下的质构特性进行了测定,发现11S比例高的豆腐的最优点比7S含量多的豆腐低0.15％～0.2％;7S含量多的豆腐最优点凝固剂浓度要比11S比例高的豆腐高0.3％～0.4％。Ono等使用SEM电镜扫描的结果是,在达到最优点之前,豆腐的微观结构是由许多大细胞状凝乳块和薄的网壁构成,在最优点之后,豆腐网状结构显示为由许多大细胞状凝乳块、许多网眼和不平整的网壁构成。也就是说,具有不同 11S/7S 比例的豆浆,要制成具有同样品质的豆腐需要调整凝固剂用量。

Skurray 使用了 15 种大豆,对豆腐硬度和 11S/7S 比的相关性进行了研究,试验发现这种相关性很小,反而凝固剂浓度的作用要大得多。添加了 11S 和 7S 的豆浆,确实是 11S 多的能够制作出较硬的豆腐,但是使用 11S/7S 比例不同的 13 种大豆来做试验,结果显示和 11S/7S 比例相比,豆腐调制手法对豆腐硬度的作用更大。因为不仅 11S/S 比有差异,其他的成分也有变化,所以大豆品种之间的比较很难得出明确的结论。

4. 凝固剂浓度

豆腐的硬度不仅和蛋白质含量及 11S/7S 比例有关,还和凝固剂的浓度有很大关系。Onodera 等认为,对于不同品种间的 11S/7S 比例的差异,可以通过调节凝固剂的浓度来减少豆腐品质的差异。另外,有研究报道随着 11S/7S 比例的增大,蛋白质颗粒的数量也会增多,豆腐凝乳中包裹的脂肪也会增多。然而,当增加凝固剂浓度时,同样的现象也会发生。Guo 和 Ono 指出,蛋白质颗粒含量多和 11S/7S 比例高的豆浆,凝集所需要的凝固剂浓度也会降低。此外,他们对蛋白质颗粒和可溶性蛋白质在低凝固剂浓度下凝集做比较时发现,蛋白质颗粒越多则凝集所需的凝固剂浓度越低。

5. 制浆方法

豆浆制浆方法大致分两种:热过滤法和冷过滤法。

现在,日本制作豆腐主要采用热过滤方式,即大豆磨浆后先不过滤,待豆浆和豆渣一起进行煮制后再进行过滤。我国主要采用冷过滤法制豆浆,即生豆浆先过滤再煮浆。

热过滤法制得的豆浆可以凝固成较硬的豆腐,由于豆浆是和豆渣一起加热的,因此豆渣浸出物与生成豆腐硬度应该是有关系的。Toda 等对这两种不同的制浆方式进行了对比,发现热过滤豆浆中的钙、7S 碱性蛋白、多糖和蛋白质颗粒含量均比冷过滤多,并认为豆浆中钙离子和蛋白质颗粒的增加是热过滤制成豆腐较硬的原因。

卢义伯等对豆浆热过滤、冷过滤和热滤冷滤相结合的制浆方法进行了对比,发现冷过滤使得蛋白质流失严重,没有使大豆蛋白质最大限度的利用,热过滤制浆法使得大豆蛋白质在加热过程中形成了部分凝乳块,这部分凝乳块不随着水分的流失而流失。

6. 植酸含量

植酸存在于许多谷物中。大豆含有 1‰~3‰ 的植酸,随着品种和生长环境的不同,其植酸含量也不同。植酸含有 6 个磷酸盐基团,这些磷酸基团能和镁离子、钙离子结合。已有研究报道,植酸可以通过与大豆蛋白质连接来影响其物理化学性质。Katoh 等报道了将植酸从大豆蛋白质上去除后,大豆蛋白质的表面疏水性和乳化特性会增加。

由此可见,植酸是通过一方面改变豆浆蛋白质的性质,另一方面降低豆浆中凝固剂的浓度来影响豆腐品质的。

Toda 等使用了植酸含量差异显著但蛋白质含量差异小的 3 个品种的大豆,对大豆中植酸含量对豆腐品质相关性进行了研究。他们认为植酸会抑制蛋白质聚集凝固,从而不同植酸含量的豆浆使用相同浓度的凝固剂会导致豆腐品质不一样。Ishiguro 报道了在豆腐形成凝乳的早期阶段,植酸是以与颗粒蛋白质相结合的形式存在,然后随着颗粒蛋白质一起进入豆腐凝乳中。因此,豆浆中植酸含量越多,那么要制成相同硬度的豆腐所需的凝固剂浓度就越大。他们认为在优化豆腐最佳凝固剂浓度时,应当将植酸含量考虑进去。

事实上,影响豆腐品质的因素有很多,是豆浆中多种成分相互作用的结果,单一的成分说明不了不同品种差异导致的豆腐品质不同,一般可以通过调节盐类凝固剂用量来消除植酸对豆腐品质的影响。

三、大豆蛋白质在豆腐制作过程的变化

大豆种子主要成分是蛋白质、脂肪和碳水化合物等。以大豆为原料制作豆腐,无论是全脂大豆,还是用脱脂的大豆饼粕,其变化过程主要表现在大豆蛋白质的变化方面。

大豆蛋白质的变化过程是非常复杂而又微妙的,就研究其变化机制的学科而言,除了生物化学和食品生物化学之外,还涉及物理化学、胶体化学、高分子物理学等。

1. 大豆蛋白质的种类

大豆蛋白质主要分为清蛋白和球蛋白。其中清蛋白约占 5%,球蛋白约占 90%。大豆蛋白质的相对分子质量依其成分的不同而有很大差异,一般在 $1.5\times10^4\sim6\times10^5$。日本学者渡边笃二等根据酸淀沉蛋白质的超离心沉淀分析图,认为大豆蛋白质主要由 2S、7S、11S 和 15S 等 4 种成分构成。2S 组分约占水溶性大豆蛋白质总量的 22%,相对分子质量为 $1.5\times10^4\sim3\times10^4$;7S 组分约占 37%,相对分子质量为 $1\times10^5\sim2\times10^5$;11S 组分约占 31%,相对分子质量为 $3.5\times10^5\sim6\times10^5$,15S 组分约占 11%,相对分子质量是 6×10^5。

大豆蛋白质分子直径在 $2\times10^{-2}\sim6\times10^{-2}\mu m$。大豆中的大部分蛋白质以凝胶液态存在于大豆种子细胞中的蛋白体内。蛋白体的直径为 $1\sim5\mu m$。

2. 蛋白质溶出

泡豆阶段,蛋白质分子发生有限溶胀作用,成倍地吸收水分导致大豆体积增大,部分蛋白体因膨胀而破裂。磨糊过程,蛋白体进一步受到摩擦、剪切等机械力的破坏,蛋白质被释放溶解在水里。按我国目前的生产方式,大豆蛋白质提取率在 85% 左右,其余 15% 左右的含氮高分子化合物残留在豆浆里。水溶性的蛋白质分子表面有许多亲水性的可解离的极性基团,如氨基(—NH₂)、羧基(—COOH)、羟基(—OH)等。它们与水分子有很强的亲和能力,借助氢键把极性的水分子吸附到蛋白质分子周围,形成水化膜。由于蛋白质的两性电解质性质,在一定的 pH 溶液里,蛋白质粒子发生解离而带有相同的电荷,与周围电性相反的离子构成稳定的双电层而结成胶团。豆浆的 pH 根据各地生产用水的水质不同而有高有低,一般在 $6.5\sim8.5$,高于大豆蛋白质 pH4.3 左右的等电点。此时,大豆蛋白质分子解离后以负离子态存在,与水中的钠离子(Na^+)、钾离子(K^+)、钙离子(Ca^{2+})、镁离子(Mg^{2+})等形成双电层胶团。水化膜和双电层将蛋白质粒子相互隔离开,形成具有一定的热力学和动力学稳定性的胶体分散体系,或称之为大豆蛋白质乳状液、生豆浆。

3. 蛋白质变性

豆浆在加热过程,随着温度的升高,蛋白质分子内能增加,运动速度加快,相互撞击,将多肽链的侧链,即由氨基酸残基的 R 基团相互作用形成的弱键断裂开来。大豆蛋白质分子从原来有秩序的紧密规则结构,变成松散的无规则状态。另外,随着内能的增加,蛋白质分子本身卷曲的多肽链也有克服分子内部范德华力舒展扩张伸直的倾向。

肽链失去卷曲状态后,蛋白质分子内部的非极性疏水性基团裸露到分子表面,引起蛋白质水化作用减少,溶解度下降;大豆蛋白质分子处于自由运动状态,胶体溶液原先的动力学平衡和热力学平衡被破坏。这便是大豆蛋白质热变性的主要特征。变性后的蛋白质分子相互碰撞，有形成较大的粒子而聚沉的趋势。豆浆在加热过程中，有小部分蛋白质发生水解反应，肽链断裂开来，转化成小肽或氨基酸。所以，生豆浆煮沸以后，常常出现 pH 的下降。氨基酸分子质量为 75～150Da，远小于大豆蛋白质的分子质量，胶凝作用较弱，或者不发生胶凝作用。氨基酸的生成将降低豆浆中蛋白质的凝固率。因此，在制浆阶段，适当加一点小苏打，将豆浆的 pH 调整到 7.5 左右，有助于大豆蛋白质的溶出和胶体溶液的稳定，抑制蛋白质的水解反应，提高豆浆中蛋白质的凝固率，增加豆腐产量。同时，钠离子（Na^+）与蛋白质分子的极性 R 基团相互作用，形成稳定的双电层和蛋白质的钠盐，增加了热变性后的大豆蛋白质的溶解度，使蛋白质以较小的粒子均匀地分布在熟豆浆的胶体溶液里。点卤过程，通过钠离子（Na^+）对钙离子（Ca^{2+}）、镁离子（Mg^{2+}）的阻抗作用，使钙和镁与蛋白质的桥联作用得以充分地、有条不紊地进行，从而提高蛋白质凝固率和利用率。

4. 蛋白质盐析

大豆蛋白质的粒子较大，在溶液里几乎不存在布朗运动。大豆蛋白质胶体溶液的动力学稳定性，主要靠双电层的排斥作用来维持。解离后的蛋白质粒子和双电层中的反离子，从整体上是电中性的。当两个双电层胶团距离较远，未发生交联时，它们之间不存在静电斥力。当两个带电的蛋白质胶团接近，它们的双电层发生重叠时，双电层的电位和电荷分布发生变化，才产生排斥作用。蛋白质粒子有在范德华（van der Waals）力作用下，聚合成更大的粒子，降低胶体分散体系能量的趋势。蛋白质的胶体溶液是热力学不稳定体系。当蛋白质粒子聚合成更大的粒子，或者豆浆的 pH 发生变化，势能改变时，其动力学稳定性也随之丧失。关于胶体稳定性的 DLVO 理论认为，胶体质点之间存在着范德华吸引作用，而质点在相互接近时又因双电层的重叠产生排斥作用，胶体的稳定性就取决于质点之间吸引与排斥作用的相对大小。

在真空状态下，对于同一物质的半径为 a 的两个球形质点，它们之间的范德华力为

$$\phi_A = -\frac{Aa}{12H} \tag{1}$$

式中，A 为哈马克尔（Hamaker）常数。对于水，$A = 3.0 \times 10^{20} \sim 6.1 \times 10^{20}$ J；碳氢化合物，$A = 6.6 \times 10^{20}$ J。H 是两球形质点间的最短距离。

当两球形质点的双电层交联程度很小时，其排斥力为

$$\phi_R = \frac{64n_0 BT}{K^2} = \pi a \gamma^2 e^{-KH} \tag{2}$$

式中，n_0 为离子浓度；B 为鲍特兹曼（Boltzmann）常数；T 是热力学温度，K 为双电层的厚度，a 为质点半径；γ 为表面张力，其单位以 mJ/m² 表示。水的 γ 值为 72.75mJ/m²，蛋白质溶胶的 γ 值为 22～50mJ/m²，e 为质点数；H 为两球形质点间的最短距离。

两球形蛋白质粒子间总相互作用力为

$$\phi_T = \phi_A + \phi_R \tag{3}$$

由式(3)可见，大豆蛋白质胶体分散体系稳定的前提是，$\phi_T > 0$，$\phi_R > \phi_A$，即蛋白质胶体粒子的双电层斥力大于其范德华力。当双电层斥力 ϕ_R 小于范德华力 ϕ_A，蛋白质粒子

便发生聚沉。据式(3)，以 ϕ_T 对距离 H 作图，即得如图 3-6 所示的蛋白质粒子间的势能曲线。

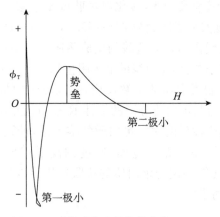

图 3-6　蛋白质溶胶的势能曲线

依图 3-6 可以推断，当蛋白质粒子间距离 H 很小或很大时，各有势能极小值出现；在中等距离，则出现势垒。势垒的大小是决定蛋白质胶体能否稳定的关键。势垒越大，胶体越稳定。大豆蛋白质表面的大量亲水性基团，决定了它的亲液性质。大豆蛋白质与水之间的溶剂化作用和水化膜的形成，也是大豆蛋白质亲液溶胶的热力学稳定因素之一。这种稳定作用称为空间稳定作用。往大豆蛋白质溶液里加入少量的电解质，能中和蛋白质粒子所带的一部分电荷，引起电位的降低，但并不使蛋白质溶胶失去稳定性，蛋白质粒子的水化层仍然维系着溶胶的空间稳定性，即使到了等电点也不会发生聚沉。当继续加入较多的电解质时，大豆蛋白质粒子才发生去水化而出现盐析。盐析能力的大小与电解质离子的种类有关。对于大豆蛋白质这样的亲液溶胶，按溶胶离子序，阳离子盐析能力的顺序是：

$$Li^+ > K^+ > Na^+ > NH_4^+ > Mg^{2+} > Ca^{2+}$$

阴离子盐析能力的顺序是：

$$C_3H_4OH(COO)_3^{3-} > C_2H_2(OH)_2(COO)_2^{2-} > SO_4^{2-} > CH_3COO^- > Cl^- > NO_3^-$$

由于空间稳定效应的存在，蛋白质粒子间总相互作用能为

$$\phi_T = \phi_A + \phi_R + \phi_S（\phi_S \text{表示空间稳定效应产生的排斥能}）$$

总势能曲线的形状如图 3-7 所示。

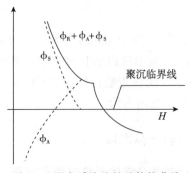

图 3-7　蛋白质溶胶的总势能曲线

四、影响豆腐形成的因素

大豆蛋白质网络组织结构的形成,是在电解质的作用下,大豆蛋白质分子之间和蛋白质与分散介质相互作用之间,以及相邻多肽链吸引力与排斥力之间均达到一个平衡的结果。

疏水基团的作用、静电相互作用、范德华力、氢键、二硫键等,是形成大豆蛋白质网络组织结构的重要因素。分散体系的温度和大豆蛋白质的浓度,对网络组织的形成也有一定影响。胶凝作用和蛋白质分子之间的相互吸引,容易在较高的温度下发生。此时,蛋白质粒子的内能较高,运动较快,易于结成网络组织。

网络组织的形态与豆浆浓度有关。豆浆浓度大,蛋白质粒子之间接触的概率高,能形成比较均匀细密的网络组织结构,从而提高了豆腐的持水性。这便是嫩豆腐含水量较多的一个重要原因。

大豆蛋白质凝胶以高度膨胀和水化的结构存在。蛋白质的网络组织容持着相当于10倍蛋白质质量的水和各种不同的其他食品成分,如脂肪、碳水化合物,以及其他金属和非金属等。这种容持,有的是通过化学作用,有的是通过物理作用。由豆腐网络组织的毛细作用容持的水分是游离水,容易从豆腐里挤出或者蒸发出去。

蛋白质热变性后,未掩蔽的肽链的氨基—NH$_2$和羰基—CO分别形成的沿着多肽链的正、负极化中心的广泛多层体系,由于氢键的作用,提供了固定自由水所必需的结构。靠氢键作用所容持的水分,称为结合水。这部分水不能完全用挤压的方法排出。但是受热后,水分潜热升高,可以挣脱氢键结构的束缚而逃逸,或者由于其他液体的渗透压作用被排出。

分散体系的pH对胶凝作用有一定影响。产生胶凝作用的pH一般随蛋白质浓度的增加而增大。高蛋白质浓度下形成的大量的疏水基团和二硫键产生的吸引力,能抵消蛋白质粒子在远离等电点pH产生的静电斥力(ϕ_R)。在等电点附近,由于缺乏静电斥力,形成的凝胶的膨胀和水化作用较弱,持水量和硬度较低。大豆蛋白质含有22%～31.5%的疏水性氨基酸。其所占摩尔百分数比较低,疏水基团形成的吸引力不足以抵消蛋白质粒子的静电斥力(ϕ_R),它的胶凝作用的pH范围对豆浆浓度的变化不甚敏感。制作豆腐的胶凝过程,pH一般为6.0～7.5。

往热处理和热变性后的熟豆浆里加入钙、镁等盐类,以及酸等电解质,促使大豆蛋白质发生胶凝作用,形成以大豆蛋白质为主要成分的蛋白质凝胶。人们通常将上述电解质称作凝固剂。这种提法同将胶凝作用称作凝固作用一样,是不确切的。正确的名称,应该称作胶凝剂。

用熟石膏[主要成分是硫酸钙（CaSO$_4$·1/2H$_2$O）]、盐卤[主要成分是氯化镁（MgCl$_2$）]、硫酸镁（MgSO$_4$）、氯化钙（CaCl$_2$）作胶凝剂制作豆腐的机制已基本搞清。二价的钙离子（Ca^{2+}）和镁离子（Mg^{2+}）置换掉两性蛋白质粒子中的氢离子（H$^+$）,或蛋白质的钠盐中的钠离子（Na$^+$）,将肽链像搭桥一样连接起来,即所谓桥联作用。桥联作用的实质,是静电相互作用。钙桥或镁桥的形成,可以加快蛋白质胶凝作用的速度,增加大豆蛋白质网络组织结构的稳定性,增强凝胶体的强度和硬度。

用酸作胶凝剂制作豆腐的机制与盐类不同。酸对蛋白质粒子不产生桥联作用。熟豆浆的pH一般在7.0～7.5,高于大豆蛋白质pH4.3的等电点。蛋白质粒子在溶液中以复杂的负离子态存在,显示很弱的酸性。一般用作胶凝剂的有机酸,如乙酸、乳酸、柠檬酸、葡糖酸等,酸性均较蛋白质负离子的酸性强。

近年来不少地区使用的葡萄糖酸内酯,加水溶解后对大豆蛋白质起胶凝作用的是葡萄糖酸。有的地区用酸浆水(发酵后的压制豆腐流出的废水)作胶凝剂,其主要成分是乙酸和乳酸。将酸类加入熟豆浆以后,解离成氢离子(H^+)和酸根离子。弱酸性的蛋白质负离子极易俘获这种氢离子而呈现电中性。以乙酸为例,反应式如图3-8所示。

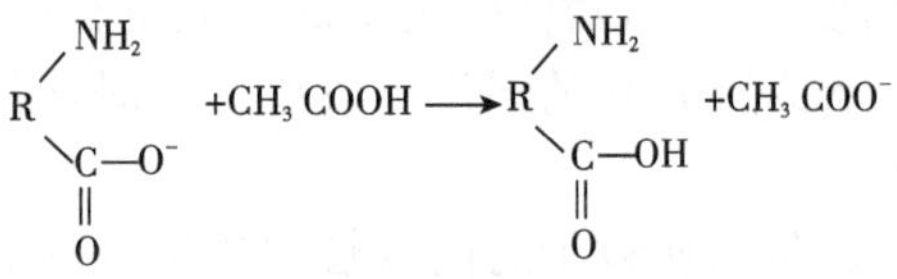

蛋白质粒子俘获氢离子之后的胶凝作用,主要由氢键和二硫键及疏水基团相互作用、偶极相互作用等,将多肽链连接起来。这样形成的网络结构较之离子键的桥联结构弱,豆腐的强度和硬度也比钙盐或镁盐的差,缺乏弹性和韧性,容易碎散;口味和口感也不及用钙、镁的盐类作胶凝剂制作的豆腐。

图 3-8 蛋白质负离子与乙酸反应式

大豆蛋白质的胶凝过程,无论是用金属的盐类,还是用酸作胶凝剂,均出现蛋白质粒子电位的降低和溶液 pH 的下降。据测定,用熟石膏和盐卤作胶凝剂点脑结束后,液相的pH 由 7.1 下降到 6.0。某厂用酸浆水作胶凝剂点脑结束后,液相的 pH 由 7.5 下降到6.6。说明用两类不同的胶凝剂,反应的结果,都有酸根离子游离出来,液相的氢离子浓度均增加,且增加的数值比较接近。前者氢离子浓度由 1×10^{-7} mol/L,增加到 1×10^{-6} mol/L;后者由 $1 \times 10^{-7.5}$ mol/L,增加到 $1 \times 10^{-6.6}$ mol/L。溶液的轻度酸化可能有助于蛋白质的胶凝作用,提高豆腐的持水能力。

相同的金属离子、不同的酸根的盐类作胶凝剂制成的豆腐,在持水性和硬度等方面有较大差异。据实验,用氯化钙($CaCl_2$)、氯化镁($MgCl_2$)制出的豆腐持水性较弱,而硬度大;用硫酸钙($CaSO_4$)、硫酸镁($MgSO_4$)制出的豆腐,持水性较强,而硬度较小。这几种盐中,阴离子比阳离子对大豆蛋白质的胶凝作用影响大。这种影响主要表现在阴离子的水化能力方面。按阴离子的感胶离子序,酸根离子(SO_4^{2-})的水化能力最强。故用硫酸盐作胶凝剂,能生产出含水量比较高的豆腐。

点脑温度对豆腐的持水性和强度有一定影响。相同的胶凝剂,点脑温度不同,制出的豆腐持水性和硬度也不同。较高的温度有利于钙或镁桥的形成;稍低的温度有助于氢键的形成。在 85℃ 以上的温度点脑时,豆腐的硬度强持水性较差;低于 60℃,即使勉强制成豆腐,质地极差,易碎散。正常的点脑温度,一般控制在 70～85℃。

五、豆腐凝固剂

(一)凝固剂的种类

豆腐生产用凝固剂可归纳为:酸类、盐类、酶类及其他能与蛋白质起反应产生沉淀的物质。

1. 酸类凝固剂

一般用作凝固剂的有机酸,如乙酸、乳酸、柠檬酸、葡糖酸等,酸性均较蛋白质负离子的酸性强。

葡萄糖酸内酯是常用的一种酸凝固剂,它是一种高度水溶性易分解的化合物,在高温和碱性条件下可分解为葡萄糖酸,其分解的反应式如图3-9所示。由于大豆蛋白质的等电点为 4.5 左右,它在 pH 为 7 左右的浆液中带负电,酸凝固剂在浆液中释放质子会使得变性大豆蛋白表面带负电荷的基团减少,蛋白质分子之间的静电斥力减弱,有利于蛋白质分子的凝结。

目前 GDL 主要是制作充填豆腐的凝固剂,由于 GDL 在水中分解成葡萄糖酸的速度较慢,体系中质子的产生、蛋白质表面电荷的中和及蛋白质分子间静电斥力的减弱也相应需要一定的时间,因而蛋白质分子网络结构的发展是一个渐进的过程,有利于形成细致嫩滑的结构。

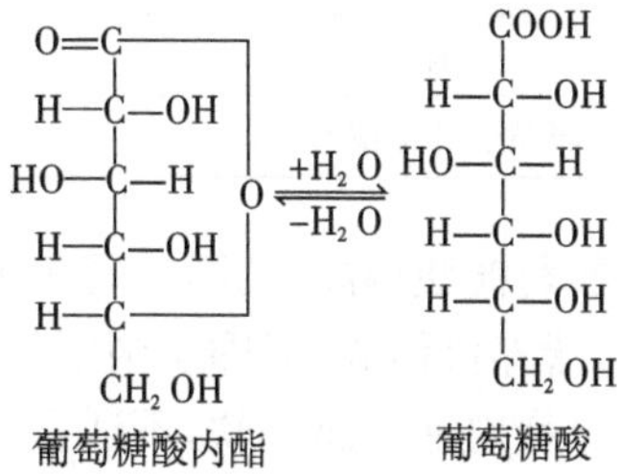

图 3-9 葡萄糖酸内酯分解的反应式

随着人们对食品的天然性要求越来越高,研究人员开始寻求天然的有机酸代替化学合成的葡萄糖酸内酯凝固剂。Takashi Tajirj 等发现,使用 1.0%～3.0% 的新鲜果汁(包括柠檬汁、橙汁、柚子汁)可以有效地凝固豆乳,形成具有良好物理性质的豆腐,而且果汁的使用还会使豆腐呈现彩色。

用葡萄糖酸内酯作凝固剂,这一制作技术最早在日本、美国开发与应用,而后得到广泛推广,20 世纪 80 年代引入我国,目前大量的盒装豆腐就是利用了这一技术。常用的凝固剂是葡萄糖酸内酯(glucono-dlta-lactone,简称 GDL),分子式 $C_6H_{10}O_6$,相对分子质量为 178.14,外观为白色晶体或结晶状粉末,熔点 150～152℃,无嗅,稍有甜味。在水中溶解度为 59g/100g 水,微溶于乙醇(1g/100g),不溶于乙醚。GDL 是葡萄糖酸的中性内酯,在水溶液中水解形成葡萄糖酸。它是果汁、果酒、麦芽及啤酒中存在的天然成分,碳水化合物新陈代谢的中间产物,对人体无害。GDL 有多种制法,工业上一般采用需氧氧化发酵法将葡萄糖转化成葡萄糖酸再用结晶法将 GDL 从发酵终产物(葡萄糖和 GDL 混合物)中提取出来。当 GDL 溶于水时水解成葡萄糖酸并建立 GDL 和葡萄糖酸之间的动态平衡。由于 GDL 水解成葡萄糖酸,所以其味觉特征是甜味逐渐变成略酸性。发酵法生产 GDL 的流程如图 3-10 所示。

$$葡萄糖 \xrightarrow{生物氧化作用} 葡萄糖酸 \xrightarrow[水解]{结晶} GDL$$

$$C_6H_{12}O_6 \xrightarrow{1/2O_2} C_6H_{12}O_7 \xrightarrow[+H_2O]{-H_2O} C_6H_{10}O_6$$

图 3-10 发酵法生产 GDL 流程图

GDL 也是一种高水溶易分解的化合物,在高温和碱性条件下可分解为葡萄糖酸。由于大豆蛋白质的等电点在 pH4.5 左右,因而在中性条件下,浆料中的大豆蛋白质分子表现为带负电,酸凝固剂在水中释放的质子(H^+)会使变性大豆蛋白质表面带负电荷的基团减少,蛋白质分子之间的静电斥力减弱,有利于蛋白质分子的凝结。

用葡萄糖酸内酯作凝固剂制得的豆腐具有弹性大、持水性好、产率高、卫生、耐贮存等特点,并且营养价值也很高,又称为营养豆腐。内酯豆腐保留了原有蛋白质成分,增加人体所需葡萄糖,特别是对大豆异黄酮的保留率高于传统豆腐,见表 3-1。而研究发现大豆异黄酮具有类雌性激素性质和抗氧化活性,可防治骨质疏松症,可有效地限制病原微生物的生长,抵御癌细胞。

表 3-1　采用 HPLC 法比较豆浆、传统豆腐、内酯豆腐中异黄酮的差异

样品	黄豆	传统豆腐	GDL 豆腐
异黄酮的保留率/%	100	78.63	137.34

葡萄糖酸内酯、乙酸等属于酸型凝固剂。利用 GDL 做成的豆腐品质较好,质地滑润爽口,营养价值高,风靡于国内外。

但是内酯豆腐偏软,不适合煎炒,且由于葡萄糖酸内酯不是其本身沉淀蛋白质,而是在加热的条件下迅速分解为葡萄糖酸,使 pH 降低,酸度增加使蛋白质分子成为兼性离子而沉淀,所以略带酸味。

2. 盐类凝固剂

盐类凝固剂,一般都是一些碱土金属盐类,有盐卤、石膏、氯化钙、醋酸钙、乳酸钙、硫酸钙等二价盐。

盐卤和石膏是最常用的凝固剂,豆腐总量 90% 以上是用它们生产的,因其性质不同生产出的豆腐质量也有所差别。

卤块,又名盐卤,是生产海盐的副产品,色泽呈红褐色,长方形。将卤块溶于水中,即为卤水,为黑色汁液,味苦。盐卤的主要成分是氯化镁($MgCl_2 \cdot 9H_2O$),含量占 46% 左右;硫酸镁($MgSO_4$)含量占 3%,还有氯化钠($NaCl$),含量占 2%,水分占 50% 左右。

石膏,古称"湖水石",其主要成分是硫酸钙,有生石膏($CaSO_4 \cdot 2H_2O$)和熟石膏($CaSO_4 \cdot 1/2H_2O$)之分。做豆腐多用熟石膏,它是生石膏经过煅烧之后形成的。将生石膏放入 200℃ 的煤灶中煅烧约 15h,再经粉碎机粉碎(80~120 目)。

北豆腐(老豆腐)是使用盐卤的,因其溶解性能好,与豆乳反应速度快,一般用点浆操作,风味较好,制作较难产量低,但盐卤豆腐以其美味优势一直占有重要位置。盐卤豆腐的美味与盐卤的性质有关,天然卤水具有特殊的甜味和香气,这种甜香味可在舌头上留有很长时间;南豆腐(嫩豆腐)是用石膏作为凝固剂,因其溶解度小,在溶液中的 Ca^{2+} 浓度小,与豆乳反应速度慢,用简单的冲浆方法就能生产出保水性较好的豆腐,产量较盐卤豆腐高,但豆腐中未溶解的石膏小颗粒,使豆腐有涩味,同时由于石膏的密度比水大,同一缸豆腐常出现上、中、下三层嫩老不匀,其中下层豆腐发涩发苦。

3. 酶类凝固剂

Fuke 和 Masakatsu 在研究中发现菠萝蛋白酶可使豆乳凝结成豆腐,Katsumi 曾在多种商品蛋白酶中选择出具有使大豆蛋白质凝固功能的微生物蛋白酶,而 Yasnda 和 Aoyama 则从豆腐乳中分离出了具有使大豆豆乳凝结功能的蛋白酶。凡此种种都证实蛋白酶确实具有使大豆蛋白质凝固的功能,但并非所有蛋白酶都有这种能力。

传统豆腐加工过程中一般很少使用酶凝固剂。豆腐花中使用的酶凝固剂来自植物和微生物,蛋白酶能将大豆蛋白质水解成较短的肽链,短肽链之间通过非共价键交联形成网络状凝胶。

Masahiko 等的研究表明,转谷氨酰胺酶有使豆乳胶凝的能力,转谷氨酰胺酶是一种氨基转移酶,它催化肽链中谷氨酸残基的 γ-羧基酰胺和各种伯胺的氨基反应。当肽链中赖氨酸残基上的 ε-氨基作为酰基受体时就会形成分子间的 ε-(γ-谷氨酸)交联。大豆蛋白质是该酶的良好底物,但此酶热稳定性差、价格较高。

凝固操作是豆腐制造中的重要环节,当应用盐类凝固剂时,机械制作豆腐的品质往往低于手工豆腐。关于豆腐的凝固仍需进一步的深入研究,以弄清楚凝固剂的凝固特性

和作用机制及其他因素对豆腐凝胶过程的影响,为豆腐生产工业化提供理论依据和操作参数,开发出新型的豆腐凝固剂,生产出品质高、味道好、成本低的豆腐。

在相同酶活力及用量条件下,通过测定酶与大豆蛋白质反应过程中体系流变性质的动态变化,进而比较蛋白酶使大豆蛋白质凝结作用的强弱。6种蛋白酶的添加量及酶活力见表3-2。

表3-2 蛋白酶-SPI 混合体系的组成

混合体系	蛋白酶		SPI
	质量浓度/(g/dL)	酶活力/(U/mL)	质量浓度/(g/dL)
SPI-碱性蛋白酶	0.074	10.0	5.33
SPI-菠萝蛋白酶	0.163	10.0	5.33
SPI-复合风味蛋白酶	0.411	10.2	5.33
SPI-中性蛋白酶	0.245	10.2	5.33
SPI-木瓜蛋白酶	0.100	10.2	5.33
SPI-复合蛋白酶	0.080	10.1	5.33

酶作用于预热处理 SPI 时的流变曲线如图 3-11 所示。反应 40min 后 SPI 凝胶的流变学性质及 pH 见表3-3。

表3-3 蛋白酶作用 40min 后 SPI 凝胶的性质

混合体系	储能模量/(G'/Pa)	损耗模量/(G''/Pa)	损耗角/[δ/(°)]	pH
SPI-碱性蛋白酶	148.0	33.8	12.9	6.27
SPI-菠萝蛋白酶	99.0	22.5	12.7	6.25
SPI-复合风味蛋白酶	75.0	15.7	11.9	6.25
SPI-中性蛋白酶	8.1	1.7	12.0	6.32
SPI-木瓜蛋白酶	171.0	39.6	13.0	6.32
SPI-复合蛋白酶	45.0	8.6	10.8	6.32

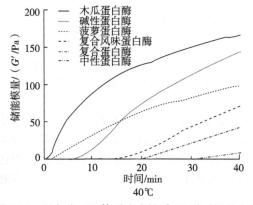

图 3-11 蛋白酶-SPI 体系流变性质(G)随时间的变化

从实验结果可以看出,静置反应过程中 6 种蛋白酶的作用均可使体系损耗角下降,反应后期体系的损耗角均小于 10°。也就是说,这 6 种蛋白酶都具有使大豆蛋白质发生胶凝的能力。比较图中反应体系的 G'(储能模量)数值可以发现,在试用的 6 种蛋白酶当中,碱性蛋白酶(alcalase)和木瓜蛋白酶(papain)促使大豆蛋白质形成的凝胶强度最高,其次是菠萝蛋白酶(bromelain)。因此,商品酶制剂 alcalase 和 papain 可以作为大豆蛋白质凝固剂。

图 3-12 和图 3-13 分别是 alcalase 和 papain 胶凝大豆蛋白质的动态流变曲线。从中可以明显看出蛋白酶在几分钟的时间内使大豆蛋白质出现明显的胶凝,图中同时显示了与胶凝过程对应体系的 pH 的变化。

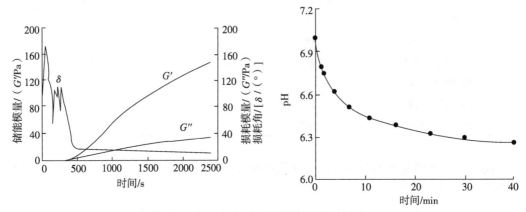

图 3-12 alcalase-SPI 体系流变性质随时间的变化

40℃,碱性蛋白酶的质量浓度为 0.074g/dL

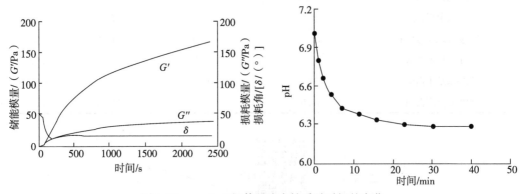

图 3-13 papain-SPI 体系流变性质随时间的变化

40℃,木瓜蛋白酶的质量浓度为 0.1g/dL

蛋白酶水解蛋白质的同时具有使体系 pH 下降的趋势,pH 下降的程度一方面可以反映蛋白质的水解程度,另一方面同使用酸凝固剂一样,pH 的下降本身就有促进大豆蛋白质胶凝的作用。为考察 6 种蛋白酶促使大豆蛋白质胶凝能力的强弱是否是因为水解程度和体系 pH 下降程度的差异而造成的,试验中同时检测了在相同条件下酶-SPI 体系 pH 的变化。

从表 3-3 可以看出,体系 pH 变化幅度基本相同,这说明在试验选定的酶反应条件下,6 种蛋白酶水解大豆蛋白质的能力相当,同时也说明在试验条件下,体系 pH 的下降并非大豆蛋白质胶凝的主要原因。

　　为进一步考察体系 pH 下降对大豆蛋白质胶凝贡献的大小,试验中测定了以酸凝固剂 GDL 为凝固剂时,大豆蛋白质体系流变参数与 pH 的关系,试验结果如图 3-14 所示。可以看出,对于单纯由酸引发的大豆蛋白质胶凝,只有当体系的 pH 降至 5.6 时才出现体系 G' 的显著上升,即蛋白质的胶凝才刚刚开始。而如图 3-12 和图 3-13 所示,在 papain 和 alcalase 的作用下大豆蛋白质已经显著胶凝时,alcalase-SPI 和 papain-SPI 体系的 pH 分别下降到 6.5 和 6.74 左右,这就更加确定了蛋白酶使大豆蛋白质胶凝的机制是不单纯依赖于水解过程中体系 pH 的下降,但不排除 pH 下降对大豆蛋白质胶凝的辅助作用。不同蛋白酶胶凝大豆蛋白质能力的强弱应来源于其底物特异性,papain 和 Alcalase 水解大豆蛋白质的模式可能更有利于肽链间形成交联网络结构。

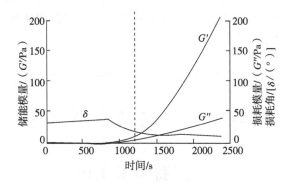

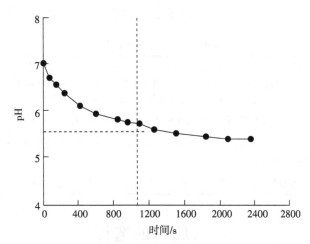

图 3-14　GDL-SPI 体系流变性质随时间的变化

50℃,葡萄糖酸内酯质量浓度为 0.4g/dL

4. 包埋凝固剂

　　多年来,为了将酸类与盐类凝固剂的优点综合起来,研究出了新型凝固剂,即采用包埋法生产出复合凝固剂,在凝固剂表面涂上一层难溶性的包裹层,使其溶解速度受到控制,与豆乳的反应速度减慢,同时颗粒均匀分散,减少沉淀,一般被包裹物为盐类、酸类。包埋剂使用冷时不融化,受热时才融化的油脂,通常用些硬化油、酪朊酸钠、变性淀粉、明胶等。

5. 其他新型凝固剂

（1）菜汁

　　菜汁中含有蔬菜中的两类重要物质:第一是含有丰富的矿物质,蔬菜是钙、磷、钾、镁和微量元素如铁、铜、碘、锌、钴、钼、锰、氟的重要来源。这些矿物质有的参与构成身体组织,有的调节生理机能,都是人体不可缺少的。经研究表明,金属在水溶液中,都以络合物的形式存在,但为说明方便及习惯说法,仍以金属离子相称呼。第二是含有丰富的维生素和各种有机酸类。从蔬菜具有的这两类重要物质可以知道,蔬菜汁中含有可以使蛋白质胶凝的金属离子和有机酸类,故以其作为豆浆凝固剂。

(2)海水

豆腐汁是蛋白质胶体,点豆腐就是设法让蛋白质凝聚起来,与水分离。卤水是氯化镁、硫酸镁、氯化钠的混合物,它可以中和胶体微粒表面吸附的离子的电荷,使蛋白质分子凝聚起来,从而得到豆腐。石膏豆腐主要是利用石膏中的硫酸钙把豆汁中的胶体沉降下来,起到凝胶剂的作用而制成豆腐。实际上,海水是低波美度的卤水,因波美度低,所以制作豆腐时,加点的海水次数多,也能使分散的蛋白质团粒很快地聚集在一块,形成白花花的豆腐脑,挤出水分后就变成了豆腐。

(3)黏性多糖

在豆乳中加入黏性多糖如黄元胶、普鲁兰、卡拉胶等也可以制造豆腐。

第二节 豆腐的制作工艺

一、豆腐加工工序

关于豆腐的加工工序,迄今已有多种介绍,仅以下列工艺流程示其大概(表3-4)。

表 3-4 4 种豆腐加工工艺流程

老豆腐	原料选择(蛋白质鲜度)→浸泡(适当的吸水)→除水→磨碎(用加水量调节豆乳浓度)→加消泡剂后加热(均匀蒸煮)→过滤(除去不溶物)→豆乳(确定浓度)→凝固(凝固剂种类、添加量、凝固温度、时间约10min)→盛箱(均匀掏取)→成型(压力均匀除水)→断切→包装→冷却
嫩豆腐	凝固(凝固剂种类、添加量、凝固温度、时间约 30min)→断切→包装→冷却
包装豆腐	豆乳冷却(20℃以下,因凝固剂而异)→凝固剂混合(凝固剂种类、添加量)→充填密封→加热凝固(90℃,40min)→冷却
烤豆腐	由凝固到成型与老豆腐同→烘烤(表面状态、无存水)→断切→包装→冷却

二、原料的选择

1. 大豆的成分

由于豆腐制作是对大豆蛋白质的加工利用,因此选择原料大豆,应根据蛋白质含量的多少进行选择。

蛋白质含量关系到豆腐的品质和产量。除此之外,还须考虑磷含量及 11S 含量等。

2. 大豆的鲜度

一般来说,只要选择蛋白质含量高的大豆即可,但有时也会出现一些问题。这就是大豆的鲜度,即生物学上所说的大豆的新陈。这里不仅有生产年度的新陈,同时也包括贮藏、运输等的条件。

判断的手段有观察发芽率和吸水速度。在发芽率上,须考虑大豆发芽有一定的休眠期。在吸水速度上,一般来说,保存条件愈差,吸水愈快。如果再对浸泡中洗脱量(及色调)进行测定,可进一步提高判断可靠度。

3. 豆腐用水

水不仅关系到豆腐的食味,同时也影响豆腐的产量,因此制作品质优良的豆腐,须选择优质的水。选择水的条件是低硬度和铁、锰盐的低含量。其中特别是锰,因其难除去,故须更加注意。根据水质的不同,也可设置水质改良装置。

三、加工工序概说

1. 浸泡

浸泡的目的,在于使大豆吸水后易于磨碎。其间,须考虑大豆正处于发芽准备阶段,会产生一些生物化学上的变化。吸水速度因水温及大豆的品质而异,一般以吸水量为大豆质量的 2.2 倍(吸水量 120%)为准。浸泡不足,磨碎不充分;浸泡过度,则凝固力下降。

2. 磨碎

一般对吸水后的大豆进行边加水,边磨碎。此外,多以此时的加水量,来调整豆乳的浓度。为提高提取率而进行过度的磨碎,将会因摩擦热,而使品质下降。

最近也有些地方采用预先对大豆进行压扁或粉碎(程度各有不同),可省去浸泡和磨碎的工序。

3. 加热

加热是左右豆乳凝固力的重要工序。关键是加热要均匀,并使其接受凝固所需的加热变性,加热(温度及时间)既不可不足,也不可过度。加热条件虽因加热锅的构造而异,但一般多以轻度沸腾状态下,继续 2min 为准。

因加热方式的不同,磨碎时所加的水,可因蒸发而减少(锅釜方式),也可因喷射而增加(蒸汽喷射方式),一般来说生大豆的最终加水量与豆乳浓度的关系见表 3-5。

表 3-5　加水量与豆乳浓度的关系

加水量*/(倍)	5		7		10		15	
加热时间**/min	3	20	3	20	3	20	3	20
豆乳得率***/%	70.8	59.7	92.4	92.9	93.2	93.7	95.1	
豆乳水分/%	88.95	89.39	91.37	91.48	93.76	93.80	95.70	95.81
豆乳蛋白质/%	5.11	4.80	4.03	3.98	2.91	2.89	1.99	1.96
豆乳黏度/CP	41200	162000	10.46	11.96	2.58	2.66	1.50	11.53

*生大豆为 1,包括吸水量在内的加热时加水量;**沸腾后煮沸时间;***过滤豆乳量与加水量比;CP:centi-poises 的缩合,厘泊,黏度单位

4. 过滤

过滤是分离豆渣的工序,主要是尽量除去不溶物质(如纤维物质等)。目前尚未见有关混杂不溶物质影响的报告。

5. 凝固

与凝固有关的因素包括原料品质、加热程度、豆乳浓度、凝固温度、凝固时间、凝固剂种类、凝固剂添加量、凝固剂混合方式等。由于这些因素是相互关联的,无法对这些条件进行限定。正因为如此,所以也就很难进行工序标准化,但却可进行个性化。不过,真正能发挥工序特长的仍是凝固剂。表 3-6 为主要凝固剂的特性。使用者可根据商品品质有效利用这些特性,将有助于改善豆腐的品质。

表 3-6 凝固剂的特性

种类	特性	标准凝固温度/℃	标准添加量/%
氯化镁	水溶性凝固反应快保水性弱	70(60～80)	豆乳的 0.3
葡萄糖酸内酯	水溶性凝固反应慢保水性强	85(高温较宜)	0.23～0.28
硫酸钙	难溶于水,凝固反应慢有保水性	75(70～85)	0.3～0.45
氯化钙	与氯化镁相似		
硫酸镁	与氯化镁相似,凝固反应稍慢		

6. 其他

如凝固前的全部工序,均按标准法做,或按设定方法做,其后的工序只需注意卫生即可。

四、加工工序各论

1. 老豆腐

豆乳浓度原则上为 8%～10%。但因各地对豆腐硬度(嫩老程度)嗜好不同,可慎重加以选择。一般来说,老豆腐的豆乳浓度略低,嫩豆腐的豆乳浓度略高。凝固剂主要为硫酸钙,但氯化镁、氯化钙等也可单独或混合使用。不论怎样,一定要在尽可能短时间内,使凝固剂与豆乳进行充分混合。因此,凝固剂溶解浓度、搅拌混合装置及其用法,就成为今天的研究课题。目前老豆腐的加工方法是使豆乳整个形成凝固状态,如果这一点做不到,就不可能生产可口的豆腐。

只要凝固得好,成型就不成问题。盛箱的技巧,主要在于参照压榨时上清液的流淌情况,减少凝固物间的间隙及使中央部位稍稍隆起。除水状态常受凝固状态的左右,不是单纯的加压就可以解决的。也就是说,适当的除水,来自于适当的凝固。

2. 嫩豆腐

豆乳浓度原则上在 10% 以上。品质虽与加热方法及凝固剂的使用方法有关,但浓度高的豆乳品质较好。提高豆乳浓度,就是减少加水量,因此要特别注意加热。需要注意的有:缩短到达沸腾时间(时间长使豆乳黏度增高)、沸腾后控制加热、使热量充分到达整个豆乳(防止加热的不均匀)。

凝固剂主要为硫酸钙和葡萄糖酸内酯,其他凝固剂使用得当,也可获相应的凝固物。除设立适宜凝固温度外,充分的凝固时间,也是获得优质的条件。此外豆乳与凝固剂的混合方式与老豆腐相同,但比老豆腐更为重要。

3. 包装豆腐

一般认为包装豆腐是将豆乳凝固在贩卖的容器内,而不是凝固在模箱或木桶中。生产方法虽因包装方式和包装容器等而异,但一般均为在豆乳冷却后,与凝固剂进行混合,然后再盛入容器,密封后加热凝固。为尽可能延迟混合时凝固反应,豆乳浓度越低越好。另外,豆乳黏度上升,会引起消化不良,因此有必要对凝固剂种类、添加量、混合方式等,进行综合条件的设定。

豆乳浓度与嫩豆腐大致相同,凝固剂多使用葡萄糖酸内酯,硫酸钙、氯化镁等也可使用。

4. 烤豆腐

可以认为是通常老豆腐表面带焦疵的一种豆腐。为降低这种豆腐的水分,通常在豆乳浓度的调整及凝固成型后,再进行脱水。

烤制的方法,有3种。其一,将成型的豆腐在燃烧器上烘烤,使其产生焦疵。其二,将豆腐放置在铁丝网上,用远火烘烤。其三,在铁板上涂油,放置豆腐后,进行所谓的"铁板烧"。

为使表面烤焦,豆腐表面应保持干燥(无存水)状态,这是烤好豆腐的必要条件。

五、豆制品加工中的蛋白质利用率

评价豆腐制品生产技术水平的一个重要指标,是大豆原料的利用率。考核企业的管理水平与经济效益,原料和用率也是一个关键,只讲出品率而不讲原料利用率是不科学的。在操作中只要少排出黄浆水,使豆腐制品多保持一些水分,就可以达到提高出品率的目的。但这样做不符合工艺要求,且降低了制品应有的质量规格。而用原料利用率这一指标,是有科学根据的。这是因为原料中各种成分转移到成品中可以通过分析手段来测定并计算,可以求出各成分原料利用率的理论值。该数值不受原料中所含杂质、成品中超标的含水量等的影响,因而有可比性,可以寻求提高原料利用率的方向,制定出有效措施。

1. 蛋白质利用率的计算

原料蛋白质利用率是原料中的蛋白质成分能否按要求在成品中被充分利用的一项指标。具体包括三项内容。

(1)蛋白质抽提率(简称提取率)

在大豆制成豆浆的过程中,大豆的蛋白质转移到豆浆中的量,可以称为抽提率。其计算公式如下

$$蛋白质抽提率=\frac{豆浆重量\times豆浆中蛋白质含量}{大豆重量\times大豆原料中蛋白质含量}\times100\%$$

(2)蛋白质凝固率(简称凝固率)

在豆浆凝固加工成豆制品的过程中,豆浆中的蛋白质成分转移到豆制品中的量,可以称为凝固率。其计算公式如下

$$蛋白质凝固率=\frac{豆制品重量\times豆制品中蛋白质含量}{豆浆重量\times豆浆中蛋白质含量}\times100\%$$

(3)蛋白质原料利用率

在整个加工过程中,从原料到成品,蛋白质的转移量就是蛋白质的原料利用率。其计算公式如下

$$蛋白质原料利用率=\frac{豆制品重量\times豆制品中蛋白质含量}{大豆重量\times大豆中蛋白质含量}\times100\%$$

$$蛋白质原料利用率=蛋白质抽提率\times蛋白质凝固率\times100\%$$

原料利用率的关键还在于抽提率。因为有些豆制品是由豆浆全都凝固而转变过来的,如包装豆腐。所以,凝固率的高低固然与生产技术有关,却是由产品的标准所决定的。

豆腐制品中的半脱水制品,由于排出浆水较多,其凝固率必然比含水较多的豆腐类为低。不同制品,其蛋白质原料利用率各不相同。其理论值可以通过实验取得。如果制品的含水量确定,则蛋白质利用率高的,出品率也高。

2. 蛋白质利用率的计算应用实例

以蛋白质利用率为例,其计算应用的实例如下。

(1)提取率的计算

大豆 100kg,各工序加水 800kg 后,过滤得豆浆 680kg。经测定,大豆中蛋白质含量为 38%,豆浆中蛋白质含量为 4.4%,其抽提率为

$$\frac{680 \times 4.4}{100 \times 38} \times 100\% = 78.74\%$$

(2)出品率的预测

用大豆 100kg 做豆腐,经分析,豆腐含水 85%,含蛋白质 7.5%,大豆中蛋白质含量为 36.5%,如蛋白质原料利用率按 66.5% 计算,则生产的豆腐量为

$$\frac{66.5 \times 100 \times 36.5}{7.5 \times 100} = 323.63(kg)$$

(3)根据成品的日产量,估计原料需要量

计划日产豆腐 1000kg,豆腐的水分为 84.8%,蛋白质为 7.54%,大豆中蛋白含量为 35.6%。根据以往生产统计,原料利用率平均值为 62.3%,日需大豆原料量为

$$\frac{1000 \times 7.54 \times 100}{62.3 \times 35.6} = 339.96(kg)$$

如原料利用率提高至 65%,可节约大豆用量为

$$339.96 - \frac{1000 \times 7.54 \times 100}{65 \times 35.6} = 14.12(kg)$$

(4)出品率高而原料利用率未必高

例如,两人各利用同样大豆原料 100kg 做豆腐,规定质量规格标准为含水 85% 者是正品。乙做豆腐 300kg,含水量符合规定标准;甲做 330kg,含水 88%,不符合标准,应属次品。

1)比较出品率,甲比乙高:
$$330 - 300 = 30(kg)$$

2)原料利用率比较。正品豆腐含水 85%,蛋白质含量为 7.4%;如含水 88%,蛋白质

含量折合 5.9％。若大豆原料中蛋白质含量为 34.4％时,蛋白质原料利用率分别为

$$甲:\frac{330\times5.9}{100\times34.4}\times100\%=56.6\% \qquad 乙:\frac{330\times7.4}{100\times34.4}\times100\%=64.53\%$$

故乙比甲的蛋白质原料利用率水平高:

$$乙-甲=64.53\%-56.60\%=7.93\%$$

以上说明,用不受规格标准约束的出品率作为衡量生产技术水平的标志是不科学的,也不可信的。

除用上述公式计算外,企业领导和技术人员根据生产经验或实测数据,也可推算出生产过程中原料蛋白质的具体转化情况。例如,1kg 黄豆含蛋白质 36％,则原料中总蛋白质为 360g。1kg 黄豆平均出 1.5kg 豆渣,豆渣含水量以 85％计,折干豆渣为 225g。干豆渣含蛋白质以 20％计,则豆渣中有蛋白质 45g。

1kg 原料豆以豆浆 8kg 计,且含大约 5％的细豆渣,那么,8kg 浆中含湿的细豆渣 400g、折干豆渣 60g,干豆渣中含蛋白仍以 20％计,干的细豆渣中又含蛋白质 12g。12g+45g=57g,系豆渣中的蛋白质总量。

豆浆中蛋白质含量=原料豆中总蛋白质 360g-豆渣中蛋白质 57g=303g

$$蛋白质提取率=\frac{豆浆蛋白质总量}{原料豆中蛋白质总量}\times100\%=\frac{303}{360}\times100\%=84.2\%$$

豆浆凝固成豆腐脑,压榨去水制成豆腐,平均 1kg 原料豆出 6kg 黄浆水,黄浆水中蛋白质含量为 0.6％,那么,黄浆水中蛋白质为 36g。

豆制品中的蛋白质含量=原料豆中蛋白质含量 360g-豆渣中蛋白质含量 57g-黄浆水中蛋白质含量 36g=267g

$$原料利用率=\frac{制品中蛋白质总量}{原料中蛋白质总量}\times100\%=\frac{267}{360}\times100\%=74.2\%$$

$$蛋白凝固率=\frac{制品中蛋白质总量}{豆浆中蛋白质总量}\times100\%=\frac{267}{303}\times100\%=88\%$$

综上所述,蛋白质提取率为 84.2％,蛋白质凝固率为 88％,蛋白质利用率为 74.2％。

另外,从分析化验中可知,约有 15.8％的蛋白质残留在豆渣中,约 10％的蛋白质随废水流失。因此,要提高原料大豆蛋白质的利用率,关键是如何降低豆渣和豆腐废水中蛋白质的含量。若精心操作是可以达到的。

第三节　日本豆腐及花色豆腐

一、日　本　豆　腐

日本豆腐,又称蛋玉品,起源于日本,传播于东南亚地区,1995 年从马来西亚引进中国。起初,日本豆腐仅在部分高档酒楼作为特色菜出现,由于其具有环保健康、口味好、制作方便等特点,迎合了中国百姓的饮食习惯,从而逐渐走向了寻常百姓的生活中。

正统的日本豆腐以鸡蛋为主要原料,辅之纯水、植物蛋白、天然调味料等,经科学配方精制而成,具有豆腐之爽滑鲜嫩,鸡蛋之美味清香,以其高品质、美味、营养、健康、方便的特点,在消费者中享有盛誉。引入我国之后,改为以大豆为主要原料制造。

日本豆腐的另一特色,是采用葡萄糖酸内酯作凝固剂,是从日本引进的一项新技术,用它取代以盐卤、石膏作豆腐凝固剂的传统加工方法,其产品色白、细嫩、无苦涩味,一般每千克黄豆可以制作出 6kg 豆腐,蛋白质含量比传统方法加工的豆腐高 18% 左右,经济效益明显提高。

1. 主要原料

选用无霉变的黄豆,筛去杂物,去掉虫粒,磨碎后待用。

2. 设备用具

石磨或破碎机、木桶或瓦缸、大锅、蒸笼等。

3. 生产工艺

(1)工艺流程

原料大豆→石磨破碎→加水浸泡→磨浆→除沫过滤→煮熟→加葡萄糖酸内酯→凝固→加温→降温凝固即为成品。

(2)制作方法

将黄豆装入木桶或瓦缸内,然后倒入清凉水,每千克黄豆掺入 22kg 水。浸泡中换水3 次,换水时要搅拌黄豆,进一步清除杂质,使 pH 降低,防止蛋白质酸变。

去皮黄豆的浸泡时间为:室温 15℃ 以下时浸泡 6~8h,20℃ 左右浸泡 5~6h,夏季气温高浸泡 3h 左右;带皮黄豆的浸泡时间为:夏季浸泡 4~5h,春、秋季浸泡 8~10h,冬季浸泡 24h 左右。陈黄豆可以相应延长一些时间。这样浸泡,能提高豆腐制品的光泽、筋度与出腐率。

将浸泡好的黄豆用石磨磨浆。石磨磨齿要均匀,磨出的豆浆才会既均匀又细。为了使黄豆充分释放蛋白质,要磨两遍。磨第一遍时,边磨边加凉水,共加水 30kg。磨完第一遍后,将豆浆再上磨,磨第二遍,同时加入凉水 15kg。这时,黄豆与水的比例一般为 1:5左右。磨完后,将豆浆用木桶或瓦缸装好。

取植物油或油脚,约占黄豆量的 1%,装入容器,加入 50~60℃ 的温水 10kg,用工具搅拌均匀。然后倒入豆浆中,即可消除泡沫。

消泡后,紧接着过滤。一般要过滤两次,边过滤边搅动。第二次过滤时,需加入适量凉水,将豆渣冲洗,使豆浆充分从豆渣中分离出来。过滤布的孔隙不能过大或过细。

然后将过滤好的豆浆一次倒入锅内,盖好盖加热,将豆浆烧开后煮 2~3min 即可。注意火不要烧得过猛,要一边加热一边用勺子扬浆,防止糊锅。

煮好后,把豆浆倒入木盆里冷却。当豆浆冷却到 30℃ 左右时,取葡萄糖酸内酯200g,溶于适量水中后,迅速将其加入豆浆中,并用勺子搅拌均匀。再将半凝固的豆浆倒入铝制容器或特制的塑料食品袋里,用蒸汽或蒸笼隔水加热 20min 左右,温度控制在 80~90℃,切勿超过 90℃。然后再次冷却,随着温度的降低,豆浆即形成细嫩、洁白的豆腐。

二、日本包装豆腐

包装豆腐是在无菌的条件下,将消过毒的凝固剂和在 60℃ 以上杀过菌的豆浆灌进无毒的容器里,就地密封静置 3min 以上,使混入豆浆的气泡消失,使豆浆凝固,加热成型。

　　整个灌浆机设在无菌室内,灌浆机的贮料箱及容器设备、灌浆和密封的各种装置都处于无菌状态。豆浆与凝固剂既可以同时灌装,也可以先灌充凝固剂,后灌充豆浆。豆浆必须在60℃以上时灌充,不到60℃时豆浆不会凝固。严格来讲凝固剂在此温度下也有问题,但豆浆少时则影响不大,实际上只掌握豆浆的温度就可以了。

　　在操作上豆浆的温度最好掌握在80~98℃,温度不足80℃时,凝固速度只是慢点而已。灌充速度为3~15s内灌充豆浆300g,时间过长会混入少量气泡。

　　豆浆灌完了之后,马上加以密封。如果凝固不完全时,还可以通过80~95℃的加热槽来加热。这样凝固了的豆浆在高温的条件下经过物理冲击,即可塑型。

　　具体做法是采用落下5~30cm的落差,轻轻敲打容器的侧面的方法。这项操作必须趁热进行,一冷就没有效果。最后放在冷却槽中加以冷却,即得本制品。

　　过去日本的包装豆腐,由于包装容器不理想,使用不太方便,而且豆腐制品中还混有气泡,严重地影响外观质量。因此,近年日本特许公报发表一则专利,该项专利提供一种新的包装豆腐的方法。这项新的包装豆腐不仅方便食用,外观质量良好,表面光滑而有美丽的纹理,而且还能在高温的条件下保存三个月不变质。

三、花 色 豆 腐

(一)花色豆腐的起源与发展

1. 花色豆腐

　　花色豆腐指的是在制作豆腐时添加了可食辅料,或直截了当使用其他可食物品制作豆腐,使产品色泽、营养更丰富多样。

　　花色豆腐与普通豆腐相比较,在豆腐高营养基础上,增加了大豆以外的其他营养,如维生素、膳食纤维和矿物质(如胡萝卜制作的花色豆腐富含胡萝卜素及其他微量元素),并且保持了蔬菜的天然色泽和清香,这种产品具有营养丰富、色泽诱人、品种新颖等特点,是一种高营养价值的新型健康食品。

2. 花色豆腐的起源

　　中国是豆腐的故乡,有着悠久的生产历史。但长期以来,我国市场上的豆腐口味单一、品种单调。几年前,日本和美国相继推出了七彩营养豆腐,不仅使豆腐走出了白色世界,而且在豆腐的营养、风味、色泽上都有了新的提高。

　　虽然花色豆腐在日本多年前就已经市场化了,而我国至今鲜见生产。但是,这并非表明花色豆腐起源于日本。实际上,花色豆腐的确起源于中国,只是没有很好地市场化运作。

　　花色豆腐起源于中国古代,这在中国宋朝、元代、明朝都有文史记载。如宋朝:"罌乳鱼"就是用罌粟净洗磨乳制作成的豆腐,在元朝:"用绿豆少许,秘之又秘",要知道,加绿豆后产品就会起变化,特别是骨里青大豆;而在明朝:"仙人草取汁入米,则成绿豆腐,延平人好食之薜荔果赢石;莲蓬取汁加胭脂,则成红豆腐;据斗粟磨之成粉,则成黄豆腐;蕨粉成黑豆腐。"特别是在中国豆腐研制初期,添加补品、名药,制作仙丹、仙药,不足为怪。翻开《淮南子》一书,在炼丹术里所用矿物和药材有丹砂、硫黄、石精、云母、曾青、矾及茯苓、紫芝、地黄、天雄、鸡头、甘草等几十种。其中有20多种见于《神农本草经》,都记载有"长生不老"的功效。可以考证的是矾可以沉淀水中杂物,甘草用于冶炼石膏去涩,扬灰用以洗涤等,加茯苓可以称作茯苓豆腐,加紫芝可称为紫芝豆腐。

(二)特色豆腐的种类

1. 果蔬豆腐

将各种新鲜蔬菜洗净,捣成蔬菜浆。在豆浆中混进蔬菜浆,加入适量凝固剂,搅拌充分后放入凝固箱内凝固成型。该豆腐含有丰富的植物蛋白和维生素,并有豆腐和蔬菜的天然风味。

以果蔬为辅料生产果蔬豆腐,既保持了传统豆腐的营养价值,又添加了维生素等多种微量元素,并具有了天然的色泽和蔬菜的清香,是目前开发研究最多的特色豆腐。适合添加的果蔬据报道有萝卜缨、芹菜、荠菜、胡萝卜、番茄、菠菜、黄瓜、南瓜、姜、桑叶、椰子等。

2. 杂粮豆腐

鉴于目前提倡吃杂粮的风潮,不少豆腐加入了除大豆外的其他杂粮作为辅料,目前报道的有山药、红薯、苦荞、绿豆、薏米、麦胚、花生等。

3. 藻类豆腐

豆腐营养丰富,其中含有多种皂苷,能促进脂肪分解,但皂苷又可促进碘的排泄,容易引起碘缺乏。所以在豆腐中加入海产品是提高豆腐营养价值的好方法。陈洪兴以小球藻为目标,研制了营养保健的小球藻豆腐。李春华、房健、高雅文等以海带为原料,研制了营养丰富、口感细腻、香味浓郁、食用方便、成本低廉的海带豆腐。

4. 花卉豆腐

我国自古就有食用花卉的习俗。以花卉为辅料开发特色豆腐能丰富豆腐市场。李夏、黄漫青等对仙人掌内酯豆腐进行研制,翟爱华、杜琨、罗先群等以芦荟为辅料进行研制,均研制出了风味独特、具有较高食疗保健效果的新型豆腐。

5. 滋补豆腐

采用一些我国比较传统的、有滋补作用的材料与豆腐搭配,研制新型滋补豆腐,如杏仁豆腐、奶豆腐、茶豆腐、鱼豆腐、鸡蛋豆腐等。

(1)鸡蛋豆腐

以豆浆和鸡蛋清为主要原料,加入适量鸡肉、虾米、白果(银杏)和蘑菇等辅料制成。这种豆腐含有丰富的动物蛋白和植物蛋白,其味鲜美,是良好的保健滋补品。

(2)芝麻豆腐

将大豆制成豆乳,加入炒熟捣烂的黑芝麻和芝麻油拌匀,添加凝固剂使其凝固。该豆腐黑白相间,细腻可口,营养丰富。

(3)荞麦豆腐

在豆浆中加入荞麦粉,搅拌加热后,成为麦豆乳。再加凝固剂凝固,装入滤袋过滤去渣,装箱榨去水分即成。

(4)山芋豆腐

将山芋煮熟,过滤,除渣,加入到 $70\sim100℃$ 的豆乳中,搅拌 40min,加凝固剂使其凝固。装箱,挤去水分,切开,冷却即为成品。

(5)肉类豆腐

用动物咸肉、大豆、植物油和凝固剂等制成。具有香嫩可口的特点,也可作香肠的代替品。

（6）牛排豆腐

以大豆为主要原料，加入牛肉末和多种调味品，压制成牛排形。其特色是具有浓郁的牛肉香味，易于保存。

（7）核酸豆腐

在豆腐制作过程中添加适量的核酸而成。

（8）麻油豆腐

这种豆腐采用了芝麻和芝麻油，从而改善豆腐的风味和口感。方法是将大豆制成豆乳后，加炒熟捣碎的黑芝麻和麻油，混合搅拌，再添加凝固剂使其凝固。制成的豆腐，外观黑白相间，食感细腻可口，营养更丰富。

（9）花生豆腐

将花生去壳后粉碎成非常细的粉末，再与马铃薯淀粉以一定比例混合，搅拌均匀，加水冷却凝固，即成美味可口的花生豆腐。这种豆腐既保持了花生原有的营养成分，而且易被人体吸收。

（10）维强豆腐

在制作豆腐过程中，分别添加适量的维生素 B 和维生素 A，制成一种维生素强化豆腐。这种豆腐可用来弥补人体对维生素的缺乏。

（11）咖啡豆腐

用低温豆粕掉取豆浆，然后用速溶咖啡混合凝固，制得风味独特、味美可口的咖啡豆腐。这种豆腐既可熟制肴，又可当点心吃。

（12）乳酸豆腐

采用常规方法制作出豆浆，再将培养成熟的乳酸菌加入豆浆内，装袋密封便成。其味别具一格。

（三）花色豆腐实例

1. 蔬菜汁豆腐

（1）原料

优质大豆、新鲜胡萝卜、南瓜、菠菜、芹菜、花生，食用级葡萄糖酸内酯、石膏、卡拉胶、单甘酯、氯化钙、柠檬酸、蔗糖酯、CMC、琼脂等。

（2）仪器设备

粉碎机、组织捣碎机、榨汁机、恒温水浴锅、均质机、胶体磨等。

（3）菜汁的制备

胡萝卜汁的制备：原料→清洗→去皮→预煮→打浆→过滤（去渣）→添加稳定剂→均质→胡萝卜汁。

南瓜汁的制备：原料→清洗→削皮→预煮→打浆→过滤（去渣）→南瓜汁。

菠菜汁的制备：原料→清洗→烫漂→打浆→过滤（去渣）→添加氯化钙→菠菜汁。

花生乳的制备：原料筛选→烘烤去皮→加水浸泡→打浆→过滤（去渣）→乳化→均质→花生乳。

以菜汁花色豆腐为例，制造流程如下：

大豆→筛选→水洗→浸泡→去皮→冲洗→磨浆→煮浆→过滤（去渣）→豆浆→混合浆→葡萄糖酸内酯点浆→放入模盒→封口→成型→冷却→成品。

操作要点如下。

筛选:选取颗粒饱满,无虫蛀、霉变大豆。

浸泡:按照料水比为1:3.5的比例,将大豆加入到水中,浸泡7～8h,大豆吸水量为浸泡前2.0～2.5倍。

磨浆:用大豆干重的4倍水磨浆。

煮浆:豆浆在80℃左右加入适量消泡剂,不断搅拌,防止锅底结焦(也可用水浴加热),煮沸3～5min。

点浆:冷却到30℃以下时,加入菜汁。并添加占豆浆质量的0.2%～0.25%的内酯和0.1%左右的石膏(因为在口感上,葡萄糖酸内酯酸味较重,和其他添加剂配合使用,口感较佳)。

成型:水浴加热至90～95℃,保温25～30min。加温成型同时也起到了消毒作用。

冷却:加热完毕,应尽快冷却,使豆腐口感较佳。

2. 花生豆腐的制备

花生豆腐的制备流程如下:

混合浆→加凝固剂→放入模盒→封口→消毒→冷却→成品。

基本过程与菜汁豆腐制备相同,但不能加葡萄糖酸内酯点浆,而要用蒸馏单甘酯和卡拉胶来凝固。另外,加凝固剂后,混合浆很快凝固,不必加温成型,但为了卫生需要,仍要加热消毒。

3. 茶豆腐制造

(1)原料

大豆及英德红茶、英德绿茶。

(2)豆乳制作

称取颗粒饱满、无虫蛀的大豆,用水浸泡12h,倒出浸豆水,加水用混合机打碎,加热煮沸5min,制成豆乳。

(3)茶汁的制备

称取茶叶,配加定量的水,煮沸后用双层纱布过滤,制得不同茶水比的茶汁。

(4)带茶叶茶汁的制备

称取茶叶,配加定量的水,煮沸后不过滤,直接制得带茶叶茶汁。

(5)豆腐的制备

豆乳在浆温90℃下加入添加物(茶汁、带茶叶茶汁、凝固剂等),保温5min后蹲脑18h,压榨即成。

茶汁、茶叶含有丰富的维生素、矿物质和微量元素,对强身健体有较好的作用。豆腐生产中加入茶汁制成茶汁豆腐,或添加茶叶和茶汁的混合物制作茶叶豆腐。茶汁豆腐和茶叶豆腐具有茶叶应有的香味,且营养价值高于普通豆腐。

利用茶叶、茶汁制成不同颜色、具有保健功能的茶豆腐,对丰富豆腐品种及提高豆腐营养起到了一定的作用。

4. 桑汁营养保健豆腐

(1)原料

大豆:符合GB 1351-86要求;桑叶:色泽墨绿或深绿,无虫卵,无病斑;葡萄糖酸内酯。

（2）方法

桑汁的制备工艺流程如下：

原料→选叶→清洗→杀青(80℃,9s)→沥干→切碎→打浆→过滤→桑汁。

具体操作方法如下：

将选好的桑叶称重，清洗干净后，置于80℃的热水中杀青9s，捞起沥干水分后，切成细条，加入定量水放入打浆机中打浆，经300目绢布过滤后即得绿色的桑汁。

桑汁营养豆腐的制备工艺流程如下：

大豆→浸泡→磨浆→煮浆→过滤→冷却→加入定量桑汁搅拌→加入凝固剂→加热保温(85℃,20～25min)→冷却成型。

具体操作方法如下：选取颗粒饱满、无虫蛀、无霉变的大豆，夏季浸泡12～14h，冬季浸泡18～24h，大豆吸水后重量为浸泡前的2.0～2.5倍，用大豆干重的4倍水磨浆，得到的豆浆放入锅中煮沸，期间要不断搅拌，防止锅底结焦。煮沸1min后，冷却至30℃后，先用洁净纱布过滤，再用100目绢布过滤。过滤后豆乳按比例加入桑汁，搅拌均匀后，加入定量凝固剂，搅拌均匀，装瓶或装盒，封口，于水浴中加热至85℃，保持20～25min，即凝固成型。

（3）产品分析

桑叶作为桑树的组成部分，具有较高的营养价值。例如，桑叶中的甾体、萜类化合物和黄酮类化合物等物质对人体有降压利尿的功能，且具有祛风清热、凉血明目等作用。以桑叶配制而成的感冒片、中药制剂可用于主治感冒、发烧、头痛、咽喉肿痛等症，也可以作清凉饮料。以新鲜桑叶汁替代部分含水量，研制新型的桑汁营养保健豆腐。

第四节　豆腐食用安全

一、不宜食用豆腐的人群

豆腐可以说是我国最为传统的食品之一，不仅口感嫩滑，而且还含有极为丰富的营养。虽然豆腐营养丰富，但有一部分人却无福享用。

1. 痛风患者

豆腐的原材料是大豆，而在大豆中含有极为丰富的嘌呤，由于豆腐中的嘌呤会导致痛风患者的血尿浓度增高，再加上患者本身就存在嘌呤代谢的障碍，吃豆腐会使患者体内血尿酸度增高，从而使病情加重。因此对于患有痛风的患者来说最好不要过量食用豆腐。

2. 胃寒者

豆腐的性质偏寒，因此对于一些体质较为虚弱，并且患有胃寒及宫寒的女性来说都是禁止过量食用的。特别是对于患有胃寒的患者，如果在平时吃过量豆腐的话，会导致出现胸闷、反胃等现象，因此以不吃豆腐为好。

3. 服用四环素类药物者

在服用四环素类药物的时候，尽可能地少吃或者不吃豆腐，这是由于豆腐含有较多的钙，而用盐卤做的石膏中含有较多的镁，四环素遇到钙、镁会发生反应，降低杀菌效果。

不适合食用豆腐的人不仅仅只有这些，但这些是最为典型的代表，因此在大量食用豆腐之前先了解自己的体质，以免后患无穷。

二、与豆腐有关的疾病

豆腐是日常饮食中最为常见的一道菜肴，除了其口感鲜美之外，丰富的营养价值也被大家所喜爱。但豆腐并不是多多益善，过量食用同样会危害人体健康。

1. 肾功能衰退

人体摄入的植物蛋白，大部分都需要通过代谢变成含氮废物，并且由肾脏排出体外。如果植物蛋白一次性摄入过量的话，势必会使体内生成的含氮废物增多，加重肾脏的负担，导致肾脏提早衰退，从而影响到整个人体的健康。

2. 碘缺乏病

在大豆中都含有皂苷的物质，它本身具有很好的药用价值，可预防动脉粥样硬化，同时还能够促进人体多余碘的排泄。但如果一次性过量食用豆腐的话，就会导致碘排泄过量，从而引起碘缺乏，诱发碘缺乏病。

3. 消化不良

豆腐中所含有的蛋白质极为丰富，适量食用非常有利于人体健康。但过量的食用则会导致其中的蛋白质阻碍人体对铁的吸收，而且容易引起蛋白质消化不良，出现腹胀等不适症状。

4. 痛风发作

豆腐中除了含有大量的植物蛋白之外，嘌呤的含量也极为丰富，嘌呤代谢失常的痛风患者和血尿酸浓度增高的患者多食易导致痛风发作。因此患有痛风的患者在平时最好控制对豆腐的摄取量，以免诱发疾病。

5. 动脉硬化

国外的一项研究发现，在豆腐中还含有丰富的甲硫氨酸，这种物质在酶的作用下可转化为半胱氨酸。而半胱氨酸会损伤动脉管壁内皮细胞，易使胆固醇和甘油三酯沉积于动脉壁上，促使动脉硬化形成。

豆腐的营养价值不可忽略，但它对人体的危害也不能视而不见，即使豆腐再好，也要注意控制食用量。

三、吃豆腐的禁忌

1. 不宜吃得太多

据一些营养与卫生专家分析，豆腐中含有大量钙质，食用过量，很可能在体内产生沉淀，导致结石。

2. 忌将豆腐与菠菜同煮

豆腐是生豆浆中加入盐卤或石膏作成的，盐卤中含有氯化镁，石膏中有硝酸钙。菠菜中含有很多草酸，它能与氯化镁、硫酸钙发生化学反应，生成不溶于水的草酸镁或草酸钙等白色沉淀，因钙质是人体很需要的养料，一旦变成不溶于水的沉淀后人体就不能吸收了。

但也有一种较好处理方法，先把菠菜放在较多的开水中煮三分钟后捞出，使菠菜中的草酸大量溶在汤内，倒掉这些汤，把捞出的菠菜与豆腐同煮，就可以了。

第四章　腐　竹

第一节　概　述

一、腐竹的定义

腐竹(yuba),又称腐皮、豆腐皮、豆筋、支竹、甜竹、腐筋、豆根、片竹等,是以豆科植物大豆之种子为原料磨制豆浆,豆浆煮沸冷却后,挑起表面凝固的薄膜干制而制得的一种营养丰富的素食品,属于非发酵豆制品,其营养成分与大豆相似。可鲜吃或晒干后吃,是东亚地区常见的食物原料。

最初,腐竹是做豆腐的副产物,早期称作豆腐皮,豆腐皮(即腐竹)一词最早出现在李时珍《本草纲目》中,将豆浆加热时,表面出现一层膜,将膜取出,干燥后即得豆腐皮。

腐竹早期的确被称为腐皮,何时改称腐竹,没有明确的记载。有一种说法:腐竹是做豆腐煮浆过程中的副产物,挑起干燥后成型,形状直直的,像竹子一样,所以就叫腐竹了;另外一种表述是:腐竹,是一种用大豆加工制作的食品,因外形像干竹片,故名腐竹;还有一种说法更简单:大豆磨浆烧煮后,凝结干制而成,因其中空似竹,故名腐竹。三种说法都有一个共同点,就是名字来源于其"形"似竹。

二、腐竹与腐皮

1. 非发酵豆制品

腐竹与腐皮都属于非发酵豆制品。所谓非发酵豆制品,国家标准 GB/T 22106—2008 有明确的定义:以大豆和水为主要原料,经过制浆工艺,凝固(或不凝固),调味或不调味等加工工艺制成的产品。

根据此定义,非发酵豆制品有以下几类。

1)豆浆类:包括纯豆浆、调味豆浆。

2)豆腐类:包括豆腐花、内酯豆腐、老豆腐(北豆腐)、嫩豆腐(南豆腐)、调味豆腐、冷冻豆腐、脱水豆腐等。

3)豆腐干类:包括豆腐干、熏制豆腐干、炸制豆腐干、调味豆腐干、脱水豆腐干。

4)腐竹类:包括腐皮、腐竹。

2. 腐竹与腐皮的区别

虽然许多技术资料都介绍腐竹又称腐皮或豆腐皮,但是,严格地讲,这二者之间还是有一些区别的。

虽然按照上述分类标准,腐竹和腐皮包含在腐竹类产品之中,但二者的确不是指一种东西。腐皮,是指从熟豆浆静止表面揭起的凝结薄膜,经干燥而成的产品;腐竹,是指从熟豆浆静止表面揭其的凝结厚膜,折叠成条状,经干燥(或不干燥)而成的产品。二者的本质区别就是一薄一厚:腐皮是薄的,是单层的未经折叠的;腐竹是相对厚的,经过折叠后形成两层或多层的。此外,腐皮是单层、平面的,而腐竹是多层、中空似竹的。

三、腐竹的本质

就本质而言,腐竹是一种非发酵类豆制品。

从腐竹宏观加工工艺上讲:先将新鲜大豆浸泡、磨浆、滤去豆腐渣后可得到一种乳白色液体——豆浆。然后对豆浆加热,在其表面会凝固一层薄膜(皮),这层皮就是腐皮(单层),如果将腐皮进行折叠,就得到腐竹,腐竹可以晾干或者不晾干,也就是说腐竹并一定是很干的。而一般来说,用工具挑起薄膜后挂起晾干得到"U"字形的干腐竹,也可以等到半干后折叠成有规则的长方形。

从腐竹微观形成原理上讲:当对豆浆进行热处理时,豆浆中的蛋白质发生变性,其分子结构发生变化,疏水性基团转移到分子的外部,而亲水性基团则转移到分子的内部。同时豆浆表面的水分子不断被蒸发,蛋白质浓度不断增加,蛋白质分子之间互相碰撞、发生聚合反应而聚结,同时以疏水键与脂肪结合,从而形成"大豆蛋白质-脂类"薄膜,即腐竹薄膜,经人工挑起并干燥脱水后即得腐竹产品。

四、腐竹的营养及营养特点

1. 腐竹的营养成分

腐竹看起来只有薄薄的一层皮,其实是用豆浆加工而成的,在豆制品中营养极高。

营养学资料表明,每100g干腐竹含水分7.9g,蛋白质44.6g,脂肪21.7g,碳水化合物22.3g,钙77mg,磷284mg,铁16.5mg,粗纤维1g,钾553mg,维生素E27.84mg,烟酸0.8mg。

腐竹中营养成分含量见表4-1。

表 4-1 每 100g 腐竹中营养成分含量

分类	名称	数量
基本成分	水分/g	7.9
	热量/kcal*	459
	能量/kJ	1920
	蛋白质/g	44.6
	脂肪/g	21.7
	碳水化合物/g	22.3
	膳食纤维/g	1
	灰分/g	3.5
微量营养	硫胺素/μg	0.13
	核黄素/mg	0.07
	烟酸/mg	0.8
	维生素 E/mg	27.84
	叶酸/μg	147.6

* cal 为非法定单位,1cal=4.184J,全书同

续表

分类	名称	数量
无机盐与微量元素	钙/mg	77
	磷/mg	284
	钾/mg	553
	钠/mg	26.5
	镁/mg	71
	铁/mg	16.5
	锌/mg	3.69
	硒/μg	6.65
	铜/mg	1.31
	锰/mg	2.55

2. 腐竹的营养特点

1)腐竹是用豆浆加工而成的,在豆制品中营养价值最高。从营养的角度来说,腐竹是一种良好的植物蛋白质食品。腐竹含蛋白质丰富而含水量少,这与在制作过程中经过烘干,浓缩了豆浆中的营养有关。和一般的豆制品相比,腐竹的营养素密度更高。

一般腐竹中含蛋白质 45%～50%(大豆蛋白质含量一般为 37%～42%),比大豆中的蛋白含量要高。含脂肪约 28%,此外还有糖类及其他的维生素和矿物元素。

2)腐竹中三种能量物质的比例非常均衡,和《中国居民膳食指南》中推荐的能量摄入比值较为接近,是一种营养丰富又可以为人体提供均衡能量的优质豆制品。

3)腐竹不含胆固醇,并有降低人体血液中胆固醇含量的作用。由于西方国家"肉类型"的膳食结构会给人的健康带来负面影响,所以,近年来大豆蛋白质制品不仅在东方,而且在西方也深受消费者的欢迎。国际市场对腐竹产品的需要量日趋增大。

4)腐竹不仅含有钙、磷、铁等无机元素和人体必需微量元素,而且还含有硫胺素、核黄素和烟酸等人体所需的特殊营养素。

5)腐竹的氨基酸组成接近人体需要,而且富含粮食中较为缺乏的赖氨酸。

6)腐竹含有丰富的谷氨酸,为其他豆类或动物性食物的 2～5 倍。因为谷氨酸在大脑活动中起着重要作用,所以腐竹具有良好的健脑作用,有助于预防阿尔茨海默病。

7)腐竹中含有丰富的磷脂,尤其是大豆卵磷脂,能降低血液中胆固醇含量,有防止高脂血症、动脉硬化的效果。

3. 腐竹与豆腐、豆浆营养比较

腐竹看起来只有薄薄的一层皮,其实它是大豆磨浆烧煮后,凝结干制而成的豆制品。日常最常食用的三种豆制品——豆腐、豆浆、腐竹相比较,新版《中国居民膳食指南》数据表明,每 100g 豆腐、豆浆、腐竹的蛋白质含量分别为 8.1g、1.8g、44.6g;含碳水化合物分别为 4.2g、1.1g、22.3g;而水分含量分别是 82.8g、96.4g、7.9g。可见,腐竹含蛋白质丰富而含水量少,营养自然更出众。

五、腐竹的食疗功效

腐竹是中国人很喜爱的一种传统食品,具有浓郁的豆香味,同时还有着其他豆制品所不具备的独特口感。腐竹是从锅中挑皮、捋直,卷成杆状,经过烘干而制成的豆制品。腐竹色泽黄白,油光透亮,含有丰富的蛋白质及多种营养成分。以颜色浅麦黄,有光泽,蜂窝均匀,折之易断,形状整齐为佳。腐竹是豆制品中的高档食品,以营养价值高,被人们广称为"素中之荤",备受广大消费者的喜爱。

1. 食疗作用

腐竹由黄豆制成,具有与黄豆相似的营养价值,如黄豆卵白、膳食纤维及碳水化合物等,对人体非常有益。腐竹味甘、性平,具有清热润肺、止咳消痰的功效。腐竹的保健功能同豆浆相差无几,几乎适合所有人食用。

2. 营养分析

①腐竹中含有丰富的蛋白质,营养价值较高;②腐竹含有的卵磷脂可除去附在血管壁上的胆固醇,防止血管硬化,预防心血管疾病,保护心脏;③腐竹含有多种矿物质,补充钙质,防止因缺钙引起的骨质疏松,促进骨骼发育;④腐竹还含有丰富的铁,而且易被人体吸收,对缺铁性贫血有一定疗效。

3. 腐竹适合人群

腐竹的营养价值高,一般人群均可食用,但有些人,如肾炎、肾功能不全者最好少吃,否则会加重病情。糖尿病,酸中毒病人及痛风患者或正在服用四环素、优降灵等药的病人也应慎食。另外,由于制作方式的差异,腐竹的热量和其他豆制品比起来有些高,每100g的热量为457kcal(豆腐82kcal、豆腐干140kcal、油豆腐244kcal)。广东人爱吃的枝竹由腐竹再次油炸制成,热量就更高了,达到每100g热量为472kcal,超过了同等质量猪肉的热量。因此,需要控制体重的人最好别经常吃腐竹,或在吃腐竹的时候适当减少主食的摄入。

4. 腐竹的食疗作用

腐竹具有良好的健脑作用,它能预防阿尔茨海默病的发生。这是因为,腐竹中谷氨酸含量很高,为其他豆类或动物性食物的 2~5 倍,而谷氨酸在大脑活动中起着重要作用。

此外,腐竹中所含有的磷脂还能降低血液中胆固醇含量,有防止高脂血症、动脉硬化的效果。

研究发现,腐竹中含有的卵磷脂可除掉附在血管壁上的胆固醇,防止血管硬化,保护心脏,预防心血管疾病。

第二节　腐竹形成的机制

腐竹是以豆科植物大豆之种子为原料而制得的一种营养丰富的素食品,其营养成分与大豆相似。一般腐竹中含蛋白质约 50％,脂肪约 28％,因此腐竹是一种良好的植物蛋白质食品。

由于西方国家"肉类型"的膳食结构会给人的健康带来负面影响,所以,近年来大豆蛋白质制品不仅在东方而且在西方也深受消费者的欢迎。国际市场对腐竹产品的需要量日趋增大。目前我国腐竹生产厂家基本上是作坊式的小厂,产量低而且质量不稳定。究其原因,主要是对腐竹生产机制认识不够,对大豆蛋白质凝胶结构及其影响因素认识模糊,因此生产中缺乏正确的理论指导。

一、豆浆的物理化学性质

腐竹制造的关键,是豆浆表面那一层富含蛋白质、厚度适中、韧性强的蛋白质-脂类薄膜的形成。腐竹的形成过程可以看成是大豆蛋白质浓缩和分离的过程。这一过程涉及一些物理化学变化,因此,在阐述腐竹的形成机制之前,首先要弄清豆浆的物理化学性质。

1. 豆浆是复杂的分散体系

大豆中含有蛋白质、脂肪、无机盐、糖类等化学成分。大豆经浸泡、加水磨碎后,经过滤除去豆渣得到的乳白色液体称为豆浆。因此豆浆是一种含有乳浊液、胶体、真溶液三种分散体系的复杂分散体系。在此分散体系中,对豆浆的性质起决定作用的是蛋白质胶体分散系(大豆蛋白质溶胶)。

2. 体系稳定的前提是两力平衡

豆浆分散体系中,大豆蛋白质分子的亲水性基团,如氨基（—NH）、羧基（—COOH）等处在分子外部,而疏水性基团则处在分子的内部。蛋白质分子由于水化作用而吸附许多水分子。另外大豆蛋白质是一种两性物质,豆浆分散体系的 pH 大于其等电点,故大豆蛋白质胶粒带有负电荷,以静电吸附正离子 H_3O^+,靠近胶粒表面吸附的 H_3O^+ 较多,为紧密的吸附层,距离胶粒较远处,只能吸附较少量的 H_3O^+,为松散的扩散层,吸附层和扩散层构成蛋白质分子的双电层。即大豆蛋白质胶粒带有负电荷,其四周为离子氛所包围。

豆浆分散体系中蛋白质胶粒间存在范德华力,其大小与胶粒间的距离的三次方成反比,蛋白质胶粒间也存在排斥力,但该排斥力只有当两个蛋白质胶粒的离子氛发生重叠时,斥力才产生。其大小为蛋白质胶粒之间距离的指数函数。

3. 体系破坏的条件

当两个蛋白质胶粒相互接近时,体系相互作用的能量(吸引能＋排斥能)的变化情况如图 4-1 所示。

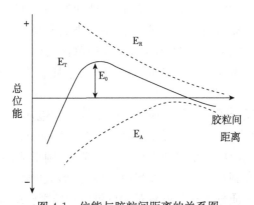

图 4-1 位能与胶粒间距离的关系图

E_R:排斥能曲线,取为正值;E_A:吸引能曲线,取为负值;E_T:总位能;E_0:能峰

从图 4-1 可见,要使蛋白质分子聚结,必须提供能量,使其能克服能峰 E_0,最后互相碰撞而聚结。

二、腐竹薄膜形成机制

腐竹制造的关键,是豆浆表面那一层富含蛋白质、厚度适中、韧性强的蛋白质-脂类薄膜的形成。大豆蛋白质-脂类薄膜(腐竹)的形成原因,是大豆蛋白质受热变性的同时,空气/水,或油/水界面产生吸热聚合作用,使豆浆中蛋白质和脂类物质相互作用,产生表面聚合,形成薄膜。

在制造过程中,当对豆浆进行热处理时,一方面,豆浆中的蛋白质发生热变性,其分子结构发生变化,疏水性基团转移到分子的外部,而亲水性基团则转移到分子的内部。同时,豆浆表面的水分子不断被蒸发,蛋白质浓度不断增加,蛋白质分子之间互相碰撞而发生聚合反应而聚结,同时以疏水键与脂肪结合,从而促使大豆蛋白质-脂类薄膜形成;另一方面,加热促使蛋白质等分子运动加快、碰撞机会增加的同时,也使豆浆表面水分不断蒸发、脱水。豆浆中的总体水分不断减少,从而不断得到浓缩,浆体中的蛋白质浓度和脂类物质浓度不断增加。这些大分子物质相互碰撞的机会不断增多,加快了大豆蛋白质或脂蛋白单体吸热聚合形成薄膜,即腐竹薄膜,经人工挑起并干燥脱水后即得腐竹产品。

随着腐竹皮的层层挑出,豆浆中的碳水化合物和灰分(矿物质)则保留在所残留的乳脂中。随着豆浆加热和形成的腐竹不断被揭走,后面再形成的薄膜(腐竹)其蛋白质和脂类物质的含量逐渐降低。第一层腐竹的蛋白质和脂质含量最高,之后连层降低。反之,腐竹中的碳水化合物和灰分含量逐渐升高。

三、腐竹薄膜的形成影响因素

1. 影响大豆蛋白质凝胶结构的因素

大豆蛋白质的凝胶结构的好坏对腐竹产品的质量好坏具有决定性的作用。而大豆蛋白质凝胶结构的状态与蛋白质分子形成凝胶时的变性程度有关。

豆浆分散体系中含有的蛋白质主要是大豆球蛋白和类大豆球蛋白,这两种蛋白质均具有复杂的四级结构。大豆球蛋白由酸性亚基和碱性亚基构成。酸性亚基的相对分子质量为 34 800~45 000,等电点为 4.75~5.40。碱性亚基的相对分子质量为 19 600~22 000,等电点为 8.0~8.5,亚基内存在二硫键。类大豆球蛋白中 β 类大豆球蛋白占 90%。这一类大豆球蛋白由六种单体组成,这六种单体又由 α、α1 和 β 三种亚基组成,α 和 α1 亚基的相对分子质量为 57 000,β 亚基的相对分子质量为 42 000。α、α1 和 β 亚基的等电点分别为 4.9、5.2 和 5.7~6.0。

豆浆经加热,蛋白质分子吸收热量而发生热变性。它包括了蛋白质分子的解离和缔合反应及蛋白质分子聚合,均影响所形成凝胶的结构。Hermansson 研究表明,给大豆球蛋白液加热时,若加热的温度不足以使大豆球蛋白解离,则形成的凝胶结构聚集紧密,不够膨松;当加热的温度高到足以使大豆球蛋白解离时,形成的凝胶结构则较好,其截面呈空心圆筒形。因此,蛋白质分子充分解离对大豆蛋白质的凝胶结构具有重要意义。

大豆蛋白质的解离与加热的温度和溶液的离子强度有关。离子强度越大,大豆蛋白质解离所需的温度就越高,即离子强度对蛋白质的解离有抑制作用。Lwabuchi 和 Yamanchi 研究认为,大豆球蛋白在离子强度 $I=0~0.5$ 时,100℃加热 5min,大豆球蛋白分子能产生解离现象,而当 $I>0.6$ 时,100℃加热 5min,大豆球蛋白分子不能产生解离现象。对于类大豆球蛋白,当离子强度 $I \geqslant 0.1$ 时不能发生解离,要使类大豆球蛋白发生解离,离子强度要趋近于 0。

2. 影响大豆蛋白质凝胶强度的因素

大豆蛋白质的凝胶强度直接影响到腐竹产品的柔韧性,它与大豆蛋白质分子聚合时形成的键的数目有关。如所用原料大豆贮存时间过长,其蛋白质分子中的巯基(—SH)被氧化,形成凝胶时,肽链间的二硫键减少,导致凝胶强度降低。

脂类对大豆蛋白质凝胶强度的增加具有特殊的意义。Kazuko 和 Setsuro 研究表明,在豆浆中添加脂肪酸甲酯和三脂肪酸甘油酯时,脂肪酸部分的碳链长度越短,大豆蛋白质对脂肪的吸附量也越大,形成的凝胶强度也越大。如图 4-2 所示。

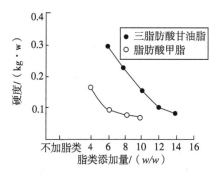

图 4-2 添加各种脂类对大豆蛋白凝胶强度的影响

3. 影响腐竹色泽的因素

豆浆中含有糖类和氨基酸。在长时间的热处理过程中,蛋白质与脂类不断形成凝胶而被抽提出来,豆浆中余下的糖类因受热而分解生成具有还原性的单糖。氨基酸与还原性单糖发生美拉德反应而生成黑色的类黑精色素,使产品的色泽变坏同时引起氨基酸的损失,为保证腐竹产品质量,腐竹生产过程中应尽量阻止和延迟美拉德反应的发生。

据报道,大豆的浸泡时间越长,大豆中的糖类被浸出越多,磨浆后制成的豆浆含糖量越低。

因此建议生产腐竹时,浸泡大豆的时间应充分,浸泡后应用清水冲洗后再磨浆,以降低保温提条工序时美拉德反应的程度。

另外,可加入亚硫酸盐以阻断美拉德反应(图 4-3)。其机制如下:

美拉德反应受 pH 的影响也很显著。如果溶液的 pH 为 6 或低于 6,那么即使有褐变产生,褐变程度也是低的。

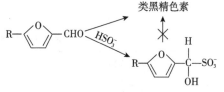

图 4-3 添加亚硫酸盐以阻断美拉德反应的反应式

4. 煮浆、保温提条中的温度控制

腐竹的生产是基于大豆蛋白质的热变性而聚合形成凝胶。因此,煮浆和保温提条工序中的温度控制显得很重要。它影响到腐竹的得率与质量。但是温度的控制是一个非常复杂的问题。

对豆浆进行热处理的目的有两个:①使大豆蛋白质变性;②提供大豆蛋白质分子聚合所需的聚合能。

在加热煮浆阶段应注意控制升温速率,若升温速度过慢则由于变性的蛋白质分子浓度小,相互间的有效碰撞减少,形成凝胶量少,造成腐竹薄膜的形成速度慢且量少,从而产品得率较低;若升温速度过快,则由于变性的蛋白质分子肽链未能完全伸展即互相聚合而被抽提出来,造成凝胶质量不好。保温提浆时保温温度的高低受到许多因素的制约。之前已谈到大豆蛋白质的解离温度受离子强度的影响。此外,美拉德反应的程度与保温温度的高低也有关。这样就要根据生产实际中豆浆的离子强度、还原糖量的多少来决定。文献报道的最适保温温度为80~100℃(但不能沸腾)。从理论上看,保温温度能取较高值则较好,当然这要保证美拉德反应程度较低。

(1)豆浆液的质量分数对腐竹形成的影响

在保持豆浆液温度90℃,pH未调(约为7)时,不同豆浆液的质量分数对腐竹形成的影响见表4-2。

表 4-2 豆浆液的质量分数对腐竹形成的影响

质量分数/%	腐竹产率/%	产品色泽	揭皮时间/(min/张)
4	42.0	浅黄	4.5
5	48.0	浅黄	2.7
6	47.5	浅黄	2.3
7	47.0	浅黄	1.9
8	46.3	亮黄	1.5
9	45.5	亮黄带褐色	1.1

由表4-2可知腐竹产率随豆浆的质量分数增加先骤增尔后缓慢下降,表明豆浆液的质量分数过大过小都不好,随着豆浆的质量分数增加,豆浆中固形物变稠形成胶体过早,腐竹中蛋白质、中性脂和磷脂相结合的速率明显降低。从揭皮时间看,豆浆的质量分数越低,腐竹形成越困难,生产时间越长,能耗也就越大。从成品色泽看,豆浆的质量分数越低,产品色泽越好,随着质量分数增加,其颜色逐渐加深至褐色,这是豆浆中的还原糖与氨基酸发生了美拉德反应所致。综合3方面因素,选择豆浆的质量分数5%~7%为佳。

(2)豆浆液pH对腐竹形成的影响

在保持豆浆液的质量分数7%,温度90℃时,调节豆浆液pH对腐竹形成的影响见表4-3。

表 4-3 豆浆液的 pH 对腐竹形成的影响

豆浆液 pH	腐竹产率/%	产品色泽
6.5	46.5	浅黄
7.0	47.2	浅黄
7.5	47.0	淡黄
8.0	45.5	亮黄
8.5	43.0	亮黄带褐色

由表4-3可得出腐竹产率在pH6.5~7.5,较高,由于pH6.5以下的豆浆液已偏微酸

性,对蛋白质溶出不利,而当 pH 趋碱性甚至越过 9 时,大豆蛋白质变得增溶或离解成大豆蛋白质分子次级结构,对腐竹薄膜形成不利。从成品色泽可看出,豆浆 pH 高于 8.0 时,形成腐竹色泽发暗,且在碱性时,豆浆中的含硫氨基酸破坏会加快,这既影响产品质量,产品产率也有所下降。故选择豆浆液 pH 为 6.5～7.5。

(3)豆浆液温度对腐竹形成的影响

在保持豆浆液的质量分数 7%,pH 未调(约为 7)时,不同豆浆液温度对腐竹形成的影响见表 4-4。

表 4-4　豆浆液温度对腐竹形成的影响

豆浆液温度/℃	腐竹产率/%	产品色泽	揭皮时间/(min/张)
75	46.0	浅黄	3.8
80	47.0	浅黄	2.5
85	48.0	淡黄	2.2
90	46.8	亮黄	1.8
95	43.0	褐色有鱼眼	1.2

由表 4-4 可知腐竹产率随温度的升高先增加后骤减,在 85℃达最大产率,当温度超过 90℃后,豆浆液处于微沸状态,锅底易起锅巴,影响产量。从揭皮时间看,温度升高,成皮速度加快,当温度低于 80℃时成皮速度明显减慢,能耗大,而当温度在 95℃时,豆浆微沸,形成的腐竹易起"鱼眼"。从产品色泽看,温度越高,腐竹颜色越深,这主要还是豆浆中还原糖与氨基酸发生了美拉德反应,会使某些氨基酸受到损失,从而降低蛋白质的营养质量。故选择 80～90℃作为生产腐竹的最佳温度范围。

第三节　腐竹的制作工艺

1. 工艺流程

大豆→选豆→去皮→浸泡→磨浆→分离→豆浆→煮浆→保温提条→干燥→验收→腐竹成品。

豆渣

2. 流程说明

(1)原料清选

选择蛋白质含量高、粒大皮薄、整齐饱满、皮色淡黄、无虫蛀的新鲜大豆为原料,并筛选或水选,清除霉粒、虫蛀粒及灰尘等杂质,以提高出浆率和保证质量。将选好的黄豆,用脱皮机粉碎去皮,外皮吹净。

(2)浸泡

浸泡可使豆粒膨胀,细胞壁纤维软化,蛋白质膜变脆,易于粉碎,从而使蛋白质比较容易地溶于水中。浸泡时应掌握好水量、温度和时间。浸泡一般用凉水,水质符合饮用水卫生标准。

正常情况下,大豆浸泡后的吸水量一般为大豆本身质量的 2 倍,体积也膨胀 2 倍,所以大豆应浸泡在比其体积大约 4 倍的水中。

浸豆时间的长短取决于气温高低,气温越高,时间越短。在浸泡过程中,如按大豆质量的 $0.2\% \sim 0.3\%$ 加入适量的碳酸钠(Na_2CO_3),可提高蛋白质的溶解度,提高出浆率。在正常情况下,泡好的大豆表面较光亮,无皱皮,手感有劲,豆皮不易脱离豆瓣,把豆瓣分开,豆瓣内表面略有塌坑,用手指掐豆瓣容易掐断,断面浸透无硬心。

这样的黄豆是浸泡比较合适的,如果豆瓣内表面平整或已凸出,说明料已泡老。这样的料因浸水时间长,酸度增加而使蛋白质破坏,因而磨制时产沫较多,不易上浆。

大豆在水中浸泡是腐竹生产上的关键工序之一。大豆在水中充分浸泡,使其饱和吸水,大豆吸水量为大豆干重的 2 倍左右,这样可减少研磨工序的能耗。浸泡可使大豆中碳水化合物含量降低,但使脂的含量提高,相对来说浸泡对大豆蛋白质没有什么影响。研究证明:用 65℃ 的水浸泡大豆 1h 使干大豆吸水量达到 100%,这样可使研磨出的豆浆固形物含量最高,腐竹出品率也最高。大豆在 65℃ 水中浸泡时间不超过 1h,则可防止产生 1-辛烯-3-醇,1-辛烯-3-醇对生产腐竹极为不利。采用大豆快速吸水工艺,可使腐竹出品率从 40% 提高到 53%。

(3)磨制

磨制的目的是破坏包裹蛋白质的膜,以利蛋白质浸出,充分溶解在水中,成为良好的胶体溶液。

磨制通常采用石磨、钢磨或砂轮磨。砂轮磨因其使用方便,即省力又省电,且出浆率高,应用比较普遍。

磨制时要边磨边加水,使流出的豆糊呈膏状沫糊,一般加水量相当于干豆质量的 4 倍左右。太多,原料在磨膛内没有磨碎就会被水冲出来;太少,沫糊太稠,就会在磨膛内流不出来,停留时间长,容易发生热变性,使蛋白质难于提取。加水方法最好采用滴水,这样磨出来的豆糊细腻均匀。在磨料过程中,滴水、下料要协调一致,不能中途断水和断料。

关于大豆蛋白质提取技术,研究证明浸泡后饱和吸水的大豆宜先用砂轮磨粗磨,再用胶体磨研磨,可大大提高蛋白质的得率。

(4)滤浆

豆糊是蛋白质溶胶和粗纤维等的混合物,滤浆就是把蛋白质与豆皮等不溶性的粗纤维分离开来。

传统的方法是采用人工手摇吊包或挤包,现在一般改用电摇包,离心机等机械过滤。滤浆时,先把磨好的豆糊倒入滤浆机,然后反复搓洗,过滤出浆液。

第一遍滤完后,再反复 3～4 次,加清水搓洗豆渣过滤,用手捏豆渣感到不黏而散即可。

滤浆时加水约 2kg,水温控制在 50℃,这样不但能使蛋白质充分溶解在温水中,而且黏度变低,有利于分离和提取。

为排除豆浆中空气,使过滤不粘包,豆浆能滤得快、净,过滤时可适当加食用油消泡,用量为每千克大豆 $0.3 \sim 0.5g$。

(5)煮浆

煮浆目的有两个:一是消灭豆浆中的细菌和虫卵,以保证食品卫生。二是破坏豆浆中的蛋白酶抑制剂和降低脂氧化酶的活性,减少或消除豆浆的异味,以增进香味,提高蛋白质消化率。煮浆温度应为 95~98℃,并保持 3~5min。

豆浆在 85~95℃加热时,腐竹的形成率很高,而且只要蒸煮对豆浆质量没有损害,那么豆浆温度在 100℃以上时,腐竹薄膜形成速率更高。由此看来,腐竹薄膜形成的温度接近于豆浆沸点。生产上尽量使豆浆接近沸点。

浆汁煮熟以后再进行一次过滤,根除杂质,防止豆浆中的纤维(豆腐渣)糊住锅底,影响腐竹的质量和出品率。

(6)加热

提取腐竹熟浆过滤后倒入腐竹锅内,其浆量占锅容量的 2/3,再用文火加热,使锅内浆温保持在 85~95℃,并在浆的表面吹风(电扇吹风或其他形式吹风),豆浆表面接触冷空气后,就会自然凝固成一层油质薄浆皮(约 0.05cm),然后用特制小刀顺锅边向中间轻轻地把浆皮划开分成两片,再用手分别提取,浆皮提起遇空气,便会顺流成条,将条搭在锅上面放置的竹竿上控浆。就这样 3~5min 形成一层皮,抓起一层皮,再形成一层,直到锅内浆干为止。

(7)烘干

把挂上竹竿的腐竹送到干燥室,顺序排列进行烘干,室温控制在 35~45℃。约经24h 后,腐竹表面呈黄白色,明亮透光即为成品,然后取出装袋,封口出售。一般每千克大豆可产腐竹成品 0.5kg。

3. 影响腐竹形成的因素

豆浆的浓度、加热保持的温度和时间、豆浆的 pH 及生产场地的通风透气条件等,都是影响腐竹形成的重要因素。只有综合控制上述因素,才能快速成膜。

(1)豆浆浓度

豆浆浓度低,蛋白质含量少,蛋白质分子之间互相碰撞机会相对减少,不易产生聚合反应,因而影响薄膜形成的速度,反之,豆浆中蛋白质浓度高,则形成薄膜速度快。

据用折射仪测定,一般豆浆固形物含量为 5.1%时,腐竹出品率最高。但固形物含量超过 6%时,由于豆浆形成胶体速度太快,腐竹出品率反而降低。因此,生产过程中应严格掌握好加水量,不能太多或太少,以防豆浆浓度太高或太低,影响腐竹形成的速度。

(2)豆浆加热保持的温度

豆浆成膜保持温度越高(但不沸腾),成膜越快,保温 60℃时虽然能成膜,但成膜速度慢,一般最佳成膜温度,以 85~95℃为宜,这样不但可以加快成膜速度,而且出品率高。

(3)豆浆的酸碱度(pH)

豆浆的 pH 在 6.2~10.5 时,都可以成膜,pH 为 5.4 时,则不能成膜,而且大豆蛋白质产生沉淀。但豆浆 pH 高于 8 时,生产的腐竹色泽发暗,而且在 pH 呈碱性时,豆浆中含硫氨基酸的破坏加快,豆浆的 pH 超过 10.5 时,则不能成膜。

一般当豆浆固形物含量为 5.1%时,pH 以 7.0~8.0 最合适。但豆浆 pH 高于 8.0时,所形成的腐竹色泽发暗。

(4)通风条件

生产场地空气流通,浆皮表面蒸发的水蒸气能及时排除,有利于大豆蛋白质-脂类表面聚合而形成腐竹薄膜。生产场地通风不畅,豆浆表面空气的水蒸气压过高,湿气过重,不利于水分蒸发,则不易形成薄膜。因此,生产场地的通风透气是生产腐竹的必要条件之一。

第四节 腐竹地方产品介绍

一、我国腐竹主要生产基地

我国腐竹主要生产基地有五个。

1. 广西高田

广西是全国五大腐竹生产基地之一,广西贺州市高田腐竹是广西腐竹代表之一。高田腐竹出自"山高林密,溪流纵横"的广西黄洞瑶族乡,以优质瑶山黄豆和瑶山天然山泉水为原料,具有口味清香甘甜,耐煮耐泡的特点。

与全国其他各地腐竹相比,高田腐竹具有两大显著特点:一是高田腐竹研制出独有的黄豆不脱皮技术,保留了黄豆丰富的植物蛋白质、大豆卵磷脂、维生素 B_1、维生素 B_2 和纤维素,具有降低血脂、预防动脉硬化、冠心病和高血压等"富贵病"的功效;二是高田腐竹采用独有的真空包装技术,不添加任何防腐剂,不易破碎、品质优良,便于携带和储存。

2. 江西高安

江西省高安市生产的高安腐竹,始于唐代,距今已有 1200 多年的历史。江西高安应该是中国最早开始制作腐竹这一豆制品的地方。高安腐竹以本地优质黄豆为原料,受制于特定的水源和自然环境条件,使用传统工艺加工制作而成的一种豆制食品,主产于高安市锦河沿线,以产地得其名。

高安腐竹既是豆制品中的高档产品,又是安全食品,其外观光泽,呈浅黄色,腐竹条均匀,条内空心,蛋白质含量为 45%～50%,脂肪含量为 30% 左右。同时,还含有糖、钙、磷、铁及硫胺素、核黄素和烟酸等人体所需的微量元素,且韧性好,吸水膨胀后不黏糊,不含任何添加剂,具有豆制品特殊的清香风味。

3. 福建三明

三明清流嵩溪腐竹久负盛名,食用者有口皆碑,清流民谚曰:"一年到头吃不怕的是白米饭,一年四季食不厌的是嵩溪豆腐皮"。

嵩溪豆腐皮制作工序严格,工艺精细,要经清洗黄豆、磨浆、滤浆、焖煮、捞皮、珞凉、拌浆、晒烤等多道工序。若从清晨上工,直到大傍晚才能完成全部工序。在制作过程中控制火候及拌浆极有技巧,这是嵩溪豆腐皮叫绝的秘诀之一。生产者一口气十余小时守候锅旁,不得偷懒和疏忽,才能产出名品。

早先用石磨磨浆,现在工艺随着新技术不断改进、提高,用电磨磨浆,双层四方锅煮浆,拉牵机牵竹取代手工,焙干机焙烤等,质量优良而稳定,产量大幅度提高。

嵩溪豆腐皮叫绝秘诀之二,是选用上等黄豆,这得益于嵩溪和毗邻的林畲生产的黄豆,易于化浆又有很高的产出率。

嵩溪豆腐皮营养丰富,含蛋白质近 40%,比猪肉、牛肉、羊肉等肉类还高。当然,除了佐餐开胃外,其清凉滋阴、防癌抗衰老的食疗功效更是诱人。

4. "腐竹之乡"河南许昌

许昌县河街乡素有"腐竹之乡"之称,是全国最大的豆制品生产集散地之一,目前全乡已发展腐竹生产专业村 21 个,有 5000 多户从事腐竹生产,就业人员有 15 000 多人,年生产销售腐竹 3000 多 kg。腐竹生产带动了种植业(大豆)、养殖业、交通运输业、印刷包装业、食品加工机械业等相关产业的兴旺发展。现在,河街乡有运输专业户 800 多家,从业人员 3000 多人。

同时据统计,河街黄豆市场的日成交量 150 多 t,年消化黄豆 5000 多万 kg,是全国最大的黄豆销售市场。现在该乡的豆制品生产已经形成以腐竹为主,豆皮、豆丝、植物肉、豆腐五大系列十多个品牌。河街腐竹不仅以其多品种高质量畅销全国各地,占领全国 60% 以上的销售市场,而且还打入了国际市场,腐竹产品销往俄罗斯、美国、日本、韩国等国家,增加了出口创汇能力,同时销往香港、台湾等地区,在激烈的市场竞争中稳稳地占领了销售市场。

5. 广西桂平市

桂平市的"社坡腐竹"历史悠久、驰名中外。腐竹质纯、无杂、味鲜、久煮不烂。社坡腐竹以黄豆为原料,不掺杂,不放添加剂,保证质量,讲究信誉。目前在不少地区取得免检。

二、腐 竹 名 品

1. 高田腐竹

广西贺州市高田腐竹是广西腐竹代表之一。高田腐竹出自"山高林密,溪流纵横"的广西黄洞瑶族乡,以优质瑶山黄豆和瑶山天然山泉水为原料,具有口味清香甘甜,耐煮耐泡的特点。与全国其他各地腐竹相比,"高田"腐竹具有两大显著特点:一是"高田"腐竹研制出独有的黄豆不脱皮技术,保留了黄豆丰富的植物蛋白质、大豆卵磷脂、维生素 B_1、维生素 B_2 和纤维素,具有降低血脂、预防动脉硬化、冠心病和高血压等"富贵病"的功效;二是"高田"腐竹采用独有的真空包装技术,不添加任何防腐剂,不易破碎,品质优良,便于携带和储存。

2. 高安腐竹

早在 1000 多年前的唐代,佛教众多,寺庙林立,斋食盛行,腐竹这类食品遍布整个高安县城。高安腐竹以本地优质黄豆为原料,受制于特定的水源和自然环境条件,使用传统工艺加工制作而成的一种豆制食品,主产于高安市锦河沿线,以产地得其名。高安腐竹既是豆制品中的高档产品,又是安全食品,其外观光泽,呈浅黄色,长条均匀,条内空心,蛋白质含量为 45%～50%,脂肪含量为 30% 左右,同时,还含有糖、钙、磷、铁及硫胺素、核黄素和烟酸等人体所需的微量元素,且韧性好,吸水膨胀后不粘糊,不含任何添加剂,具有豆制品特殊的清香风味。

据历史考证,唐代有一位豆腐师傅,自江西抚州到达高安八景镇礼巷落脚谋生。从此,就在礼巷制作豆腐,在长年的加工实践中逐渐发现豆浆上面的油皮,并取之做出了原始的雏形腐竹。后传到建城县,为李建成(原系唐太宗长兄,唐高祖李渊长子)封地,后改名为米州,又改名为筠州、瑞州,即现在的高安市,从此以后,锦河两岸家庭式豆制品作坊生产十分发达。

3. 清流嵩溪腐竹

清流嵩溪腐竹久负盛名,史载,嵩溪豆腐皮的生产始于清朝嘉庆六年,最初称粉皮,后通称豆腐皮,又叫腐竹。是黄豆浆热煮时产生的浆面皮,捞起晾晒至干而成。每片长八九寸,宽半寸余。因其清香嫩滑,口感极佳,韧性远远超过其他品牌的腐竹。嵩溪豆腐皮可煮可炖,尤其与鸡鸭猪肉相伴,香味扑鼻,更是传统名菜"大杂烩"少不了的角色;可炒肉片、大蒜、芹菜,清脆香甜,浓香而不腻,为宴席佳品,并被列为贡品,得到皇家白银赏赐,名声鹊起。后又经几代人不断摸索提高,烹饪技艺日臻完美。特别是解放初期,胡成生、陈继清两位名匠精心加工制作,使嵩溪豆腐皮特色无可替代:通体光滑、色泽金黄,质地透亮,纯净无杂,无烘烤气,无焦煳味,耐煮易烂烂而不湖,嫩滑松脆富有弹性。由此确定了嵩溪豆腐皮远近闻名的霸主地位。

嵩溪豆腐皮制作工序严格,工艺精细,要经清洗黄豆、磨浆、滤浆、焖煮、捞皮、置凉、拌浆、晒烤等多道工序,在制作过程中控制火候及拌浆极有技巧,这是嵩溪豆腐皮叫绝的秘诀之一。嵩溪豆腐皮叫绝秘诀之二,是选用上等黄豆,这得益于嵩溪和毗邻的林畲生产的黄豆,易于化浆又有很高的产出率。嵩溪豆腐皮贵为"贡品",身价极高。嵩溪豆腐皮营养丰富,含蛋白质近40%,比猪肉、牛肉、羊肉等肉类还高。当然,除了佐餐开胃外,其清凉滋阴、防癌抗衰老的食疗功效更是诱人。

4. 社坡腐竹

广西桂平市社坡镇的"社坡腐竹"历史悠久、驰名中外。腐竹质纯、无杂、味鲜、久煮不烂。产品销往美国、新加坡、马来西亚、泰国、日本、加拿大等国家,成了社坡一大经济支柱。

第五节 腐竹的食品安全

腐竹的食用安全问题主要来自两个方面,一是市场产品问题,即造假和违规使用添加剂;另一个原因来自大豆原料本身。

一、来自市场的不安全因素

1. 调查结果

腐竹是我国传统的豆制品以口感好营养丰富而著称,然而,近年来关于腐竹的质量问题屡有报道。

2008年,国家质检总局又组织对腐竹产品质量进行了国家监督抽查。共抽查了河南、福建、江西、江苏、浙江等5个省50家企业生产的50种产品(不涉及出口产品)。

抽查依据强制性国家标准GB 2711-2003《非发酵性豆制品及面筋卫生标准》、GB 2760-1996《食品添加剂使用卫生标准》、GB 7718-2004《预包装食品标签通则》及《禁止在食品中使用甲醛次硫酸氢钠(吊白块)产品的管理规定》中规定的要求,对腐竹产品的感官、总砷、铅、二氧化硫残留量、甲醛次硫酸氢钠(吊白块)、苯甲酸、山梨酸、脱氢乙酸、柠檬黄、日落黄、标签等11个卫生安全的重要指标进行了检验。

抽查中发现的主要质量问题。

1)部分产品检出少量甲醛次硫酸氢钠(吊白块)。吊白块是非食品原料,国家标准规定严禁在食品中添加。抽查中有个别产品检出少量吊白块,其中有1种腐竹产品的甲醛次硫酸氢钠实测值为0.08g/kg。

2)个别产品超范围使用防腐剂山梨酸。强制性国家标准GB 2760-1996《食品添加剂使用卫生标准》规定,腐竹等非即食的豆制品中不允许使用防腐剂山梨酸。抽查中有个别产品检出山梨酸,山梨酸的实测值为0.5g/kg。

3)个别产品超量使用漂白剂,造成成品二氧化硫残留量超标。强制性国家标准GB 2760-1996《食品添加剂使用卫生标准》规定,腐竹产品中允许使用漂白剂低亚硫酸钠,但二氧化硫残留量应≤0.2g/kg。抽查中有个别腐竹产品的二氧化硫残留量实测值为0.5g/kg,超过国家标准规定要求的2倍多。

2007年,国家质检总局和相关机构对我国市场上腐竹抽查的结果更加严重。质量的监督检测发现,主要问题是游离甲醛和二氧化硫残留水平超标,例如,少数小企业和小作坊为使腐竹色泽金黄透亮,在生产中过量使用漂白剂,造成产品中的二氧化硫含量超标。更有甚者其含量是国家限量标准的9倍。2007年,农业部对河南省腐竹质量调查的抽检结果表明腐竹中添加吊白块的现象比较严重,吊白块的检出率高达20%。

2. 化学添加剂对腐竹的作用及对人体的危害

腐竹是以大豆为原料,经筛选、浸泡、碾磨、煮浆、挑皮、烘干而制成的豆制品。正规大企业生产腐竹不用漂白剂,少数小厂、不法小作坊为改善腐竹的色泽、提高收率、掩盖霉变,超标使用漂白剂,违规添加吊白块,致使腐竹产品中二氧化硫残留量超标、检出游离甲醛,若长期食用这样的产品,会对人身体造成不同程度的危害。例如,腐竹干燥工序,许多小企业采用暴露在阳光下晒干或放置在简陋的小屋子里用取暖器换热。由于温度低、受热不均匀会使腐竹发馊发臭,色泽变深。个别企业为了防腐和让产品色泽鲜亮,在生产过程中添加国家标准规定禁止使用的吊白块,限制使用的保险粉等含甲醛、二氧化硫类物质。

吊白块又称"雕白块",是以甲醛结合亚硫酸氢钠再还原制得。化学名是次硫酸氢钠甲醛,原本是染色业使用的工业化学品,用于食品加工具有漂白、提高食品弹性及产量的作用。吊白块的分解产物之一甲醛,具有凝固蛋白质,使蛋白质变性的特点。添加吊白块的腐竹组织则因蛋白质变性而呈均匀交错的凝胶结构,可以使腐竹等食品的外观和口感得到改善,显得更"筋道",更耐咀嚼。食品的弹性与其蛋白质含量成正比。为了让蛋白质含量低的食品,具有与蛋白质含量高的食品相类似的弹性,提高成品的产量。部分生产经营者在加工腐竹过程中加入这一化学品,再进行加工出售,以获取利益。一些厂家利用这一特点在腐竹生产过程中添加吊白块以增加产品的产出率,提高产量。

吊白块的另一分解成分——亚硫酸氢钠具有漂白的作用。但使用后会有相当量的甲醛及亚硫酸盐残留在食品中。国家质检总局(2002)183号文件中明确规定:禁止在食品中使用次硫酸氢钠甲醛(吊白块)。

甲醛具有神经毒性,且是强致癌物;而亚硫酸盐会破坏维生素B_1,影响生长发育,易患多发性神经炎,出现骨髓萎缩等症状,因此具有慢性毒性和致癌性。

如果长期食用严重超标的食品,会造成肠道功能紊乱,从而引发剧烈腹泻、头痛,损害肝脏,影响人体营养吸收,严重危害人体的消化系统健康。亚硫酸盐还会引发支气管痉挛,食用过量可能造成呼吸困难、呕吐、腹泻等症状。气喘患者食入过量,易产生过敏,可能引发哮喘。

另外,SO_2类漂白剂还能掩盖发霉食品上的霉斑。经过此方法处理过的食品有可能以次充好,对消费者身体健康更加不利。

二、豆制品本身的原因

(1)豆制品中含有极为丰富的甲硫氨酸,甲硫氨酸在酶的作用下可转化为半胱氨酸。半胱氨酸会损伤动脉管壁内皮细胞,易使胆固醇和甘油三酯沉积于动脉壁上,促使动脉硬化形成。

（2）腐竹的营养价值虽高，肾炎、肾功能不全者最好少吃，否则会加重病情。糖尿病、酸中毒病人及痛风患者或正在服用四环素、优降灵等药的病人也应慎食。

三、怎么辨别腐竹质量的好与坏

1. 色泽辨别

当进行腐竹的色泽辨别时，取样品腐竹直接观察即可。良质腐竹：呈淡黄色，有光泽；次质腐竹：色泽较暗淡或泛洁白、清白色，无光泽；劣质腐竹：呈灰黄色、深黄色或黄褐色，色彩暗而无光泽。

2. 通过外观辨别

当进行腐竹外观辨别时，取样品腐竹直接观察，然后折断再仔细观察。良质腐竹：为枝条或片叶状，质脆易折，条状折断有空心，无霉斑、杂质、虫蛀；次质腐竹：呈枝条或片叶状，并有较多折断的枝条或碎块，有较多实心条；劣质腐竹：有霉斑、虫蛀、杂质。

3. 通过气味辨别

当进行腐竹气味辨别时，取样品腐竹直接嗅其气味。良质腐竹：具有腐竹固有的香味，无其他任何异味；次质腐竹：腐竹固有的香气平淡；劣质腐竹：有霉味、酸臭味等不良气味及其他外来气味。

4. 通过滋味辨别

当进行腐竹滋味辨别时，取样品腐竹用热水浸泡至柔软，细细咀嚼品尝其滋味。良质腐竹：具有腐竹固有的鲜香滋味；次质腐竹：腐竹固有的滋味平淡；劣质腐竹：有苦味、涩味或酸味等不良滋味。

第五章 大豆素食品

第一节 素食食品

素食的制造和食用历史,在世界范围内由来已久,纵观数千年素食的发展历史,均与大豆蛋白的加工利用有着密切的联系。

1. 何为素食

素食是一种不食肉、家禽、鱼等动物产品的饮食方式,有时也戒食或不戒食奶制品和蜂蜜。一些严格的素食者极端排斥动物产品,不使用那些来自于动物的产品,也不从事与杀生有关的职业。

"素"字的中文本义是指白色和质朴。据考证,古汉语中素食有三种含义。第一指蔬食,如《匡谬正俗》中有"案素食,谓但食菜果饵之属,无酒肉也。"第二指生吃瓜果。第三指无功而食禄。另外古汉语中有素食含义的字还有"蔬食",如《庄子·南华经》中有:"蔬食而遨游,泛若不系之舟"。

从严格意义上讲,素食原指禁用动物性原料及禁用五辛苦(即大蒜、小蒜、阿魏、慈葱、茗葱)的寺院菜和禁用五荤(即韭、薤、蒜、芸薹、胡荽)的道观菜。现主要指用蔬菜(含菌类)、果品和豆制品面筋等制作的素菜,善用竹笋、豆芽等调制的素高汤增鲜。但是对于现代的人们来说,凡是从土地中和水中生长出来的植物,可供人们直接使用或加工使用的食品,都可以统称为素食。比如蔬菜,果品,豆制品和面筋等材料制作的素菜等食物。

2. 素食的分类

从概念上,素食分三种:

全素素食(Vegan):也称为"严格素食"或"纯粹素食",是指饮食中只有植物性食物,没有任何动物性食物。

奶蛋素食(Lacto-Ovo):也称为"不严格"素食,是指饮食中有奶和蛋的素食。

奶素食(Lacto):是指饮食中可以有奶的素食。

3. 素食食品的演进

不管是从早期的宗教信仰,还现今的讲究环保、健康、时尚,素食始终伴随着人们的生活。根据素食发展的早晚,大致可以划分为以下五个阶段。

第一阶段:豆腐时期(西汉延续至距今约50年)。

豆腐是由西汉淮南王刘安发明的。唐代鉴真和尚东渡日本后,把豆腐技术传到日本,宋朝传入朝鲜,19世纪传入欧洲、非洲和北美,后来逐渐成为世界性食品。千百年间,豆腐为原料的大豆制品,一直是素食或制造素食的首选原料。

豆腐在制作及贩卖过程中,极易受到微生物污染,不能久藏。因此,随着近年食品行业的发展,以豆腐为主题的素食时代逐渐被面筋取代。

第二阶段:面筋时期(距今40~50年)。

面筋是小麦粉中所特有一种胶状混合蛋白质。其实,面筋历史由来已久,据明代黄正一的《事物绀珠》中记载,面筋早在南北朝时就已创制,但是一直没有成为素食的主要材料。40 余年前,由于其制作简单,当时的素食者缘于方便、营养、可口等理由,将面筋做成仿荤菜式的素鸡、素鹅等材料,使之成为餐桌上的一大主体。

第三阶段:菇类时期(距今 20～25 年)。

香菇味鲜而香、营养丰富,含 17 种氨基酸,其中有多种是人体所必需而又不能合成和转化的。具有抗癌、预防肝硬化、清除血毒、降低胆固醇的功能。但因其价格较贵,虽然它是很好的健康食品,但是一直没有成为制造素食的主要材料。直到 20 多年前,素食业者才广泛地将香菇应用在素菜制作上。干燥的香菇通过泡水、挤压、打碎等工艺将其制作成美味、可口的素肉松、素牛肉干、素羊腩等食品。

第四阶段:蒟蒻时期(距今 10 年左右)。

蒟蒻又被称为魔芋,是天南星科多年生草本植物。中国是最早研究和利用魔芋的国家,魔芋主要成分是葡甘露聚糖,具有粗纤、低脂肪等特点,能有效消除便秘、防止肥胖,可降低血糖、血脂和胆固醇,调节内分泌,起到防癌、降脂、通便等神奇作用。医学研究表明,魔芋可以预防和治疗高血脂、糖尿病、肥胖症及心脑血管等现代疾病,早在西汉时期就有用魔芋治疗糖尿病的记录。

传统的魔芋食用方法,是手工将新鲜的魔芋或魔芋角加工制成灰黑色魔芋豆腐。而现代工艺则是将烘干的魔芋制成魔芋精粉,然后再用魔芋精粉制成多种仿生素食品如素鱿鱼、素虾仁、素腰片等。

第五阶段:大豆蛋白质时期。

在这个多元化的社会,无论素食者缘于何种理由投身吃素行列,都给商业者带来无限商机,同时也促进更多素食品科技的开发。大豆蛋白质抽取物,便是这个时代诞生的革命性产物。

素食产品发展的这五个时期,虽然有年代间隔,但是每个阶段都有一定的关联性和渗透性。据有关专家透露,从植物中提取精华将是未来素食发展的方向。

第二节　大豆素食品

素食,相对肉食而言,是指完全以植物类原料制作的食品。这些植物类原料之中,来自于豆类的各种各样的豆制品,是素食原料的重要组成部分,特别值得一提的是豆腐。

豆腐的英文名字叫“tofu”,和瓷器、茶叶、丝绸一样,豆腐也曾在世博会上一展风采。中国人首开食用豆腐之先河,在人类饮食史上,树立了普惠世人的丰功。豆腐具有高蛋白质、低脂肪、低热量、低胆固醇等优点,而成为公认的理想食品,受到世界各国的青睐。中国的传统素食基本上都是大豆食品,尤其是以豆腐为原料再加工的大豆制品。素火腿、素鲍鱼和素鸡、素鸭之类,都是用豆腐制成的。自从有了豆腐,素食的品种更加丰富多彩。

由于大豆素食没有国家标准或行业标准,因此在分类范畴和定义上没有严格的界定。按大豆素食的发展来划分,大豆素食大致可以分为三代。第一代是中国传统大豆素食品;第二代是大豆组织蛋白素食品;第三代是仿真大豆素肉。

第三节　传统大豆素食品

一、概　述

传统大豆素食主要指的是豆腐干类的调味产品,也有"素肚"、"素腰花"、"素斋鹅"、"素鱼片"等品名,基本保留了豆腐干的结构和块形,几乎没有肉的质感,通过调味,稍有肉食的风味。是中国的特色食品,在西方发达国家几乎没有市场,因为西方人不能接受豆制品的口感风味。但是在国内市场传统大豆素食有广泛的群众基础,因为它制作简单、价格低廉,口味也受到喜爱。

二、传统大豆素制品的种类

素制品以豆腐干类或豆腐片类为原料,配加植物油、调味料、香辛料等辅料,经加工而成。素制品的花色品种有近百种。1980年制定的部颁标准中归纳为五大类。

1. 卤制豆品

卤制豆品是指豆制半成品在卤水(食盐水或添加各种调味料的水)中经浸泡、煮沸而制成的不同风味的产品。这类产品制作方法简便,价格低,是素制品中的大路商品。既可直接食用,又可与其他菜搭配烹调。

卤制品包括香干、五香干、兰花干、苏州干、茶干、酱干、菜干、五香豆腐片、五香豆腐丝、把豆丝、黄豆腐、圆豆腐和麻雀头等。

2. 油炸豆制品

油炸豆制品是以干豆腐或水豆腐、水坯子、豆腐泡(是炸油豆腐的坯料)为原料,用植物油炸制而成,形状有条、块、丝、卷等。油炸豆制品的营养成分与其主要原料基本相同,但由于经过了油炸,使豆制品的表层发生了某些物理和化学变化,吃起来更加醇厚可口。

3. 炸卤制品

炸卤制品是将加工成型的半成品既炸又卤,经过炸、卤过程,使色、香、味深入制品内部,质地松软,味道鲜美。炸卤制品包括素什锦、素火腿、素猪排、素肉粉、素鸡、素肚、素蟹、方鸡、圆鸡、肝尖、龙鸡片、辣块、辣干、辣片、虾子豆腐和豆豉豆腐等。

4. 熏制品

熏煮豆制品是以成型的半成品,如干豆腐、水豆腐、水坯子、干坯子(专门生产用来制作各种卤、炸、熏制品的豆制坯料)为原料,经过切条、块、丝,或者做成卷,然后再经过用食盐水煮制、烟熏、刷油等工序制作而成的制品,产品不但有特殊的熏香风味,而且耐储存。

熏制豆制品有很多,像熏把、熏豆腐、熏辣干、熏干、熏卷、熏丝、熏辣干、熏素肠、熏素肚、熏素鸡、熏素鹅、鸡丝卷、圆丝卷等等。

熏制豆制品的营养成分与其主要原料基本相同,主要是大豆蛋白质、脂肪、碳水化合物和纤维素等,但由于具有能引起人们食欲的熏香味,因而受到广泛的欢迎。

5. 炸炒制品

炸炒制品包括蜜汁豆腐、辣汁豆腐、甜味辣干和炒肝尖等。

第四节 大豆组织蛋白素食品

一、概 述

大豆组织蛋白素食品指的是,以从大豆中提取的大豆蛋白质等为原料,利用近代食品挤压膨化新技术制成的大豆素食产品。这类素食品通常是由脱脂豆粉或大豆浓缩蛋白为原料,先经挤压膨化等工艺获得组织化的蛋白块——大豆组织蛋白,然后以大豆组织蛋白为原料二次加工而成的产品,蛋白质含量为50%~60%,与传统大豆素食品相比,制造技术有很大改进,不仅营养较好,而且口感风味方面也更逼真。

这类素食品通常有两类应用方向,一类是做成素肉糜、素肉粒,做肉馅,以制作素肉丸、素肉水饺、素肉包子等,可以增加肉馅的持水性、提高得率和蛋白质含量。这类用途应用已比较广泛。另一类是再加工为休闲食品类的中式素食食品,如素烤羊肉串、素牛肉干等,这类产品能具有一定类似肉的纹理和质感,但在肌纤维样结构、嚼感、拉伸力等方面与肉还有较大差距。另外,在我国还有用大豆经部分去油后直接挤压制作大豆组织蛋白,然后以此再加工的素食产品。

二、大豆组织蛋白及其在食品加工中的应用

1. 大豆组织蛋白

大豆组织蛋白,也称组织状大豆蛋白,是以先进挤压膨化技术,对大豆浓缩蛋白及分离蛋白等经高温、高压处理而成的,具有良好的吸水性、保油性和纤维状结构的新型大豆制品。大豆组织蛋白的口感类似于肉类,是一种理想的高蛋白质肉制品添加辅料。在肉制品中应用,可降低加工成本,提高产品中的蛋白质含量,使之具有更高的营养价值;经浸泡后,制成各种形状的炒、煮、炸等各种风味的素肉食品。

大豆组织蛋白在生产中经过水化作用,具有均匀的组织特性和特定的组织结构。在碎肉或其他肉产品中,加入25%~50%的组织蛋白,制作菜肴,有肉的味道,因此可用它部分代替牛肉和猪肉。大豆组织蛋白中含有大豆本身具有的天然抗氧化剂,加入到肉制品中后,还可起到保护作用,降低氧化酸败。大豆组织蛋白是真正物美价廉的食品。

2. 大豆组织蛋白在食品中的应用

(1)制造素食品

植物组织蛋白产品具有极佳的结构和真实肉质纤维的组织,非常适合用于各类高级素食仿肉食品的加工,如素火腿、素鸡、素鱼、素汉堡、素热狗、素茶鹅、素牛排、素肉松等。

在肉制品应用中,可达到增强肉感、降低成本、提高产品中的蛋白质含量的目的。如应用于火腿肠、台湾热狗、腊肠、亲亲肠、贡丸、肉丸等。

(2)制造休闲食品

用于诸如仿肉牛肉干、重组牛肉粒、荤素肉松等休闲食品也是绝佳的选择。

(3)用于餐饮食品

植物组织蛋白产品复水即可调理制作菜肴或代替部分肉品使用,因此可直接供食堂、配餐公司、餐厅等选购。

3. 大豆植物蛋白肉

是大豆组织蛋白产品的一种，又称蛋白素肉或人造肉，它实际是一种对肉类形色和味道进行模仿的蛋白制品。大豆蛋白肉是以优质大豆为原料，通过加热、挤压、喷燥等工艺过程把大豆蛋白粉制成大小、形状不同的瘦肉片状植物蛋白，其之所以被称为"蛋白肉"，是由于其蛋白质的含量远远高于一般动物肉类，而且食感、结构、色泽、韧性均与动物肉近似。它实际是一种对肉类形色和味道进行模仿的豆制品。人造肉主要靠大豆蛋白质制成，是以优质大豆、小麦蛋白为原料，通过加热、挤压、喷燥等工艺过程制成。其之所以被称为"蛋白肉"，是由于其蛋白质的含量远远高于一般动物肉类，而且食感、结构、色泽、韧性均与动物肉近似。因为其含大量的蛋白质和少量的脂肪，所以人造肉是一种健康食品。

4. 营养特点

据测定其蛋白质的含量为蛋类、鱼类、猪、牛瘦肉蛋白质的 2～3 倍，经卫生部门的鉴定，无毒无害，是一种绿色、安全、保健食品。由于动物肉，如猪、牛肉等，都含有较多的脂肪与胆固醇，故医学界普遍认为人们不要食用过多的动物肉。近年来国外普遍发展植物肉生产，在制造灌肠、鱼肠、肉丸、肉馅饼、肉包、饼子等肉馅食品中均掺入适量的植物肉，以代替部分猪肉、牛肉，这不仅可减少食品中的脂肪及胆固醇的含量，提高蛋白质比例，同时还可降低肉制品的成本，因植物肉价低于肉价。

5. 制造方法

（1）原料配方

蛋白质材料：脱脂大豆、小麦、花生、葵花籽等。

调味液（料）：酱油、食盐、洋葱、蒜等。

油类：大豆油、奶油、菜籽油等经加工制成的油脂。

（2）制作方法

将脱脂大豆和水混炼在一起，在高温高压下，用挤压机及有狭缝的模具将其挤压成片状（4cm×7cm，厚度 1cm）的大豆蛋白质材料（干燥品）。把所获得的蛋白质原材料 100 份（重量份），浸渍在由 170 份的浓缩调味液，70 份洋葱和水混合成的 1000 份的浸渍液（食盐浓度为 1.8%）中，浓缩调味液是由酱油、猪油浸液、香辛料配制的，浸渍时温度为 65℃，时间 2.5h。之后，用猪油将其进行过油处理。过油时间以 120℃ 的温度下，4min 为宜。过油后可得到 300 份的过油制品，此后便可按通常的烹饪方法，将这些油制品做成各种各样的肉菜。

6. 大豆蛋白肉的食用

先用温水浸泡十几分钟，也可直接用肉汤煨制，其吸水能力为其原重的 1～1.5 倍，泡好后可与动物肉一并捻碎作馅，掺入量一般为肉的 20%～30%，并可根据需要加入各种调料、快餐或炒菜。

7. 产品特点

（1）色泽洁白，清香低脂。风味独特，可直接相应加工料理，使菜肴风味更加逼真。

（2）口感细腻，弹性极佳，老少均可食用。

（3）富含丝状膳食纤维组织，可帮助消化，肠胃道代谢好。

第五节　仿真大豆素肉

一、概　　述

(一)仿真大豆素肉

仿真大豆素肉是用高纤维化的大豆组织蛋白制成的大豆素食产品。这类产品具有和肉一样的丝网状的肌纤维,外观、筋力、嚼感和风味都非常接近肉,可以制成火腿、牛肉、鱼肉、鸡肉等,也称为仿真素肉。

(二)仿真大豆素肉的营养特点与产品特点

1. 仿真大豆素肉的营养特点

1)含有丰富的蛋白质,蛋白质含量是谷类的4～8倍,肉类的2倍,并含有丰富的不饱和脂肪酸、钙、钾等矿物质及多种维生素。

2)它作为优质植物蛋白质,易消化、吸收,具有丰富的纤维素,含有18种氨基酸,其中人体必需的又不能自身合成的8种氨基酸含量尤高,且配比恰当,符合人体生理需要。

3)为物理挤压后完全将物料α-糊化的产品,人体对低脂肪高蛋白质的吸收比生物酶解产品提高20%,比直接食用大豆提高30%～50%。

2. 产品特点

素肉是将低温脱脂豆粕、浓缩蛋白或分离蛋白经挤压膨化机的高温高压处理而成,产品有着良好的吸水性和保油性,素肉有着良好的纤维状结构,产品口感类似于肉类,具有肉样的组织结构及韧性。

(三)仿真大豆素肉种类

现在越来越多的人意识到素食对健康、对环保的重要性,也有越来越多的人加入素食行列,出现的素食品种繁多,让人可以随自己的爱好和口感来选择。

现今有素鸡翅、素肉丁、素肉丝、素肉块、素香辣鸡片、素香菇鸡、素烧烤牛肉、素鱼香肉丝、素鱼、素虾、素鲍、素肝、素蹄筋、素肠、素馅等大豆素肉系列食品。

1. 素肉粒

应用于方便面汤料包,比用肉类制品成本下降几成,而且产品量轻、风味足,冲水后达到95%的浮粒。消费者吃得到、看得到,对风味的满意度超过肉类制品。

2. 素肉丝、素肉块

素肉丝可取代替一般的肉丝变化出各种菜谱。江南小吃肉粽多采用五花肉,导致人们不敢多食。素肉块可提高肉粽口感,而且结构韧性大于五花肉,无论崇尚素食还是怕油腻的人均可放心食用。

3. 素肉粒(酱类制品专用)

家庭厨房常用到香辣酱、豆豉酱。本品能提高酱制品风味及口感,还可节约成本、延长保质期并且营养丰富易被吸收。

4. 即食素肉干

主要原料之一的植物蛋白质素肉蛋白质含量在60%以上,在蛋白质凝固性作用下,素肉干性状可与牛肉干相媲美,口感风味还有所超越。在中国台湾和日本,植物蛋白质素肉干已被广泛接受,将是未来休闲食品的主要品种。

5. 风味素肉类制品

此类产品可完全代替动物肉类制品,做到无动物肉含量,风味、口感、状态在相同成本下完全超出动物肉类制品。可用于素肉饺子、素肉包子、素肉馄饨、素肉调料,为佛教菜肴必备原料。

(四)仿真肉的市场

1. 欧美市场

这类高品质的仿真大豆素肉是欧美大豆素食的主要发展类型,因为虽然欧美消费者没有食用大豆食品的消费习惯,主要消费肉制品、奶制品,但是又意识到大豆的健康益处,所以适应市场需求,国外食品商就开发出仿肉制品、仿奶制品风味口感的素肉、豆奶等。

2. 年轻消费者

传统大豆素食拥有大众市场,但对于时尚素食消费人群却缺少新鲜感和吸引力。年轻消费者对高品质素食的需求高,国内高品质的仿真素肉产品目前还很少,在打开中高端市场上具有潜力。

高品质大豆仿真素肉的餐饮消费被普遍看好。近年,在大中城市,素食餐厅成长迅速,大多富有时尚气息和个性特色,获得了时尚和年轻消费群的追捧,消费层次较高。很多素食餐厅对口感更逼真、更加美味的仿真素肉有强烈的需求,生产高品质素食的工厂可以成为这些素食餐厅的"中央厨房"。

二、大豆拉丝蛋白介绍

植物拉丝蛋白是 20 世纪 60 年代在欧美等发达国家兴起的,因其可取代高脂肪、高热量的肉类食品,又称"仿真肉"。我国从 20 世纪 90 年代开始出现大豆组织蛋白,经历 10 多年的发展,现今植物拉丝蛋白的产业已初具成效。植物拉丝蛋白一般状态为干燥的淡黄色固形物(水分含量约 10%,水分活度 a_w 约 0.43),如果把它放到水里泡几分钟,就会蓬松起来,很像半熟的普通瘦肉。

(一)什么是大豆拉丝蛋白

植物拉丝蛋白是用专业的双轴挤压机,经过特殊工艺流程及精确的控制系统,将食品物料混合进入挤压机后,加热与反应,使得原料中蛋白质变性,而形成新的交链与纤维状构造,达到可塑性的熔融状态,被推送至模口成型,成为一种具有类似肌肉纤维质感的纤维状植物性拉丝蛋白。

大豆拉丝蛋白是以大豆分离蛋白、浓缩大豆蛋白或脱脂大豆粉为主要原料,加入一定水及添加剂,混合均匀,经加温加压成型等机械或化学的方法改变蛋白质的组成方式,使蛋白质分子之间整齐排列且具有同方向的组织结构,同时膨化凝固,形成纤维状蛋白,使之具有与肉类相似的咀嚼感,这样的大豆蛋白制品称为大豆拉丝蛋白。大豆拉丝蛋白是制造第三代素食的关键原材料。用拉丝大豆蛋白可制造口感逼真、营养丰富的"仿真肉",取代高脂肪、高热量的肉类食品。

(二)植物拉丝蛋白的功能特性

植物拉丝蛋白的功能特性是指在食品加工中,如配制、烹调、贮藏、销售过程中所表现出来的理化特性的总称。其功能特性主要有营养特性、质构特性、吸水性、成丝性、持水性、乳化性。

1. 营养特性

植物拉丝蛋白是一种具有肌肉纤维结构的大豆组织蛋白,具有良好的咀嚼感和丰富的营养价值,是纯植物蛋白,其蛋白质含量在 60%～90%,是猪肉的 3.3 倍以上、瘦牛肉的 3 倍以上、鸡蛋的 4.2 倍以上、鲫鱼的 4.5 倍以上、牛奶的 16 倍,故享有"植物肉"之美誉。而且产品外形稳定性良好,无豆腥味,不含胆固醇,是一种高蛋白质低脂肪的大豆组织蛋白产品。

大豆分离蛋白是极佳的优质蛋白源,具有很高的营养价值,大豆蛋白质的氨基酸组成比例与人体所需的氨基酸比例接近,容易吸收利用。谷类蛋白质中赖氨酸含量较低,赖氨酸是其限制氨基酸,因而影响谷类蛋白质的利用,而大豆蛋白质中含有较多的赖氨酸,可在一定程度上补偿谷类蛋白质中个别氨基酸的相对不足,达到氨基酸组成的平衡,达到蛋白质的互补作用,丰富营养,从而使产品的营养价值得到提高。植物拉丝蛋白中各氨基酸含量如图 5-1 所示。

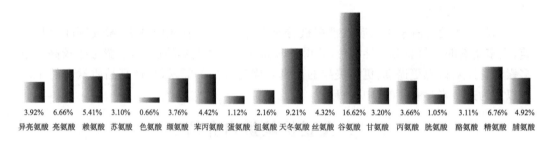

| 3.92% | 6.66% | 5.41% | 3.10% | 0.66% | 3.76% | 4.42% | 1.12% | 2.16% | 9.21% | 4.32% | 16.62% | 3.20% | 3.66% | 1.05% | 3.11% | 6.76% | 4.92% |
| 异亮氨酸 | 亮氨酸 | 赖氨酸 | 苏氨酸 | 色氨酸 | 缬氨酸 | 苯丙氨酸 | 蛋氨酸 | 组氨酸 | 天冬氨酸 | 丝氨酸 | 谷氨酸 | 甘氨酸 | 丙氨酸 | 胱氨酸 | 酪氨酸 | 精氨酸 | 脯氨酸 |

图 5-1　植物拉丝蛋白中氨基酸含量柱形图

大豆蛋白质与谷物蛋白质相互配合,能提高蛋白质的利用率。植物拉丝蛋白脂肪含量小于 1.5%,且不含胆固醇,同时含有人体所需的多种维生素及无机盐,它是一种其他蛋白质不能比拟的植物蛋白质。

2. 质构特性

大豆分离蛋白与谷物蛋白在挤压机料筒内,在温度和剪切力的作用下,使维持蛋白质三级结构的氢键、双硫键受到破坏,形成了新的交联定向再结合,当物料通过专业的模具控制成型,较高的剪切力与定向流动的作用促使蛋白质分子线状化、纤维化,挤压非晶态的球蛋白变成了构造纤维,经过挤压机的物料释放到空气中瞬间膨发,形成表面很多均匀分布、整齐的微孔,且在其周围形成了明显的丝状纤维结构,其内部则形成了类似肌肉纤维的质构。即大豆蛋白质在挤压机内受到热和剪切挤压的综合作用,其三级和四级结构的结合力变弱,蛋白质分子由折叠状变为直线状。且纤维条纹清晰细腻,纹理按挤出方向成条状伸展,质感接近瘦肉,表面光滑,咀嚼感强,外形有圆柱状、片状、方块状、肉丝状等。

3. 吸水性

植物拉丝蛋白的吸水性又称复水性,是指其浸泡于水中能够吸附水的能力,与复水温度、植物拉丝蛋白的形状及大小都密切相关。吸水率是指复水后的重量与样品干重的比值,复水温度一般在 30～50℃,复水时间 10～20min,复水浸泡至表面充分吸水且内部无硬块即可。吸水率一般在 250%～350%，即 1kg 植物拉丝蛋白复水后重量为 2.5～3.5kg。

4. 成丝性

植物拉丝蛋白有类似肌纤维结构，且纤维条纹清晰细腻，表面光滑，内部纤维丝整齐，取一定量的植物拉丝蛋白（干基），复水后捞出沥干放入拆丝机成丝，根据应用领域的不同可将其拆成长短粗细不同的纤维肉丝，拆丝时间一般为 30～60s。

5. 保水性

保水性是指植物拉丝蛋白在加工过程中保持水分的能力，保水性与 pH、离子强度、温度有关。当 pH 大于 4 时其保水性随 pH 增大而增加。取一定量植物拉丝蛋白复水后与调味料混合均匀，置于预先称过重量的离心管中，逐步加水至样品成浆状无水析出为止，称重放入离心机中（3000r/min）离心 5min，倾倒出上清液称重，所加液体被植物拉丝蛋白保留的部分为保水性，用 g/100g 表示，保水性一般在 200～300。

6. 乳化性

乳化性是指成丝后的植物拉丝蛋白与水、油混合后，将其吸附的能力。将样品 10g 复水后拆丝放入斩拌机，低速斩拌，不断加入大豆油 50mL，斩拌 3min 后放入离心机 500r/min 离心 5min，测定分离出的油量，油水分离越多，乳化性越差，乳化性一般为 30～50mL。

（三）植物拉丝蛋白的分类

植物拉丝蛋白的分类是按其结构来分，有粗丝型、细丝型、软丝型、硬丝型、滑丝、涩丝等，根据不同的丝型结构与丝的拉力强度，有多种组合应用。植物拉丝蛋白可以制作出火腿肠、肉馅、牛肉干和罐头等，以其制作的食品在口感上与普通肉类食品基本没有差别，但植物拉丝蛋白的价格仅相当于瘦猪肉的 1/5，蛋白质含量却相当于鱼、肉、蛋的 2～3 倍。

（四）拉丝蛋白的应用范围

1. 肉制品中

添加到肉制品中，可达到增强肉感，降低成本，提高产品中的蛋白质含量的目的，如应用于火腿肠、台湾热狗、腊肠、亲亲肠、贡丸、肉丸等。台湾烤肠中在大量使用拉丝蛋白，添加量一般在 10%～60%。

由于植物拉丝蛋白具有成丝性、良好的吸水吸油性，其纤维丝的拉力强、弹性好，应用到肉制品中，减少了肉制品在加工过程中水分的损失和脂肪的溢出，产品不油腻，使产品的弹性和肉感增加，并增加了产品的蛋白质含量，品质得到了提升。在香肠、火腿、腊肠等肉制品生产中可替代 5%～25% 的瘦肉。例如，在红肠中替代 20% 瘦肉的应用方法：将腌制好的瘦肉用网板孔径 0.2～0.3cm 的绞肉机绞碎后，加入预处理的植物拉丝蛋白，添加其他配料拌馅，再加入肥膘丁拌匀后即可灌肠。在红肠的生产中加入植物拉丝蛋白替代部分瘦肉，在降低生产成本的同时，增加了红肠的弹性，增强了咀嚼感，提高了红肠的蛋白质含量，提升了产品的营养价值。猪瘦肉以每 20 元/kg 计算，植物拉丝蛋白以 6 元/kg 计算，生产 1000kg 红肠，可降低生产成本 2000 余元。

2. 在素食品中的应用

随着国内生活水平的不断提高，部分地区收入水平已达到中等发达国家，"富贵病"

也开始在国内涌现,如糖尿病、心血管疾病等。西方国家已从饮食结构开始预防这些疾病,其中大豆蛋白质取代肉类就是一个解决之道。另外,组织蛋白生产的食品也可为不同宗教信仰的消费者与素食主义者提供方便。

由于植物拉丝蛋白具有肌肉纤维的结构,有良好的咀嚼感,产品外形稳定性好,无豆腥味,适宜应用到各类素食品及高级素食仿生食品中,如应用到素火腿、素热狗、素鸡、素鱼、素牛排、素肉松、素水产制品中。

植物拉丝蛋白产品具有极佳的结构和真实肉质纤维的组织,非常适合用于各类高级素食仿肉食品的加工,如素火腿、素鸡、素鱼、素汉堡、素热狗、素茶鹅、素牛排、素肉松等。

(1)在素肉松中的应用

以植物拉丝蛋白为主要原料制作素肉松,先将植物拉丝蛋白复水,加入酱油、香料、盐等调味料,蒸煮20min,将其捞出沥干,放入炒松机,再加入豌豆粉等其他辅料炒至成松即可。由于粉粒与肉纤维吸附在一起,其性状跟加粉之前基本相似,手握之,无湿感,油感也不浓重,其香味较宜人。以植物拉丝蛋白为主要原料加工的素食品是理想的高蛋白质、低脂肪、低糖产品,对于现代的患"富贵病"群体改善健康有十分重要的意义。

(2)在素香肠中的应用

我国人民对肉制品的需求量很大,但由于各种因素的影响,如动物蛋白质价格高、经济性较差,会影响纯肉香肠的经济效益。另外,一些消费者会因香肠的高热量而望而却步。近年来,我国严格限制加工食品中防腐剂的使用量,因此加工食品杀菌使得加热条件变得更加严格,其结果使制品会因高温加热而使肉的组织遭到破坏,变得柔软,失去肉的触感。组织蛋白则不会因加热出现以上问题,其口感仍有肉的特点,使人有食欲。如果用机械耐性强的组织蛋白代替肉类,便可保证制品的品质稳定。组织蛋白要想完全取代肉成为主要原料就要采取一定的方法弥补肉的缺失,例如,可以加入植物油代替肉中的脂肪,加入分离蛋白和变性淀粉保证素肠有很好的保水和保油性,加入食用胶使整个组织状态紧密、有弹性。

(3)在素罐头中的应用

组织蛋白具有良好的颗粒结构,经过浸泡可以制成各种风味的素食品,在罐头中应用范围较广泛,可以用来生产素罐头。把各种形式的组织蛋白加水烹煮,加入各种调味品,如咖喱、食用胶、淀粉等,再经冷却、包装、杀菌之后可得成品。

3. 在速冻食品中的应用

植物拉丝蛋白可增强肉丸的弹性及口感,将其应用到鸡丸、鱼丸、虾丸中降低肉的添加量,并与其他辅料加工成一种高蛋白质、低脂肪、低胆固醇食品,它迎合了当代人对健康的更高要求,并减少制品在加工过程中的损失。例如,在鱼丸中的应用,将预处理的植物拉丝蛋白成丝,然后与香料等混拌均匀,腌制30min,放入打浆机中,加入鱼糜、蛋清等高速打浆至肉糜均匀,之后成型、蒸煮、冷却、包装即可。拉丝蛋白在墨鱼丸制作中可替代10%~15%的鱼肉,鱼丸的外观、口感、味道与全鱼肉丸未见显著差别。

4. 在馅类食品中的应用

植物拉丝蛋白可与肉类的肌纤维融合,有助于馅类抱团,增加持水性,增强口感及营养,降低生产成本。如在水饺馅中的应用,先将植物拉丝蛋白预处理后成丝,与酱油、盐、香料混拌均匀后放置30min,与肉馅混拌均匀,加入菜、肥肉等其他调味料拌馅即可。植物拉丝蛋白具有肌纤维结构,在饺馅中使用,蒸煮后可保持饱满的馅团,在水饺馅中可替代 10%~35% 的瘦肉,可降低生产成本约 15%。

5. 在休闲方便食品中的应用

植物拉丝蛋白应用于休闲方便食品中,可制成具有鸡肉味、牛肉味、海鲜味等风味的方便食品,不仅感官上给人们满足,还可提供优质的蛋白质源。用于诸如仿牛肉干,重组牛肉粒,荤素肉松等休闲食品也是绝佳的选择。例如,直接加工成牛肉粒、咕噜肉、麻辣肉串,应用于方便面调料包等,其营养丰富,食用方便,是低糖、低胆固醇的休闲食品,是旅行居家的时尚选择。对于患有肥胖病、糖尿病、心血管、高血压的病人改善健康具有十分重要的意义,国内外大商场均有此产品销售。

6. 在调料酱及菜肴中的应用

植物拉丝蛋白复水处理后,可应用于各种调料酱,如牛肉酱、海鲜酱等,改善酱类的质地、口感,增加黏着性,提高营养价值,降低成本。加上各种调味料可制作各种凉菜及素什锦,也可与肉类配做,再配以各种蔬菜和佐料,做出各种风味的菜肴。

7. 餐饮食品中

植物拉丝蛋白产品复水即可调理制作菜肴或代替部分肉品使用,因此可直接供食堂、配餐公司、餐厅等选购。

8. 在宠物食品中

随着经济的发展,人们生活水平的提高,各种宠物饲养也越来越多,因而宠物食品的市场日益扩大,但由于各种宠物食品中大多采用动物蛋白质,价格高、经济性差。而组织蛋白价格便宜,又具有很高的蛋白质含量,经过香料添加制成仿肉制品,可大量代替动物蛋白质,使宠物食品具有更好的经济性。在国外,此项应用已具有相当市场。

(五)拉丝大豆蛋白制造

大豆拉丝蛋白是 20 世纪 60 年代在欧美等发达国家兴起的,因其可取代高脂肪、高热量的肉类食品,又称"仿真肉"。我国从 20 世纪 90 年代开始出现大豆组织蛋白,经历 10 多年的发展,由大豆组织蛋白发展到现今大豆拉丝蛋白。大豆拉丝蛋白一般状态为干燥的淡黄色固形物(水分含量约 10%,水分活度 a_w 约 0.43),如果把它放到水里泡几分钟,就会蓬松起来,很像半熟的普通瘦肉。大豆拉丝蛋白的分类是按其结构来分,有粗丝型、细丝型、软丝型、硬丝型、滑丝、涩丝等,根据不同的丝型结构与丝的拉力强度,有多种组合应用。大豆拉丝蛋白可以制作火腿肠、肉馅、牛肉干和罐头等,以其制作的食品在口感上与普通肉类食品基本没有差别,但大豆拉丝蛋白的价格仅相当于瘦猪肉的 1/5,蛋白质含量却相当于鱼、肉、蛋的 2~3 倍。

1. 主要原料

大豆分离蛋白、大豆浓缩蛋白、大豆豆粕水。

2. 制作工艺流程

混合→加水→加温→挤压膨化→裁切→干燥→冷却→包装。

3. 流程说明

(1)原料的选择

一种原料最好是同一个供应商的同一批次原料。

(2)混合

1)混合器要清理干净,不要留有前一个不同配方料。

2)称重要正确,精确到 10g。

3）混料时间 15min。

（3）加水

加水量为产品的 18%～25%。

（4）加温

加工温度为 90～180℃，温度太高会焦煳。

（5）挤压膨化

根据产品配方，3 级精确控温，不然不会产生丝，或者是产生断裂的短丝。

（6）裁切

根据产品调切刀机速度，产品长度 2～10cm。

（7）干燥

设定温度（85℃）、连续性干燥，产品进去到产品出来时间 20～25min。

（8）冷却、包装

冷却到比室温高 6℃时再包装。

三、几种仿真素肉食品的制造

（一）大豆拉丝蛋白素火腿

大豆拉丝蛋白具有良好的吸水性、保油性和纤维状结构，口感类似于肉类，用作肉的模拟物，不但降低了生产成本，同时解决了胆固醇摄入过多的问题。但在实际使用中，由于普通大豆组织蛋白植物纤维结构与肉蛋白存在巨大差异，而造成大量添加时成品弹性和咀嚼感不好的问题，但大豆拉丝蛋白能很好解决这一问题。拉丝蛋白是一种具有肌肉纤维结构的大豆组织蛋白，具有良好的咀嚼感和丰富的营养价值，蛋白质含量在 60% 以上，是鱼、肉、蛋的 2～3 倍，产品外形稳定性良好，无豆腥味，不含胆固醇，是一种高蛋白质低脂肪的大豆组织蛋白产品。且具有较好的吸油性、复水性和吸水率，纤维拉力强，弹性好，易入味，在产品中应用，可代替瘦肉，有效降低成本，提高产品的蛋白质含量和营养价值，适于在各类肉制品及高级素食仿生食品中应用。

1. 大豆拉丝蛋白的预处理

取一定量的植物拉丝蛋白（干基），用温水（30～50℃）浸泡 10～20min，在浸泡过程中要翻动 2～3 次，让其表面充分吸收水分至内部无硬块，捞出脱水后放入斩拌机中，斩拌拆丝。

2. 大豆拉丝蛋白素火腿的参考配方

大豆拉丝蛋白 34%，谷朊粉 14%，马铃薯淀粉 10%，大豆色拉油 5.0%，卡拉胶 0.5%，食盐、味素、糖、香辛料 4.3%，葱、姜 3%，香油 2%，素食肉味香精 0.2%，水 27%。

3. 大豆拉丝蛋白素火腿的生产工艺流程

预处理大豆拉丝蛋白→添加辅料→搅拌→灌制→打卡→入模→煮制→冷却→脱模→成品。

4. 流程说明

配料：将预处理好的大豆拉丝蛋白与辅料按配方称重，然后添加到搅拌机中，加水后搅拌 10min，使馅混合均匀。

灌制：将搅拌好的馅用灌肠机灌入塑料肠衣，要求灌装均匀，气泡小。

打卡、入模：将灌制好的肠用手动"U"形打卡机打卡，然后放入适合的模具中成型。

煮制：将装好肠的模具放入 90℃水中煮制 50min。

冷却：将煮制好的火腿快速进行冷却至室温。

脱模、成品：将冷却好的素火腿脱模，即为成品。

5. 大豆拉丝蛋白素火腿质量评判

感官检验评定指标和评分标准见表 5-1。

表 5-1　大豆拉丝蛋白感官评定标准

项目	分数	评分标准
弹性（30 分）	30	手指按压回弹快，能复原，可压缩 1/2 以上
	20	手指按压回弹缓慢
	10	手指按压困难，较硬
组织状态（30 分）	20	切面细密，气孔细小均匀
	13	切面较细密，基本无大气孔
	6	切面不均匀，膨松，粗糙
风味（20 分）	20	入口香味浓厚、适口，无异味
	13	入口香味较淡，无异味
	6	有不良气味
口感（20 分）	30	鲜嫩爽口，筋道不硬实，有肉感
	20	爽口，较实，不够筋道
	10	松软无咬劲，粘牙

6. 产品质量指标

（1）感官指标

色泽：呈均匀淡红色。

滋味及气味：入口香味浓厚、适口、无异味。

口感：有肉感、弹性好、筋道、易嚼碎、不粘牙。

组织状态：切面细密，有显著的纤维丝质感，气孔细小均匀。

（2）微生物指标

细菌总数≤50 000cfu/g。

大肠菌数≤30MPN/100g。

致病菌不得检出。

（3）产品保质期

在 0～5℃可储藏 1 个月。

（二）植物拉丝组织蛋白红肠

随着食品工业的高速发展和国民生活水平的提高，人们越来越重视营养和健康，植物拉丝组织蛋白营养丰富，蛋白质含量高达 75%，具有肌肉纤维状结构，其咀嚼感类似肉类，并具有良好的复水性和吸油性，是一种高蛋白质低脂肪食品原料。植物拉丝组织蛋白是高营养的植物性蛋白质，其蛋白质和氨基酸构成比例较为合理。利用植物拉丝组织蛋白的优良特性应用于红肠生产中,替代红肠中的部分瘦肉,在降低红肠生产成本的同时,赋予了红肠良好的风味口感,并提高了红肠的营养价值。

1. 主要原材料

植物拉丝组织蛋白、猪瘦肉及肥膘、淀粉、大豆分离蛋白、食盐、味精、蒜泥、胡椒粉、亚硝酸钠、异 Vc 钠、红曲红、肠衣。

2. 仪器设备

电子天平、多功能食物搅拌器、手动"U"形打卡机、斩拌机、烟熏箱。

3. 工艺流程

植物拉丝组织蛋白复水→脱水拆丝

原料肉整修→腌制→绞肉→灌肠→烘烤→煮烧→烟熏→成品。

4. 操作要点

(1)复水、拆丝

植物拉丝蛋白(干基)用温水(30～50℃)浸泡 10～20min,在浸泡过程中要翻动 2～3次,让其表面充分吸收水分至内部无硬块,捞出脱水后放入拆丝机中拆丝,备用。

(2)原料整修

选用新鲜猪肉,去皮拆骨后修尽碎骨、筋膜,切成长 10cm、宽 6cm、厚 3cm 的肉块。

(3)腌制

先将食盐和亚硝酸钠混匀后加入精肉,用搅拌机充分搅拌,置于 3～4℃、相对湿度为85％的冷却间腌制 48h。

(4)绞肉

将腌好的瘦肉用网板孔径 0.2～0.3cm 的绞肉机绞碎后,加入植物拉丝组织蛋白和其他配料,肥膘切成 0.6cm³ 的肥丁混拌均匀,制成馅料,按配料表加入植物拉丝蛋白和各种配料。

(5)灌肠

先将猪肠衣用温水泡软,用灌肠机灌肠,每根约 20cm,灌制后用小钢针在肠衣上刺些孔。

(6)烘烤

将灌好的肠送入 65～70℃的烘房中烘烤 40min,至表面干燥透明,肠馅显露出淡红色时取出。

(7)煮烧

用 84℃左右的恒温水煮 35～40min,待肠中心温度为 70℃时即可取出烟熏。

(8)烟熏

将煮熟的红肠送入熏房中烟熏,温度 48～50℃,要求熏到水分含量在 50％以下。

(9)成品

烟熏后的红肠放在不锈钢架上,推入冷藏室冷却后包装。

(三)大豆营养仿肉制品

大豆营养仿肉制品在东南亚国家有一定市场,韩国生产的这类产品大多模仿西式肉制品(香肠、火腿和汉堡饼等),部分产品从外形看与所仿肉制品完全一样,口感和风味也几乎一致,加工技术比较先进,能满足工业化生产的需要。在台湾、香港地区,以及泰国、马来西亚等华人比较多的国家,大豆营养仿肉制品主要是针对有宗教信仰的素食者而生产的产品,以解素食者的"荤"馋。虽然称呼是荤菜名,但却不是肉。在我国福建、广东等地区同样是受到有宗教信仰的素食者的青睐。

虽然大豆营养仿肉制品与肉制品加工所用设备相同,但所用加工技术不同,肉制品加工利用的是畜禽肉自身肌肉蛋白的黏结作用,完成肉块之间的黏结或肉糜的乳化作用,并赋予产品良好的口感。而大豆营养仿肉制品由于不采用畜禽肉,产品的黏结必须依靠植物性蛋白质来完成,产品的肌肉纤维(肉丝)的感觉来自大豆组织蛋白。

1. 主要仪器与设备

大豆营养仿肉制品与肉制品加工所用仪器与设备相同,包括电子秤、制冰机、绞肉机、斩拌机、搅拌机、充填机、恒温水浴锅、烟熏炉、包装机、冷藏库或冷冻库等。

2. 大豆营养仿肉制品的原辅材料

大豆营养仿肉制品的基本原料为大豆蛋白质、植物油和淀粉,辅料有调味品、香辛料、色素和香精。

(1)大豆蛋白质

大豆蛋白质采用大豆分离蛋白和大豆组织蛋白,赋予产品组织结构和肉感。大豆分离蛋白以大豆或脱脂的豆饼为原料,采用酸、碱处理使其蛋白质形成凝胶,蛋白质含量在90%以上。大豆分离蛋白具有较好的乳化性能,能起到保水保油作用,并使产品有较好的切片性。大豆组织蛋白,俗称"拉丝蛋白",将大豆浓缩蛋白及分离蛋白等经挤压、膨化的高温高压处理而成,蛋白质含量在70%左右。具有纤维状结构,咀嚼感与肌肉纤维相似。

(2)植物油

植物油可选用大豆色拉油、玉米油和棕榈油,赋予产品脂肪营养成分,在口感方面起到润滑作用,对于产品的风味也有贡献。

(3)淀粉

淀粉可选用玉米淀粉、土豆淀粉和木薯淀粉赋予产品碳水化合物营养成分,改善产品组织结构,使产品切片性和弹性增强。

(4)调味品

调味品包括食盐、糖、酱油、味精、核苷酸二钠(I+G)、酵母精粉等,主要赋予产品基本味道。

(5)香辛料

香辛料可选用胡椒粉、姜粉和肉豆蔻粉等,对于绝对素食的仿肉制品不能添加葱、蒜、韭、薤等植物性"荤食"。

(6)色素

色素可选用红曲红色素、辣椒红色素和诱惑红色素。赋予所仿制产品的色泽。仿制牛肉、羊肉和猪肉等红肉产品时,为了在色泽上相似,需要添加红色色素,而对于仿制鸡肉和鱼肉等白肉类产品时,则不需要添加色素。

(7)香精

香精在配方中赋予产品香气,根据所仿制的产品添加不同风味的香精。对于绝对素食的仿肉制品选用素食香精。

3. 大豆营养仿肉制品加工工艺流程

大豆组织蛋白→复水→脱水→斩拌或搅拌

大豆分离蛋白→斩拌→充填→热加工→冷却→包装→成品。

4. 大豆营养仿肉制品产品标准的制定

大豆营养仿肉制品既不是豆制品也不是肉制品，在产品标准上尚无行业标准，更无国家标准。因此需要制定企业标准，课题在制定标准时依据有关大豆类产品的国家标准：GB/T 5009.51—2003 非发酵性豆制品及面筋卫生标准的分析方法、GB/T 5413.31—1997 婴幼儿配方食品和乳粉脲酶的定性检验、GB/T 8622—1998 大豆制品中尿素酶活性测定方法（ISO5506：1978）、GB/T 20371—2006 食品工业用大豆蛋白质、GB 2711—2003 非发酵性豆制品及面筋卫生标准；依据肉类制品国家标准：GB 2726—2005 熟肉制品卫生标准；依据食品企业通用国家标准：GB 2760—2011 食品添加剂使用卫生标准、GB 5749—2006 生活饮用水标准、GB 7718—2004 预包装食品标签通则、GB 14881—1994 食品企业通用卫生规范、国家质检总局令第 75 号（2005）《定量包装商品计量监督管理办法》。

第六章 豆酱系列

第一节 豆 酱

一、概 述

酱是以豆类、小麦粉、水果、肉类或鱼虾等物为主要原料,加工而成的糊状调味品,它起源于中国,有着悠久的历史。常见的调味酱分为:以小麦粉为主要原料的甜面酱和以豆类为主要原料的豆瓣酱两大类;肉酱、鱼酱和果酱作为调味酱已经不常见。豆酱(soybean paste)在我国有着悠久的历史,是人民生活中不可缺少的调味品。

(一)酱的定义

从字的结构上看,酱:从将,从酉。"将"本义为"涂抹了肉汁的木片",引申义为"涂抹";"酉"意为"腐败变质"。"将"与"酉"联合起来表示"一种经腐败变质过程而制成的涂抹类辅助食品"。因此,早期酱的含义,泛指用于涂抹面点等主食的半固体、半液体调味性食品。

古代的酱称为醢酱,也称醢。是以动物如雉、鹿、獐、兔、雁、牛、羊、鱼、虾等的蛋白质为原料,加曲、盐发酵制成的。现在的酱,是以大豆为主要原料,利用米曲霉为主的微生物,经发酵酿制成具独特色泽和酱香、咸甜适口、滋味鲜的调味品。

酱的主要原料是大豆和面粉,其制造过程是经过发酵体系中不同的微生物作用,在交替中协同完成发酵,引起体系中营养物质含量和组成成分及酸碱条件的变化。最终得到具有酱香浓郁、色泽鲜艳、口感鲜美和风味独特的调味品。

豆酱是以富含植物性蛋白的大豆和植物性碳水化合物的面粉等粮食为主要原料,利用米曲霉为主的微生物,经由各种微生物相互作用,产生复杂生化反应,发酵酿制成的具独特色泽和酱香,咸甜适口,滋味鲜的红褐色糊状调味料。

它的主要生产原料为大豆和面粉,同时,又根据消费者的习惯不同,在生产豆瓣酱中配制了香油、豆油、味精、辣椒等原料,而增加了豆瓣酱的品种。

(二)酱的起源与由来

"酱"是醯和醢的总称,起源于我国,它的发明的确是对人类饮食生活的一项伟大贡献。在我国食品史上,酱的出现是很早的,据史料记载,在3000年前的周朝就开始了生产,到春秋战国时期已成为不可缺少的调味品。例如,在《周礼》中有:百酱八珍;在《史记》中有"枸酱",这是一种水果酱;在《礼记》中有"芥酱",它是一种蔬菜酱;在《礼记》中还有"醯酱、卵酱、酱齐";在《神农本草经》中有"败酱和酸酱";在《论语乡党篇》中写到:"不得其酱不食"。说明当时酱已成为不可缺少的调味品。可见春秋战国时代以大豆为原料的酱的生产已很普遍,根据这些文字的记载,酱已成为当时饮食生活中不可缺少的组成部分。

最初出现的酱是以肉类为原料制成的,以兽肉为原料的一般称为肉酱,古籍中也有称为肉醢或醯酱的。用鱼肉作的叫鱼酱,古籍中称鱼醢。以后随着农业的发展,出现了以谷物及豆类为原料的豆酱、麦酱、面酱、榆子酱等植物性酱类,而且得到了迅速的发展。尤其是以大豆为原料的豆酱更是发展迅速(当时把豆类称为"菽"),并衍生出酱油。

最初记录豆酱法的是在西汉。在史游的《急就篇》中有:"芜荑盐豉醯酢酱",唐颜氏注:"酱,以豆合面而为之也,以肉曰醢,以骨为肯,酱之为言将也,食之有酱。"这是我国古代以大豆和面粉为原料而酿造豆酱的最早记载。在公元前2世纪左右,我国黄河流域的中下游一带,豆酱已经是人们日常生活中的食品了;汉代人用大豆混配面粉作豆酱的方法和现在的工艺一样,是较为科学的。因为大豆以含蛋白质为主,面粉以含淀粉为主,由于有了一定的碳氮比,能适应于多种有益菌的繁殖,菌体代谢的各种酶也会大量产生,使原料中的各种营养成分得到充分分解,因而能够生成风味独特的豆酱。我国著名的农业科学家,北魏(公元386—534)的贾思勰所著的《齐民要术》其中对做酱法的要求是:十二月、正月为上时,二月为中时,三月为下时。书中对发酵食品,如酱、豉、醋、酒、泡菜等的制作方法,都有比较详尽的论述。《齐民要术》不仅在我国,而且在世界上也是利用微生物酿造食品的最早典籍。在制酱中,不仅详尽的记载了豆酱、肉酱、鱼酱的制造方法,还把制酱用的曲称之为"黄衣、黄蒸"。黄衣是用整粒小麦做的曲,黄蒸是用麦粉做的曲。书中"黄衣、黄蒸"两种散曲名词的提出,证明早在1500多年前,我国古代劳动人民已广泛使用黄曲霉和米曲霉一类微生物了。尽管当时的条件还看不到微生物的个体形态,但是通过微生物的群体形态已懂得了控制不同的制曲条件,以获得不同的微生物,酿造不同的产品,同时也懂得了防止杂菌的污染。这些实践和理论不仅在当时是较为先进和科学的,时至今日仍有一定的实用价值。

唐宋以后,黄酱、甜面酱成为人们常用的调料。在古代,黄酱和甜面酱主要用来酱制小菜,如北京六必居酱园的酱瓜、酱包瓜等在元代就有记载。用黄酱可制作风味独特的酱肉、炸酱面。甜面酱是烹制酱爆肉丁等名菜的专用调料,也是吃北京烤鸭时必备的调料。

到了明朝(13世纪),豆酱的生产迅速扩大,而鱼、肉制品则日渐被淘汰。制酱的技术亦普遍流传于城乡劳动人民之间。

我国制酱生产虽然历史悠久,但在新中国成立前一直停留在落后的水平上。一般采用家庭生产的方式,以大豆、面粉为原料,利用天然发酵制成酱曲,加入盐水在室外瓦缸中,日晒夜露,经过发酵制成黄酱。黄酱的生产方法是以大豆、面粉为原料,用踩黄子方法制成酱曲,加入盐水在室外大缸中进行发酵,日晒夜露,经过一年发酵时间制成黄酱。其味道鲜美,但卫生较差。工厂生产也是手工作坊式生产方法,以大豆、面粉为原料,经过加工,在曲室中利用纯粹培养的种曲制成酱曲,再在木桶或缸中进行发酵,其发酵方法采用微火烤或汽保温。

新中国成立后,推广了"种曲制造方法",制曲工艺用人工培养制曲代替了天然霉菌(俗称发黄子),发酵方法用汽保温代替了日晒夜露。既缩短了发酵时间,又不受气候季节的限制,能够保持常年生产。酱类发酵从20世纪50年代起发展了保温速酿、无盐固态发酵和低盐固态发酵工艺。进入20世纪70年代,我国酱类生产取得了重大进展。太阳能制酱首先在天津、河北的邢台等地诞生,而后在许多地区得到推广。上海从1973年开始用酶法生产甜面酱,1974~1979年开始豆酱酶制剂的生产与应用。酶制剂使用少量原料与培养基,纯粹培养特定的微生物,利用它所分泌的酶来制酱,同样可以达到分解蛋白质的效果。进入 20 世纪 80 年代初期,扬州"多酶糖化速酿甜酱工艺"研究成功,这些科研成果都具有简化工艺,节约粮食和能源,缩短生产周期,减轻劳动强度和改善食品卫生等优点,为酱类的机械化、管道化生产闯出一条新路子。酱类生产分为自然发酵法和温酿保温发酵法。前者发酵的特点是周期较长(半年以上),占地面积较大,但味道好。后者是周期短(1 个多月),占地面积小,不受季节限制,可长年生产,由于发酵时间短,味道不如自然发酵法。

(三)酱的分类

在酱的分类上,有两大类:发酵酱和不发酵酱。发酵酱类中,分为面酱和黄酱两大类,此外还有蚕豆酱、豆瓣辣酱、豆豉、南味豆豉及酱类的深加工,即各种系列花色酱等产品,其他章节另作介绍。非发酵酱指的是果酱和蔬菜酱等,在此不做叙述。

1. 面酱类

面酱也称甜酱,是以面粉为主要原料生产的酱类,由于滋味咸中带甜而得名。它用米曲霉分泌的淀粉酶,将面粉经蒸熟而糊化的大量淀粉分解为糊精、麦芽糖及葡萄糖。曲霉菌丝繁殖越旺盛,则糖化程度越强。此项糖化作用在制曲时已经开始进行,在酱醅发酵期间,糖化则更进一步加强。同时,面粉中的少量蛋白质,也经曲霉所分泌的蛋白酶的作用,将其分解成为氨基酸,从而使甜酱有鲜味,成为特殊的产品。该产品现已远销日本和其他国家,是烤鸭的必备调味品,也是烹调中的调味佳品。在面酱生产中又分成两种不同的做法,即南酱园做法和京酱园做法,又简称为南做法和京做法。它们之间的区别在于一个是死面的,一个是发面的。南酱园是发面的,即将面蒸成馒头,而后制曲拌盐水发酵。京酱园是死面的即将面粉拌入少量水搓成麦穗形,而后再蒸,蒸完后降温接种制曲,拌盐水发酵。发面的特点是利口、味正;死面的特点是甜度大,发黏。

2. 黄酱类

分为黄稀酱和黄干酱,还有黑酱和瓜子酱。

(1)黄稀酱

黄稀酱系采用大豆、面粉进行制曲,成熟后加入盐水进行发酵捣缸,固态低盐发酵及液态发酵经过 30 天周期即为成品。

(2)黄干酱

黄干酱也系采用大豆、面粉制曲,固态低盐发酵,经过 30 天生产周期才能成熟。

黄酱的生产加工中分为两类:踩大黄子日晒天然酱和风曲散黄子(即现在的通风制曲)。春天生产,夏日晒,秋天卖。踩黄子特点是没有毛子味,但生产周期较长;而通风制曲有毛子味,生产周期短,老北京人又称黄酱为"老坯酱",东北人称其"大酱",上海人称其"京酱",武汉人称其"油坯"等。

(3)黑酱

内蒙古、山西、张家口等地区都喜欢吃黑酱,黑酱的原辅料也是大豆、面粉。其特点就是发酵温度高。

(4)瓜子酱

该酱的生产特点是面粉多、大豆少,蒸完后,上碾子压,压成饼,然后切成小块,再进行发酵。做酱瓜用的,称瓜子酱,市场上不卖。

3. 甜米酱

甜米酱为介于黄酱和甜酱之间的产品,所用原料黄豆占 50%,面粉和大米各占

20％,进行糊化分解,而只用10％的生面粉与黄豆拌和进行发酵。该产品味道香甜,酯香浓郁。

(四)日本酱的发展历史与种类

1. 日本酱的发展历史

酱的生产技术起源于我国,以后随着佛教逐渐从中国传入日本,继而传到印度尼西亚、越南和新加坡等国。酱在民间及日本上层社会不断发展传播,逐渐成为日本人的一种传统食品,是日本人十分喜爱的一种食物。

日本酱是由中国古代传过去的叫做酱的调味料演化而来的一种饮食。起初,日本酱同中国酱一样,主要是用大豆类的原料制作,后来逐渐加入了其他的谷类原料,比如大麦、大豆曲等。到了平安时代,文献记载酱已经用来作为菜粥的一种调味配料,到了室町17代,制酱工艺不断发展,此时的酱已经可以长期保存了。战国时代酱已经成为军需品,是军粮的一种,是士兵的重要营养源。在战场上,士兵们在高度紧张的战场环境下,需要很多营养丰富又利于消化吸收的食品,酱汤无疑是一种最佳的选择。江户时代,酱已经成为了普及日本国的调味品。但是由于日本国土狭长,各地气候差异较大,使酱的制作工艺也有所不同,味道也不尽一致。到了近代,普通百姓已经不用费时费力的自己制酱了,日本的制酱业已经进入了工业化时代。发展到今天,日本已研发和产业化了各种即食酱汤,使之成为一种便于携带的方便食品。

2. 日本酱(味噌)的分类

在日本,酱也称为味噌,按照原料分为米味噌、麦味噌、豆味噌和混合味噌。第四种是将前三种混合起来的味噌。

(1)米味噌

米味噌是以大豆为主要原材料,稻米曲为主要呈味物质酿造的味噌,这种味噌在日本是比较普通的大众食品。颜色有黄、白、红三色,味增的颜色由加入的米曲量决定。这种米味噌的成熟时间较短,味道微甜,70％左右的日本人食用这种味噌。

按照地域划分可分为以下几种。

仙台味噌:味道微咸,颜色以暗红色为主。

信州味噌:颜色比仙台味噌颜色稍浅,味道与仙台味噌相近,但是有一点酸及清香的混合味道。

加贺味噌:是从加贺藩17代开始食用的味噌,味道微咸,颜色暗红为主。

会津味噌:特点主要是成熟期非常长,颜色褐红,味道微咸。

越后·佐渡味噌:是新潟地区非常有代表性的味噌,颜色赤红为主。

江户甘味噌:是一种有浓郁甘甜味道的味噌,颜色为暗红色。

关西白味噌:也称为西京味噌,成熟期较短,颜色发白,味道微甜。

御膳味噌:是德岛传统的红色味噌。

府中味噌:江户时代开始作为官员的贡品使用。这种味噌与御膳味噌的品质相近,但是颜色却是白色的。

相白味噌:是介于信州味噌与白味噌之间的一种味噌,味道甘甜。

(2)麦味噌

麦味噌是以大豆为主要原材料,小麦为主要辅料酿造的味噌。麦味噌也被称为田园味噌。它的颜色一般都是浅色调为主,成熟期比米味噌普遍要长。相对于其他味噌,麦味噌有其更加独特的味道,是多种愉悦味道的混合。

具体有以下一些比较有特点的品种。

濑内麦味噌:这种味噌表现出浓郁的麦香和甜香,让人回味悠长。

长崎味噌:九州岛味噌的代表,味道偏甜,原料中小麦成分含量越多,味噌的颜色越浅。

萨摩味噌:是熊本和鹿儿岛的代表味噌,颜色较浅,味道比较复杂。可以根据配料比例的不同产生不同香味的味噌。它是制备萨摩味噌汤和其他萨摩特色食物必不可少的调味料。

(3)豆味噌

豆味噌是完全以大豆为主要原材料酿造的味噌。它的颜色以红色为主。豆味噌是成熟期最长的味噌。它具有米味噌和麦味噌所没有的一种类似于奶香的特殊味道。八丁味噌是此类味噌的代表,此外,还有一些其他有代表性的豆味噌,比如东海豆味噌,主要出产于日本的东海地区,又称之为三州味噌,三河赤味噌。

(4)混合味噌

混合味噌则是以大豆为主要原材料,加入其他谷类原料酿造的味噌。

3. 日本的酱汤

酱汤也属于酱这一系列的大豆食品,是日本人十分喜爱的一种食物。它为大豆经过发酵,再加上各种蔬菜、香菇、豆腐及海鲜等烹制而成。酱汤的主要原料是大豆,富含蛋白质,营养丰富。米饭就酱汤再加上一些日式泡菜吃,是日本传统的正餐形式。酱汤和其他日本菜式一样,口感清爽,营养丰富低脂低糖。随着制酱工艺的不断发展,酱的营养成分也在发生变化。一些工厂在制酱配方中添加了一些新的物质,比如钙质和动物性原材料。20 世纪 70 年代中期以后,日本的酱制品的零售方式发生了变化。原来是在食料品店(酒屋、三河屋)以传统的量器,售卖给顾客。后来逐渐发展到用小包装袋装售卖,方便了顾客,也保证了酱制品的卫生,并延长了保质期。从室町 17 代起,酱汤开始在市井民间流行,属于低阶层百姓的饮食范畴。随着这种营养美味的食品不断普及,渐渐被日本各阶层所接受,成为日本饮食文化不可缺少的一部分。

二、酱 的 成 分

酱的成分可概括如下。

1)含氮物质:蛋白质、多肽、肽、氨基酸。其中氨基酸包括酪氨酸、胱氨酸、丙氨酸、亮氨酸、脯氨酸、天冬氨酸、赖氨酸、精氨酸、组氨酸、谷氨酸等。黄豆酱中氨基酸的种类和含量,对黄豆酱风味起着重要作用。氨基酸本身除了呈现酸、甜、苦、鲜等各种味道,给黄豆酱提供了丰富饱满的感官特征外,还可作为风味前体物,与二羰基化合物发生斯特雷克(Strecker)反应,与美拉德(Mailard)反应中间产物发生交互作用,生成香味和呈味物质。

此外,含氮物质尚有腐胺、尸胺、腺嘌呤、胆碱、甜菜碱、酪醇、酪胺和氨。

2)糖类物质:以糊精、葡萄糖为主,也含少量戊糖、戊聚糖。

3)脂肪:大豆约含 18% 脂肪,在制酱过程中,基本上无变化,故酱中所含脂肪,基本上都存于豆瓣中。

4)酸类物质:酱中所含酸类,挥发者有甲酸、乙酸、丙酸等;不挥发者有乳酸、琥珀酸、曲酸等。

5) 其他有机物：乙醇、甘油、维生素、有机色素等。

6) 无机物：除大量的水、食盐外，尚有随原料带入的硫酸盐、磷酸盐、钙、镁、钾、铁等。

第二节 豆酱生产中的微生物

在生物界中，有一类体形非常微小，构造简单，肉眼看不见或看不清楚的生物，称为"微生物"。广义的微生物包括病毒、立克次氏体、细菌、放线菌、酵母菌、霉菌、单细胞藻类和原生动物等。酱的形成就是微生物在大豆等蛋白质原料上的繁殖生长的结果。2005 年，牛天娇、马莺对豆酱和酱油传统发酵过程中的微生物进行了分析，发现有些微生物对制曲有利，而有些是有害的。对豆酱的风味有密切关系的细菌为乳酸菌，而有害的细菌为小球菌(*Micrococcus*)、粪链球菌(*Streptococcus faecalis*)和枯草芽孢杆菌(*Bacillus subtilis*)等；有益酵母有鲁氏酵母、结合酵母、球拟酵母等；有害酵母有产膜酵母、毕氏酵母、醭酵母、圆酵母等。霉菌主要有米曲霉(*Aspergillus oryzac*)、酱油曲霉(*Aspergillus sojac*)、高大毛霉(*Mucor* spp.)、黑曲霉(*Aspergillus niger*)等。

它们的个体通常是单细胞(细菌、酵母菌等)或简单的多细胞(霉菌等)。

一、米 曲 霉

霉菌在自然界中分布极广，种类繁多。与人们日常生活关系密切，常在一些食物、谷物、腐败的水果和肮脏的衣物上看到一些黄的、绿的、黑的或白的菌丝体生长，这些五颜六色的菌丝体就是霉菌。由于它能引起食物发霉腐烂，所以俗称"霉菌"。霉菌也称丝状真菌，是真菌的一部分，并非分类字名词。凡生长在营养基质形成绒毛状、蜘蛛网状或絮状菌丝体的真菌，统称为霉菌。酿制黄酱用的蛋白酶是活力强的米曲霉。

二、黄酱酵母

黄酱酵母的菌体是单细胞的，肉眼不能看到，但在固体培养基上很多菌体长成一堆，肉眼可以看到。这种单一细胞在固体培养基表面繁殖出来的细菌群体就是酵母的菌落。菌落表面一般是光滑、湿润及黏稠的，或有皱褶，边缘整齐。酵母菌落与某些细胞菌落相似，但较大、较厚、不透明、呈油脂状。酵母菌具有典型的细胞结构，由细胞壁、细胞膜、细胞核、液泡、微粒体、肝糖脂肪等构成。它的基本形状有球形、椭圆形、卵形等。酵母细胞的大小一般为 $1\sim5\mu m\times5\sim30\mu m$，平均直径 $4\sim6\mu m$，在 $400\sim600$ 倍显微镜下，才可以清楚地看到。

三、细菌及乳酸菌

在自然界中，细菌是分布最广，数量最多的一类微生物。随着人们对微生物生命活动规律的认识日益深入，细菌利用的范围也日益扩大。在黄酱生产中，可利用细菌的代谢产物改善黄酱风味。如乳酸菌在发酵过程中，与曲霉和酵母共同作用，产生乳酸乙酯等代谢产物，都是增进黄酱风味的有效成分。细菌是单细胞生物，一般形体很小。细菌的形态，因不同的菌种、不同的生活环境条件而不同，基本的形态可分为球状、杆状、螺旋状三种。

酿造工业上应用的细菌大部分是杆菌。例如,生产食醋用的醋酸杆菌;生产谷氨酸的棒状杆菌;生产蛋白酶及淀粉酶的枯草杆菌等。

乳酸菌在自然界中普遍存在,广泛分布于谷类、麦芽、曲子、蔬菜、牛乳和乳制品等中。其特点是繁殖快,能利用各种糖类产生乳酸,从而抑制其他菌的生长。人们利用乳酸菌的作用,每年为人类及家畜贮藏了许多营养价值高的食物及饲料,如泡菜、腌菜等。

发酵调味品黄酱的酿造和乳酸菌有密切的关系。乳酸菌不仅能在曲子中生长,而且还影响酱醪的成熟。该菌在入池后30天左右,菌体数量达到高峰,在每克酱醪中有10^8个菌体。这些菌体可把葡萄糖分解成乳酸,能在食盐浓度为20%的环境下生长,它与酵母产生的醇类化合成酯类,形成黄酱的特殊风味。

四、黄酱生产中的有害微生物

在黄酱酿造过程中除了纯粹培养的菌种曲之外,有从空气中带入的各种类型的酵母和细菌。除了形成黄酱风味的菌种外,其他有害的细菌和酵母菌也会同时带入,稍有疏忽,就很容易造成污染。抑制和影响曲霉菌的生长,降低酶活力,影响产品质量。同时污染了不同种类的细菌,使其代谢产物转移到酱醪中去,不仅影响黄酱风味,而且它们的芽孢在酱醪中生存下来,死亡的菌株造成酱类混浊发乌,降低黄酱质量。随着人们生活水平的不断提高,对黄酱质量和卫生标准的要求越来越高,因此,加强对酿造微生物的管理、控制和排除有害微生物的污染是发酵工业中一个很重要的问题。

第三节 豆酱的发酵过程

豆酱多由传统方法生产,无论是制曲或发酵都有多种微生物的参与而发挥多酶系的作用,使它不但营养丰富(每100g黄豆酱中含蛋白质10.7g、脂肪9.0g、糖类12.9g,以及多种维生素和微量元素),而且含有较多的生理活性成分,从而深受人们喜爱。

优良的酱类发酵剂应来源于自然发酵的优质酱类。酱类发酵可以分为3个不同的阶段。

一、制 曲 阶 段

在这一阶段中霉菌占绝对优势,主要包括米曲霉、酱油曲霉、高大毛霉和黑曲霉。霉菌在面粉和经过蒸煮的大豆混合物上生长,并且分泌出各种酶,包括蛋白酶和淀粉酶等。使大豆中的蛋白质水解为多肽和氨基酸,淀粉水解为糖类,从而为后阶段其他微生物的生长创造条件。

二、发酵初期阶段

在这个阶段中添加盐水进行发酵,由于食盐浓度较高和缺乏氧气,霉菌的生长已经基本停止,但由霉菌分泌的各种酶类将继续发挥作用。与此同时,耐盐的乳酸菌和酵母菌开始大量繁殖。从豆酱中分离得到的乳酸菌主要为耐盐乳酸菌,如嗜盐四联球菌等;酵母菌主要有鲁氏酵母、球拟酵母中的豆酱球拟酵母和清酒球拟酵母等。乳酸菌和酵母菌协同作用,共同代谢酱醪中的可发酵糖产生乙醇、乳酸和乙酸等产物,并结合成乳酸乙酯和乙酸乙酯等呈香物质。

三、酱类的后发酵成熟阶段

由于有机酸等代谢产物的积累,微生物的生长基本停止,但也还存在微弱的代谢活性,这一阶段是酱类各种特殊风味形成的关键阶段。

第四节　豆酱发酵过程中蛋白酶的形成与变化

一、酸性蛋白酶的形成与变化

酸性蛋白酶的产生菌为黑曲霉、米曲霉、啤酒酵母、乳酸杆菌、枯草杆菌等,其中以黑曲霉为主。经牛天娇对酱曲样品中霉菌群落结构分析发现,曲霉菌占霉菌中的 69.98%,属于优势株菌,对发酵起主要作用,通过对所有优势霉菌分离,鉴定出存在黑曲霉,可见酱曲中的酸性蛋白酶主要由黑曲霉产生。

酱曲培养过程中水分、pH、蛋白酶活力及酶解产物的变化见表 6-1。

从表 6-1 中可以看出从第 10 天开始酸性蛋白酶活力迅速上升,在整个发酵过程中酱曲外部酶活力高于内部,第 30 天酶活力达到最大(外部 19.23U/g 干基,内部 14.27U/g 干基),然后逐渐活力下降,发酵后期第 40 天后内外活力基本一致。这是因为酱曲外表面与空气接触,大量细菌繁殖产生酸类物质使 pH 降低。同时内部也呈现这种趋势,但由于内部菌数较少,相对 pH 降低缓慢。pH 在第 30 天时降到最低之后开始升高,随着 pH 的回升酸性蛋白酶偏离最适 pH,酸性蛋白酶活力开始下降。通过方差分析得出,酱曲内外酸性蛋白酶活力变化随着时间延长存在显著差异($P<0.05$)。

由于酸性蛋白酶是一类肽酶,可将肽类分解成氨基酸,所以酸性蛋白酶的变化影响着氨基酸态氮含量。氨基氮量主要反映的是游离氨基酸的含量,氨基酸是发酵黄豆酱中主要的呈味物质,氨基酸含量高发酵黄豆酱的风味就好。由表 6-1 可以看出,酱曲外部氨基酸态氮在前 10 天内呈下降趋势,第 5~10 天差异不显著($P>0.05$),而内部先保持平缓第 10~20 天略有下降,第 15~20 天差异不显著($P>0.05$)。这一现象是由于某些微生物利用氨基酸态氮为氮源,故氨基酸态氮出现先减少的趋势。发酵过程中性、碱性蛋白酶先分解蛋白质生成多肽,而后酸性蛋白酶继续将肽类分解为氨基酸,发酵时间越长分解越彻底,氨基酸态氮含量越高。由于后期氨基酸的分解代谢,如脱羧、脱氨作用产生氨、胺类物质使 pH 升高,酸性蛋白酶的活力降低,使得氨态氮基本保持平衡,因此出现酱曲外部第 35~45 天氨态氮变化差异不显著($P>0.05$),内部第 40~45 天差异不显著($P>0.05$)。

二、中性蛋白酶的形成与变化

中性蛋白酶的产生菌有枯草芽孢杆菌、巨大芽孢杆菌、地曲霉、酱油曲霉、米曲霉等,贡汉坤分离得到的霉菌经鉴定主要为米曲霉(*Aspergillus oryzac*)、酱油曲霉(*Aspergillus sojac*)、高大毛霉(*Mucor* spp.)、黑曲霉(*Aspergillus niger*)等,故酱曲中以米曲霉、酱油曲霉为主。曲霉

表 6-1 酱曲培养过程中水分、pH、蛋白酶活力及酶解产物的变化

蛋白酶单位：U/g(干基)

发酵时间/d	水分/% 外部	水分/% 内部	pH 外部	pH 内部	蛋白酶酸性 外部	蛋白酶酸性 内部	蛋白酶中性 外部	蛋白酶中性 内部	蛋白酶碱性 外部	蛋白酶碱性 内部	NSI/% 外部	NSI/% 内部	NPN/% 外部	NPN/% 内部	氨态氮/% 外部	氨态氮/% 内部	多肽氮/% 外部	多肽氮/% 内部
1	38.59±0.70f	38.80±0.68g	6.88±0.11b	6.87±0.11a	0.46±0.04j	0.32±0.02j	0.26±0.03i	0.15±0.04i	0.53±0.02g	0.48±0.01f	15.33±0.64h	15.13±0.78h	7.15±0.17h	7.50±0.12h	0.05±0.01f	0.05±0.04k	7.46±0.57f	7.45±0.96i
5	35.46±0.25b	38.14±0.70a	6.33±0.09d	6.83±0.07a	1.72±0.06i	0.42±0.01i	5.61±0.12h	4.15±0.12h	1.24±0.17f	0.88±0.02e	16.00±0.70h	15.35±0.94h	7.93±0.16h	7.81±0.20f	0.03±0.01g	0.06±0.01j	7.90±0.19j	7.75±0.10h
10	30.63±0.14c	37.82±0.62c	5.95±0.08e	6.48±0.10b	3.16±0.13h	1.67±0.19h	19.58±0.19g	10.94±0.65g	3.18±0.19e	2.64±0.26d	17.53±0.74b	15.72±0.94h	8.96±0.11g	7.90±0.14h	0.02±0.01g	0.07±0.04h	8.94±0.48h	7.83±0.08h
15	27.97±0.23d	36.25±1.25b	5.35±0.07g	6.27±0.07c	9.27±0.11g	4.26±0.13g	34.75±0.18f	20.15±0.59f	3.93±0.14d	3.15±0.44c	23.26±0.69h	17.08±0.86g	12.49±0.93f	9.18±0.14g	0.11±0.02e	0.04±0.01h	12.38±0.10e	9.14±0.25g
20	25.79±0.62e	34.85±0.67d	5.24±0.10h	6.09±0.09d	15.67±0.19c	8.16±0.07f	67.39±0.60c	44.61±0.89d	5.57±0.31b	3.27±0.12bc	30.65±0.64g	21.06±0.65f	16.11±0.61e	12.22±0.61f	0.16±0.06d	0.05±0.03g	15.95±0.10f	12.17±0.08f
25	23.87±0.91f	33.27±0.69d	5.43±0.11f	5.76±0.09f	18.95±0.19b	12.36±0.18c	74.98±0.65a	58.88±0.89b	3.24±0.31e	3.42±0.26bc	41.29±0.11d	26.51±0.87e	22.54±1.02d	15.18±0.31e	0.32±0.09c	0.07±0.05e	22.22±0.14d	15.11±0.08e
30	22.40±0.66e	32.71±0.63d	5.70±0.09f	5.85±0.11d	19.23±0.12a	14.27±0.12a	71.48±1.07b	63.22±0.61a	3.87±0.25d	3.46±0.24b	50.46±0.67c	32.59±0.94d	26.40±0.61c	20.28±0.66c	0.40±0.13b	0.08±0.06c	26.00±0.17c	20.20±0.38d
35	22.27±1.43e	31.29±1.12c	6.53±0.11e	5.94±0.08e	15.30±0.15d	13.26±0.12b	63.30±0.58d	57.64±0.61c	5.04±0.14c	4.05±0.24a	55.30±0.11b	41.68±0.70c	28.01±0.68b	24.45±0.69b	0.52±0.10a	0.23±0.01b	27.49±0.56b	24.22±0.93c
40	21.18±0.87b	30.92±1.15b	6.98±0.05ab	6.29±0.09d	11.28±0.12e	11.56±0.13d	51.01±0.66e	53.68±0.61c	5.95±0.26a	4.11±0.32a	58.65±0.24a	45.21±0.10b	29.49±0.93a	26.27±0.98a	0.53±0.07a	0.35±0.05a	28.96±0.13b	25.92±0.07b
45	21.09±0.60e	30.46±0.67c	7.04±0.02a	6.48±0.08b	10.55±0.25f	10.14±0.13e	50.52±0.30e	51.26±0.62c	6.03±0.24a	4.26±0.13a	59.19±0.34a	48.76±0.72a	30.04±0.90a	27.56±1.00a	0.54±0.09a	0.36±0.06a	29.50±1.09a	27.20±0.14a

注:水溶性氮(NSI)%、非蛋白氮(NPN)%、氨态氮%、多肽氮%均为占总氮的百分含量;字母不同表示具有显著性差异(P<0.05)。

的中性蛋白酶和碱性蛋白酶都只能将大豆蛋白分解成可溶性的大大小小的肽段。张素云通过试验数据证明,中性和碱性蛋白酶仅能分解大豆蛋白质为可溶性氮,几乎不产生游离的自由氨基酸,必须靠曲霉中的端肽酶(酸性蛋白酶)才能将可溶性肽进一步分解成游离氨基酸。

从表 6-1 中可知,在整个发酵基质中 pH 较接近中性,故中性蛋白酶活力始终很高(最高可达外部 74.98U/g 干基,内部 63.22U/g 干基),在分解蛋白质中起主导作用。随着蛋白酶系的形成,酱曲中的蛋白质逐渐被分解。样品总氮包括酱曲中所有含氮物质——蛋白质、氨基酸、多肽等的总量。非蛋白氮(NPN)主要是由氨基氮和多肽氮组成,所以可近似的将多肽氮看作 NPN 减去氨基氮的差。酱曲外部中性蛋白酶活力第 5 天后开始增高,第 5～25 天该酶活力大幅度升高,即该阶段米曲霉分泌此酶旺盛。同时酱曲外部水溶性氮(NSI)、非蛋白氮(NPN)也在发酵第 5 天后开始明显增加,第 10～30 天 NSI、NPN 增幅显著($P < 0.05$)。第 25～40 天中性蛋白酶活力下降,第 40～45 天差异不显著($P > 0.05$)。相应的 NSI、NPN 还在继续增加,但由于酶活力下降故增幅减小,第 40～45 天趋于平缓,最终 NSI 可达 59.19％、NPN 可达 30.04％。Masashi Ogasawara 等测定味增(日本豆酱)发酵一个月可溶氮达 60％以上,Cheng 等研究酱油发酵过程中原料的生物化学变化,结果表明发酵第 45 天非蛋白氮可达 30％以上,均与本试验结果基本吻合。

酱曲内部中性蛋白酶活力低于外部,整体变化趋势与外部相同。由于内部酶活力低,分解蛋白质能力弱,因此从表 6-1 中可以看出水溶性氮(NSI)和非蛋白氮(NPN)都在发酵初期变化很小。酱曲内部第 1～5 天 NSI 增长差异不显著($P > 0.05$),第 10 天后才开始明显增加;NPN 第 5～10 天涨幅差异不显著($P > 0.05$)。随发酵时间的延长 NSI、NPN 均逐渐增加,差异显著($P < 0.05$),发酵后期第 35～45 天又出现涨幅缓慢。比较酱曲内外可以看出,发酵前期酱曲外部蛋白酶活力高,发酵后期第 35 天后酱曲内外酶活力分布均匀,原因是发酵前期外部菌数高,发酵后期菌体分布趋于一致。发酵第 10～25 天酱曲外部水溶性氮增幅大于内部,因为该阶段外部中性蛋白酶活力高于内部,水解蛋白效率高;而后内部可溶氮含量增幅略微高于外部。原因是酱曲外部水分含量减小微生物生长受到抑制,分泌的中性蛋白酶活力也下降,而内部水分含量下降缓慢,酶活力变化小造成的。

从表 6-1 中还可知,非蛋白氮(NPN)含量增幅显著($P < 0.05$)。NPN 量的增加主要是因为酱曲中具有较强的中性蛋白水解酶系,在发酵过程中使大量的大豆蛋白质降解为游离氨基酸、多肽等 NPN 成分所致。表 6-1 中多肽氮的增幅十分显著,说明酱曲发酵过程中酶解反应主要产生低分子肽。酱曲外部多肽含量从第 5 天开始明显上升,而内部从第 10 天才开始增多,原因是酱曲发酵初期外部微生物产酶早于内部,在近中性环境里中性蛋白酶分解蛋白质形成多肽。总体看酱曲外部中性蛋白酶活力高于内部,分解蛋白质形成多肽的能力强,故整体呈现酱曲外部多肽含量高于内部。

三、碱性蛋白酶的形成与变化

碱性蛋白酶主要产生菌有霉菌、链霉菌及芽孢杆菌,该酶具有比中性蛋白酶更大的水解能力,其作用位点在羧基侧具有芳香族或疏水性的氨基酸上。酱曲外部碱性蛋白酶在发酵前 20 天内活力出现了第一个峰值 5.57U/g 干基,然后由于 pH 的降低该酶活力略微回落,随着发酵的进行,蛋白质分解生成一些呈碱性物质,如胺类。微生物发酵对氨基酸的脱氨作用形成游离氨气等,使 pH 回升,该酶活力又出现了第 2 个峰值 6.03U/g 干基。内部酶活力一直平缓上升,这是因为内部 pH 变化不大。通过方差分析,得出酱曲内外碱性蛋白酶活力变化随着时间延长存在显著差异($P<0.05$)。

pH 也是发酵过程中控制微生物生长及产酶的重要因素,由于发酵过程始终偏离碱性蛋白酶的最适 pH,故该酶活力不高,对蛋白质的酶解作用小,仅在发酵第 1~5 天、第 40~45 天(pH 较高)碱性蛋白酶活力高于中性蛋白酶,此阶段该酶对 NSI、NPN 的形成贡献较大。

自然发酵黄豆酱酱曲培养过程中,微生物逐渐产生并分泌了相应的蛋白酶,由于水分含量及 pH 的变化使酶活力发生了一系列的变化,该过程中蛋白质分解,游离氨基酸、多肽等非蛋白氮成分的含量显著增长。同时蛋白质的分解产物又导致 pH 的变化,因此形成了环境影响蛋白酶,蛋白酶分解蛋白质,蛋白质分解又影响 pH,三者相互制约的关系。

第五节 豆酱色香味的形成

豆酱发酵过程的目的是使米曲霉在原料上大量生长繁殖,并分泌多种酶类,其中最重要的是蛋白酶和淀粉酶。蛋白酶水解蛋白质为氨基酸类物质,淀粉酶将淀粉水解为糖类物质。这一过程中,从空气中也会落入酵母和细菌,也进行繁殖并分泌多种酶类。酵母发酵糖类成酒精,乳酸菌发酵糖类成乳酸。乳酸菌除产生乳酸外,对精氨酸、酪氨酸、组氨酸和天冬氨酸也有分解作用,还对丝氨酸、苏氨酸和苯丙氨酸有特异性脱羧基作用,从而影响酱的香气。所以发酵利用米曲霉菌、细菌、酵母菌等微生物的共同作用,形成了豆瓣中所含的营养成分和风味成分。

蛋白质的分解是依靠微生物的蛋白酶的催化作用形成氨基酸类,这是豆酱鲜味的主要来源及部分色素(瓣子呈色)的生成基础。曲料中的面粉中的淀粉类物质,在米曲霉分泌的淀粉酶的作用下转化为糖类。糖分的一部分在豆瓣中保证了风味,另一部分被酵母菌用来进行酒精发酵(醇化豆酱),还有一部分由各种细菌发酵为有机酸,成为了产生豆酱中色、香、味的基础。酵母菌能够将糖分解为酒精和二氧化碳,所生成的酒精,一部分被氧化成有机酸类,另一部分挥发散失,再一部分与氨基酸及有机酸合成酯,还有微量残留在豆酱醅中,为豆酱增添特有的香气。

一、豆酱色素的形成机制

豆酱在酿造过程中色由浅变深,缓慢变成棕色,标志着瓣子的成熟,这其中的机制应为美拉德反应和酶促褐变反应的综合作用结果。

二、豆酱香气的形成机制

豆瓣酱的独特风味是在其后熟过程中形成的,因此研究豆瓣酱后熟过程中氨基酸和挥发性风味的变化对于研究其独特风味的形成具有重要的意义。在豆瓣酱后熟过程中,由于发酵体系中蛋白酶系的作用,水解产生游离氨基酸。同时,美拉德反应和斯特雷克氨基酸降解反应消耗所产生的游离氨基酸,产生挥发性风味物质,使得游离氨基酸的含量没有明显的变化。

三、后熟过程中豆酱挥发性风味物质的变化

豆酱的香气主要也是在后期发酵过程中形成的,在豆酱中虽然含量极微,但对豆酱的风味却有很大的影响。豆酱香气成分很多,如醇类、醛类、酯类、酚类、有机酸类、缩醛类、含硫化合物、呋喃酮类。成香机制复杂,大体可归纳为四类:由原料成分所产生;由米曲霉代谢产物生成;由耐盐酵母、细菌的代谢产物生成;由非酶化学反应生成。

有研究表明,豆酱中的主要挥发性成分是酯类、醇类、烯类、酮类和其他杂环类化合物。酯类主要以脂肪酸酯为主。在可检出的挥发性化合物中,醇类化合物的比例较大,但是这类化合物的阈值普遍比较大,可能对豆酱的风味贡献比较小。含硫类的化合物主要是含硫的氨基酸降解所产生。酮类、醛类和酚类则是在豆酱的后熟过程中,由于发生了碳基和游离氨基酸的美拉德反应和斯特雷克氨基酸反应产生的。此外,吡嗪类化合物的相对比例较小,但是它的呈味阈值较小,例如,川芎嗪、三甲基吡嗪具有发酵豆制品的独特风味,可能对豆酱醇厚风味的形成有直接影响。

研究表明,蛋白质含量高的大豆品种酿制成的豆酱,其风味明显优于蛋白质含量低的品种。提示某些蛋白质水解产物氨基酸的存在与产生,与酱风味之间存在一定的关系。研究还发现,在 35 种检测出的挥发性化合物之中,酚类、吡嗪类、含 N 化合物、酸类和苯乙腈是主要成分。含硫氨基酸(胱氨酸和甲硫氨酸)经过一系列的生化反应可形成吡嗪类物质;芳香族氨基酸(酪氨酸和苯丙氨酸)是香味物质的重要前体,它们在酶的作用下可形成香味成分——酚类化合物,尤其是 2,6-二甲氧基苯酚。2,6-二甲氧基苯酚在感官特征方面呈现甜香、木香,具有紫丁香醇之名,有报道称苯丙氨酸与麦芽糖反应能产生令人愉快的焦糖甜香,且可以形成玫瑰花香和丁香花香。

四、豆酱的呈味

豆酱的味觉是咸而鲜,具极微弱的甜味和弱酸味,不苦。豆酱的鲜味来自蛋白质分解产物。原料中蛋白质经混合菌种中曲霉的蛋白酶、酞酶、谷氨酰胺酶作用后,水解生成多种游离氨基酸,其中谷氨酸含量最高,赋予产品鲜味。2005 年,宋钢对日本酱中的氮成分进行了分析,指出原料中的蛋白质在原料处理过程中被加热并产生变性,大部分变得不溶于水。随着酱的成熟,不溶于水的蛋白质变成水溶性的。在酱的水溶性区域中,以氨基酸和链长平均为 5 个以下氨基酸的肽为主体,且肽的结构在熟成的初期变化较大。游离氨基酸除谷氨酸、天冬氨酸和脯氨酸外,其他大部分都在发酵 10 天之内增加,而谷氨酸和天冬氨酸则在发酵 50 天内呈直线增加。

极微弱甜味来自淀粉酶水解淀粉所生成的葡萄糖和麦芽糖,以及部分呈甜味的氨基酸。此外,发酵过程中,米曲霉分泌的脂肪酶能将油脂水解成脂肪酸和甘油,甘油微甜。

酸味主要由乳酸、乙酸、琥珀酸、柠檬酸等有机酸形成。发酵过程中,乳酸菌所引起的乳酸发酵因菌种不同,使糖类变成乳酸和乙酸。

豆酱中最明显的咸味,毫无疑问来自于加入的氯化钠,即食盐。2003 年,Wanakhachornkrai 和 Lertsiri 报道,豆酱中风味的形成主要依赖于产品的加工工艺,以及所使用

的原材料特性和微生物菌株的种类。所涉及的主要工艺有原料的热处理、霉菌发酵、乳酸菌及酵母发酵和巴氏消毒。

五、豆酱后熟过程中氨基酸的变化

豆瓣酱的独特风味是在其后熟过程中形成的,因此研究豆瓣酱后熟过程中氨基酸和挥发性风味的变化对于研究其独特风味的形成具有重要的意义。在豆瓣酱后熟过程中,由于发酵体系中蛋白酶系的作用,水解产生游离氨基酸;同时,美拉德反应和斯特雷克氨基酸降解反应消耗所产生的游离氨基酸,产生挥发性风味物质,使得游离氨基酸的含量没有明显的变化。后熟过程中豆酱氨基酸含量的变化见表 6-2。

表 6-2 豆瓣酱后熟过程中游离氨基酸含量的比较

氨基酸名称	后熟保藏时间/天			
	10	22	38	77
	相对含量 g/100 g 样品			
谷氨酸 Glu	1.64	1.57	1.71	1.64
天冬氨酸 Asp	1.19	1.18	1.24	1.30
亮氨酸 Leu	1.23	1.17	1.16	1.15
赖氨酸 Lys	0.70	0.65	0.84	0.80
精氨酸 Arg	0.31	0.27	0.42	0.30
缬氨酸 Val	0.76	0.74	0.76	0.77
丝氨酸 Ser	0.69	0.66	0.72	0.72
苯丙氨酸 Phe	0.65	0.62	0.65	0.65
异亮氨酸 Ile	0.72	0.69	0.70	0.70
丙氨酸 Ala	0.75	0.72	0.76	0.75
甘氨酸 Gly	0.38	0.36	0.41	0.40
脯氨酸 Pro	0.36	0.36	0.43	0.50
苏氨酸 Thr	0.58	0.55	0.61	0.58
酪氨酸 Tyr	0.50	0.47	0.48	0.49
组氨酸 His	0.24	0.23	0.26	0.24
甲硫氨酸 Met	0.09	0.09	0.10	0.11
半胱氨酸 Cys	0.07	0.06	0.07	0.08
游离氨基酸总量	10.87	10.42	10.32	11.21

氨基酸本身就是重要的呈味物质,特别是游离氨基酸与豆酱独特风味的形成密切相关。在豆酱的后熟过程中,由于体系中蛋白酶的作用,水解产生游离氨基酸,相对于豆瓣酱中总氨基酸含量来说,游离氨基酸的含量占到了总量的 40% 左右。游离氨基酸的含量有所上升,这同时也导致美拉德反应和斯特雷克氨基酸降解反应的发生,消耗所产生的游离氨基酸,产生挥发性的醛、酚、醇、吡嗪等挥发性芳香物质。因此,游离氨基酸的总含量没有明显的变化。

研究发现,豆酱的氨基酸总量在发酵初期缓慢上升,主要是由于豆酱体系中蛋白酶的作用。同时,由于豆酱中的高盐环境在一定程度上抑制了蛋白酶的活性,蛋白质水解程度受到限制,氨基酸总量没有显著的变化。

黄豆加工成豆酱过程中,其氨基酸总量有 56.49%~64.25% 转化为非氨基酸物质,其中有一部分转化为其他的有机酸,另外一部分转化为风味物质等。

在氨基酸转化方面,中性氨基酸亮氨酸、酪氨酸、苯丙氨酸含量在不同的大豆原料所生产的酱之间变化较明显。此外胱氨酸、甲硫氨酸含量也与所用的大豆品种有关,它们可能与不同种类的酱之间的风味差别有着密切的相关性。而不同品种大豆发酵酱中的碱性氨基酸含量较为接近,且含量均较低。同时它们在黄豆加工成豆酱的过程中转化为其他物质的转化率较低。这表明碱性氨基酸可能不是豆酱风味物质的主要影响因素。

在测定的 17 种氨基酸中,谷氨酸、酪氨酸、天冬氨酸、组氨酸、亮氨酸含量比较高。酸性氨基酸含量较高,它们对黄豆酱滋味起重要作用。天冬氨酸和谷氨酸属鲜味氨基酸,会与酱中无机盐产生具有良好口感的鲜味物质,使黄豆酱滋味鲜美醇厚。酸性氨基酸中天冬氨酸和谷氨酸是检测到的 17 种氨基酸含量最高的,其总含量近 30%。豆酱中含有较多低分子量肽,其肽的构成以天冬氨酸和谷氨酸为主,各种滋味特征与酱油类似,具有醇厚鲜味。谷氨酸和天冬氨酸是常见的呈鲜味氨基酸,组氨酸、酪氨酸和亮氨酸具有微苦的味道,并且这些氨基酸都在后熟过程中呈现上升趋势,这类氨基酸对豆瓣酱特有滋味的构成可能有比较大的贡献。而赖氨酸则可能和豆瓣酱的特有滋味有联系,其含量在后熟过程中不断上升。同时这些氨基酸有可能组成各种形式的滋味肽,或直接通过美拉德等反应赋予豆瓣酱良好的挥发性风味和滋味。

第六节 豆酱中的生理功能性物质与保健功能

豆酱和酱油等发酵制品中含有许多生理功能性物质,如蛋白质、消化酶、维生素、亚油酸、皂苷、异黄酮、磷脂、胰蛋白酶抑制剂及食物纤维素等,这些成分都是原料大豆中的固有成分,即"原始成分"。除上述成分外,还含有在发酵酿造过程中形成的"二次加工成分",其中有脂类及褐色色素等备受关注的生理功能性等物质。

一、褐色色素

自然界中有很多各种各样的褐色色素,例如,土壤中生存的腐酸菌分解其中的有机物,从而合成产生褐色色素;新鲜蔬菜、水果组织受损伤之后生成的鞣酸色素;砂糖被烤焦后生成的焦糖色素;皮肤里的色素等均属褐色色素。其中豆酱、酱油的褐色色素也称为"蛋白黑素",褐色色素及蛋白黑素主要有以下特性。

1. 由不规则的高分子聚合物组成

由不同原料和不同条件生成的褐色色素化学结构极不相同,其结构实际是以不同相对分子质量的成分组成,其产物可以看成有机化合物经过复杂的变化过程,致使反应物产生极大化的聚合而产生的聚合化合物。

2. 它的生成过程较复杂但很易得到

把食品加热或长期保管乃至熟化时,均可以得到褐色色素或蛋白黑素(褐),面包、饼干、烤肉、烤鱼、寿司、咖啡、麦芽菜等均含有很多蛋白黑素。对组织受损伤而形成鞣酸色素的叫"酶变褐",而形成蛋白黑素的称为"非酶变褐"。

3. 褐色色素的美拉德反应

碳氢化合物(葡萄糖、麦芽糖等)和氨基化合物(氨基酸、短肽及蛋白质等)反应生成褐色色素为美拉德反应,主要表现在在土壤中形成腐蚀场所、食品变褐及形成老化色素三个方面。在豆酱、酱油加工生产过程中,大豆蛋白质或蛋白质水解物短肽类和还原糖之间易发生美拉德反应,在熟化期间进行着复杂的聚合,最终生成蛋白黑素或褐色色素沉积在豆酱及酱油中。

美拉德反应下的豆酱、酱油可形成褐色色素(蛋白黑素)、产生香味(加热香气、调理香味)、增加味觉(沉郁、苦味)和生成功能性物质(蛋白黑素)。

二、蛋 白 黑 素

(一)蛋白黑素的特征特性

蛋白黑素具有水溶性,为弱酸性高分子,在 pH2～3 时有等电点,能放出强烈的青色荧光,具有很强的抗氧作用。它不易被酸碱水解,不受消化酶的作用,分子内含有比较稳定的游离基结构,具有抗氧化作用。作为弱酸高分子特性,发生风蚀氧化催化金属效应,它在与铁、铝、钴、和锡等金属离子结合时不溶解。

(二)蛋白黑素的生理功能

1. 类食物纤维功能

蛋白黑素与食物纤维有相似的作用,在大白鼠饲料中各添加 5％ 与 15％ 的蛋白黑素,解剖证明,饲料在鼠肠道滞留的时间各缩短了 25％ 和 50％。还因添加蛋白黑素而降低了血液中胆固醇含量。通过蛋白黑素促进小肠上皮细胞代谢的观察,说明刺激肠道效果和食物纤维的作用相同。将大白鼠连续投喂 3 个月含有 5％蛋白黑素的饲料,由肠内乳酸菌的增殖和菌数的变化可知,肠内环境有所改善。

2. 降糖功能

含有蛋白黑素的马铃薯淀粉丸子,平均消化速度是未加黑素的 70％,可以看出蛋白黑素能抑制唾液中淀粉酶的活性,从而拖延消化淀粉速度及抑制肠道黏膜消化酶作用,起到降糖作用。

3. 抑制胰蛋白酶活性

蛋白黑素浓度在胰蛋白酶溶液中即使是微量,也能较好地起到抑制胰蛋白酶活性的作用。仙台大酱、信州大酱的胰蛋白酶半衰浓度是 12％～15％;浓口酱油是 25％;薄口酱油是 37％。酱油的色泽与胰蛋白酶活性半衰浓度成正比。胰蛋白酶是从胰腺分泌的,如胰蛋白酶活性被抑制,胰腺功能就亢进,进而促进胰岛素分泌。因此人们期望豆酱作为促进分泌胰岛素的食品,起到预防和改善糖尿病症及抑制癌细胞增殖的效果。目前全球每年每 10 万人当中,因癌症死亡的人数:英国为 272 人;意大利为 261 人;德国为 260人;法国为 246 人;美国 204 人;而日本最少为 196 人。分析其中的原因,是与日本人大量食用大豆制品有关。

4. 能抑制亚硝胺生成

用体外实验方法,检验出蛋白黑素对 2 种亚硝胺及亚硝盐有明显的抑制效果。

5. 能抑制 ACE 活性

研究证明:有些食物成分可通过抑制调节血压系统的 ACE(血管紧张素转化酶)活性而降低血压。用 INVito 方法,测定出蛋白黑素对 ACE 有抑制作用。蛋白黑素只占反应液总浓度的 0.2%,低浓度下也能使 ACE 活性半衰。豆酱、酱油的 ACE 活性半衰浓度是 1%,但短肽的作用也在其中。

6. 抗变异原性

实验证明:蛋白黑素对 TRP-P-2、GTU-P-1、GIC-P-2、IQ、meIQ、MelQX 等变异原性物质,表现着很强的抗变异原活性。这一性质与蛋白黑素的还原性、抗氧化及阴离子解离基等参与因素有关。酱油、黑啤酒、焦糖等分离出的蛋白黑素,都有很强的抗变异原性。此外,蛋白黑素还对异环氨化合物有抗变异原性,这是蛋白黑素作用于可变异原物体的代谢活性化体的结果。

7. 有消除活性氧的作用

蛋白黑素和超氧化歧化酶对 NADPH-PMS 法生成的超氧化物都有很强的消除活性氧的能力,这种作用与蛋白黑素分子中游离基结构参与有关。因为低分子蛋白黑素也有很强的去除活性氧的作用,由此从防癌的角度蛋白黑素的吸收率及生物体的效果等需进一步验证。

8. 蛋白黑素与微量元素之间有很强的结合性

美拉德反应的初期络合物阿马多利转位生成物或蛋白黑素具有结合及风蚀金属离子的性质。然而蛋白黑素如何影响吸收微量元素还没得出明确结论。

豆酱、酱油其蛋白黑素与其他成分结合后以络合物形式存在,但也有经化学改性的蛋白质结构的蛋白黑色素。它不仅是无规则的高分子组成,而且存在方式也各异。虽然定量分析蛋白黑素极为困难,但用标准蛋白黑素为参照物,(当量)可算出豆酱与酱油的含量。仙台豆酱为 4%,信州豆酱为 1%,豆味噌平均为 17%,浓口酱口为 5%。

第七节　酱的质量指标

一、黄酱的质量标准

1. 感官指标

色泽:红褐色或棕褐色,鲜艳有光泽;香气:有酱香和酯香气,无其他不良气味;滋味:味鲜而醇厚,咸淡适口,无苦味、焦煳味、酸味及其他异味;体态:黏稠适度、不稀不稠,无霉花,无杂质。

2. 理化指标(单位:质量分数)

水分≤60%,食盐(以氯化钠计)≥12%,总酸(以乳酸计)≤2%,氨基酸态氮(以氮计)≥0.6%,还原糖(以葡萄糖计)≥3%。

二、干酱的质量指标

1. 感官指标

色泽:深褐色,有光泽,不发乌;香气:有酱香和酯香味,无霉味及其他不良气味;滋味:有甜味、鲜味、醇厚味,咸淡适口,不酸、不苦、不牙碜;体态:黏稠度适当,但不粘手,无硬豆瓣及颗粒。

2. 理化指标

水分:45%～48%;食盐:10%～12%;无盐固形物:≥21%;氨基酸:1%～1.2%;总酸:2.5%～3%。

三、甜面酱质量标准

1. 感官指标

色泽:红褐色,鲜艳,有光泽;香气:有酱香,略有酯香,无不良气味;滋味:味鲜、醇厚、咸甜适口;体态:黏稠适度。

2. 理化指标(单位:质量分数)

水分≤50%,食盐(以氯化钠计)≥7%,总酸(以乳酸计)≤2%,氨基酸态氮(以氮计)≥0.3%,还原糖(以葡萄糖计)≥18.22%。

3. 卫生指标(按 GB 2718—1996《酱卫生标准分规定》)

砷(以 As 计)≤0.5mg/kg;铝(以 Al 计)≤1mg/kg,黄曲霉毒素 B1≤5μg/kg,大肠菌群≤30 个/100g,致病菌不得检出。

第八节　豆酱的生产工艺

一、原料与设备

1. 原料

大豆,面粉,沪酿 3042 曲种。

2. 设备

泡豆槽,接种机,蒸煮锅,曲池,发酵池。

二、工 艺 流 程

大豆精选→清洗→浸泡 $\xrightarrow[]{3～4h}$ 装锅蒸煮 $\xrightarrow[盐水]{0.13～0.14MPa}$ 出锅 $\xrightarrow[风冷]{曲精\quad面粉}$ 接种 $\xrightarrow[]{32～38℃}$

通风制曲 $\xrightarrow[]{42～48h}$ 成曲→入池发酵 $\xrightarrow[]{42～45℃}$ 中间倒池 $\xrightarrow[]{二次盐水}$ 后期成熟→研磨 $\xrightarrow[]{60～65℃}$

灭菌→包装出厂。

三、工 艺 要 求

1. 原料配比

大豆酱的主料面粉、大豆配比按面粉和大豆质量 35∶65 进行。

2. 浸泡

大豆吸水膨胀,有利于蛋白质的变性,浸泡时间一般为 3～4h,夏季要缩短时间,冬季要适当延长,泡至大豆豆粒饱满,手掐无夹心时立即将水放出。

3. 蒸煮

蒸煮前先排净锅内冷空气,压力控制在 0.13～0.14MPa,时间 15～20min,蒸后大豆应达到熟、软、疏松、不粘手、无夹心、有豆香气。作大豆酱的大豆,蒸煮后要熟透而不烂,让大豆蛋白一次变性,又不变性过度。未变性和变性过度的蛋白质都不能被蛋白酶所分解,从而导致大豆酱的质量低劣,最终降低产品出率。

4. 接种

做酱的主要微生物是米曲霉,米曲霉的最大特点是能够直接利用淀粉进行生长繁殖。在生长过程中,米曲霉可以利用单糖、双糖、多糖、有机酸和醇类。先用 50～75kg 面粉(25kg/每袋)将曲精(沪酿 3 042)拌匀,曲精用量为 0.05% 左右,再均匀地拌到豆面上,接种后温度在 30～40℃。

5. 制曲

曲料入池要平整,厚度在 20～25cm,室温恒定在 25～30℃。严格控制曲料温度,前期应满足曲菌的生长温度,中期满足孢子萌发的温度,后期要适于发酵产物积累的温度。米曲霉的最适生长温度为 30℃ 左右,35℃ 以上的菌丝是灰色的,影响蛋白酶的活力;28℃ 以下则生长缓慢,30℃ 时能够获得酶活力高的成曲。

经 42～48h 生成黄绿色、松软、有曲香的成曲,水分在 25%～30%,蛋白酶活力 400U/g。

6. 发酵

发酵是米曲霉、酵母和细菌等微生物的联合作用。大豆蛋白质在米曲霉分泌的蛋白酶催化作用下,逐渐由大分子变成胨、多肽,直至氨基酸,使酱鲜美。淀粉在淀粉酶的作用下,分解成葡萄糖、麦芽糖及糊精,糖与氨基酸作用形成的氨基糖,变成诱人的酱色。酵母引起酒精发酵,一些细菌在发酵过程中能将部分糖类转变成乳酸、乙酸和琥珀酸。酸一方面可以与酒精生成脂,增加香味;另一方面,酸味可以使酱变得爽口。而且,保持一定的酸度,可以抑制有害微生物的生长。当然,酸度过高,在发酵过程中也会影响蛋白酶和淀粉酶的分解作用,从而降低产品质量。

制酱的重点在于发酵过程控制。将半成曲和一定的盐水拌合均匀,装入发酵容器中,保持一定的温度,利用微生物所分泌的各种酵将酱醅中的复杂有机物分解成简单有机物。整个发酵过程分为:发酵前期,发酵中期和发酵前后期三部分。

(1)发酵前期

成曲入发酵池后,加入 45℃ 盐水,盐水浓度在 17～19°Bé。盐水的温度不能过高,过高会使成曲中的蛋白酶失活,但温度也不要过低,否则会影响酱的色泽和发酵时间。同时盐水浓度也不能过高,过高会抑制米曲霉蛋白酶的分解速度,但盐水浓度过低,会造成细菌等杂菌的大量繁殖,抑制中、碱性蛋白酶的作用,使酱醅酸败。加入盐水前曲料面要扒平,先均匀地淋浇,使各角落吸水量一致,避免有干曲造成烧曲。最好每个池放一个可以循环淋浇的笼桶,每天循环浇淋几次,以使酱的颜色、温度、吸水量等一致。酱醅一次性加入盐水后含水量在 53%～55%。前 7 天为发酵前期,酱醅温度控制在 41～43℃,发酵池用水浴保温,水浴温度为 50～60℃。7 天后倒醅一次,倒醅可使温度、盐分、水分及酶的浓度趋向均匀。同时,放出因生化过程产生的二氧化碳及有害气体和有害挥发物,补充新鲜空气,增加酱醅氧含量,促进有益微生物的繁殖和色素的生成,防止厌氧菌的生成。否则,会使酱醅发乌、没有光泽、风味口感不正,影响酱的质量,倒池后要翻搅均匀。

(2)发酵中期

倒池后 15 天为发酵中期,酱醅温度控制在 43~45℃,这一时期成曲中的蛋白酶已经失活,经过蛋白质的分解,无盐固形物已经很高。这一时期主要是酱醅转色,使酱醅呈红褐色、有光泽、不发乌,但要注意酱温不能太高。中期结束后,进行二次倒池,倒池后加入二次盐水,盐水要求为 40℃左右,16~17°Bé 热盐水,发酵中期应间隔 3~5 天翻搅一次,作用与发酵前期倒池的作用相同,翻搅次数按酱醅发酵程度而定。如果发酵得激烈,有大量气泡产生则要增加翻搅次数,以放出产生的气体,促进酱醅快速成熟,如果发酵很平稳,则相应减少翻搅次数。

(3)发酵后熟期

这一时期酱醅发酵过程已近尾声,但为了使豆酱的后味绵长、适口,酱香、脂香浓郁,还要经过半个月的后熟期,酱醅温度控制在 35~38℃,每 3 天左右翻搅一次,使上下品温一致,并使空气中的酵母菌接入酱醅,约 2 周停止翻搅。这时观察酱的表面,如果酱面平整,没有气泡溢出,则说明发酵已经结束,整个发酵过程需要 28~30 天。

搅酱是大豆酱生产过程中重要的一环,其重要性很早就被意识到了。盐水与曲料的混合物称为酱醅,刚开始时曲料由于吸水不足,都浮在表面,与下面的液体分离。此时,在固形的曲料内部,由于食盐的浓度比较低,存在于其中的非耐盐细菌,如乳酸菌就开始繁殖。如果持续时间较长,则固形块内部就会生热,更促进细菌的生长,产生腐败臭、氨臭或酸度降低,使酱醅的品质变差,酱的成熟变慢。因此,拌盐水后,应该让非耐盐的细菌微生物死亡或失去活性,代之以耐盐的乳酸菌和酵母。搅酱的目的是使固形曲料尽快与盐水混合,杀死非耐盐的细菌。

酱醅通过搅拌,混合均匀,盐水尽可能浸透到曲料内部。搅酱不仅在初期进行,熟成期间也要一再搅拌,以防止产膜酵母生成。经过一个月的发酵,酱的色、香、味、体基本形成。再经过 1~2 个月或更长一段时间,则酱更加醇正,香气浓郁,味道鲜美。

7. 研磨

发酵成熟的大豆酱经过研磨及调制(所谓调制,是指将要计算达到出厂标准所需添加的盐水浓度及盐水量,兑入酱醅),使产品的指标趋于一致。

8. 灭菌

经过研磨的酱在包装前最好经过 60~65℃的高温灭菌,可以采用通过提高池温来实现这一目的。但由于酱池中的酱多,不利于快速升温及降温,容易造成酱醅产生焦糊味或颜色过深。最好使用连续灭菌器,这样既能保证达到灭菌效果,又能保证酱的颜色、风味、体态的不变。

第九节 豆酱的保健功能与安全性

一、豆酱的营养保健功能

豆酱又称大豆酱、黄酱。是以大豆、小麦粉、食盐等为主料,利用米曲霉、酵母菌生产的食品。其色泽为红褐色或棕褐色,鲜艳、有光泽,有明显的酱香和酯香,咸淡适口,呈黏稠适度的半流动状态。豆酱不仅可以调味,而且营养丰富,极易被人体吸收,是我国传统的调味酱。

1. 豆酱的营养价值

豆酱的主要成分有蛋白质、脂肪、维生素、钙、磷、铁、亚油酸、亚麻酸、不饱和脂肪酸和大豆磷脂等。

2. 豆酱的保健功能

(1)抑制胆固醇升高

日本研究人员发现,豆酱中含有的皂草苷具有抑制胆固醇升高的作用。研究人员用含0.6%胆固醇的饲料及添加5%干燥豆酱的普通饲料喂养老鼠。通过比较发现,喂第1种饲料的老鼠,其血浆中胆固醇的含量是喂后一种饲料的老鼠的1.6倍。老鼠整个肝脏中胆固醇的含量,前者比后者高出19倍。

(2)抗癌作用

豆酱抗癌作用与大豆所含的胰蛋白酶抑制物质有一定关系。老鼠实验表明,大豆中含有的胰蛋白酶抑制物可起到消除皮肤中癌变细胞的作用,可延缓皮肤癌的发生。

二、豆酱的加工现状与安全性分析

豆酱是以大豆为主要原料,通过微生物发酵酿制而成的易被人体消化吸收的一种半流动状态的发酵调味品。豆酱又称黄豆酱、大豆酱、黄酱,我国北方地区称大酱。其色泽为红褐色或棕褐色,鲜艳,有光泽,有明显的酱香和酯香,咸淡适口,呈黏稠适度的半流动状态。豆酱不仅可以调味,而且营养丰富,极易被人体吸收。豆酱与酱油相似,具有独特的色、香、味、形。是一种深受我国各地人民欢迎的传统的发酵调味品。

随着社会的发展和科学技术的进步,分析检测技术水平的不断提高,酱类调味品中含量丰富的对人体有益的生理活性物质,相继被科技工作者所发现,从而使其自身价值不断提高。关于豆酱的功能性研究,已经取得了相当的成果。作为豆酱、酱油等大豆发酵食品中的生理功能性物质,可分为两大类,一类是大豆原料中所含有的,如大豆蛋白质、消化酶、维生素(B_2,B_{12},E)、亚油酸、皂苷、异黄酮、胆碱、胰蛋白酶抑制物等;另一类则是在发酵、加工过程中产生的,具代表性的有类黑精(Melanoidin)、褐色色素和肽类。包启安等总结了对豆酱功能性研究的成果,认为豆酱等还具有以下几方面的保健功能:豆酱原料中所含大豆皂苷,具有抑制血清胆固醇上升的效果;大豆所含胰蛋白酶抑制物质具有抑制肝脂肪积蓄的作用;豆酱有预防肝癌、降血压、除放射性物质、防止胃溃疡及强大的抗氧化作用。

(一)豆酱的加工现状

目前,我国豆酱生产基本是作坊式的,工业化程度相当低。普遍存在着生产条件简陋,管理控制粗放,卫生条件差和使用工具达不到规范要求等问题。目前除酱油类制品已经实现质量安全(quality safety,简称 QS)强制管理外,其他传统发酵豆制品目前还没有统一的规范。粗放的卫生管理、产品的高盐度、标准不规范等因素的存在,使得我国传统发酵豆制品很难规范管理,使得其进入国际市场脚步也非常缓慢。

在国际贸易中,由于我国生产的豆酱在微生物、添加剂和理化指标上质量参差不齐,导致竞争力远不如日、韩两国的产品。目前,韩国已经率先牵头制定发酵大豆酱法典标准,该议案草案已于 2004 年 7 月 3 日在联合国粮农组织/世界卫生组织食品法典委员会第 27 次会议上通过。这一国际标准的制定必将促进国际豆酱贸易发展,我国生产企业必须完善自身管理体系和生产工艺,加大研发力度,使我国制酱行业在国际竞争中站稳脚跟。

(二)豆酱加工过程及产品中的安全隐患

长期以来,豆酱发酵仍以自然发酵为主,这种自然发酵生产工艺水平低,发酵周期长,原料及设备利用率低,还存在着假冒伪劣现象突出、产品质量得不到保证等一系列问题,直接影响到酱类的生产与销售,给产品的质量带来了相当大的安全隐患。

1. 微生物的安全性分析

(1)原料中微生物安全隐患

豆酱为发酵食品,黄豆作为主要原料其存在的最大可能安全隐患就是是否会产生黄曲霉毒素。黄曲霉毒素是迄今为止发现污染农产品最强的一类毒素,也是一类强致癌毒素。黄曲霉毒素的各个菌种,在亚洲被广泛的发现于豆酱及其发酵工艺中和其他的发酵食品中。目前国际上对黄曲霉毒素含量的检测已成为强制性技术措施,因而我国豆酱工业加强对黄曲霉毒素的检测是十分必要的。

(2)发酵过程中的安全隐患

豆酱的发酵是利用适宜温度及湿度,控制特定的有益微生物的生长进行生产。在发酵过程中虽然某些代谢产物具有一定的抑菌作用,但发酵程度控制不当和卫生条件差等所产生的安全隐患是不容忽视的。肉毒梭状芽孢杆菌(肉毒梭菌)是常见的食物中毒菌之一,是肉毒梭菌毒素中毒的病原菌。1949~1980 年据不完全统计,新疆共发生肉毒梭菌毒素中毒 765 起,中毒者 2396 例,死亡 240 例,平均病死率为 10.01%,引起中毒的食品多是家庭自制的发酵豆制品。

此外沙门氏菌的危害也不可忽视。2001 年,哈尔滨市曾发生一起因食用污染了沙门氏菌的大酱引起的食物中毒。黄豆酱产品卫生指标合格率低是国内黄豆酱产品中存在的普遍问题。2001 年第 3 季度对副食品产品(腐乳、皮蛋、黑木耳、酱腌菜、酱)质量进行了国家监督抽查。该次抽查范围是北京、江苏、四川、广东、黑龙江 5 个省市的大中小城市(郊区)的生产各类副食品的企业。20 家生产企业的 21 个酱腌菜产品,10 个产品合格,酱腌菜产品抽样合格率为 47.6%;17 家企业生产 19 个酱产品,12 个产品合格,酱产品抽样合格率为 63.2%。

(3)细菌总数和大肠菌群标准的限定

我国传统大豆发酵产品(除酱油外)的卫生指标,只有大肠菌群和致病菌两个项目。这两个项目指标的高低从侧面反映了产品工艺和卫生质量控制方面水平的高低。国家标准酱卫生标准(GB 2718—1996)规定酱中大肠菌群≤30MPN/100mL,致病菌不得检出,但没有给出细菌总数的具体要求。细菌总数也是衡量豆酱质量的一个重要参数,在制定豆酱的通用卫生标准和规范时应该考虑细菌总数上限值的设定。可以参照烹调酱油的卫生标准(GB 2717—2003)中规定的细菌总数≤3×10^4cfu/mL。

2. 化学性危害因素

(1)含氮物的添加带来的隐患

发酵产品由于生产过程中工艺的稳定性与产品自身特点等因素的影响,很难设定氨基酸态氮的指标限值,而生产过程中氨基酸态氮的指标限值是否合格又是 QS 认证过程中比较关键的指标。豆酱作为最为传统的大豆发酵制品,最为关键的指标就是氨基酸态氮,其分子含量代表了豆酱中氨基酸含量的高低,是大分子蛋白质被微生物酶系水解程度的指标。氨基酸含量越高,代表鲜味成分越多。

在国内有些企业通过添加含氮物质提高氨基酸态氮的含量是不规范的,这会给产品带来一定的安全隐患,我们要对此进行严格控制。

(2)砷、铅及防腐剂的危害

砷是一种对人危害极大的元素,在食品中天然存在,也可因在运输、加工过程中的污染而引入。它广泛存在于自然环境中,几乎所有的土壤都存在砷,其可引起食欲下降、胃肠障碍、末梢神经炎等慢性中毒。铅污染引起的慢性中毒主要表现为损害造血系统、神经系统和肾脏等。因而加强使用材料的重金属指标控制及进入途径的分析是十分必要的。此外,在产品中添加防腐剂的含量不符合标准也会对消费者的健康造成威胁。GB 2760—1996《食品添加剂使用卫生标准》中规定在豆制品中苯甲酸不得检出,山梨酸不得高于 1.0g/kg。

3. 物理性危害因素分析

豆酱中的物理性危害因素主要是指豆酱生产现场的操作和卫生条件。我国豆酱生产基本都是作坊式,工业化程度低,生产条件简陋,管理控制粗放,生产过程卫生条件差,生产用具不规范。这些都会给产品的质量带来安全隐患,对消费者的身心造成危害。

4. 转基因原料的安全性问题

近年来转基因食品越来越多地出现在人们的视线中,尽管它是为解决人口增长与粮食匮乏的危机发展而来的,但转基因食品的安全性是国际上存在较大争议的一个问题。因此给豆酱生产原料的安全性带来新的值得探讨的问题。由于转基因食品的安全性目前尚无国际标准,因此在产品标签上强化转基因原料的标识是很有必要的。目前我国在对转基因农产品原料的标识上有严格的要求和规定,豆酱及其制品也要对此做出标识。

第七章 腐乳系列

第一节 概 述

一、什么是腐乳

腐乳又名豆腐乳、乳腐,也称酱豆腐,英文译名有 Sufu、tosufu、fu-Su、fu-ru、toe-fu-ru、teou-fu-ru、fu-yu 等十几种之多。腐乳是我国传统的发酵豆制品之一,它是用豆浆的凝乳状物,经微生物发酵所制成的一种干酪型产品,有效地提高了大豆的消化率和生物价,许多欧美地区的人称之为中国干酪(Chinese cheese)。腐乳滋味鲜美,风味独特,营养丰富,质地细腻,价格低廉,深受海内外人民的喜爱。从营养角度来看,腐乳比其他发酵豆制品,如豆豉、豆瓣、豆酱、纳豆的蛋白质含量高,营养丰富,容易消化,老少皆宜。

二、腐乳的传说

腐乳是我国的传统发酵食品,滋味鲜美,营养丰富,是深受人们喜爱的佐餐佳品。腐乳始于何时,有不少的传说。相传清康熙八年,安徽省仙源县举子王致和进京赶考落第,便磨豆腐为生。一次天热豆腐卖不出去,想起家乡有做臭豆腐的,但不知如何做,便将豆腐切成小块、加盐及花椒封在坛内,到秋凉之后才猛地想起此事,开坛一尝奇美无比,从此便专开"王致和南酱园",以做臭豆腐为生。到了清末,王致和的臭豆腐传入皇宫,成了慈禧太后的佳馔。御膳房每日为其准备一碟用炸好的花椒油浇过的臭豆腐,致使其酱园名声大振,一时臭豆腐竟供不应求。

四川省丰都县酿造厂生产的"二仙牌"腐乳也很有名气。据说很早以前,丰都有一位卖豆腐的小伙子,喜欢下棋,有一天他挑着豆腐筐子沿街叫卖,行至二仙楼前,见有两位鹤发童颜的老人在下棋,不觉伫立观看,待一局终了筐里的豆腐已长满了霉,小伙子叫苦连天,两位老人却哈哈大笑,俯耳对小伙子说了几句话后飘然不见了,小伙子情知遇仙喜出望外,回家后按照老人指点,把霉豆腐腌了起来,数月后竟成为美味可口的腐乳了。

三、腐乳的历史

传说未必可信,但它却说明腐乳是在豆腐生产发展中衍生出来的产品。中国是大豆的故乡,也是腐乳的发源地。千百年来,大豆作为我国人民的传统食品,在生活工作中起着举足轻重的作用。

明朝李时珍在《本草纲目)中记载:"豆腐之法始于前汉淮南王刘安",因此腐乳的时间当在刘安之后;五世纪魏代古书中有"干豆腐加盐,成熟后为腐乳"之说;《本草纲目拾遗》中也有"腐乳又名寂乳,以豆腐腌过酒糟或酱制者味咸甘心"。从这些记载上可以看出最早生产腐乳是不经过"发霉"阶段的,经过"发霉"制作腐乳的记载始见于明朝李日华的《蓬拢夜话》中有"黔县人善于夏秋之间酿腐,令变色生毛随拭之,侯稍干……",黔县在今安徽祁门地区,相传那里产腐乳很有名。由此可见我国腐乳生产历史悠久,相传至今,各地都有生产,由于我国幅员广大,各地气候不同,饮食习惯各异,因此形成种类繁多的生产工艺和腐乳品种。早在500多年前的明朝,人们已经知道制作腐乳了。

据明朝李日华《蓬栊夜话》中记载:"黟县人喜于夏秋间醢腐,令变色生毛,随拭去之,俟稍干,投沸油中灼过,如制徽法,漉出,以他物烹之,云:有黝鱼之味。"醢腐即是腐乳。

至清代,我国古籍中记载食腐乳之事则更多了。清朱彝尊所著的《食宪鸿秘》中记载:"好腐油煎,用布罩密盖,勿令蝇虫入,候臭过再入滚油内沸,味甚佳",记载了油炸臭豆腐干的烹制情况。此书在记载"糟腐乳"时又云:"糟乳腐:制就陈乳腐或味过于咸;取出另入器内,不用原汁用酒酿、甜糟,层层叠糟,风味又别。"清人李石亭所著的《醒园录》中详细记载了当时腐乳的制法:"将豆腐切成方块,用盐腌三、四月,出晒两天,置蒸笼内,蒸至极熟,出晒一天,和便酱,下酒少许,盖密晒之,或加小茴香末和晒更佳。"酱腐乳制法则是:前法面酱黄做就,研成细面。用鲜豆腐十斤[①],配盐二斤,切成扁块。一重盐一重豆腐,腌五、六天捞起,留卤候用。将豆腐铺排蒸笼内蒸熟,连笼置房中约半个月,候豆腐变发生毛,将毛抹倒微微晾干,再称豆腐与黄曲对配。仍将前面留存腐卤澄清去浑脚,泡黄成酱。一层酱一层豆腐一层香油,加整个花椒数颗,层层装入坛内。泥封固,付日中晒之,一月可吃。香油即麻油,每只(坛)可四两[②]为准"。清朝美食家袁枚在其著作《随园食单》中记载南方一些地方生产乳腐的情况时写道:"腐乳,以苏州温将军庙前者为佳,黑色而味鲜。有干湿两种。有虾子腐也鲜,微嫌腥耳。广西的白乳腐最佳,王库官家制亦妙。"清朝王士雄的《随息居饮食谱》还举出腐乳的药用价值:"由腐干再造为腐乳、陈久愈佳最佳病人。其用皂矾、名青腐乳,亦曰臭腐乳。疳、膨、黄病,便泻者宜之。"

第二节 腐乳的营养保健价值

一、腐乳营养价值

腐乳作为大豆的一种发酵制品,它除了具有大豆的营养价值外,例如,蛋白质优,富含亚油酸、油酸等不饱和脂肪酸,不含胆固醇(这对降低血清胆固醇,防止血管硬化、高血压和冠心病有一定作用)等,还具有更高的营养价值,即含钙量更高、更易消化吸收。

在腐乳的加工过程中是以水作溶剂提取大豆蛋白质,并以盐卤或石膏作为凝固剂,因此腐乳中的钙含量比大豆中的还要丰富。另外,腐乳是经过微生物发酵,通过微生物所分泌的酶对蛋白质进行降解,使其转化成更有利于吸收的氨基酸和肽类,故氨基酸含量得到了很大程度的提高,腐乳与不同干酪的营养成分见表7-1。

表 7-1 腐乳与不同奶酪的营养成分(以每克原料计)

项目	腐乳	契达干酪硬质 细菌发酵	法国羊乳干酪 半硬霉菌发酵	法国浓味干酪 软质霉菌成熟	农家干酪软质 新鲜不成熟
水分/%	0.56	0.37	0.40	0.52	0.79
热量/kJ	7.03	16.65	15.38	12.51	3.60
蛋白质/g	0.16	0.25	0.22	0.18	0.17

①1斤=500g

②1两=50g

续表

项目	腐乳	契达干酪硬质 细菌发酵	法国羊乳干酪 半硬霉菌发酵	法国浓味干酪 软质霉菌成熟	农家干酪软质 新鲜不成熟
脂肪/g	0.10	0.32	0.31	0.25	0.003
钙/mg	2.32	7.50	3.15	1.05	0.90
磷/mg	3.01	4.78	1.84	3.39	1.75
V_{B_1}/μg	0.40	0.30	0.30	0.40	0.30
V_{B_2}/μg	1.30	4.60	6.10	7.50	2.80

由表 7-1 可见,在水分比较接近的腐乳和法国浓味干酪中,其蛋白质、脂肪、钙、磷、V_{B_1}、V_{B_2} 含量也较接近,甚至腐乳中的个别指标优于干酪。腐乳中还含有较丰富的 $V_{B_{12}}$;钙、磷含量的丰富说明腐乳是很好的钙质来源。

二、腐乳的生理活性物质与保健功能

腐乳作为一种大豆发酵制品,不仅具有大豆本身含有的多种生理活性物质,而且由于微生物的发酵作用,产生了一些大豆没有的生理活性物质,提高了一些生理活性物质的保健功效,使得腐乳更具有营养和保健功能。

1. 大豆多肽

大豆多肽(soybean oligopeptide)是一种重要的保健食品。腐乳中的蛋白质主要以大豆多肽的形式存在,发酵成熟后的腐乳中小分子短肽占腐乳水溶性部分总氮量的 86.4%～88.9%。

大豆蛋白质经蛋白酶水解后的低分子多肽混合物,已被逐步证明其在营养学方面优于蛋白质和游离的氨基酸,它在肠道内的吸收率最高。小分子大豆多肽正好是一种人体易于消化吸收的肽,大豆多肽比大豆分离蛋白更容易消化吸收。另外,它还具有良好的溶解性、低黏度、抗凝胶形成性;具有低抗原性,不会产生过敏反应;能增强运动员体能和肌肉,促进肌红细胞复原,帮助消除疲劳;能促进钙、铁、硒、锌等多种微量元素的吸收;促进微生物生长作用;促进脂肪分解、能量的代谢,具有预防肥胖及减肥作用;降低血清胆固醇的功能、降血压及抗氧化性等功能。

2. 大豆异黄酮

大豆异黄酮(soybean isoflavone)是多酚类混合物,是大豆生长中形成的一类次生代谢产物。研究发现,大豆异黄酮具有抗癌、预防骨质疏松、缓解更年期综合征、抗氧化、预防心血管疾病、降血糖、抗衰老等多种生理功能,它能有效地预防和抑制白血病,尤其对乳腺癌和前列腺癌有积极的预防和治疗作用。

大豆异黄酮前体在未发酵的大豆制品中主要以苷的形式存在,发酵后主要以游离型异黄酮苷原形式存在。游离的苷原具有更广泛、更强烈的生物学活性,如抗菌活性、抗氧化活性、雌激素活性等。这些苷原可以被肌体肠道有效地吸收。实验证明,发酵大豆制品中大豆异黄酮比未发酵制品中的具有更高的生理活性,这也是近年来发酵大豆制品引起国外许多研究者关注的主要原因。

3. 大豆皂苷

大豆皂苷（soybean saponin）是存在于大豆及其制品中的活性成分,近年来关于大豆皂苷的生理活性研究日趋成为热点。研究发现:大豆皂苷具有抗脂质氧化、降低过氧化脂质的生成、抗自由基、增强免疫调节功能、抗血栓、抗病毒的作用,此外大豆皂苷还具有抗衰老、防止动脉粥样硬化、抗石棉尘毒性等多种功能。

第三节　腐乳的种类类型及特点

我国的腐乳生产主要有两大类,即腌制型和发霉型,如图 7-1 所示。

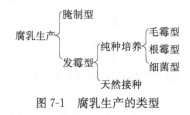

图 7-1　腐乳生产的类型

一、腌　制　型

豆腐坯不经发霉（长毛）阶段而直接进入后期发酵,它主要利用辅料所带入的微生物进行自然发酵和依靠所添加的辅料如面糕曲、红曲米、米酒或黄酒等进行生化变化,如唐场腐乳。该生产工艺所需的厂房设备少、操作简单,但由于蛋白酶源不足、发酵期长的原因,产品不够细腻,氨基酸的含量低。

二、发　霉　型

发霉型是豆腐坯通过纯种培养或自然培菌,经 48～72h 或更长时间后,待豆腐坯上长出网状白色菌丝,即可进行腌制和后期发酵。因使用的菌种不同分为毛霉型、根霉型和细菌型,毛霉的作用与根霉相似,不同点是根霉能耐 37℃高温,而毛霉则不能。目前大多数厂家都采用毛霉或根霉进行腐乳的酿造,也有极少数通过接种细菌进行腐乳的生产,如黑龙江省的克东腐乳厂。

（一）天然接种型

豆腐坯利用空气或木盘容器上遗留的菌种,在 15℃室温下生长和繁殖,经 7～15 天培养后在豆腐坯表面长满灰白色的菌体,并分泌大量的酶,使豆腐坯经腌制和后期发酵产品细腻且氨基酸含量高。此工艺的特点是不需添置培菌设备,缺点是生产周期长,受季节限制无法常年和大量生产。

（二）纯种培养型

1. 毛霉型

前期发酵采用纯培养的毛霉菌孢子所制成的菌悬液或粉状菌种喷洒在豆腐坯上,经 48～72h 培养后,使豆腐坯外长满网状白色毛霉菌丝。菌丝不仅赋予腐乳良好的整体并且分泌蛋白酶分解腐乳中的蛋白质,使产品具有良好的口味。

2. 根霉型

其特点就是利用耐高温的根霉菌来生产腐乳。其中根霉的作用与毛霉相似,其优点是能耐 37℃左右的高温,且生长良好。

3. 细菌型

此工艺的特点是利用纯种细菌接种于豆腐坯上,让其生长繁殖并产生大量的酶。此工艺生产出的产品成形差,但口味鲜美。

(三)其他型

在美国还有一种涂抹腐乳,它是在标准的豆腐块上涂一薄层白色松软的豆酱,让它熟化。然后将豆酱涂层从熟化的豆腐块上刮去,并将豆腐块浸泡在水中,直至在水的作用下之豆腐块中的含盐量达到平衡。最后将豆腐块搅打成一种奶油状组织的产品。采用这项技术制作的产品中未添加任何添加剂,产品呈新颖的奶油状,耐水分离,具有低脂肪、低钠、基本不含胆固醇等有益健康的特点,并具有可口的味感。

第四节　腐乳的制造原理

腐乳是中华民族独特的传统发酵食品,具有悠久的历史。腐乳品质细腻,营养丰富,鲜香可口,不仅我国人民嗜好,也深受东南亚人民所喜好,其营养价值可与奶酪相比,具有东方奶酪之称。

我国各地依据当地人不同的口味,形成了各具特色的传统产品,其中以邵兴、苏州、桂林和四川夹江的腐乳最负盛名。腐乳由于形状大小不一,配料不同,品种繁多。例如,添加红曲的红腐乳简称红方;添加糟米的腐乳简称糟方;添加黄酒的腐乳称为醉方;不加酒料成熟后具有刺激食欲的臭气,表面色青的称为青方(臭豆腐);在冬季生产的还有一种小白方,又称小青方;另外还有添加玫瑰、火腿、芝麻和辣椒的品种等。

一、腐乳生产中的微生物学

1. 腐乳发酵相关的微生物

一般根据豆腐坯是否有微生物繁殖,将腐乳分为腌制型和发霉型两大类。发霉型腐乳又分为天然接种和纯种培养两种,依据豆腐坯培菌的菌种不同,还可分为毛霉型、根霉型和细菌型。腐乳发酵分为前期培菌和后期发酵。前期培菌主要是培养菌系,后期发酵主要是酶系与微生物协同参与生化反应的过程。采用传统的自然发酵法生产腐乳时,在前期培菌(发酵)过程中参与作用的微生物主要是毛霉(也有些品种是根霉或细菌),如腐乳毛霉、鲁氏毛霉和总状毛霉等。

2. 腐乳生产中使用的霉菌

腐乳生产中使用的霉菌应有以下特点:①霉菌所产生酶具有高解蛋白活性和高解脂活性,可用于分解大豆的蛋白质和脂类成分;②霉菌菌丝应是白色或略带一点黄色的,这样做出的腐乳才显得纯净;③菌丝质地应很密,黏而韧,在腐坯表面可形成膜包住腐坯防止破损;④霉菌生长时,应使细菌污染菌受到抑制,不致产生难闻的气味和味道;⑤不产生毒素。

二、腐乳制造过程中的生物化学变化

腐乳的制作,是以微生物进行前发酵和后发酵为特征的。

(一)前发酵阶段的生物化学变化

在前发酵阶段,主要是培菌阶段,毛霉(或根霉)在豆腐坯上充分繁殖,积累蛋白酶,以便后发酵的长时间内将蛋白质缓慢水解。在这一阶段,毛霉的生长温度和时间对其蛋白酶的活力都有影响。在前发酵阶段,由蛋白酶作用所产生的氨基酸只有 0.06%~0.08%,而大豆蛋白质已被部分水解为水溶性蛋白质。

(二)后发酵阶段的生物化学变化

在腐乳的后熟过程中,腐乳的化学组分,如氨基酸、全氮、蛋白质、糖类均发生了变化。例如,水溶性蛋白质含量,豆腐为 3.6%,腐乳坯为 55.5%之多,腐乳为 70.0%之多。豆腐中几乎不存在氨基酸态氮,而经过后发酵 8 周的腐乳坯氨基酸态氮含量可达 2.37%左右。在后发酵 60 天时,与豆腐相比,大量的大豆蛋白质被毛霉的酶类所降解,氨基酸态氮提高了近 20 倍。成熟的腐乳和豆腐在水分、蛋白质、脂肪、蛋白质态氮、非蛋白质态氮等物质的含量上有很大不同。

1. 腌坯阶段

腌坯、加酒及香辛料,对于腐乳的后熟起着极其重要的作用。腌坯的目的在于以下 4 个方面。

1)渗透盐分,析出水分,腌制后菌丝及腐乳坯都收缩,坯体变得挺硬,菌丝在坯体外形成一层被膜,经后发酵也不松散。因坯体水分较少,水分含量从豆腐的 72%左右下降为 56.4%左右,使其在后发酵期间也不致过快糜烂。

2)食盐具有防腐能力,可以防止后发酵期间杂菌污染引起的腐败。

3)高浓度食盐对蛋白酶有抑制作用,使其作用缓慢,不致在未形成香气之前腐乳便糜烂。

4)食盐使腐乳有一定的咸味。腌坯后将盐水沥干,装入坛内或瓶内,加入配料后进行后发酵。

配料中主要是酒,酒的作用有以下 3 点。

1)酒精能抑制微生物的生长繁殖,免除杂菌污染。

2)酒精对蛋白酶有抑制作用,使蛋白酶作用缓慢,以便有更多的时间形成腐乳的香气和滋味,进行一系列生化反应,不致使蛋白质水解过快。

3)酒精是合成酯类等芳香物质及有机酸类的物质基础,使腐乳具有独特的风味。有时在后发酵液中加入香辛料,香辛料中含有花椒酰胺、蒜辣素、茴香醚、茴香醛等成分,这些成分既有极强的杀菌能力,又有良好的调味功能。

2. 陈化过程

传统上认为,随着陈化过程的进行,腐乳的滋味和气味得到改善。Wallg 认为酶的水解作用主要发生在陈化前 10 天,其水解产物对腐乳的风味发展起重要作用。

(1)色泽的变化

在这个过程中,由于豆腐坯上培养的霉菌及辅料中存在的红曲霉、酵母菌、米曲霉等分泌大量酶的作用,最后不仅形成腐乳特有的色、香、味及细腻的体态,还有丰富的营养物质。好的腐乳应该色泽鲜明,红腐乳表面应该是鲜艳的紫红色,其内部为淡黄色,这是在腐乳的后发酵期间由毛霉或根霉产生的儿茶酚氧酶催化作用,使腐乳坯中的黄酮类色素缓慢氧化而呈现出来的。

儿茶酚氧化酶是一类专一性较广泛的氧化还原酶,它催化各种酚类氧化。毛霉的儿茶酚氧化酶在腐乳后发酵期间,使黄豆中的黄酮类色素缓慢氧化。毛霉的培养时间和温度与菌体中儿茶酚氧化酶的积聚有很大关系,毛霉生长越旺盛越老熟,儿茶酚氧化酶活力越高,在后发酵过程中,后发酵时间越长,腐乳黄色越深。因而,控制前发酵及后发酵的条件和时间,对腐乳成品的色泽具有重要作用。

(2)香气的产生

腐乳的香气主要是在后发酵期产生的,对腐乳的风味影响很大,其主要成分有醇、醛、有机酸、醋类等。这些成分是由后发酵中所存在的各种微生物分泌各种酶类,分解原料成分经复杂的生化过程而产生的。

(3)呈鲜物质的产生

腐乳的鲜味主要来源于氨基酸和核酸类物质的钠盐。氨基酸主要由豆腐坯的蛋白质经曲霉、毛霉等的蛋白酶作用水解而成,其中,谷氨酸钠盐是鲜味的主要成分。另外,霉菌、酵母菌和细菌中的核酸,经有关核酸酶水解后,生成四种少量核苷酸,其中鸟苷酸、肌苷酸的钠盐与谷氨酸钠盐起协调作用,增加鲜味。

(4)其他呈味物质的产生

腐乳的甜味,主要来自淀粉水解的葡萄糖、麦芽糖等;腐乳的酸味,主要来自发酵过程中生成的乳酸、琥珀酸等。

第五节　腐乳的制造

一、腐乳的原料

(一)主料

1. 冷榨豆片

南方一些地区使用冷榨豆片为原料加工腐乳。冷榨豆片,即大豆经水压机墙低温榨油后轧碎而成的粒片,它的化学成分与大豆有所不同。一般脂肪含量显著减少,而蛋白质和糖分等都相对增加。蛋白质由于受外界理化因素的影响,往往容易产生变性,一般大豆中水溶性蛋白质占蛋白质总量的80%以上。如果压榨时采用较高温度,会降低腐乳得率及质量,因此,制造腐乳应采用冷榨豆片。

2. 低温浸出豆粕

将大豆去杂以后,经软化轧片处理,用溶剂进行萃取脱脂,在较低温度(在真空下)回收溶剂后剩下的物质,称为低温浸出豆粕。

(二)辅料

腐乳色味品种繁多,主要与所用的辅助原料在后熟中产生独特的色香味有密切的关系。辅助原料主要有两类,着色剂,香辛调味料,此外还有中药等。

1. 黄酒

黄酒不仅是我国的特产,也是世界上最古老的酒精饮料之一,全国各地均有生产,主要产地为江、浙、沪、闽、赣,台湾的生产量也较大,北方一些省市也有少量生产。

2. 红曲

红曲也称红米,红曲米。红曲是我国福建、浙江、江西、四川等省的特产,尤以福建省古田县的红曲最为著名。早在 300 多年前,我国劳动人民就已掌握了它的制造技术,并应用于红腐乳、红酒等食品中作为着色剂。它是利用红曲霉在蒸熟的米饭原料上生长时所分泌的红曲霉红素(分子式:$C_{22}H_{24}O_5$)和红曲霉蒸素(分子式 $C_{17}H_{22}O_4$)。制造红腐乳就是利用红曲的红色素,在后熟期间把豆腐坯表面染成鲜红色。

二、工 艺 流 程

腐乳的制造工艺流程如图 7-2 所示。

大豆或柏片→浸渍→磨浆→加热→过滤→豆乳→点卤→成脑→成型→切块→豆腐坯
（过滤处→豆渣）

豆腐坯→接种→前发酵→搓毛→腌坯→装坛→后发酵→成品
（装坛处→灌配料汤）

图 7-2 腐乳的制造工艺流程

三、流 程 说 明

(一)豆腐坯制造

整个操作过程,详见豆腐制作章节。

(二)毛霉型发酵

1. 试管菌种

试管菌种是纯种培养的基础,毛坯的原始菌种一般从中国科学院微生物研究所菌种保藏室或各地方微生物研究单位取得。拿来的菌管需要传代移接,才能在生产中使用。菌种的移接传代,首先需要制作培养基,提供菌种的生长条件。培养基可用豆汁培养基或察氏培养基。

(1)豆汁培养基

将黄豆用清水浸泡后,加水 3 倍,煮沸 4h,滤出豆汁,加 2.5% 饴糖与 2.5% 琼脂,灌装于试管内(约 10mL),灭菌后取出,倾斜放置,凝固成斜面培养基,备用。

(2)察氏培养基

配方如下:蔗糖 30g,硝酸钠 2g,磷酸氢二钾 1g,硫酸镁 0.5g,硫酸亚铁 0.01g,琼脂 2.5g。

按上述比例称取各组分,用蒸馏水稀释至 1000mL,置于电炉上加热至沸,分装于试管中,再将试管放于高压灭菌器中或常压锅(普通闷罐也可)进行灭菌。如用高压灭菌锅,可用 120℃、20min 条件灭菌。如用普通锅,可间歇二三次,灭菌后取出,晾成斜面以备用。

用上述培养基接上毛霉菌种,于20～20℃恒温培养箱中培养一周,长出白色绒毛,即为毛霉试管菌种,准备作扩大培养之用。

2. 生产菌种

若制作生产菌种,需将试管菌种进行扩大培养。扩大培养的培养基有以下三种。

（1）察氏培养基

配方从略。配于三角瓶中,灭菌后接入试管菌种的菌丝。

（2）豆汁培养基

取大豆500g,洗净后加水1500mL浸泡,至豆粒无硬心,捞出,加清水1000mL,温水煮沸3～4h(在煮沸过程中随时加水补充损失量,用脱脂棉过滤得豆汁1000mL,加入2.5%饴糖(或麦芽汁500mL),煮沸,备用。

（3）固体培养基

常用的固体培养基多用于扩大培养,以作成菌种粉供生产接种用。一般用克氏瓶培养,取豆腐渣与大米粉(或面粉)混合(其配比为1∶1重量),装入克氏瓶,其量不可过多,以20～30mm厚度为宜,可装250g左右,加棉塞,高压灭菌(1kg/m²)1h,冷却至室温接种,于20～25℃培养6～7天,进行风干,然后每瓶加2～2.5kg大米粉,搅匀即成菌种粉。

3. 接种培养

（1）接种

当白坯降至35℃时,即可进行接种。如为固体菌粉,可筛至码好的白坯上,要求均匀,每面都应有菌粉;如为液态原菌,可采用喷雾法接种,或将白坯沾菌液。将原液加入4倍冷开水,兑成接菌用菌液,一般盛在搪瓷盆中,白坯沾匀菌即离开菌液,以防水分浸入坯内,增大其含水量影响毛霉生长。喷雾法操作简单,坯子吸水机会少,有利于原菌的生长,但不易做到六面都沾原菌,所以要喷涂均匀。

（2）摆坯

接好种的白坯放在笼屉内,行间留间隔,以利通风调节温度。码好笼后,上下屉垛起,一般在上层用布苫顶,以便保温。

（3）发霉

霉房温度宜控制在20～25℃,最高28℃,若夏季温度高,可利用通风降温设备进行降温。为调节各层笼屉中品温均匀一致,可进行倒笼、错笼。一般在室温25℃以下时,24h倒笼一次,36～40h第二次倒笼。这时,菌丝生长旺盛,长度可达6～10mm,如棉絮状。在生长正常情况下,一般18h后菌丝开始发黄,转入衰老阶段,这时即可错笼降温,停止发霉。如温度高达30℃,要提前倒笼,甚至要增加倒笼次数。

发霉时间由室温及发霉程度决定。室温在20℃以下,发霉需71h,20℃以上时约需48h。发霉完毕应及时腌制,防止发霉过老,发生"臭笼现象"。

一般生产青方时,发霉可嫩些。当菌丝长成白色棉絮状即可,此时毛霉的蛋白酶活性尚未达到最高峰,蛋白质分解力尚可,可使后发酵时蛋白质分解及发酵作用不致太旺盛,否则会导致豆腐破碎。如生产红方,发霉程度可稍老一些。

（三）根霉型发酵

1. 试管菌种

培养基配方如下:7～8°Bé饴糖液100mL,蛋白胨1.5%,琼脂2%～3%,调pH至5.6。

上述培养基制成后,经灭菌检验后,可接种根霉原菌,再置于 28～30℃恒温箱中,培养 48h,长满菌丝体时,取出,置于阴凉处或冰箱中备用。

2. 克氏瓶或三角瓶二级种子

以麸皮:水=100:140 的比例,将麸皮与水充分拌匀,装入克氏瓶或三角瓶中(每瓶装入湿料 40～50g)以 1kg/cm² 压力维持 30min 灭菌,趁热摇碎团块,冷却后接种。一般每支试管接克氏瓶 5～6 瓶,摇匀后置于 28～30℃恒温箱中培养 48h,备用。

3. 接种

选择生长良好的二级种子用于接种。若在冬天实验,每瓶加入冷开水 750～1000mL;若在热天适当减少。摇匀后,用纱布滤丢麸皮,滤液可作为接种悬浮液,将悬浮液均匀地倾洒在蒸笼中已摆好的豆腐坯上,即可发霉。

4. 发霉

发霉所用的设备是蒸笼格或木框竹底盘。将豆腐坯摆入笼格或框内,侧面竖立放置,均匀排列,每块周围留有空隙,装入的数量根据豆腐坯大小而不同,其竖立两块之间的距离,约有一块厚的空隙。用喷枪或喷筒将孢子悬浮液喷雾接种,力求前、后、左、右、上五面喷洒均匀。接种后,笼格或框置于培养室内堆高,上层加盖。夏天须先平铺在地上,使其冷透并挥发掉水分,以免细菌迅速繁殖。

发霉的温度、时间以上述为例。春秋季节室温在 20℃左右,接种 14h 左右菌丝生长。至 22h 全面生长,需翻笼一次。28h 菌丝在坯上大部分生长成熟,需二次翻笼。32h 左右,可以降温,45h 散开蒸笼格降温。冬季室温一般保持在 26℃,在 20h 后,可见菌丝生长,但菌丝较短。44h 进行第三次翻笼,此时菌丝生长较长且浓,52h 基本长足,开始降温,68h 散开冷却。夏天室温为 30～32℃,高达 35℃,故菌种生长较快。

由上述操作过程可知,腐乳的前期发酵,实质是一个培菌过程,通过在豆腐坯上培养的毛霉(或根霉或细菌),使豆腐坯长满菌丝,形成柔软、细密而坚韧的皮膜,这时的毛霉(根霉或细菌)繁殖生长的好坏直接影响腐乳的质量。如果接种均匀,温度、卫生条件等适合,毛霉生长良好,豆腐坯表面菌丝丛生,覆盖严密,不黏不臭。这样的菌丝形成皮膜起到保护乳块外形整齐的作用,并能分泌大量的酶,尤其是蛋白酶,可以把蛋白质逐渐变成氨基酸、多肽,使成品的味道鲜美,组织细腻。如果霉菌发育不良,生长不匀,轻者因酶的作用微弱,使产品发硬、鲜味色泽不好,容易破碎;重者污染杂菌,使豆腐发黏腐败,造成废品。

(四)腌坯

前发酵是让菌体生长旺盛,积累蛋白酶,以便在后发酵期间将蛋白质缓慢水解。在进行后发酵之前,须将毛坯的毛搓倒以便腌坯操作。

1. 搓毛

发霉好的毛坯要即刻进行搓毛,这一操作与成品块状外形有密切关系。将毛霉或根霉的菌丝用手抹倒,使其包住豆腐坯,成为外衣。同时要把毛霉黏连的菌丝搓断,分开豆腐坯。

2. 腌坯

毛坯经搓毛之后,即进行盐腌,将毛坯变成盐坯。腌制时间及腌坯的用盐量有一定的标准。

腌坯时间,各地区有所不同。有的地区冬季 13 天左右,春秋季 11 天左右,夏季 8 天左右;有的地区冬季腌 7 天左右,春、秋、夏腌 6 天左右;有的地方腌 10 天;广东 2 天。

食盐用量过多,腌制时间过长,不但成品过咸,而且后发酵要延长;食盐用量过少,腌制时间虽然可以缩短,但易引起腐败。用盐量,各地也不同。上海,春秋季红方每万块 $(4.1 \times 4.1 \times 1.6) cm^3$ 用盐 60kg,冬季用盐 57.5kg,夏季用盐 62.5~65kg。青方每万块 $(4.2 \times 4.2 \times 1.8) cm^3$ 用盐 47.5~50kg,盐坯平均含氯化物 16%。

腌制的目的在于以下几点。

(1)渗透盐分,析出水分

腌制后,菌丝与腐乳坯都收缩,坯体变得发硬,菌丝在坯体外围形成一层被膜,经后发酵之后菌丝也不松散。腌制后的盐坯水分从豆腐坯的 72% 左右下降为 56.4% 左右,使其在后发酵期间也不致过快地糜烂。

(2)防腐

食盐有防腐能力,可以抑制后发酵期间感染杂菌引起腐败。

(3)调节水解速度

高浓度食盐对蛋白酶有抑制作用,使蛋白酶作用缓慢,不致在形成香气之前腐乳就霉烂。

(4)调味

使腐乳有一定的咸味,并容易吸附辅料的香味。

(五)后期发酵

后期发酵,即发霉毛坯在微生物的作用下及辅料的配合进行后熟,形成色、香、味的过程,包括装坛、灌汤、贮藏等几道工序。

1. 装坛

取出盐坯,将盐水晒干,装入坛或瓶内。先在木盆内过数,装坛时先将每块坯子的各面沾上预先配好的汤料,然后竖着码入坛内。

2. 配料灌汤

配好的料灌坛内,汤料要淹没坯子 1.5~2cm,如汤料少没不过的坯子就要生长杂微生物(如细菌、酵母、细菌),再加上浮共盐,封坛进行发酵。

腐乳汤料的配制,各地区不同,各品种也不相同。青方腐乳装坛时不灌汤料,每 1000 块坯子加 25g 花椒,再灌入 7°Bé 盐水;一般用红曲醪 145kg,面酱 50kg,混合后磨成糊状,再加入黄酒 255kg,调成 10°Bé 的汤料 500kg,再加 60 度白酒 1.5kg,糖精 50g,药料 500g。搅拌均匀,即为红方汤料。

(1)染坯红曲卤配制

红曲 1.5kg,面曲 600g,黄酒 62.5kg。浸泡 2~3 天,磨粉细腻成浆后再加入黄酒 18kg,搅拌均匀备用。

(2)装坛红曲卤配制

红曲 3kg,面曲 1.2kg,黄酒 12.5kg,浸泡 2~3 天,磨粉细腻成浆后,再加入黄酒 58kg,糖精 15g(用热开水溶化),搅匀备用。

3. 贮藏

腐乳的后期发酵主要是在贮藏期间进行。由于豆腐坯上生长的微生物与所加的配料中的微生物,在贮藏期内发生复杂的生化作用,促使腐乳成熟。

腐乳按品种配料装入坛内,擦净坛口,加盖,再用水泥或猪血封口。也可用猪血和石灰粉末,搅成糊状物,刷纸盖一层,比较牢固。最后用竹壳封口包扎。

腐乳在贮藏期间的保温发酵有两种,即天然发酵法和室内发酵法。

（1）天然发酵法

利用气温较高的季节使其发酵。腐乳封坛后即放在通风干燥之处,利用户外的气温进行发酵,要避免雨淋和日光曝晒。红方一般需时 3～5 个月,青方（臭豆腐）产品需 4 个月。

（2）室内保温发酵法

室内保温法多在气温低,不能进行天然发酵的季节采用。需要加温设备,室温要保持在 35～38℃。红方经过 70～80 天成熟;青方经 40～50 天成熟。

第六节　腐乳的风味化学及营养价值

腐乳的生产过程可以分为物理化学过程和生物化学过程。

物理化学过程是白坯的制作过程,包括大豆浸泡、磨豆、滤浆、煮浆、点浆、上榨、压榨和划块成型等工序。这些物理工序对腐乳的制造很重要,但是,对其风味的形成没有很大影响。

生物化学过程包括前期培菌（前酵）和后期发酵（后酵）。前期培菌时,毛霉在豆腐白坯上生长,生成的菌丝体使坯体包裹成型,分泌的酶类使蛋白质等大分子物质部分降解;后酵过程则是坯体中蛋白质等大分子物质降解生成的产物与辅料中的化学物质协同作用醋化成香的过程。经过发酵后熟,腐乳形成了特有的色、香、味、体,细嫩柔糯、富有营养。

一、腐乳体态的形成与保持

腐乳生产中,大豆蛋白质热变性后形成的线形高分子互相接近,在凝固剂中 Ca^{2+}、Mg^{2+}、Na^+ 和 H^+ 等离子的交联作用下形成网状骨架,水包含在网状骨架内,形成坚实具有网络结构的蛋白质凝胶体。

发酵过程中,大豆蛋白质水解成为分子量较小的肽等产物,蛋白质的凝胶结构解体,坯体失去弹性。由于毛霉菌丝体在坯体外形成的致密皮膜的包裹作用,腐乳不至于散烂,得以保持块状的形态。

二、腐乳的色香味

（一）腐乳的色香味成分

风味是指食物在摄入前后刺激人的所有感官而产生的各种感觉的综合。它包括了味、嗅、触、视、听等感官反应而引起的化学、物理和心理感觉,是这些感觉的综合效应。

腐乳的风味物质可分为两大类:非挥发性风味物质和挥发性风味物质。腐乳的非挥发性风味物质主要包括游离氨基酸、多肽、游离脂肪酸、有机酸等,而大多数腐乳中的最重要风味物质都是挥发性的。

风味是腐乳的重要质量指标,其风味成分非常复杂,不同腐乳的风味各异,其挥发性风味化合物的组成差别也很大。风味化合物的形成除受原材料组成和发酵工艺的影响外,更重要的是体系中的复杂酶系如蛋白酶、肽酶、脂肪酶、纤维素酶、淀粉酶等,将蛋白质、脂肪、碳水化合物等分解成肽、氨基酸、脂肪酸、糖等复杂的风味前体物,在后发酵期间经一系列复杂的发酵代谢和生化反应,如醇发酵、酸发酵、醋化反应、美拉德反应等形成了大量的风味化合物。

腐乳为我国著名的民族特色发酵食品之一,它是以大豆为原料,经过磨浆、制坯、长毛、腌坯、装瓶或者装坛后经过多种微生物协同发酵酿制而成,是一种口味鲜美、风味独特、质地细腻、营养丰富,含有多种氨基酸的佐餐食品,具备出色的调味和佐餐性。腐乳颜色乳黄清亮,口感细、嫩、滑、爽,风味别具一格。由于腐乳色、香、味、体的协同作用,从而形成了自身的特殊风味。那么腐乳色香味体是如何形成的呢?

(二)色香味体形成的机制

1. 色泽

腐乳一般可分红、白、青三大类。红腐乳(玫瑰方、麻油腐乳方)因加红曲米染色,故称红腐乳;白、青腐乳(糟方、醉方、鸡汁、辣味、霉香腐乳)不加入红曲米染色呈乳黄色或豆青色,色泽黄亮。

色的形成,主要来自微生物和原料、辅料。红腐乳表面红颜色主要是红曲霉产生的红曲色素的作用而成。腐乳经发酵后其内部的乳黄色,是由毛霉或根霉产生的儿茶酚氧化酶的催化作用,使豆腐坯中的黄酮类色素(大豆的黄色系其中含有可溶于水的黄酮类色素)缓慢氧化呈现出来的。毛霉或根霉的氧化酶随着毛霉的生长时间逐渐积累,生长时间越长,氧化酶越多,白乳腐成熟后的颜色越黄。

白腐乳离开卤汁时即逐渐变黑,这是毛霉或根霉中的酪氨酸酶和空气中的氧分子催化、氧化酪氨酸使其聚合成黑色素的结果。因此,白乳腐离开乳汁暴露于空气中即逐渐变黑。腐乳在后期发酵时让卤汁封盖于腐乳表面,可防腐乳表面变黑。

市售的糟方、醉方等白腐乳,随着时间的推移,颜色从原来的白色变为深褐色,这主要由于腐乳汤料中的黄酒含有较高的糖分所致。这些糖分的来源是酿酒过程中淀粉经过根霉菌糖化酶的作用生成的葡萄糖,葡萄糖在一定温度、水分和一定的时间内产生美拉德反应的结果,即通常所说的褐变。糟方、醉方等腐乳中汤料糖分越高,存放时间越长,腐乳的颜色也就越深。

2. 香气

腐乳的汤料是以酒类为主体,并配兑有面曲、红曲等的混合汁液。将腐乳坯装入瓶内加入含有酒类的汤料,加盖进行后发酵,在长达4个多月的嫌气发酵过程中,盐坯进行各种显香成分的分解与合成。微生物类除豆腐坯上培养的毛霉或根霉及附着的细菌外,汤料中的米曲霉(面曲)、红曲霉(红曲)、酵母菌(糟米、混合酒、黄酒)等,利用它们所分泌的酶,在贮藏期内引起极其复杂的生物化学作用,促使原料中蛋白质水解成氨基酸及其他各种有机酸,各种有机酸与汤料酒中的乙醇起作用复合形成各种脂类物质,构成了腐乳的特殊香气。

3. 味道

鲜味:主要来源于氨基酸和核酸类物质的钠盐,氨基酸系原料中的蛋白质经毛霉、根霉、曲霉等蛋白酶的作用水解而成。腐乳鲜味来源于氨基酸,但不是所有的氨基酸都有鲜味,这些氨基酸的味感有鲜、甜、酸、苦、咸,五味俱全。

甜味:因为腐乳在后发酵时所用的汤料主要是酒,此酒是以糯米为原料,使用酒药作糖化剂,经酵母发酵而成的酒醪,再经过压榨过滤而得的酒液。另外,汤料中加入适量面曲,使淀粉变成糖,因此赋予腐乳一定的甜味。

酸味:腐乳发酵过程中,微生物代谢生成乳酸、琥珀酸等。

咸味:在腌制过程中,加入一定量的食盐,腐乳成熟以后含氯化物8%~9%,因此腐乳有适量的咸味。

4. 体态

方方正正的豆腐坯块作为毛霉或根霉的培养基,使毛霉或根霉得以在坯块的表面生长繁殖,并长出一层1~2cm长的菌丝体,从而形成致密坚韧的菌膜,这层菌膜将坯块的六面包裹起来,坯块经后期发酵变得柔软。由于微生物蛋白酶的作用,使蛋白质的空间结构降解为相对分子质量较小的分子及一部分降解成胨、肽、氨基酸等水溶物质,使腐乳变得细腻又有完整的块型。如果毛霉菌培养不好,菌膜不密,成品就不能完整且易破碎。另外,食盐除起调味的作用以外,还起着控制腐乳发酵程度的作用,如不用食盐加以控制,微生物的酶就会把蛋白质不断地水解,使腐乳成品变得太软,难以保持固有的体态。因此,适量的盐分能起到保持腐乳型块的作用。

三、腐乳的营养价值

蛋白质是人体必需的主要化学成分,而且是人类生命活动不可缺少的物质基础。如果在人们的膳食中蛋白质不足会使人消瘦,引起各种疾病。蛋白质含量较高的食品,除动物性的肉、鱼、蛋、乳较多外,在植物食品中要数大豆和以大豆为原料的制品。

腐乳中由于微生物的作用,产生了相当多的核黄素,在一般食品中乳品的核黄素最高,其次要算发酵性豆制品了。同时,腐乳中还有$V_{B_{12}}$,青腐乳中$V_{B_{12}}$的含量高达每百克(干物)含22μm,仅次于动物肝脏的$V_{B_{12}}$含量。

国家食品质检中心曾专门对北京市售腐乳进行过营养成分的检测,从腐乳营养分析结果可以看出:每100g腐乳中蛋白质的含量可与100g烤鸭匹敌;每100g腐乳中的必需氨基酸含量可供成人一日的需要量,而且腐乳中18种氨基酸较齐全;钙、铁、锌的含量高于一般食品;腐乳中还含有较多的维生素B_1、维生素B_2。

第七节 腐乳中存在的安全隐患

腐乳是营养丰富、风味独特、滋味鲜美、价格便宜的佐餐食品,深受国内外人民喜爱,同时也引起国内外营养学者的广泛关注。然而就是这种市场前景良好、食用了近千年的发酵食品在食用安全方面也出现了问题。从大豆原料中农药残留及转基因大豆安全性问题到现今辅料红曲中桔霉素残留,乃至苏丹红风波等焦点问题的出现使消费者无所适从,对腐乳的食用安全性甚是担忧。不仅如此,这些问题的出现,无疑也给我国腐乳行业的发展带来了严重的冲击,腐乳安全性研究势在必行。

一、大豆原料带来的安全隐患

根据澳大利亚和新西兰的食品标准,将蛋白质含量丰富的产品(大豆制品,如酱油等)列为存在潜在危害的食品之一。

腐乳是以大豆为原料经过浸泡、磨浆、制坯、培菌、腌坯、装坛发酵制成,因此所用原料的品质直接关系到腐乳的食用安全性问题。

1)霉变的大豆可能受到黄曲霉、青霉等的污染,其毒素的特性及致病性是众所周知的。

2)大豆原料中除真菌污染外,还携带数量和种类几乎不可计数的细菌。

最新研究结果表明,引起豆制品腐败的主要微生物是屎肠球菌、革兰阳性芽孢杆菌,它们可以使豆制品在短时间内腐败变质。这些腐败菌主要来自大豆原料,在豆制品加工过程中很难除去。

3)大豆原料中的农药残留、转基因大豆的安全性等都是全球关注的焦点,也是必须考虑的因素。

二、微生物带来的安全隐患

1. 发酵菌种的安全隐患

食品工业用菌种可能造成的安全问题主要包括以下 4 个方面。

(1)微生物对人体的感染性(即菌种的致病性)问题

目前我国关于食品工业用菌的安全性评价尚不健全,对于哪些本身具有致病性但不产毒的菌种无从评价,并且对于哪些产毒但其水平不足以引起动物急性中毒的菌种也无从评价。

(2)生产用菌种所产生的有毒代谢产物、抗生素、激素等生理活性物质对人体的潜在危害问题

根据豆腐坯培菌的菌种不同,腐乳可以分为毛霉型、根霉型和细菌型。目前我国腐乳生产菌种主要有根霉、总状毛霉、雅致放射毛霉、腐乳毛霉、五通桥毛霉、微球菌及枯草芽孢杆菌。

虽然这些生产菌种曾经过安全性评价,当时证明是安全的,但经过传代变异也可能产生变异毒素。如果管理不善菌种还会退化,菌种的退化可以使生产菌株产生一些有毒代谢产物,对腐乳的食用安全性产生极大的隐患。

此外,据报道,因毛霉感染曾引起一系列毛霉菌病。王路霞等发现冻土毛霉的黄色变种对小鼠有致病性。孙鹤龄等认为高大毛霉、匍枝根霉等可产生毒素,但究竟是何种毒素,以及与人畜疾病的关系尚不清楚。有研究者报道了毛霉菌属的真菌可产生变应毒素。研究者也提出毛霉代谢产物中可能含有黄曲霉毒素。这些证据也进一步说明腐乳生产菌种存在安全隐患。

(3)利用基因重组技术所引发的生物安全问题

目前人们对利用基因工程技术(如 DNA 重组技术)对食品工业用菌种进行改良所生产的食品是否安全也十分关注。引入外源基因的重组 DNA 如果不稳定,可能导致一些毒性物质的产生,并且生物技术食品若含有活的基因改造微生物,摄入体内后该种活微生物在人体肠道内的增殖可能对肠道内的正常菌群产生不利影响。

(4)相关生产过程微生物的污染问题

1)操作人员双手接触豆浆、辅料和器具等,带入大量细菌。

2)煮浆、过滤、添加凝固剂、灌装等工序均暴露在空气中进行,是二次污染的重要来源。

3)生产设备只进行简单的清洗,内表面有大量细菌存在,由于设备内壁直接与豆浆

接触,特别是夏天管道内的残存微生物迅速繁殖,成为另一个重要的二次污染源。

因此,尽管生产过程中采用了人工接种发酵,但腐乳生产的前后发酵都是一个混合发酵的过程,特别是后发酵过程最易受微生物污染。

综上所述,生产菌种的安全性问题是腐乳的潜在安全隐患,其安全性仍需进一步研究。

2. 杂菌污染的安全隐患

目前我们国家腐乳中食盐含量为 5%～15%,乙醇含量为 1%～7%,应该不存在病源微生物的威胁。但在实际生产中,由于各厂家所采用的原辅材料不同,实际操作过程控制的严格程度不一,所生产的产品的安全性也不尽相同。再加上近年来,低盐腐乳的研制与开发,使得腐乳中微生物的安全隐患显得格外突出。

目前我国腐乳行业正朝着低盐的趋势发展,再加上各厂生产环境、卫生条件差异很大,腐乳本身又是一种高蛋白质食品。因此,腐乳中其他杂霉菌并存的几率很高。这些霉菌的存在对于腐乳风味的形成可能具有一定的有益作用,同时也可能是有害菌株,在发酵过程中产毒,造成多种微量毒素共存的现象。这些微量的毒素中可能其中的单独某一种的含量不足以引起病变,但这些毒素之间的协同相加效应会使其毒效无法估计。此外,霉菌毒素对人体的危害具有其他隐蔽性,主要表现在:①蓄积性,产品受到产毒菌株污染,但有时不一定能检测出霉菌毒素;②从食品中检验出有某种毒素存在,而分离不出产毒菌株,这往往是食品在贮藏和加工中产毒菌株已经死亡,而毒素不易破坏的缘故;③一种霉菌菌株可以产生几种霉菌毒素,而同一种霉菌毒素又可以由几种霉菌产生。

韩北忠等对主要采自中国内地的 23 个腐乳样品中细菌的安全性检验做了详尽的研究,研究结果表明:在大多数的样品中都发现了高水平($>$5cfu/g)的嗜温好气菌和细菌内孢子,其中 85% 的嗜温好气菌为革兰氏阳性菌;1/3 样品的蜡样芽孢杆菌$>$3cfu/g,但有3 个样品超过了 51cfu/g,有可能对消费者造成潜在的危害。在任何一个受检样品中都未检出金黄色葡萄球菌,但在一些白腐乳和灰色的腐乳样品中检出了金黄色葡萄球菌内毒素 A。肠道细菌和单核细胞李斯特菌均未检出。在所有的样品中真菌的检出很少,这与Pao 从腐乳中检出的霉菌数量是有很大差别的(10^2～10^6cfu/g)。

最为重要的是,腐乳的发酵过程是一个极为复杂的过程,其生产采用的是固态发酵技术,不像现代深层液体发酵那样对发酵底物进行严格的灭菌。其发酵过程也是开放式的,因此腐乳作为一种高蛋白质食品,其感染病源微生物的概率还是相当大的。另外,腐乳在销售及储存期间,一般不采用特殊的保存措施,主要利用的是食盐及酒精的防腐作用。因此就存在着这样几个问题:食盐是否能够真正有效地防止病源微生物的生长;如果能够起到防腐作用,需要多大的浓度;如果不能在腐乳中检出活的有害微生物,是否就表示腐乳是安全的呢? 这些都促使我们对腐乳中微生物的安全性进行更多的思考。

三、辅料带来的安全隐患

1. 红曲带来的安全隐患

通常依据产品的色泽将腐乳细分为青方(臭豆腐)、红方(红腐乳)和白方(白腐乳)。

红曲是红方腐乳必不可少的辅料之一。红曲添加之后,其中的红曲霉参与腐乳后酵阶段,为红方腐乳特有的风味以及诱人红色的产生均起到了举足轻重的作用。大多数人认为,腐乳中的盐分及酒精含量足以抑制霉菌的生长,但事实上红曲霉是一种腐生真菌,生长的最适 pH 为 3.5～5,能耐 pH3.5 及 10％的乙醇。因此,腐乳中存在红曲霉。

然而,有研究表明,目前我国食品工业用的红曲霉菌株大都产桔霉素,桔霉素是一种肾脏毒素,不仅可以致畸、导致肿瘤,而且可以诱发突变,对人体存在潜在的危害。日本厚生省在 1999 年出版的《日本食品添加剂标准》中规定红曲色素中桔霉素的限制量是低于 0.2mg/kg,这一剂量是当时能够检出的桔霉素的最低剂量。

2000 年,采用这一标准,日本测定了来自中国、韩国及日本本国内的红曲色素样品,结果中国的 3 个红曲样品桔霉素全部超标。

Heber 等检测了采自市场上的 9 个中国生产的功能性红曲产品,其中有 7 个产品桔霉素为阳性,而只有 1 个产品中具有降胆固醇作用的功效成分含量达标。

从 1998 年开始,无锡轻工业大学的许赣荣等采用薄层及高效液相的手段对国内部分红曲米中的桔霉素进行了定性及定量测定。测定结果表明,作者所收集的大部分红曲米样品都含有桔霉素,但当时的检测方法不是很完善。

2003 年,李凤琴等在先前研究的基础上进一步完善了桔霉素检测方法,建立了红曲霉真菌毒素桔霉素的 HPLC 检测方法,并用此法对部分实验室自制红曲米及国内外部分红曲制品中的桔霉素进行了检测。结果表明:色素用红曲米粉样品中,只有极少数未测出桔霉素,大多数红曲粉样品中含桔霉素(最高 855.67mg/kg);红曲红产品也含桔霉素,但不同厂家的样品含量相差悬殊(最高达 713.00mg/kg)。大多数功能性红曲样品中的桔霉素含量一般较低(1mg/kg 左右)或者未检出。

2005 年,李凤琴,许赣荣等对我国大多数红曲制品功能性红曲(60 份)、红曲米粉(19 份)、红曲红色素(粉状 27 份,液态 2 份)、粉状红曲黄色素(1 份)、酿酒用曲(1 份)、红曲类保健食品(4 份)等 6 个类型的红曲制品共计 114 份样品中的桔霉素的污染情况进行了调查研究。研究调查结果表明:红曲制品种类不同,桔青霉素污染水平各异,以粉状红曲红色素中的桔青霉素污染情况最重,其次为红曲米粉原料,功能性红曲中桔霉素检出率较高,但总体污染水平较低。

2. 其他辅料带来的安全隐患

加工辅料也会将一些安全隐患带入到腐乳加工中。因为制坯时,分别加入葡萄糖酸内酯(GDL)、石膏、盐卤等凝固剂。经检测发现,由于产地和存贮时间的不同,凝固剂 GDL 带入产品中的杂菌总数相差 10 倍以上;而盐卤中除了可能带入重金属离子外,还会带入大量耐盐微生物,这些隐患也是不容忽视的。

四、生产用水的安全隐患

生产用水一般要符合饮用水国家标准,通常出现的不安全性主要表现在水本身受到环境的污染,特别是重金属超标及生产过程中操作人员、昆虫、老鼠等对水源造成的二次污染。

五、食用期间的安全隐患

由于我国产品的包装形式主要是采用瓶或盒,腐乳从销售环节进入家庭消费时,开启后很难一次吃完,因此,因食用不当也会存在安全隐患。一是食用时交叉污染,不同的人用不同的餐具直接从瓶中夹腐乳,会将外源的微生物带入到腐乳中,造成交叉污染而使产品出现变质;二是开瓶后储藏不当,腐乳会出现发白、长霉等现象。

第八章 大豆同源发酵食品
——豆豉、纳豆和天培

第一节 豆 豉

一、概 述

(一)豆豉的定义

豆豉(glycinemax)是以大豆为主要原料,利用毛霉、曲霉或者细菌蛋白酶的作用,分解大豆蛋白质,达到一定程度时,加盐、加酒、干燥等方法,抑制酶的活力延缓发酵过程而制成的一种大豆食品。豆豉的种类较多,按加工原料分为黑豆豉和黄豆豉,按口味可分为咸豆豉和淡豆豉。我国长江以南地区常用豆豉作为调料,也可直接蘸食。豆豉为传统发酵豆制品,以颗粒完整、乌黑发亮、松软即化且无霉腐味为佳。

(二)豆豉的起源

豆豉约创制于春秋、战国之际,《楚辞·招魂》中有"大苦咸酸",根据注释,大苦即为豆豉。另有一种说法认为先秦文献无豆豉,当是秦汉之际出现。《史记·货殖列传》始见豆豉记述。《齐民要术》载有制作豆豉的技法。东汉开始用作药物。以后历代食籍、药籍均有关于豆豉的记述。至今仍为重要调味料之一。唐代时,豆豉传入日本,成为纳豆。

二、豆豉加工前后营养与活性成分变化

(一)游离氨基酸、可溶性氮、可溶性糖的变化

豆豉在发酵过程中,参与发酵微生物中的蛋白酶使原料大豆的蛋白质部分水解,故发酵成熟时,可使水溶性氮的含量提高,并使大豆的硬度下降。大豆中含有的胰蛋白酶抑制剂可以抑制小肠中胰蛋白酶的活力。大豆含有纤维素,这些纤维素使蛋白质不易与消化酶接触,整粒大豆食用时,其蛋白质消化率仅为60%。在豆豉的加工过程中破坏了胰蛋白酶抑制物;纤维酶使纤维素水解生成单糖;蛋白酶容易与蛋白质接触水解产生一系列的中间产物,如胨、多肽、氨基酸等,这些低分子质量的蛋白质食入后,可以不再经过消化直接为肠黏膜吸收,这对消化力减退和患有消化功能障碍的病人是十分有利的。

豆豉发酵过程中游离氨基酸、可溶性氧、可溶性糖的变化见表8-1和表8-2。

表 8-1 游离氨基酸的变化(单位:mg/100g)

样品名称	赖氨酸	苏氨酸	亮氨酸	异亮氨酸	色氨酸	甲硫氨酸	缬氨酸	苯丙氨酸
原料黑豆	5.94	3.65	7.36	4.46	1.01	1.20	5.03	5.32
豆豉	20.4	9.8	20.4	14.1	—	19.2	21.9	34.8

表 8-2　可溶性氮、可溶性糖的变化（单位：mg/100g）

样品名称	可溶性氮	可溶性糖
原料黑豆	0.36	4.66
豆豉	0.70	6.83

（二）维生素的变化

豆豉与原料熟黑豆相比，其维生素 B_1、B_2 的含量有明显提高；维生素 A、E 的含量基本不变。豆豉加工过程中维生素含量变化见表 8-3。

表 8-3　豆豉加工过程维生素含量变化

样品名称	维生素 B_1/(mg/kg)	维生素 B_2/(mg/kg)	维生素 A/(U/g)	维生素 E/(mg/kg)
原料黑豆	8.8	2.32	0.93	19.2
豆豉	12.9	8.91	0.90	18.1

（三）异黄酮的变化

发酵处理对豆豉中异黄酮含量与组分变化的影响见表 8-4。发酵处理可改变豆豉中异黄酮的组分，但不改变其总含量。经过发酵处理的豆豉中大豆苷元（De）、染料木素（Ge）的含量比原料熟黑豆中大豆苷（D）、染料木苷（G）的含量明显增加，大豆苷元与染料木素的含量是大豆苷与染料木苷的 20 倍，而大豆苷、染料木苷的含量明显降低。在原料熟豆与豆豉的比较中发现，发酵后的豆豉中异黄酮的总含量为 1244.44μg/g，原料熟豆中的总含量为 1716.2μg/g，发酵后的豆豉中异黄酮的总含量要略低于原料熟黑豆的总含量，分析其原因可能是豆豉在洗曲工艺中流失了一部分异黄酮的缘故。熟豆中异黄酮的总含量为 1716.2μg/g，原料生黑豆中的总含量为 1229.3μg/g，熟黑豆中异黄酮的总含量要高于原料生豆的总含量，究其原因可能是部分丙二酰基糖苷型异黄酮在热处理条件下转化为相应的糖苷型异黄酮的结果。

表 8-4　发酵处理对豆豉中异黄酮含量与组分变化的影响（单位：μg/g，以干基计）

样品名称	D	G	De	Ge	总量
原料黑豆	537.7	662.5	18.0	11.1	1229.3
蒸熟黑豆	778.2	901.7	19.1	17.2	1716.2
豆豉	30.9	28.3	451.3	733.9	1244.4

在豆豉的加工过程中，有许多自然菌种参加发酵过程，有的菌种在发酵过程中会产生一定量的 β-葡萄糖苷酶。糖苷型异黄酮是由游离型异黄酮与一分子的葡萄糖以 7-位氧苷键结合的产物，β-葡萄糖苷酶可作用于糖苷型异黄酮分子中的氧苷键，使其葡萄糖基团脱掉，供微生物代谢利用，从而使糖苷型异黄酮转化为游离型异黄酮，即使苷转化为苷元的形式。

（四）矿物质的变化

豆豉加工处理可提高矿物质的利用率。大豆的矿物质含量丰富，但是多以植酸盐的形式存在,植酸盐是肌醇磷酸酯的钾、钙、镁复盐。大豆中70%~80%的磷不易为人体利用,被排出体外。钙与植酸结合形成不溶性钙,有70%~80%不被人体吸收残留在粪便中。铁与植酸盐结合形成不溶性铁,使大豆中铁的吸收率仅为7%。植酸还能与锌结合形成不溶性盐而使利用率下降。在豆豉加工过程中,由于微生物分泌的活性植酸酶能使植酸水解生成肌醇和磷酸盐,植酸可减少15%~20%。因而,矿物质的可溶性可增加2~3倍,利用率可增加30%~50%。

三、中国豆豉的种类

中国疆域广阔,各地民俗、喜好、气候、地理环境等各有不同,造就豆豉的生产工艺不同,产品的风味不同,各有其特点,形成各地的名产品。

(一)按发酵时使用食盐与否划分

可分为无盐发酵的淡豆豉及有盐发酵的咸豆豉,前者也是最早豆豉酿造的一种形式,《齐民要术》的做豆豉法就是指这种方法,《居家必用事类全集》《农桑辑要》也都有淡豆豉的生产方法。今湖南豆豉、四川豆豉、贵州豆豉、江西拉丝豆豉、日本拉丝纳豆、印度尼西亚天培等都是属于无盐发酵的淡豆豉,它具有独特的风味,适于调味用。有盐发酵的咸豆豉法在《食经》中作了记载,《居家必用事类全集》《遵生八笺》《醒园录》等也都记有咸豆豉的生产方法。北京豆豉、山东水豆豉、广东阳江豆豉等都是有盐发酵咸豆豉的类型。

(二)根据豆豉成品含水分的多少划分

可分为干豆豉及湿豆豉(或称水豆豉)。中国南方产的豆豉多为干豆豉,成松散的粒状,其中以湖南豆豉(浏阳豆豉)、四川豆豉(三台豆豉)为代表;湿豆豉在发酵时一般加较多的水或调味液及盐,进行加盐发酵,熟成时间较长,产品含水量较高,豆粒柔软、多黏连。

(三)按参与豆豉制曲时主要微生物的种类划分

可分为米曲霉型(以湖南浏阳豆豉为代表)、根霉型(以印度尼西亚天培为代表)、毛霉型(以四川潼川豆豉、重庆永川豆豉为代表)、细菌型(以山东水豆豉为代表)四大类。发酵所用微生物不同,所得产品的外观、风味、食用方法都各具特点。其生产工艺因产品品种和主要微生物不同而有所区别。

1. 毛霉型豆豉

以毛霉为主要发酵菌种,因毛霉生长温度较低,所以一般是在气温较低的冬季(5~10℃)制曲生产,其生产工艺包括原料选择、处理、制曲、拌料及发酵等。原料选用黑豆、褐豆、黄豆均可,四川潼川豆豉主要以黑豆为原料,而重庆永川豆豉则以黄豆为原料。

(1)传统工艺大豆

在40℃下浸泡至90%以上的豆粒伸皮,含水量在50%~56%为宜。大豆经蒸煮后冷却至30~35℃时进曲房制曲。在曲料品温6~12℃,室温2~6℃条件下,3~4天后起白色霉点,8~12天菌丝生长整齐,且有少量的褐色孢子生成,16~20天毛霉转老,菌丝由白色转为淡灰色,质地紧密直立,高度0.3~0.5cm,同时紧贴豆豉表层有暗绿色菌体生成,即可出曲,每100kg原料可得成曲125~135kg。成曲以总状毛霉为主,兼有纤维酶活力高的其他霉菌和少量细菌。将成曲倒入拌料池内,加辅料入罐发酵,发酵周期10~

12 个月,保持品温在 20℃左右。

(2)现代生产

重庆永川豆豉厂为适应工业化生产研制出通风制曲。曲料厚度 18~20cm,品温 7~10℃,室温一般为 2~7℃,制曲周期 10~12 天。四川省成都调味品研究所从天然曲中分离出纯种毛霉 M.R.C.-1,经过耐热驯化,能在 25~27℃温度下生长迅速,适应性强,主要酶系活力高,用于接种制曲,周期缩短到 3~4 天,可以常年生产。

2. 曲霉型豆豉

利用空气中的曲霉菌进行天然制曲,曲霉菌的培养温度比毛霉菌高,所以生产时间较长,可一年四季生产。曲霉型豆豉的原料处理与毛霉豆豉相同。大豆蒸煮后置于制曲室中制曲,制曲温度在 30℃左右,18~24h 空气中霉菌孢子开始生长,豆粒表面出现白色均匀菌丝,培养 36~48h,菌丝体布满豆粒,曲粒结块。翻曲处理后,经 7~10 天培养,豆粒表面有 1~2cm 厚的菌丝,同时菌丝由白变灰并出现黑色孢子,成曲是以曲霉为主,兼有其他霉菌、酵母和细菌等稳定的群体。制曲结束后用温开水洗去豆曲表面的曲霉孢子、菌丝及黏附物,洗曲后豆豉含水量约 45%。发酵大多采用自然晒制,温度 30~45℃,发酵时间为 1~3 个月。

现代生产曲霉豆豉,普遍采用人工纯培养菌株接种制曲。大豆蒸煮后冷却至 30~40℃,接入种曲,入室培养,品温 25~35℃,22h 后可见白色菌丝满布,曲粒结块。品温上升至 37℃左右,进行第 1 次翻曲,48~72h 遍布黄绿色孢子即可出曲。将成曲投入水池中,洗去表面分生孢子和菌丝,然后加入 18% 的食盐拌匀,装入容器中至八成满,边装入边压实,密封常温发酵 4~6 个月成熟。发酵醅水分含量控制在 45% 左右。

3. 米曲霉豆豉

用米曲霉酿造豆豉,是我国最早、最广泛采用的工艺。《食经》和《齐民要术》等历代文献记载的都是米曲霉豆豉。《齐民要术·作汁法》要求,制曲温度"常欲令温如人腋下暖为佳"。这是米曲霉及有相似生长条件的其他霉菌、酵母菌和细菌共生的群落。米曲霉蛋白酶活力较高,为了获得指粒完整、软硬适度和滋味鲜美的豆豉,成曲要经过簸扬和水洗,适当降低酶活力,避免苦味肽的产生。控制代谢产物保留在成型完整的豉粒中,不致因过度水解可溶物增多溢出,造成豉粒溃烂变形和失去光泽。水洗后的豉曲,根据需要可采用无盐厌氧发酵,制成淡豆豉,也可采用高盐常温发酵或低盐高温发酵制成咸湿豆豉。

4. 细菌型豆豉

细菌型豆豉主要是云南、贵州、山东一带民间制作的家常豆豉。细菌型豆豉主要微生物是产生芽孢的枯草杆菌,生长适温 30~37℃,在 50~56℃时尚能生长。家庭制作是将煮熟的黑豆或黄豆,盖上稻草或南瓜叶保温培养。2 天后细菌在大豆表面繁殖,出现黏质物,可牵拉成丝并有特殊香味时加入食盐、白酒及其他辅料,发酵 5~7 天成熟。

细菌豆豉中的主要微生物是能产生芽孢的枯草杆菌。最适生长温度为 30~37℃,在 50~56℃也能生长。过去西方学者认为,枯草杆菌是危害甚大的腐败菌,但我国先民却能化腐朽为神奇,用于食品酿造上。细菌豆豉除山东水豉外,大多家庭都能制作食用。细菌豆豉在古代文献中不见记载,近代学者也未研究,反而日本研究较多,以致有人认为是日本特产。民间制作时,将水煮后的大豆捞出,沥去余水,趁热用麻袋包裹,加覆盖物保温培养,在高温高湿的环境中,大多数微生物生长受到抑制,枯草杆菌却能迅速繁殖,培养2天后,豆粒上布满黏液,可牵拉成丝并有特殊臭味时,即可加入盐、白酒和香料等,发酵5～7天即成为水豆豉。也可将加入食盐和调料的豉曲揉搓成直径8～10cm的球型,自然晾干,储存食用。

四、豆豉的保健功能与药用价值分析

豆豉与腐乳、酱油、豆酱并称为我国四大传统发酵豆制品,已经有两千多年的历史。根据主要制曲微生物的不同,可以分为毛霉型、曲霉型和细菌型豆豉。湖南浏阳豆豉、广东阳江豆豉是曲霉型豆豉的典型代表;四川永川豆豉则是毛霉型豆豉的典型代表;而山东临沂的八宝豆豉和被药典收录的淡豆豉都是细菌型豆豉的典型代表。豆豉因其特有的酱香和鲜味成为独具特色的调味品,也曾在国际烹饪界扬名,荣获了1915年的巴拿马万国商品博览会上的金质奖。然而,长期以来,由于缺乏对豆豉生理功能的认识,使得豆豉始终局限于调味品这个圈子,一直处于流落民间被冷落的境地。可喜的是,由于受到纳豆和天培这两种源于中国且备受国际市场推崇的大豆发酵制品的启发,近年来对豆豉生理功能的研究也越来越丰富,推动了豆豉从传统调味品向新兴功能食品的提升。

(一)保健功能

1. 抗氧化

氧化应激被认为是造成许多慢性病如心血管疾病、糖尿病、癌症的重要原因。因此,抗氧化剂的研究格外受到关注,豆豉的抗氧化功能研究自然不会被遗忘。

多肽是发酵豆制品表现抗氧化能力的原因之一,乙醇通过抑制豆豉中蛋白酶的活力,降低了蛋白的水解程度,降低了多肽的生成量。此外,豆豉的抗氧化能力还应归功于后酵过程中的美拉德反应产物类黑精。阚健全等发现永川豆豉中的非透析类黑精具有很强的清除羟自由基的能力。何健等在对沪酿3.042纯种发酵制取的豆豉的类黑精的研究中也发现其具有清除羟自由基的能力。

2. 抗血栓作用

受到1987年日本的须见洋行发现纳豆中含有抗血栓功能的纳豆激酶的启发,近年来国内对豆豉的溶栓活性研究不断升温。宋永生等采用纤维蛋白平板法对八宝豆豉的生理盐水粗提液的溶栓活性进行了研究,发现自然发酵后未经洗曲的临沂细菌型豆豉的粗提液溶栓活性最强。

3. 降血糖作用

糖尿病是一种以高血糖为特征,代谢紊乱为表现,与胰岛素分泌密切相关的全身性疾病。Chen等对豆豉水提物的研究表明,来自中国不同地区的31个样品具有不同程度的α-葡萄糖苷酶抑制活性。结果表明:不同菌株制得的曲的抑制活性有明显差异,另一项体内研究对四氧嘧啶糖尿病模型小鼠,连续7天灌胃给予从永川豆豉提取得到的总异黄酮及从中进一步分离纯化得到的大豆黄素和染料木素,也发现大豆异黄酮和染料木素都具有改善血糖的活性,而且尤以染料木素的作用更突出。因此,淡豆豉的降糖作用可能与大豆异黄酮和皂苷有关。

4. 降血脂作用

Fujita等研究了大豆苷原对雄性Sprague-Dawley大鼠的血脂的影响,结果表明能显著降低血清甘油三酯(TAG)水平。2型糖尿病人每日三餐前各摄入0.3g DE,坚持三个月以上,血清 TAG 水平显著降低,总胆固醇(TC)和高密度脂蛋白胆固醇水平虽然没有显著性的变化,但也有适度改善。

5.其他功能

淡豆豉和黑豆的醇提物都具有抑制肝癌肿瘤细胞增殖的作用,并且和剂量呈正相关,而石油醚提取物抗肿瘤作用很弱,表明淡豆豉的抗肿瘤活性成分主要存在于醇提物中。这种抑制作用可能与异黄酮、皂苷有关。此外,发酵增强了对癌细胞生长的抑制作用,这可能与异黄酮形式的转变或者新的生成物如类黑精有关。

(二)药用价值

豆豉是一种用黄豆或黑豆泡透蒸(煮)熟,发酵制成的食品,是我国传统发酵豆制品。古代称豆豉为"幽菽",也叫"嗜"。最早的记载见于汉代刘熙《释名·释饮食》一书中,誉豆豉为"五味调和,需之而成"。公元 2 至 5 世纪的《食经》一书中还有"作豉法"的记载。古人不但把豆豉用于调味,而且用于入药,对它极为看重。《汉书》、《史记》、《齐民要术》、《本草纲目》等都有此记载。据记载,豆豉的生产,最早是由江西泰和县流传开来的,后经不断发展和提高,使豆豉成为独具特色,成为人们所喜爱的调味佳品,而且传到海外。我国台湾人称豆豉为"荫豉",日本人称豆豉为"纳豉",东南亚各国也普遍食用豆豉。

豆豉不仅能调味,而且可以入药。中医学认为豆豉性平,味甘微苦,有发汗解表、清热透疹、宽中除烦、宣郁解毒之效,可治感冒头痛、胸闷烦呕、伤寒寒热及食物中毒等病症。

豆豉一直广泛被用于中国烹调之中。可用豆豉拌上麻油及其他作料作助餐小菜。用豆豉与豆腐、茄子、芋头、萝卜等烹制菜肴别有风味,著名的"麻婆豆腐"、"炒回锅肉"等均少不了用豆豉作调料。广东人更喜欢用豆豉作调料烹调粤菜,如"豉汁排骨"、"豆豉鲮鱼"和焖鸡、鸭、猪肉、牛肉等,尤其是炒田螺时用豆豉作调料,风味更佳。

豆豉用陶瓷器皿密封盛载为宜。这样可保存较长时间,香气也不会散发掉。但忌生水入侵,以防豆豉发霉变质。

我国较为有名的豆豉有:江西上饶豆豉果、贵州"老干妈"的风味豆豉、云南双柏的妥甸豆豉、广东阳江豆豉、广东罗定豆豉、开封西瓜豆豉、广西黄姚豆豉、山东八宝豆豉、重庆潼川豆豉和永川豆豉、湖南浏阳豆豉等、陕西汉中香辣豆豉和风干豆豉等。

五、豆豉生产中微生物学和生物化学

(一)豆豉微生物学

豆豉是以大豆为主要原料,利用微生物发酵制成的一种具有独特风味的发酵豆制品,是我国劳动人民最早利用微生物酿造的食品之一,已有两千多年的历史。早在唐朝时期豆豉传入了日本、朝鲜、菲律宾及印度尼西亚等东南亚国家和地区,并发展成为具有当地特色的传统食品如纳豆、天培。传统豆豉生产中常采用自然发酵,多种微生物在适宜的养分、水分、温度、湿度等条件下共栖生长。不同的地域环境,发酵微生物菌相组成也不同,形成了以主导微生物如米曲霉为主或毛霉为主的稳定的微生物群落,并赋予了各地豆豉独特的风味、颜色、体态及营养功能。根据豆豉制曲的主导微生物种类的不同,豆豉可分为:曲霉型豆豉、毛霉型豆豉、根霉型豆豉、细菌型豆豉及脉孢菌型豆豉等五大类。豆豉发酵中除了主导微生物参与外,还有乳酸菌、酵母菌等多种微生物协同作用,产生了大量复杂而完整的酶系,经过一系列生物化学变化,把原料中的有效成分转化为复杂的代谢产物,从而形成其特有的色、香、味、体和维生素、必需氨基酸等营养成分,提高了豆豉的营养价值,赋予其更多的功能特性如降血压、降血糖、抗氧化、溶解血栓等等。可见豆豉品质的优劣,与参与发酵的各种微生物的作用是息息相关的。因此进行豆豉中微生物学的研究就显得十分的重要,日本的纳豆、印度尼西亚的天培现在已经实现了纯种发酵,工业化生产,不仅产品质量稳定,也有利于进行更多更广的科学研究。我国的豆豉相对而言,生产周期长,包括前发酵(制曲)和后发酵两个阶段,因而微生物菌相更为丰富,产品更有特色,更有开发研究的价值。

(二)豆豉生产中微生物多样性

传统豆豉的生产有着很大的地域性差异,加之豆豉的发酵过程大都是在开放的环境下进行的,参与发酵的微生物种类繁多,因而不同的制曲环境形成了豆豉生产中不同的微生物区系,并形成与主导微生物有相似生长条件的多种菌株共生的微生物菌群。在这种体系中多种微生物协同作用,并互相竞生,进行不同的代谢途径,产生丰富多样的代谢产物,现将国内外进行的豆豉中的微生物多样性研究情况进行归纳见表8-5。

表8-5 不同地域豆豉中微生物菌相分布及主导微生物

微生物菌相	主导微生物	产地
毛霉、曲霉、细菌	总状毛霉	四川成都
曲霉、根霉、细菌、酵母菌	米曲霉、埃及曲霉	湖南浏阳
毛霉、曲霉、根霉、细菌	未鉴定	湖北恩施
细菌、酵母菌、微球菌	泛酸芽孢杆菌、蜂房芽孢杆菌、坚强芽孢杆菌	贵州黔西
毛霉、细菌、酵母菌、微球菌	爪哇毛霉、鲁氏毛霉、总状毛霉	贵州大方
细菌	枯草芽孢杆菌	贵州贵阳
细菌	纳豆芽孢杆菌少孢根霉、肺炎克雷	日本
根霉、细菌	伯氏杆菌、费氏柠檬酸杆菌	印度尼西亚
脉胞菌	好食孢菌	印度尼西亚

由表8-5可知,豆豉的发酵是多种微生物的共同作用,基本均包括霉菌、细菌和酵母菌。

国内的研究主要还是集中在豆豉前发酵(制曲)中微生物多样性和主导菌种的分离鉴定。但是我国的豆豉与纳豆、天培的主要区别就在于,国内的豆豉都有后发酵阶段,而纳豆、天培主要进行前发酵。豆豉后发酵对决定产品的风味、功能成分、产品质量及贮藏性能也起着十分重要的作用。因此研究豆豉后发酵过程中微生物的多样性、生化变化、食盐的影响及对风味形成的作用,分析不同微生物在后发酵中的生理生化作用都是十分有意义的。

(三)豆豉发酵中的主要微生物及其特点

1.米曲霉

米曲霉是曲霉属的一种,孢子一般为黄绿色,成熟后为淡黄绿色或黄褐色。在生长过程中,可利用单糖、双糖、多糖、有机酸、醇类做碳源,突出特点是能利用淀粉,可利用的氮源有蛋白质、氨基酸、铵盐、硝酸盐、尿素等。米曲霉是好气性微生物,空气不足时生长受到抑制,其菌丝繁殖期要产生大量的呼吸热。所以生产中培养时一定要供给充足的新鲜空气,以补充氧气,排除二氧化碳和散发热量。其生长温度是 37℃左右,培养基水分约 50％,pH6.0 左右。温度在 28℃以下时,则生长缓慢,但酶的活力较高,温度高于 37℃, 会影响酶的分泌及活力。培养基水分低于 30％,生长受到抑制。

米曲霉能分泌多种酶,如蛋白酶、淀粉酶、谷氨酰胺酶、果胶酶、半纤维素酶、酯酶等, 以前 3 种酶最为重要。米曲霉所分泌的蛋白酶作用最适温度为 40～45℃,水分不低于 55％,pH6.0 左右。

2. 总状毛霉

总状毛霉是毛霉属中分布最广的一种。我国四川的豆豉即用此菌制成。20 世纪 80 年代,四川成都市调味品研究所率先进行了毛霉型豆豉生产菌种的选育工作。研究工作者从毛霉型豆豉的主要产地采集样本,经过多次分离筛选,同时对得到的菌株进行了耐热性和生产性试验,改变了自然选育的毛霉的低温(15℃左右)特性,将其驯化为中温(25～30℃)菌。随后又进行了该菌株生理生化及产酶特性的研究。最终获得了一株生长迅速、菌丝旺盛、产孢子多、酶系较全的中温性毛霉,并鉴定为总状毛霉。该菌的特点为:生长速度快、菌丝旺盛、孢子多、适应性强、主要酶活力高。最适生长温度从 15℃提高到 25℃。从而使毛霉型豆豉的生产不再受季节的限制,并有利于实现工业化生产。

3. 少孢(豆豉)根霉

少孢(豆豉)根霉是根霉属的一个种,是天培生产用最具代表性的菌株,其次是米根霉和少根根霉。

少孢根霉的特点:蛋白酶活性及脂肪酶活性最强,而糖化酶活性最弱。生长温度较一般霉菌要高些,37℃左右,最适生长温度 32℃,蛋白酶作用最适温度为 25℃,最适 pH3.0～5.5,湿度以 75％～85％较为适宜。少孢根霉可利用铵盐和天冬酰胺作氮源,可利用木糖、葡萄糖、半乳糖、麦芽糖、海藻糖、纤维二糖及豆油作碳源。对水苏糖、棉籽糖、蔗糖和淀粉利用率很差,基本不能利用淀粉。少孢根霉具有较强的脂肪酶,在天培发酵中,主要以脂肪作为碳源。

4. 细菌

参与细菌型豆豉发酵的微生物主要是枯草芽孢杆菌、纳豆枯草杆菌,以及微球菌。枯草芽孢杆菌最适生长温度 30～37℃,能形成大量淀粉酶和蛋白酶,细胞杆状,形成芽孢,耐热性强。在大豆为基质的培养物上生长产生黏性物质,可拉成丝,此外还有抗菌、溶解血栓等功能。液体培养时,液面会形成菌膜。除芽孢杆菌外,从自然发酵的细菌型豆豉中还分离出了耐盐性的微球菌,如藤黄微球菌,具有一定的产碱性蛋白酶能力。

5. 脉孢菌属

脉孢菌属因子囊孢子表面有纵形花纹,犹如叶脉而得名,又称链孢霉,属子囊菌纲。好食脉孢菌是脉孢菌属中常见的菌种,是用于发酵生产昂巧豆豉(印度尼西亚的一种传统发酵食品,利用花生或榨油后的花生饼,接种好食脉孢菌的孢子培养而成)的主要微生物。1901 年好食脉孢菌由 Wenr 博士所发现,属好气性菌,生长最适温度为 25～28℃,菌丝呈绒毛状,顶端着生美丽的橙红色孢子,产类胡萝卜素,具有维生素 A 的效果。其蛋白酶活力很强,淀粉分解力、纤维素分解力也很强。

(四)微生物发酵在豆豉生产中的作用

1. 改善营养成分,提高消化吸收率

制作豆豉的大豆原料,含有丰富的优质蛋白质、维生素及钙磷等矿物质。发酵中微

生物分泌的蛋白酶水解原料大豆中的蛋白质,产生胨、多肽、氨基酸等中间产物,提高了可溶性氮的含量;纤维素酶将纤维素降解成小分子单糖;淀粉酶水解多糖为单糖;脂肪酶降解脂肪为脂肪酸;植酸酶降解植酸生成肌醇和磷酸盐,可减少 15%～20% 的植酸,从而增加矿物质的可溶性 2～3 倍,矿物质的利用率可提高 30%～50%。可见,通过微生物发酵作用,原料大豆中的营养物质更利于人体的消化吸收,提高了大豆食品的营养价值。大豆和豆豉中的一些营养成分的比较见表 8-6。

表 8-6 原料大豆与豆豉中营养成分含量比较

项目	可溶性氮 /%	可溶性糖 /%	异黄酮 /(μg/100g)	V_{B_1} /(mg/100g)	V_{B_2} /(mg/100g)	V_A /(mg/100g)	V_E /(mg/100g)
大豆	0.36	4.66	1299.3	8.8	2.32	0.93	19.2
豆豉	0.70	6.83	1244.4	12.9	8.91	0.90	18.1

2. 赋予豆豉特有的风味和色泽

豆豉滋味醇香,鲜美可口,酱香浓郁,入口化渣。这些特征的形成与微生物的发酵有着重要的关系。比如,曲霉或毛霉等微生物在发酵中产生丰富的蛋白酶、谷氨酰胺酶等,将蛋白质降解转化为各种氨基酸,是豆豉鲜味的主要来源。豆豉后发酵中,乳酸发酵产生的乳酸等有机酸与酵母菌发酵产生的醇类物质作用生成酯,形成了豆豉浓郁的酱酯香。微生物产生的淀粉酶将碳水化合物分解成葡萄糖、果糖、麦芽糖等还原糖,与蛋白酶降解的氨基酸发生美拉德反应,形成了豆豉诱人的黑褐色。微生物产生的纤维素酶,充分降解了植物组织,形成了豆豉入口化渣的口感。

3. 生成多种功能性成分,提高营养价值

现代研究表明,豆豉中有着丰富的生物活性物质,这些生物活性物质独自或协同作用,形成了豆豉多种生理功能特性,如溶解血栓、抗氧化、降血压、降血糖、预防老年痴呆症等等。这些生理功能活性物质的形成大致可归因于:原料本身含有的生物活性物质;利用微生物及其代谢产生的多种酶系的综合作用,对大豆原料中的大分子有机物质进行分解和重组,并经过复杂的生物化学反应,形成了丰富多样具有不同生理功能的代谢产物,赋予了豆豉独特的功能性。日本的纳豆、印度尼西亚的天培在功能性方面研究较早,其主要功能表现在溶解血栓和补充素食中的维生素 B_{12}。我国豆豉功能性的研究近年来快速发展,同国外类似产品相比,我国的豆豉有着更多的功能性和更高的营养价值。国内外豆豉功能性与主要微生物研究情况见表 8-7。

表 8-7 国内外豆豉功能性、功能成分与相关微生物

营养功能	功能成分	相关微生物
补充 B 族维生素	维生素 B_{12}	肺炎克雷伯氏菌费氏柠檬酸杆菌
溶解血栓	纳豆激酶	纳豆芽孢杆菌
溶解血栓	豆豉链激酶	枯草芽孢杆菌
抗氧化	异黄酮,β-葡萄糖苷酶	曲霉、根霉
降血糖	α-葡萄糖苷酶抑制活性	米曲霉
降血压	血管紧张素转换酶抑制剂	米曲霉
预防阿尔茨海默病	乙酰胆碱酯酶抑制活性	少根根霉

六、豆豉生产中的生物化学变化

(一)生理活性成分的变化

1. 大豆异黄酮的变化

植物雌激素(phytoestrogens)为杂环多酚类化合物,是一种具有弱雌激素作用的植物成分,主要包括异黄酮(isoflavone)、木脂素(lignan)和香豆雌酚(coumestrol)3 大类,其中大豆异黄酮(soybeanisoflavone)是非常重要的一类食物源植物雌激素。

大豆异黄酮是大豆生长中形成的一类次生代谢产物,包含染料木苷(genistin)、染料木素(genistein)、黄豆苷(daidzin)和大豆苷元(daidzein)等 12 种成分。大豆异黄酮除了可以有效地防治癌症、心血管疾病、抵抗骨质疏松症、妇女更年期综合征、糖尿病等疾病,还具有抗早老年性痴呆、抗机体免疫力下降、抗菌消炎、抗机体功能衰老、抗溶血等作用,因而越来越受到人们的重视。

大豆异黄酮分为结合型糖苷(glucoside)(大豆苷、黄豆苷及染料木苷等)和游离型苷元(aglycon)(大豆苷元、黄豆黄素及染料木素)两类。天然存在大豆异黄酮有 97%~98%是以 β-葡萄糖苷形式存在,只有 2%~3%是以游离型苷元形式存在。结合型的异黄酮在肠道内不能被直接吸收,不具有生物活性,所以异黄酮的主要活性物质是染料木素和大豆苷元。因此,将大豆异黄酮糖苷转化为异黄酮苷元具有十分重要的意义。

(1)发酵过程中大豆异黄酮总含量

如图 8-1 所示,干豆豉样品与浸泡样品的异黄酮含量比经蒸煮后的异黄酮总含量迅速增加,但 Coward 等研究表明,121℃加热 15min 可使异黄酮损失约 20%,加热可使丙二酰基异黄酮通过脱羧作用转化为乙酰基异黄酮,或脱酯转化为 β-葡萄糖苷型异黄酮。

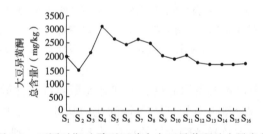

图 8-1　不同时期毛霉型豆豉中大豆异黄酮总含量变化

S_1 为东北大豆;S_2 为浸泡 4h 后的大豆;S_3 为蒸煮后大豆,制曲 0 天;S_4 为制曲第 2 天;S_5 为制曲第 4 天;S_6 为制曲第 5 天;S_7 为制曲第 7 天;S_8 为制曲第 9 天;S_9 为制曲第 10 天;S_{10} 为后发酵第 10 天;S_{11} 为后发酵第 25 天;S_{12} 为后发酵第 45 天;S_{13} 为后发酵第 75 天;S_{14} 为后发酵第 105 天;S_{15} 为后发酵第 165 天;S_{16} 为后发酵第 225 天

这是由于大豆原料结构致密,浸泡后虽然膨胀但大豆异黄酮浸出提取效率不高,但经过蒸煮处理后大豆结构变得松散,且蒸煮温度未达 121℃,且短暂制曲更有利于大豆组织结果破坏,使异黄酮提取率提高,而并没有明显改变其含量。在随后的制曲及后发酵过程中,异黄酮总含量有下降的趋势,其中制曲阶段损失了 33%,后酵阶段损失了 14%,这与 Wang 等研究米曲霉型豆豉的变化趋势相同。

（2）发酵过程中豆豉中糖苷型和苷元型异黄酮的转化

豆豉在制曲及后发酵的各个阶段，大豆异黄酮各组分含量都在不断变化，大豆苷、黄豆黄苷分别由制曲初期的原来的 957.59mg/kg、17.16mg/kg 减少到几乎为 0；染料木素也由原来的 565.62mg/kg 减少到 5.24mg/kg；而大豆苷元、黄豆黄素分别由 1.3mg/kg、51.82mg/kg 增加到 649.70mg/kg、150.03mg/kg；染料木素也由最初的未检出增加到 880.01mg/kg。所以可以看出变化的总体趋势为异黄酮大部分由糖苷型转化为苷元型，这与其他相关报道的结果是一致的。在原料大豆和制曲初始阶段糖苷型异黄酮中，以染料木苷和大豆苷为主。而成熟豆豉中苷元型异黄酮中，以染料木素和大豆苷元为主。很多研究表明，主要起生物活性作用的成分也正是染料木素和大豆苷元。

（3）糖苷型和苷元型异黄酮的转化

大豆异黄酮分为结合型糖苷和游离型苷元两类，因为结合型的异黄酮在肠道内不能被人体直接消化吸收，不具生物活性，所以异黄酮的主要活性物质是游离型苷元。大豆异黄酮中糖苷型和苷元型异黄酮含量的构成也是一个很重要的衡量指标。不同时期毛霉型豆豉中糖苷型和苷元型异黄酮含量如图 8-2 所示。

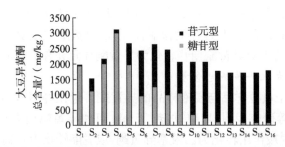

图 8-2　不同时期毛霉型豆豉中糖苷型和苷元型异黄酮含量

S_1 为东北大豆；S_2 为浸泡 4h 后的大豆；S_3 为蒸煮后大豆，制曲 0 天；S_4 为制曲第 2 天；S_5 为制曲第 4 天；S_6 为制曲第 5 天；S_7 为制曲第 7 天；S_8 为制曲第 9 天；S_9 为制曲第 10 天；S_{10} 为后发酵第 10 天；S_{11} 为后发酵第 25 天；S_{12} 为后发酵第 45 天；S_{13} 为后发酵第 75 天；S_{14} 为后发酵第 105 天；S_{15} 为后发酵第 165 天；S_{16} 为后发酵第 225 天

可以看出，大豆在发酵前和发酵后糖苷型和苷元型异黄酮含量比值相差较大。在制曲过程中，苷元型异黄酮含量占总异黄酮含量的比值从 6.1％增加到 54.9％；后发酵过程中，苷元型异黄酮含量占总异黄酮含量的比值从 81.5％上升到 95.7％，所以发酵前和发酵后苷元型异黄酮含量总共增加了 89.6％，这与前人的报道一致，且大豆苷元生理活性高的苷元型异黄酮在豆豉中含量丰富。这是因为糖苷型异黄酮是由游离型异黄酮与 1 分子的葡萄糖以 7-位氧苷键结合的产物，发酵过程中微生物产生 β-葡萄糖苷酶作用于糖苷型异黄酮分子中的氧苷键，同时豆豉总酸逐渐提高使其葡萄糖基团脱掉。与其他豆豉相比，永川传统毛霉型豆豉的苷元型异黄酮含量很高，仅次于贵州淡豆豉的 96％，应得到进一步开发利用。浸泡后的大豆比原大豆苷元型异黄酮含量增加了 8.7％，可见浸泡可使大豆中的葡萄糖苷型异黄酮转化为苷元型异黄酮，这主要是由于大豆本身内源性的 β-葡萄糖苷酶水解异黄酮葡萄糖苷作用的结果，这与刘亚琼等的研究结果相同。从制曲第 4 天的豆豉开始，豆豉的苷元型异黄酮含量急剧上升，比制曲第 2 天的豆豉增加了将近 1 倍，这与豆豉制曲 2 天后，微生物在豆豉上迅速繁殖使得 β-葡萄糖苷酶的活性增强有关。

2. 大豆低聚糖的变化

豆豉中含有较多的低聚糖类,人体虽不能直接利用大豆低聚糖,但是大豆低聚糖是双歧杆菌良好的增殖物质,能改善肠道环境和具有营养保健功能。双歧杆菌能选择性地将大豆低聚糖水解成乙酸和乳酸,使 pH 下降,从而使肠道内有益菌增加,有害菌减少,起到整肠作用。

豆豉中既有天然存在的低聚糖如棉子糖类低聚糖,又有发酵过程中产生的低聚糖。现在人们已经认识到发酵过程中的低聚糖的形成有两大途径:一是微生物产生的糖苷酶通过转糖基作用合成低聚糖;另一个是微生物产生的内切半纤维素酶类,如半乳聚糖酶、甘露聚糖酶和木葡聚糖酶及木聚糖酶等,水解半纤维素类多糖产生低聚糖。大豆发酵食品中已发现的低聚糖有蔗果三糖(包括其三种异构体)、低聚果糖、低聚半乳糖、低聚异麦芽糖及低聚木糖等。其中,低聚果糖是在发酵中产生的,主要是由蔗果三糖的三种异构体在果糖基转移酶的作用下形成的,而低聚半乳糖是由 β-半乳糖苷酶转糖基作用形成的。

3. 大豆皂苷的变化

大豆皂苷是由大豆及其他豆类种子中提取出来的一类化学物质,其分子是由低聚糖与齐墩果烯三萜缩合形成的一类化合物。组成大豆皂苷的糖类是葡萄糖、半乳糖、木糖、鼠李糖、阿拉伯糖和葡萄糖醛酸。大豆皂苷是两亲性化合物,三萜或固醇是疏水的,糖链部分是亲水的,这种表面活性使大豆皂苷具有其特有的生理活性。近年来研究表明大豆皂苷可以降低体内转氨酶的含量,抑制过氧化脂质的产生,减少血脂含量,还能改善体内纤维蛋白的溶解,调节机体的溶血系统。因此大豆皂苷具有降脂减肥、抗凝血、抗血栓、防治糖尿病、抑制过氧化脂质生成及分解、抗病毒、免疫调节、抑制或延缓肿瘤等作用。

4. 褐色色素

褐色色素也称蛋白黑素或类黑精,是美拉德反应的产物。类黑精为一类水溶性弱酸性高分子,等电点 pH2～3,具有一种特有的强蓝色荧光,在酸或碱条件下很容易水解,然而不被消化酶降解。具有抗氧化活性、调节血糖和抑制 ACE(血液紧张素转换酶)活性的作用。阚建全等对豆豉类黑精进行深入研究,发现毛霉型豆豉非透析类黑精具有较强的消除自由基能力,具有较强的抗氧化能力,且对 N-二甲基亚硝胺合成有很强的抑制作用。

5. 豆豉纤溶酶

豆豉纤溶酶最初是在日本纳豆中发现的,在日本叫纳豆激酶(nattokinase),在我国称豆豉纤溶酶。豆豉纤溶酶是在豆豉发酵过程中由枯草芽孢杆菌(*Bacillus subtilis*)产生的一种丝氨酸蛋白酶,有明显的溶栓作用产生。李江伟等对豆豉中的链激酶纯化后进行体外实验发现其体现出较强的纤溶活性。彭勇,张义正等利用纤维蛋白平板筛选、纤溶活性测定 SDS-PAGE 分析和体外溶栓实验等相结合的方法,从豆豉中筛选到一株体外溶栓效果良好的解淀粉芽孢杆菌(*Bacillus amyloliquefaciens*),此杆菌产生的酶是一种丝氨酸蛋白酶,能直接溶解纤维蛋白,而不激活纤溶酶原,并且不水解血细胞。李晶、王玉霞等研究了两种测定纳豆激酶的方法:琼脂糖—纤维蛋白平板法和枯草杆菌蛋白酶活力测定法,为快速、准确地标示纳豆激酶的效价提供了技术支撑。

(二)豆豉风味的化学基础

豆豉是我国传统的黄豆发酵产品,是人们喜爱的药食兼用的传统佐餐食品。

对豆豉挥发油进行测定发现,豆豉主要挥发性成分有:吲哚、川芎嗪、油酸、三甲基吡嗪、二十一烷、棕榈酸、甲醛、亚油酸、4-乙烯基-2-甲氧基苯酚、苯甲酸、愈创木酚、苯酚、硬脂酸、2-呋喃甲醇、12-甲基豆蔻酸、十五酸、4-甲基-2,6-二叔丁基苯酚、3-乙基-2,5-二甲基吡嗪、苯甲醇、4-乙烯基苯酚、苯乙醇、2,5-二甲基吡嗪、4-甲基-2,6-二叔丁基-4-羟基-环己二烯-1-酮、肉豆蔻酸等24种。

水蒸气蒸馏法分离豆豉的挥发性化合物经 GC-MS 分析后共检测出 7 类 41 种化合物,挥发油总量为 93.8%。N、S 类(13 种)居第 1,占挥发油总量的 39.94%,其中吲哚(19.22%)、川芎嗪(9.17%)、三甲基吡嗪(5.799%)、2,5-二甲基-3-乙基吡嗪(1.565%);酸类(8 种)居第 2,占挥发油总量的 24.68%,其中油酸(6.183%)、棕榈酸(5.458%)、亚油酸(3.801%);酚类(7 种)居第 3,占挥发油总量的 11.46%,其中愈创木酚(2.56%);醇类(6 种)居第 4,占挥发油总量的 5.96%,其中 2-呋喃甲醇(2.108%);而醛类(2 种)、酮类(8 种)则相对含量较少。

七、豆豉的生产工艺

(一)工艺流程

大豆→筛选→洗涤→浸泡→沥干→蒸煮→冷却→接种→制曲→洗豉→浸 $FeSO_4$→拌盐→发酵→晾干→成品(干豆豉)。

(二)操作要点

1. 原料处理

1)原料筛选:择成熟充分、颗粒饱满均匀、皮薄肉多、无虫蚀、无霉烂变质,并且有一定新鲜度的黑大豆为宜。

2)洗涤:用少量水多次洗去大豆中混有的砂粒杂质等。

3)浸泡:浸泡的目的是使黑豆吸收一定水分,以便在蒸料时迅速达到适度变性;使淀粉质易于糊化,溶出霉菌所需要的营养成分;供给霉菌生长所必需的水分。浸泡时间不宜过短。当大豆吸收率<67%时,制曲过程明显延长,且经发酵后制成的豆豉不松软。若浸泡时间延长,吸收率>95%时,大豆吸水过多而胀破失去完整性,制曲时会发生"烧曲"现象。经发酵后制成的豆豉味苦,且易霉烂变质。因此,在生产加工中应选择浸泡条件为 40℃、150min,使大豆粒吸收率在 82%,此时大豆体积膨胀率为 130%。

4)蒸煮:蒸煮目的是破坏大豆内部分子结构,使蛋白质适度变性,易于水解,淀粉达到糊化程度,同时可起到灭菌的作用。确定蒸煮条件为 $1kgf/cm^2$,15min 或常压 150min。

2. 制曲

制曲的目的是使煮熟的豆粒在霉菌的作用下产生相应的酶系。在酿造过程中产生丰富的代谢产物,使豆豉具有鲜美的滋味和独特风味。把蒸煮后大豆出锅,冷却至 35℃左右,接种沪酿 3.042 或 TY-Ⅱ,接种量为 0.5%,拌匀入室,保持室温 28℃,16h 后每隔 6h 观察。制曲 22h 左右进行第一次翻曲,翻曲主要是疏松曲料,增加空隙,减少阻力,调节品温,防止温度升高而引起烧曲或杂菌污染。28h 进行第二次翻曲。翻曲适时能提高制曲质量,翻曲过早会使发芽的孢子受抑,翻曲过迟,会因曲料升温引起细菌污染或烧曲。当曲料布满菌丝和黄色孢子时,即可出曲。一般制曲时间为 34h。

3. 发酵豆豉的发酵

发酵豆豉的发酵就是利用制曲过程中产生的蛋白酶分解豆中的蛋白质,形成一定量的氨基酸、糖类等物质,赋予豆豉固有的风味。

1)洗豉:豆豉成曲表面附着许多孢子和菌丝,含有丰富的蛋白质和酶类,如果孢子和菌丝不经洗除,继续残留在成曲的表面,经发酵水解后,部分可溶和水解,但很大部分仍以孢子和菌丝的形态附着在豆曲表面,特别是孢子有苦涩味,会给豆豉带来苦涩味,并造成色泽暗淡。

2)加青矾:使豆变成黑色,同时增加光亮。

3)浸焖:向成曲中加入18%的食盐、0.02%的青矾和适量水,以刚好齐曲面为宜,浸焖12h。

4)发酵:洗霉并堆温适当时间的豆曲,迅速拌入10%～12%食盐及0.6%白酒,充分拌匀后,入池发酵。装池时,将处理好的豆曲装入罐中至八九成满,装时层层压实,装完后用薄膜封面,再在其上盖上一定的食盐,形成厌气环境。置于28～32℃恒温室中保温发酵。发酵时间控制在15天左右。

5)人工保温发酵:利用设有保温夹套的发酵池,用蒸汽加热,发酵池水温控制:前期40～45℃,时间为1～16天;后期30～35℃,时间为1～14天,进行发酵,一般经30天成熟。成熟后的豆豉应为乌黑发亮,甜,略酸,无苦味,无异味,氨基酸大于1.0g/100mL,总酸小于3.0g/100mL。

6)晾干:豆豉发酵完毕,从罐中取出置于一定温度下晾干,即为成品。

八、豆豉标准与豆豉的食用安全性

(一)质量标准

1. 感官指标

1)色泽:黑褐色、油润光亮。

2)香气:酱香、酯香浓郁无不良气味。

3)滋味:鲜美、咸淡可口,无苦涩味。

4)体态:颗粒完整、松散、质地较硬。

2. 理化指标

1)水分:不低于18.54%。

2)蛋白质:27.61g/100g。

3)氨基酸:1.6g/100g。

4)总酸(以乳酸计)3.11g/100g。

5)盐分(以氯化钠计)14g/100g。

6)非盐固形物:29g/100g。

7)还原糖(以葡萄糖计):2.09g/100g。

(二)卫生标准

1. 感官特性

感官特性应符合表8-8规定。

表 8-8 感官特性

项目	指标
色泽	黄褐色或黑褐色
香气	具有调味豆豉特有的香气
滋味	滋味鲜美、咸淡适口、无异味
体态	颗粒状、无杂质

2. 理化指标

理化指标应符合表 8-9 规定。

表 8-9 理化指标

项目	指标
总酸(以乳酸计)/%	$\leqslant 2.00$
食盐(以氯化钠计)/%	$\leqslant 12.00$
总砷(以 As 计)/(mg/kg)	$\leqslant 0.50$
铅(以 Pb 计)/(mg/kg)	$\leqslant 1.0$
黄曲霉毒素 B_1/(μg/kg)	$\leqslant 5.0$

3. 微生物指标

微生物指标应符合表 8-10 规定。

表 8-10 微生物指标

项目	指标
大肠菌群/(MPN/100g)	$\leqslant 30$
致病菌(沙门氏菌、志贺氏菌、金黄色葡萄球菌)	不得检出

(三)食用安全性

豆豉作为一种传统的发酵豆制品,一般是采用自然接种制曲的方法制作,发酵过程一直是开放式的,发酵过程的微生物主要是由空气中的微生物、工器具和操作不严格带来的。而豆豉是一种高蛋白质食品,其感染病源微生物和存在产毒微生物的概率是相当大的。

1. 来自食盐和酒精的安全性隐患

豆豉在储存和销售期间一般不采取特别的保存措施,主要是利用食盐和酒精的防腐作用(淡豆豉除外,一般经过晒干或风干使其含水量 20% 左右)。因此存在着以下主要问题。

1)食盐和酒精能否真的防止病源微生物的生长。

2)如果能防止病源微生物的生长,那么食盐和酒精的浓度是多大才能保证豆豉的安全。

3)即使真的能防止病源微生物的生长,但食盐和酒精是否能真的保证豆豉的食用安全性。食盐含量过高，影响其生理活性，引起人胆固醇增高。并且豆豉含盐较高，与国际上提倡的低盐化相抵触。

2. 黄曲霉毒素

豆豉是一种发酵豆制品，在农户自制过程中，常受环境中产毒霉菌黄曲霉毒素（称AFTBI）的污染，经调查有的地区自制豆豉受污染率为22%～57%。

豆豉的主要原料是大豆，由于黄曲霉可以在大豆收获前、收获后、储藏、运输期间和加工过程中产生。如果大豆不能及时干燥，储藏期间的水分过高会有利于霉菌的生长，也会在收获后发生黄曲霉毒素污染。黄曲霉毒素是一种强致癌物质，是黄曲霉和寄生曲霉的有毒的次生代谢产物。豆豉中黄曲霉毒素的来源有两个。

（1）大豆原料中黄曲霉

黄曲霉主要污染粮油食品、动植物食品等，如花生、玉米、大米、小麦、豆类、坚果类、肉类、乳及乳制品、水产品等均有黄曲霉毒素污染。

（2）生产过程中的污染

豆豉的生产仍处于比较粗放的境况，主要发酵过程采用传统自然发酵。制曲时杂菌数量多，包括黄曲霉毒素污染。传统大豆发酵制品在制曲、发酵过程中起主要作用的是曲霉菌，其次是细菌和酵母菌。工业化生产用于发酵豆制品生产的主要微生物种类很多，主要是细菌、霉菌2个大类，如枯草芽孢杆菌属，霉菌属有毛霉、根霉、曲霉等。从食品安全方面考虑，大豆发酵生产所用微生物必须具有不产生真菌毒素的特点。许多学者对大豆发酵过程中的许多微生物进行了分离纯化，并且得到了像MDC-1、沪酿3.042米曲霉等活力强、适应能力强，安全无毒的菌株。但由于传统发酵调味品的生产仍处于比较粗放的境况，主要发酵过程采用传统自然发酵，制曲时杂菌数量多，包括黄曲霉毒素污染。

第二节 纳 豆

一、概 述

（一）纳豆的定义

纳豆是大豆经枯草杆菌，也称纳豆菌（*Bacills natto*），发酵而成、盛产于日本的一种大豆发酵性食品。近年研究发现，它具有许多生理学功能，因而许多国家纷纷引进该食品。

纳豆及其周围的黏稠物质中含有多种成分，例如，蛋白酶、多种维生素、γ-谷氨酰基转肽酶、α-多聚谷氨酸等，具有降血压、抗肿瘤、抗氧化氧化性、溶血栓等作用。

（二）纳豆的起源与发展

健康食品纳豆虽然风行日本，但是起源却不是在日本，而是从我国传入的豆豉演变而成的。豆豉始创于中国，原名"幽菽"。古时称大豆为"菽"，据《中国化学史》解释，"幽菽"是大豆煮熟后，经过幽闭发酵而成的意思，后更名为豆豉。汉刘熙《释名释饮食》中说："豉，嗜也，五味调和，须之而成，乃可甘嗜，故齐人谓豆豉，声同豆豉也"。豆豉在我国有着十分悠久的历史,且经久不衰,在唐代外传日本,据日本真人元开撰写的《唐大和尚东征传》叙述鉴真和尚东渡所备物资曰"备办海粮。红绿米、苓脂一百石,甜豉三十石……"。

我国的豆豉可分为霉菌型豆豉和细菌型豆豉两大类,细菌型豆豉是利用枯草杆菌在较高温度下,繁殖于蒸熟大豆上,借助其较强的蛋白酶生产出风味独特、具有特异功能的食品,其最大特点是产生黏性物质,并可拉丝。严格地说日本纳豆就是我国细菌型豆豉的一种。

纳豆传入日本后,根据日本的风土发展了纳豆。而且由于系禅僧从中国传播到日本寺庙,所以纳豆首先在寺庙得到发展。例如大龙寺纳豆、大德寺纳豆、一休纳豆、大福寺的滨名纳豆、悟真寺的八桥纳豆等,均成为地方寺庙的有名特产。

二、纳豆的营养与特点

(一)纳豆的营养成分

纳豆之所以在日本受到欢迎是因为它有非常高的食用价值。纳豆的维生素 A 和维生素 C 的含量为零,但和其他食品一起吃可以补充纳豆这方面的缺陷。另外,纳豆还非常容易消化,其营养也特别容易吸收。

纳豆的成分是:水分 61.8%、粗蛋白 19.26%、粗脂肪 8.17%、碳水化合物 6.09%、粗纤维 2.2%、灰分 1.86%,作为植物性食品,粗蛋白、脂肪最丰富。纳豆系高蛋白质滋养食品,纳豆中含有的醇素,食用后可排除体内部分胆固醇、分解体内酸化型脂质,使异常血压恢复正常。

(二)纳豆与大豆原料的营养成分

纳豆的原料是大豆,大豆本身就是含高蛋白质和人体必不可少的 8 种氨基酸的营养食品,而纳豆则比没有发酵的大豆更具营养价值。纳豆本身是煮熟的食品,它比大豆的蛋白质、纤维素、钙、铁、钾、维生素 B_2 的含量都要高,特别是纤维素、钙、铁、钾的含量甚至超过了鸡蛋。

近几年来,经日本的医学家、生理学家研究得知,大豆的蛋白质具有不溶解性。而做成纳豆后,变得可溶并产生氨基酸,而且原料中不存在的各种酵素会由于纳豆菌及关联细菌产生,帮助肠胃消化吸收。

纳豆的蛋白质、脂肪、糖分、纤维素、钙、铁、维生素 B_2 等与大豆相比均有所增加,其中钙和铁这两种人体普遍不足的元素增量可观,同时还产生了有溶血栓功能的纳豆激酶。这些都是大豆经过纳豆菌发酵而产生的变化,也就是纳豆的食用价值远高于大豆的原因。

(三)纳豆与几种食品的营养比较

表 8-11 显示了纳豆与相关的煮豆角、绢豆角及生鸡蛋等的营养成分的比较,从中显示出纳豆明显高出豆角和鸡蛋的营养成分是蛋白质、维生素 B,以及维生素 K 的含量,特别是维生素 K 的含量分别是煮豆角的 20 多倍,绢豆角的 200 多倍,鸡蛋的 70 多倍。这也正是纳豆具有防治骨质疏松的原因所在。

表 8-11　纳豆与相关食品营养成分的比较

营养成分 \ 食品名称	纳豆	煮豆角	绢豆角	鸡蛋
热量/kcal	200	139	58	162
水分/g	59.5	71.1	89.4	74.7
蛋白质/g	16.5	11.4	5.0	12.3
脂肪/g	10.0	6.6	3.3	11.2
糖分/g	9.8	7.4	1.7	0.9
纤维/g	2.3	1.9	0	0
灰分/g	1.9	1.6	0.6	0.9
钙/mg	90	70	90	55
磷/mg	190	140	65	200
铁/mg	3.3	1.7	1.1	1.8
钠/mg	2	1	4	130
钾/mg	660	570	140	120
维生素 B_1/mg	0.07	0.27	0.10	0.08
维生素 B_2/μg	0.56	0.14	0.04	0.48
维生素 B_6/mg	0.24	0.12	0.06	0.12
维生素 B_{12}/mg	—	—	—	0.9
烟酸/mg	1.1	1.0	0.2	0.1
维生素 K/mg	870	41	4	12

注:每 100g 食品可食部分的营养含量

(四)纳豆与同源大豆发酵食品的豆豉及天培的比较

豆豉、纳豆、天培为同源的大豆发酵制品。豆豉是一种始创于我国的传统发酵豆制品,古称幽菽,早在汉朝史记中即有记载,可分为细菌型、毛霉型及米曲霉型豆豉三大类。唐朝时,豆豉制作工艺传到日本及朝鲜半岛,经改造生产出纳豆,至今已有千余年历史,是我国细菌型豆豉的孪生姐妹。

天培又称天培天培,是我国移民根据印尼爪哇岛的气候条件,利用霉菌型豆豉生产原理制作的大豆发酵制品。

纳豆和天培至今与我国的豆豉仍有异曲同工之处,然而两者的发展现状和在食品界的影响已青出于蓝而胜于蓝。纳豆年产量达 20 万吨左右,已畅销日本全国,且辐射到周边地区,而对其生理功能的深入研究使其发展势头更加强劲;天培随印度尼西亚移民的足迹传到了美洲、欧洲和非洲,并且在美国和荷兰已开展规模生产及深入研究,因而已跻身世界最高档次食品之列,且有成为全球化食品的趋势。相比之下,我国豆豉尽管历史悠久,但发展较为缓慢,生产方式较传统,规模小、档次低,且关于其生产机制、产品特性等较深层次的研究不多。

1. 生产工艺比较

豆豉、纳豆和天培的生产工艺流程如图 8-3 所示。

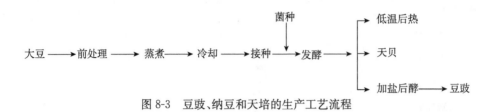

图 8-3 豆豉、纳豆和天培的生产工艺流程

　　尽管三者的主要生产工序基本相同,但豆豉的生产还停留在手工作坊阶段,而后两者已发展为现代化的规模生产,并且三者生产过程中所使用的菌种及发酵参数等各具特色,其异同点见表 8-12。

　　豆豉的种类和生产工艺因发酵菌种的差异而各不相同,但生产工艺基本分为前酵(制曲)和后酵调味两个过程。前酵主要是利用菌种产酶,后酵则主要是利用酶系的催化作用增强产品风味和保藏性。毛霉型和米曲霉型豆豉的前酵接近于天培的生产,而细菌型的则与纳豆相似。纳豆是精选圆而小且富含可溶性糖的黄豆经蒸煮后接种发酵而成,其发酵后应在低温下(4~5℃)后熟,以使风味更佳。天培的制作方法有自然发酵和纯种发酵 2 种,自然发酵中的酸化是通过浸泡过程中产酸菌(主要菌种是乳酸菌)的生长来完成,而纯种发酵则是用乳酸溶液浸泡或是将乳酸直接加到煮过的大豆上来酸化。

表 8-12 豆豉纳豆和天培工艺参数异同点

项目	豆豉	纳豆			天培
原料	黄豆、黑大豆	黄豆、黑大豆			大豆、大豆-谷物
前处理	清洗、浸泡、沥干	清洗、浸泡、沥干			清洗、加酸浸泡、去皮
浸泡	室温 3~10h	室温 6~18h			室温 12~15h,加酸
蒸煮	毛霉型:0.1MPa,1h,水分 45% 左右米曲霉型:0.15MPa,45min,水分 55%~56% 细菌型:常压 30~40min	0.15MPa,30~40min,水分 64% 左右			100℃,30min
菌种	毛霉、米曲霉、细菌、(枯草芽孢杆菌)	枯草芽孢杆菌			根霉(少孢根霉、米根霉)
接种	自然接种	80~90℃纯种接种			自然接种或 38℃纯种接种
发酵	自然发酵	纯种发酵			自然发酵或纯种发酵
发酵参数	毛霉 28~35℃制曲 15~21 天,20℃后酵 6 个月以上米曲霉 28~32℃制曲 5~7 天,30~35℃后酵 40 天	时间(h) 0~8 9~12 13~16 17~24	温度(℃) 37~40 50 52 24	湿度(%) 80 75 75 55	37℃,24~48h
后处理	干燥或杀菌	冷藏			切片、油炸、烘焙

天培中的优势微生物为少孢根霉,而根霉菌只有在去皮的大豆上才能生长良好,故生产天培时大豆需先去皮。目前,国外多采用固态发酵制备孢子粉接种生产天培,其种龄为32h左右,而在我国有人采用液体发酵制备少孢根霉菌丝接种生产天培,种龄为15h,大大缩短了发酵周期。

三者的主要差异为发酵菌种和发酵条件不同,豆豉还需有盐厌氧发酵,而纳豆和天培均是无盐发酵。另外,纳豆和天培的生产都实现了纯种发酵,不仅产品质量稳定,也有利于进行科学研究。而我国豆豉生产基本上还是沿袭传统的自然发酵,因此应加大科研开发力度,优选优化生产菌种,将豆豉的生产由传统作坊式向工业化、标准化方向转变,从而提高产品质量,发挥自身优势,提高其国内市场份额,进而发展为国际化的产品。

2. 食用价值比较

豆豉滋味醇香,鲜美可口,酱香酯香浓郁,既可直接佐餐(含盐量高的水豆豉)又可用作调味品(干豆豉)。其风味物质主要是氨基酸、有机酸和酯类等,挥发性风味物质以脂肪酸和酯类为主,含量相对较高,这主要是因为其后酵过程中乳酸菌、酵母菌及酶的作用和一些生化反应形成的。

鲜纳豆色泽金黄口感酥软,因其水分含量高有很长的拉丝(主要成分为果糖和多聚谷氨酸),不含盐,气味滋味均不浓郁,且有较重的氨味,食用时需加入酱油、芥末等调味料。纳豆特有的风味和气味物质包括3-羟基-2-丁酮、3-丁二醇、乙酸、丙酸、异丁酸、2-甲基酸酸和3-甲基酪酸;挥发性风味物质以吡嗪类化合物为主,与豆豉中风味物质差别较大,且含量较低。

天培可煎炸烘焙或用作汤料,切片后用植物油或人造奶油煎炸,即成为松脆可口、风味诱人的金褐色产品,可作为主食食用。但当其在31℃发酵超过40h,则会有游离氨的味道,影响其风味。

天培以前在西方主要为素食者食用,现在主要作为肉的代用品用于快餐食品中,其食用方式较符合西方的饮食习惯,所以更易被欧美消费者接受。豆豉和纳豆属于典型的东方食品,纳豆的气味滋味虽难与豆豉抗衡,但其消费量却比豆豉高出很多。究其原因,除了对豆豉的研究非常有限外,豆豉较高的含盐量和作为调味品的消费方式也限制了其消费量,因此豆豉要想成为大宗消费产品,必须在这两方面有所突破。

3. 营养价值比较

豆豉、纳豆、天培是高蛋白质滋养食品,含有丰富的蛋白质、脂肪和碳水化合物,并含有人体所需的多种氨基酸、矿物质和维生素,其主要营养成分见表8-13。

表 8-13 豆豉纳豆及天培中 100g 的主要营养成分

成分 \ 产品	大豆	蒸煮大豆	豆豉	纳豆	新鲜天培	牛肉	鸡蛋
水分/g	10.2	63.5	毛霉及米曲霉型(其中湿豆豉55~63;干豆豉18~20);细菌型豆豉63~66	58.5~61.8	60.4	71.8	74
蛋白/g	35.1	16.0	毛霉型 33.2,米曲霉型44.5,细菌型16.9	16.5~19.3	16.5	21.2	12.3
脂肪/g	16.0	9.0	毛霉型 27.5,米曲霉型19.4,细菌型7.6	8.2~10	7.5	5.6	11.2

续表

成分 \ 产品		大豆	蒸煮大豆	豆豉	纳豆	新鲜天培	牛肉	鸡蛋
碳水化合物/g		18.6	7.6	毛霉型 16.4,米曲霉型 21.3	10.1	9.9	0.3	0.9
纤维/g		6.69	2.1	毛霉型 7.5,米曲霉型 8.3,细菌型 5.4	2.2~2.3	1.4	0	0
维生素 /mg	B_1	0.48	0.22	0.28	0.07	0.69*	0.09	0.08
	B_2	0.15	0.09	0.65	0.56	4.9*	0.21	0.4
	B_3	0.67	0.67	2.52	—	4.87*	—	—
	泛酸	0.43	—	0.52	—	2.84*		
	B_6	0.18	—	0.83	—	2.47*		
	B_{12}	0.15	0.15	3.9×10^{-3}	—	1.25*		

* 与未发酵品相比增加的倍数;/未见报道

由表可知,豆豉与蒸煮大豆相比,除 $V_{B_{12}}$ 外,各营养成分含量均有明显提高,营养价值倍增。这是因为豆豉在发酵过程中,微生物中的蛋白酶、纤维酶等,可将大豆中不易消化的大分子物质降解为易于被人体消化吸收的小分子物质。而微生物所分泌的活性植酸酶能将植酸水解成肌醇和磷酸盐,使得原本以植酸盐形式存在的不溶性矿物质得到释放,其可溶性增加2~3倍,利用率增加 30%~50%;

纳豆中除 V_{B_1} 外,各营养成分含量均高于蒸煮大豆,且还含有许多对人体有益的酶类,如过氧化物歧化酶、过氧化氢酶、蛋白酶、淀粉酶纳豆激酶等,以及特有的营养素和生物活性物质,如 V_{K_2}、吡嗪、抗菌肽、纳豆菌等。因此,将大豆加工成纳豆后其营养价值大增。

天培具有很高的营养价值,接近肉或乳。其富含蛋白质,且必需氨基酸含量很平衡,更重要的是天培还富含维生素,尤其是植物性食品中很少含有的 $V_{B_{12}}$,这也是天培成为西方素食主义者最爱的重要原因之一。

另外,研究表明纳豆菌不分泌脂肪酶,葡萄糖及柠檬酸是其主要碳源。但生产天培的少孢根霉有较强的脂肪水解能力,浸泡、蒸煮和发酵都可使天培中导致肠胃胀气的低聚糖,如棉子糖和水苏糖显著下降,因此,天培是腹泻或水肿病人的理想食品。

4. 生理功能比较

豆豉、纳豆、天培不仅营养价值极高,而且具有一定的生理功能,如抗癌、抗氧化、溶血栓等作用。其功能性比较见表 8-14。

表 8-14 豆豉纳豆及天培的生理功能及相关成分的比较

项目	豆豉	纳豆	天培
抗癌作用(乳腺癌、肠癌等)	异黄酮、类黑精	异黄酮、直链 30~32℃饱和烃;染料木素和染料木苷	异黄酮
抗氧化	异黄酮、类黑精	异黄酮和 V_E	V_E 和异黄酮、氨基酸

续表

项目	豆豉	纳豆	天培
降血压	血管紧张素转换酶抑制剂	血管紧张素转换酶抑制剂	血管紧张素转换酶抑制剂
溶血栓性(抗血栓作用)	豆豉纤溶酶	纳豆激酶	—
防骨疏症及促凝血作用	—	V_K	—
抗致癌病菌	—	纳豆菌产生的抗生素	—
抗高血糖(降血糖作用)	α-葡萄糖苷酶抑制剂	—	—
抗阿尔茨海默病	乙酰胆碱酯酶抑制剂		

　　豆豉的生理功能在我国古代就受到重视,本草纲目中就有豆豉具开胃、增食、消食、化滞、发汗、解表、除烦喘等疗效的记载。《纲目拾遗》中也记载了"豆豉主解烦热、热毒、寒热、虚痨、调中发汗、通关节、杀腥气、治伤寒鼻塞"。以黄豆为主料,以青蒿、桑叶等为辅料的传统发酵产品淡豆豉,被认为是食疗保健药品而收录在中国医学科学院编著的《食品成分表》和《中华人民共和国药典》。

　　近年来,受国外对大豆发酵制品研究的影响与带动,我国开始对豆豉的生理功能进行深入研究。阚建全等的研究表明,豆豉中非透析类黑精具有抗氧化和抑制亚硝胺合成的作用,说明其可能具有一定的抗癌功能。宋永生等认为,发酵处理使糖苷型大豆异黄酮部分转化为游离型大豆异黄酮,是豆豉较大豆抗氧化性提高的原因。而 Fujita Hiroyuki 等的研究证明,豆豉提取物(含 α-葡萄糖苷酶抑制剂)可降低小鼠及非胰岛素依赖型糖尿病患者的高血糖。李里特等发现,豆豉提取物还对血管紧张素转换酶有抑制作用。邹磊等指出,豆豉中含抑制乙酰胆碱酯酶的活性成分,有预防阿尔茨海默病的功能,而在纳豆和天培中未见相关报道。我国在豆豉抗血栓方面的研究也初见成效。庞庆芳等对得到的豆豉链激酶粗液的研究表明,该酶液在动物体内外均具有较好的溶栓作用。江侧燕等的研究表明,富含纤溶酶的豆豉冻干粉,具有体内外抗血栓作用,其抗血栓成分初步确定为豆豉纤溶酶,宜制成肠溶制剂。关晨晨等认为,来源于中国传统豆豉中的DC-10 菌株纤溶酶为豆豉纤溶酶,虽与纳豆激酶在一级氨基酸序列上有高度相似性,但其相对分子质量较小,易被人体消化吸收,最适反应温度更接近于体温,能在体内发挥最有效的纤溶作用。更为重要的是其溶栓方式为直接溶解血栓,不受纤溶酶原的制约,因而更具有研究和应用价值。

　　纳豆具有降血脂、降胆固醇、软化血管、预防动脉硬化、减少骨质疏松、延缓衰老等多种保健功能。据十八世纪日本《本朝食鉴》载,纳豆可调整肠胃,促进食欲,醒酒。日本全国纳豆协同组合联合会编写的《纳豆沿革史》,也记载了纳豆可治感冒、防恶醉、解疲劳、改善肝脏机能、保健心脏及血管等。

　　纳豆中存在一种具有很强溶栓作用的酶——纳豆激酶,对脑血栓、冠心病、心肌梗死等有疗效,目前已有相关的胶囊产品问世。纳豆菌可产生许多抗生素,如杆菌肽多黏菌素、2,6-吡啶二羧酸,这些物质对痢疾杆菌原发性大肠杆菌 O157、伤寒菌沙门氏菌等都有强烈的抑制作用,且可灭活葡萄球菌肠毒素。此外,纳豆菌还能促进肠道内双歧杆菌增殖,从而调节肠道菌群微生态平衡。在豆豉和天培中未见相关报道。

　　纳豆的粗抗氧化提取物的抗氧化效果,与 V_E 相当或更好;而天培中抗氧化物质为酚类和胺类,发酵过程中 V_E 无变化,其抗氧化效果可能是 V_E 和氨基酸的协同作用。而两者的异黄酮转变为苷元也是其具有抗氧化性的一个因素,这与豆豉的抗氧化机制基本相同。

纳豆和天培的功能性成分链激酶和 V_B 分别是其发展成为国际食品的切入点。豆豉也有许多具有开发潜力的类似甚至更优的生理功能,值得加大力度进行深入研究与应用。

三、纳豆的保健功能分析

研究表明,纳豆含有人体所必需的 22 种微量元素、18 种氨基酸、10 种矿物质,此外还有纳豆激酶、纳豆异黄酮、皂青素、维生素 K_2 等多种功能因子。对小儿挑食厌食、高血压、高血糖等多种病症都用一定的食疗保健作用。

1. 调节血脂、血压及预防粥状动脉硬化

动物实验证实,纳豆菌食品可以抑制血中的 LDL 氧化,有效降低总胆固醇及三酸甘油酯的浓度,进而减少粥状动脉硬化的发生。降血脂和减少动脉硬化的发生,均可以达到调节血压的目的。同时,抑制和减少血管紧张素 Ⅱ 的合成,减轻血管外周阻力,同样可以调节血压。对遗传性高血压的老鼠,对照组(大豆)血压逐渐升至 33.3Pa（250mmHg[①]）,而用纳豆的老鼠维持正常的 18.7kPa（140mmHg）。这是因为纳豆菌食品中含有血管紧张素酶(ACE)的抑制剂,它会阻止血管紧张素转变为活性形式。

2. 抑制有害菌

最新的研究还表明,纳豆对引起大规模食物中毒的"罪魁祸首"——病原性 O157 大肠杆菌的发育具有很强的抑制作用。这一新学说是由被誉为"纳豆博士"的日本宫崎医科大学须见洋行教授发表的。在"仅限于研究室的实验结果,但尚未搞清纳豆抑制 O157 大肠杆菌发育的原理"的前提下,须见洋行教授指出,纳豆所含有的食用菌对许多菌种都有阻碍生育繁殖的作用,因此应当对 O157 大肠菌也有抑制作用。

1996 年夏,日本发生 O157 大肠杆菌致人死亡的事件。须见洋行教授于是对纳豆的抗菌功能进行了研究,结果表明将纳豆加到 O157 大肠杆菌中 4 天后,有害菌全部被抑制并死亡。他在一次学术报告会上发表这一新的发现,并指出纳豆所含有的枯草芽孢杆菌对许多菌种都有抑制作用。

事实上,纳豆食用菌的抗菌作用其实早在很久以前就已被人们了解,战前日本海军的研究也证明了纳豆的有关作用。最近的科学实验也证明,纳豆菌对抑制与 O157 大肠杆菌类似的病原菌也很有效。纳豆菌之所以能抗菌消毒,是因为它能产生毗咤二梭酸等抑制有害菌生长的物质。纳豆也正是由于有了这些很强的抗菌物,才会在充分发酵之后不易腐烂。

3. 调节血糖

一是纳豆菌吞噬葡萄糖和黏物质的作用,二是纳豆中的高弹性蛋白酶(或称胰肽酶 E,elastase),抑制了血糖增加。它具有与猪胰脏所含的这种酶的作用,而猪胰腺的弹性蛋白酶已用于高血糖的治疗。

4. 调节肠胃润肠通便

---

① 1mmHg≈133.3Pa

纳豆菌不受胃液的强酸影响,并很快在肠道内定植。纳豆菌所产生的吡啶二羧酸,有效杀灭、抑制肠道内的有害菌和病毒。使肠内菌群达到一个有利健康的动态平衡,迅速解决便秘、肠炎、腹泻问题。

纳豆中富含优质膳食纤维,可以抑制肠内病原菌生长,清理肠道,防止便秘,改善消化系统;纳豆中富含皂素,能改善便秘。

5. 抗癌防癌作用

纳豆中富含皂素,能改善便秘,有预防结肠癌发生的作用。摄入活纳豆菌可以调节肠道菌群平衡,预防痢疾、肠炎和便秘,其效果在某些方面优于现在常用的乳酸菌微生态制剂。纳豆菌在肠内大约能存活 1 周,可以促进其他有益菌增殖,有预防消化道癌症发生的作用。纳豆中含有游离的异黄酮类物质及多种对人体有益的酶类,如过氧化物歧化酶、过氧化氢酶、蛋白酶、淀粉酶、脂酶等,它们可清除体内致癌物质。

6. 防止骨疏松

纳豆辅助补钙的机制是:骨质是由维生素 K_2 和优质蛋白质先形成骨元蛋白,再与钙生成骨质,蓄积骨中,增加骨密度这三大要素缺一不可。纳豆中包含大豆异黄酮和维生素 K_2。大豆异黄酮能防止骨中钙的溶解,而维生素 K_2 则能够将钙固定于骨中。也就是说,大豆异黄酮和维生素 K_2 的组合能相互协力,起到强骨的作用。

经纳豆菌发酵后的大豆含有丰富的维生素 K_2,因骨质疏松而骨折的人恰恰是血液中维生素 K_2 的含量过低。维生素 K_2 可协助生成骨蛋白质,这种蛋白质能与钙共同生成骨质,增加骨密度,从而有效地防治骨质疏松症。平时人们总是注意补充钙质和维生素 D,却往往忽略了维生素 K_2 的作用。须见洋行教授做过一个实验,吃 100g 纳豆 4h 之后血液中的维生素 K_2 的浓度最高可增加到原来的 70 倍。

7. 改善女性更年期综合症

大豆异黄酮是主要的植物雌激素之一,具有弱的雌激素样作用。纳豆中 30mg 异黄酮相当于大豆中 100mg 异黄酮的效果。妇女更年期症状和绝经后妇女易发的骨质疏松,主要是由于体内雌激素水平下降造成的。大豆类黄酮可以补充体内雌激素不足,不但可以明显改善更年期症状,而且可以防治女性骨质疏松。再考虑到纳豆排毒养颜和减肥作用,纳豆对女性来说是非常重要的保健食品。

8. 解酒、保护肝脏

纳豆的发黏物质是由黏液及氨基酸所形成,黏液能促进蛋白质的吸收及合成,进入胃内,会形成保护胃黏膜的薄膜。换言之,在大量饮酒之前,食用纳豆可防止酒醉及呕吐。纳豆激酶进入人体后,通过三重渠道构建酒精防护屏障:①进入人体肝脏系统,分解肝脏解酒压力,协助解酒;②进入人体消化道系统,迅速形成保护屏障,加速消化道酸性分泌,促进解酒;③进入人体血管系统,在脑血管区域形成重点防护屏障,抵制酒精对大脑的抑制效应。服用纳豆能迅速解决酒后不良反应,并能预防隔日醉。此外,纳豆中的多种活性物质能够活化肝细胞,促进肝细胞再生,提高肝功能,保护肝脏,有效预防改善脂肪肝。

四、纳豆生产中微生物学和生物化学

(一)纳豆生产中微生物学

纳豆是一种简单易得的有营养的优质发酵食品。它是将接种过纳豆菌(bacills nat-to)的蒸煮大豆在适当温度、湿度下发酵得到的。1905年,汉村将产生纳豆黏性物质的一种菌作为独立的纳豆菌提出。从其生理生化等诸多性质的研究来看,Smith等认为纳豆菌与枯草杆菌是同物异名,因此在Bergey的《细菌学鉴定手册》第6版中将纳豆菌归在枯草杆菌中。此后在国际上纳豆菌未被认为是独立的菌种。但是用纳豆菌以外的枯草杆菌接种蒸煮后的大豆,不能产生纳豆特有的黏性物质,这是由于仅纳豆菌对生物素具有专一性,因此在纳豆制造领域仍广泛使用纳豆菌这一名称。

纳豆菌生长曲线如图8-4所示,由图可知:①在0～4h时间段,纳豆菌处于生长的延滞期;②在4～14h时间段,活菌数快速提高,处于对数生长期;③在14～18h时间段,纳豆菌处于生长的稳定期;④18h以后,纳豆菌开始进入衰老期,因此,选用14时的种子液进行接种发酵。

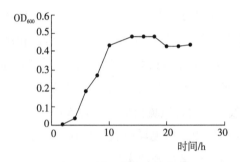

图8-4　纳豆菌的生长曲线

1. 生理功能

纳豆芽孢杆菌进入动物肠道后,能迅速繁殖,产生大量的维生素、氨基酸、多种酶促生长因子,并能生成多种蛋白酶(特别是碱性蛋白酶)、糖化酶、脂肪酶、淀粉酶。

2. 纳豆芽孢杆菌的安全性

NATTO纳豆菌归属于枯草杆菌属,无溶血性,安全性高能够高速繁殖、强化体积,具有分解机物质、排除恶臭、病媒菌的特性,好氧厌氧条件下均能生长,被认定为非环境用药品,对人体无害,是安全的微生物。通过日本厚生省GLP动物临床实验认定为安全微生物。纳豆菌为非溶血性,对环境生态有正面的帮助。

(二)纳豆生产中的生物化学

纳豆是日本的一种传统发酵食品,是以大豆为原料经纳豆菌在一定温度湿度下发酵制备而成,民间将其药食兼用。纳豆营养价值很高,富含蛋白质、粗纤维、聚谷氨酸、有机酸、寡聚糖及钙、铁、维生等多种易被人体吸收的成分,纳豆还含有其他食品所不含有的纳豆菌和多种生物酶,如蛋白酶、淀粉酶、脂肪酶、纤维素酶等。纳豆不仅营养丰富,还有预防疾病和保健功能,纳豆中含有血管紧张肽转化酶抑制剂、纳豆激酶、游离异黄酮类、维生素等物质,因而具有预防和治疗高血压、溶血栓、抗氧化、延缓衰老、预防骨质疏松症、调节肠道功能、提高免疫力等功能,越来越受到人们的青睐。

1. 纳豆中的黏性物质——果糖和 γ-多聚谷氨酸

纳豆在发酵过程中在大豆周围产生拉丝样的黏液物质,其主要成分为果糖和 γ-多聚谷氨酸,它被覆在肠胃黏膜表面,可保护肠胃,防止酒醉。两者的含量没有固定的比例,前者为总量的 60%～80%。用 3 倍的水清洗纳豆的表面得到其水溶液,经过离心沉淀,上清液再用玻璃纸膜透析。透析后的溶液加到甲醇溶液中,形成黏块便可得到谷氨酸多肽,其分子质量为 15 000Da,谷氨酸的结合数约为 100 分子。

构成 PGA 的 D-谷氨酸和 L-谷氨酸的比例因培养条件不同而异。PGA 中 D 型的比例可在 39%～87% 内变动,进而可通过改变培养基的组分,同时或分别地产生 PGA 和果糖。纳豆中的固体物质大约有 2% 形成黏质物,这种黏质物在 pH7.2～7.4 最为稳定,在碱性或酸性条件下,黏度变弱。

2. 纳豆中的活性成分

(1)纳豆激酶

纳豆或其抽提物具有体外溶解血栓的作用,其主要活性成分是一种具有纤维蛋白溶解活性的蛋白酶——纳豆激酶(nattokinase)。

纳豆从古至今一直作为药饵使用,其中相当一部分功能很可能与纳豆激酶有关。近年来,纳豆激酶的纤溶活性在体外、体内实验中都得到了证实。只经生理盐水抽提、乙醇处理得到的纳豆激酶就具有和人体血浆酶极其相似的特异性而且在肠道中它的活性也相当稳定。

纳豆激酶的体外溶栓作用十分明显。将 NK 的提取液,加到纤维蛋白平板上,在一定温度下和时间内,可看到有明显的溶圈出现,这也证明 NK 的水解纤维蛋白效应。

(2)纳豆菌

用以制备纳豆的发酵菌,是一组人体有益菌群。这种细菌对革兰氏阳性菌有较大的拮抗性,特别对伤寒、副伤寒、痢疾等传染病的作用较为明显。日本民间常将纳豆食药两用,防治腹胀、腹泻、水土不服、肠道感染等疾病。

纳豆菌生命力很强,可以在人的肠道增殖,有效地抑制一些致病性大肠杆菌的生长,尤其能拮抗 O157 大肠杆菌的繁衍,防治 O157 大肠杆菌所引起的食物中毒。

(3)异黄酮

异黄酮(SI)是一类芳香族化合物,以糖苷或游离的形式存在纳豆之中。纳豆中含有的游离异黄酮类物质,对活性氧自由基具有解毒作用,因此,可抗氧化、抗癌、防衰老。实验显示,添加异黄酮喂食动物,异黄酮能显著改善高脂食料所致动物血凝系统异常,因而能抑制脂质吸收,降低胆固醇,预防心血管病和糖尿病。

(4)皂苷素

纳豆中含有大量皂苷素,不仅能改善便秘,降低血脂和胆固醇,而且还能软化血管,预防高血压、动脉硬化及大肠癌症。

(5)维生素 K

一般情况下,骨折的人血液中促进骨质形成的维生素 K_2 很少,仅为正常人的 1/2。而服用维生素 K_2 后,则能使骨骼的重量增加,以及缓解腰痛等症状。纳豆中含有大量的维生素 K_2,它能促使生成骨蛋白。实验证明,只有这种骨蛋白与钙结合,才能生成骨质,增强骨骼密度,因此,纳豆中的维生素 K_2 有益于人体骨骼的保健。

有关流行病学调查发现,消费纳豆相当高的地区,骨折发生率显著降低。在检测人体血液中维生素 K_2 含量时发现,食用纳豆的地区比不食用纳豆的地区高 15 倍。说明纳豆对人体防治骨折的发生有相当大的价值。

3. 纳豆的风味

(1)豆的风味化学基础

纳豆的风味来自于发酵菌发酵大豆后的大豆蛋白质的分解物。大豆蛋白质在发酵过程中,有 50%～60% 被分解成水溶性氮化物,其中 10% 是氨基酸,它们的分布与游离率都不相同(表 8-15)。与纳豆风味有直接关系的谷氨酸的游离率是 11%,在 100g 纳豆中含有 0.36g。其他氨基酸,诸如苏氨酸、色氨酸、亮氨酸、缬氨酸等的游离率也很高。

有机酸也和味道有关,其中含量高的有乙酸和乳酸,这些有机酸在大豆蒸煮中大多数存在。在发酵中增加的有机酸是酪酸、丙酸和琥珀酸。纳豆口感特殊,有时在外表还有如同长霉般的斑点。实质上,这种状况与 N 末端有异亮氨酸的肽链有关。

霉状的斑点,多为酪氨酸的结晶。具有特殊气味的成分,主要是异缬草酸,是由氨、有机酸、脂肪酸等一些二乙酰引起的。异缬草酸随纳豆成熟的进程而增加,又在制品的保存过程中逐步减少。研究人员从纳豆中分离出川芎嗪化合物,这种化合物有极强的升华作用,香味很浓。

表 8-15 纳豆中的氨基酸含量(单位:g/100g)

氨基酸名称	全氨基酸	游离氨基酸	游离率
甘氨酸	0.6	0.06	10
丙氨酸	0.8	0.20	25
缬氨酸	1.0	0.10	10
异亮氨酸	1.0	0.12	12
亮氨酸	1.6	0.28	18
天冬氨酸	2.0	0.04	2
谷氨酸	3.4	0.36	11
乙氨酸	1.2	0.10	8
精氨酸	0.9	0.09	10
组氨酸	0.6	0.08	14
苯丙氨酸	1.0	0.10	10
酪氨酸	0.5	0.03	6.5
脯氨酸	1.5	0.07	4.5
色氨酸	0.2	0.04	22
甲硫氨酸	0.2	0.02	10
胱氨酸	0.2	0.01	5
丝氨酸	1.2	0.04	4
苏氨酸	0.8	0.22	26

（2）纳豆食品的风味评价

纳豆作为一种功能性食品，其保健功能已被世界公认，但一直得不到很好的推广，原因可能是其味道比较特殊，多数人难以接受。纳豆的感官评价采用4个指标：拉丝、色泽、气味和口感；分为5个等级进行评分，10分最优，2分最差，然后取平均分，通过纳豆感一官评价，更客观地比较各风味的差别。

纳豆感官评价标准见表8-16。

表 8-16　纳豆感官评价标准

分数	鉴定指标			
	拉丝/cm	色泽	气味	口感
10分	8以上	金黄,有光泽	无氨味,有纳豆特有的香味	酥软,湿润
8分	6～8	暗黄,有光泽	有少许氨味	酥软,较湿润
6分	3～6	暗黄	有氨味	较酥软,较湿润
4分	1～3	褐色	氨味重	较酥软,较干
2分	0	暗褐色	有强烈氨味	不酥软,较干

五、纳豆的生产工艺

（一）纳豆发酵技术流程

大豆→清洗→浸泡→蒸煮→冷却→接种→发酵→后熟。

纳豆芽孢杆菌→扩大培养

（二）流程说明

1. 菌种的活化

取纳豆菌斜面一支,挑取菌苔于10mL无菌水中,充分振摇,制成菌悬液,再稀释涂布于LB平板上,37℃培养24h,再挑取生长旺盛,色泽正常的单菌落于LB斜面上划线,37℃培养24h即成。

2. 纳豆菌发酵

（1）种子液制备

用250mL三角瓶分装培养基50ml,接种后在温度37℃、转速150r/min条件下振荡培养16h,得种子液。

（2）接种发酵

称取大豆20g,清洗,浸泡12h后（此时豆重约为45g）,于120℃高温灭菌20min,将其分放在无菌通明碗中,接种子液2mL,置于37℃恒温培养箱中培养24h。

（3）后熟

1天后,取出观察,发现纳豆表面有一层白膜,搅拌后可见纳豆有长长的丝。

（三）纳豆发酵的物料衡算

本设计是在多方考察及实践基础上,工艺技术指标及基础数据按生产1万盒（50g/

盒)纳豆做物料衡算,其中纳豆粉为每袋 20g(相当于 50g 纳豆),日产纳豆 M=10 000 袋 ×50g/袋=500kg,则

1)日需大豆质量

$$M_1=500\div(2.5\times99\%\times96\%\times96\%\times96\%)=228.33(kg)$$

式中:2.5 为大豆浸泡后质量增加倍数;99% 为除去倒罐率后的发酵成功率;96% 为浸泡蒸煮接种过程中除去损耗的产率

2)日需种子液量

$$V=500\times4\%\div(99\%\times80\%)=22.5(L)$$

式中:4% 为接种量;99% 为除去倒罐率 1% 后的发酵成功率;80% 为接种过程中除去损耗的产率

3)所需出芽大豆量

$$M_{豆芽}=25.25\times(500/100)=12.63(kg)$$

即所需大豆量为

$$M_2=12.63\div(3\times96\%)=4.39(kg)$$

式中:96% 为煮汁过程中除去损耗的产率

4)所需蔗糖量

$$M_{蔗糖}=25.25\times(50/1000)=1.26kg$$

5)日需用水量

$$V_{水}=200\times(4+4)+25.25=0.825t$$

由上述生产 500kg 纳豆的物料衡算结果,可求得年生产 150t(预计工作日为 300 天/年)纳豆的车间物料平衡计算结果见表 8-17。

表 8-17　物料恒算表

物料名称	生产 500kg 纳豆的物料量	生产 150t/年纳豆的物料量
大豆/kg	232.72	69 800
种子液/L	25.25	7575
蔗糖/kg	1.26	378
水/t	0.825	247.5

(四)纳豆发酵的经济预算

按生产 1 万盒(50g/盒)纳豆做物料衡算,其中纳豆粉为每袋 20g(相当于 50g 纳豆),由表所示纳豆生产的经济效益是非常好的(表 8-18),适宜于各种中小型企业的工业化生产。

表 8-18 纳豆发酵经济预算

名称	单价	生产 500kg 纳豆的预算/元	生产 150t 纳豆的预算/万元
大豆	5 元/kg	1 165	34.95
蔗糖	5 元/kg	6.5	0.195
水	2.4 元/t	2	0.06
电力	0.8 元/(kw·h)	8	0.24
劳务费	80 元/(人·天)	240	7.2
机器折旧费	5 000 元/天	5 000	150
成品	1 元/盒	10 000	300
收益		3 578.5	107.4

第三节 天培——国外大豆直接发酵食品

一、天培与天培的起源

(一)何为天培

天培英文名 tempeh,又译为天培、天培,源于南洋岛国——印度尼西亚以大豆为主原料的天然发酵大豆制品。

天培的制造过程,是接种根霉属真菌至煮过的脱皮大豆,再以香蕉叶包覆接种过的大豆,经过一至两天发酵,得到的白色饼状食品。因含有丰富的蛋白质,可作为肉类的代用品,是素食人士摄取蛋白质的主要食品之一。

鲜天培色泽雪白,外观类似糕团,有弹性,表面及内部密布白色菌丝体。风味独特诱人,有点类似坚果、干酪和蘑菇风味,更适合西方人的口味,深受西方人民的喜爱。而在我国市场上很少见此产品,也许是因为人们不习惯或无法接受它的风味。

新鲜天培与大豆相比较,其可溶性蛋白质含量明显提高,脂肪酸组成有所改善(B 族维生素和异黄酮类成分含量有所提高),安全无毒,理化指标和微生物指标均符合食品卫生标准,是一种高蛋白质、脂肪和热量适中、风味独特、高营养价值的健康食品,深受西方国家的青睐。在印度尼西亚、日本、东南亚各国均有生产,尤其美国和荷兰已投入大规模工业化生产,但在我国至今未见工业化生产。

天培主要以肉的代用品用于快餐食品中。在美国,天培以前主要为素食者食用,而现在多作为快餐食用;而在印度尼西亚,所有的群体都爱吃天培。天培可与谷物、鸡蛋一起作为早餐,也可加入色拉、三文治、汉堡、沙司或汤中在中餐或晚餐食用。今后开发具有中国特色的且符合我国人民饮食习惯的各式各样的天培食品是天培开发的一大研究方向。

天培以各种豆类为主要原料,经脱壳浸泡接种根霉菌后,短时间固态发酵后的食品,是世界上唯一作为主食的发酵豆类食品。在印度尼西亚,尤其是爪哇岛居民每日三餐几乎都食用它,据估计,爪哇岛人平均每天食用天培达 30~120g。目前,印度尼西亚主用大豆生产天培,年产量约 7500t,消耗全印度尼西亚大豆产量的 14％。由于天培具有鲜美的风味、低廉的价格、丰富营养、无毒副作用、安全性高、发酵周期短、制作方法简易,且有一定保健功能,50 年代末引起西方各国科学家的关注,生产技术也随之传入西方,并得到发展。美国人把天培看作"肉的代用品";日本人称天培是"田里的肉",并积极考虑作为今后改善日本食品形态和食物蛋白质结构的一种方式而加工利用。时至今日美、日、澳、荷等二十多国家均已建立天培生产厂,其中美国 53 个厂生产天培,成品已在超级市场销售,而作为大豆故乡的中国,迄今尚无此类产品应市。

(二)天培的起源与发展

1. 天培的起源

天培数世纪前起源于爪哇岛,即今天的印度尼西亚。世界上最早提到天培是在 1851 年,但估算,天培在 16 世纪就存在了。爪哇人的文字书写可以追溯到公元初,以石刻的方式留存,早期的文学中鲜有天培的信息。从 10 世纪,在南中国和印度尼西亚诸岛间的日常贸易就开始了,大豆可能在那时引进到印度尼西亚的。Sastroamijoyo 博士指出,在此之前,中国人已经使用野生的枯草霉菌制造豆豉,可能是早期的商人把这菌种带到了印度尼西亚,并改变菌种以适应当地人的口味。现代发酵所用的根霉,应是为了适应当地的气候。

据说,天培的菌种是华人下南洋随豆豉带去的,在特殊的气候条件下,豆豉发酵工艺改良演化,形成了天培这种独特的发酵食品。

中国传统的大豆发酵制品如豆酱、酱油、豆豉等,都是作为调味品的形式出现,而不是作为日常使用的普通食品在食用,不能大量食用。与我国传统的大豆发酵制品不同的是,天培是一种普通的日常使用的普通植物性食物。由于它既具备大豆蛋白的优良特性,又经过发酵,可抑制或清除大豆影响人体健康的不良因子,天培成为世界上流行的健康食品。

2. 天培在印度尼西亚的历史

(1)关于天培的早期研究

印度尼西亚天培的最早记载,是在早期欧洲文献(1875~1939)里。这表明,至少在 19 世纪以前,印度尼西亚就有了天培。据估计,在 16 世纪印度尼西亚天培就已经产生了。

印度尼西亚曾沦为荷兰的殖民地多年,所以最早研究、并记载天培的,是荷兰微生物学家、化学家 H. Cprinnsen Geerligs。1895 年,他开始尝试鉴别天培菌种。其后,在 H. Cprinnsen Geerligs 的经典论文《中国大豆食品》中,他指出:在爪哇(印度尼西亚古称爪哇国),另外的菌种用来制造更易于消化的豆科种子食品。1923 年,成功分离了维生素 B_1 的荷兰人 Jansen 撰写论文,名为《动物对抗脚气病生素的需求及其在食物中的存在》,指出,天培蛋白质有良好的品质,可以作为大米蛋白质的补充。荷兰微生物学家 A. G. Vanveen 在 1932 年的研究证明,天培是优良的 V_{B_1} 和 V_{B_2} 来源,修正了 Jansen 认为发酵可能降低 V_{B_1} 研究结果。

最早提到天培的英文文字是 1931 年的《东印度植物》,介绍了天培的制作工艺;继而,1935 年的《马来半岛经济作物辞典》中,有 6 页介绍天培的文字。

(2)二战前后的印度尼西亚天培

有记载说,天培曾在二次大战中,拯救了无数盟军战俘的性命。

二战中,印度尼西亚受日本统治。大批盟军战俘,被囚禁于印度尼西亚。当时,食物资源缺乏,对于印度尼西亚民众和欧美战俘,天培是重要的食物。前文提到的微生物学家 A. G. Vanveen 在二战中也成了一名战俘,被囚禁在印度尼西亚战俘营。1946 年,他在研究报告中指出:大量战俘由于营养极度缺乏,加上卫生环境极差,受到水肿和疟疾的折磨,身体非常虚弱,他们无法消化大豆,却能消化吸收天培。

战时不仅食物资源极度短缺,就连燃料也极度匮乏,因此食物无法完全煮熟,一般食物难以消化。但天培的发酵过程增加了大豆的可消化性。A. G. Vanveen 称,正是天培让无数战俘生存下来,其他科学家也做出同样结论。

（3）天培成印度尼西亚国宝

全世界范围对天培的兴趣开始于 60 年代。这是美国微生物科学家和食品科学家引发的,重要的研究机构是康奈尔大学的纽约农业试验站和美国农业部北部研究中心。一些优秀的印度尼西亚本土科学家也参加了天培研究,并竞相发表重要论文,在营养学和微生物学上取得了不少进展。天培的制作工艺也进化了。

随着西方世界的认同,印度尼西亚开始重视对天培的研究。苏哈托曾用"不做天培民族"来鼓舞人民,用天培来比喻落后。现在也发现"天培登上了王位"——通过西方来发现、认同自己的民族价值,并为之骄傲,这不失为反殖民地文化的一个反讽。印度尼西亚人骄傲地宣称:日本有清酒、法国有红酒、印度有咖喱、荷兰有奶酪、意大利有通心粉,印度尼西亚有天培。天培成了印度尼西亚国宝级食物。

二、天培生产中微生物学和生物化学

（一）天培生产优势菌株——根霉

天培中分离到的微生物主要:有根霉、格兰氏阴性杆状细菌和芽孢杆菌。其中以根霉为优势微生物,革兰氏阴性杆状细菌虽然不是其中的优势微生物,但对产品发酵有益,也是很重要的微生物。而芽孢杆菌则是有害的微生物,它在天培的后发酵和成品贮存中常使成品腐败变质。天培微生态区系研究证明,随发酵时间延长,微生物菌系越纯,终产品仅能检出根霉。

Hesseltine 收集和分离得到 40 株天培根霉,其中 25 株是少孢根霉(*Rhizopus oligosporus* Saito),4 株是葡枝根霉(黑根霉)(*R. stolonifervuill*),3 株是少根根霉(*R. arrhizus* Fiseher),3 株米根霉(*R. oryzae* Went & Geerlings),3 株台湾根霉(*R. taiwanensis* Nakazawa),3 株无厚孢根霉(*R. aehlamydosporus* Takeda)。

用这些分离得到的各种根霉,用纯培养方法可以制成天培。但是只有少孢根霉每次都能从民间的天培中分离得到,而其他根霉则不一定分离得到,由此可见,天培中的根霉是以少孢根霉为主。

但江汉湖等采用稀释平板法从天培食品中分离到 7 株霉菌,参照 Steinkra 等方法复筛,据发酵终产物感官鉴评结果,确定少孢根霉(编号 RT-3)为天培生产的优势根霉菌株。RT-3 特征是:①孢囊梗短,150～80μm;②孢子囊较小,50～9μm;③孢壁表面在光镜下无线纹,而可用 SEM 观察到小颗粒及细沟纹。

另外,国外报道,发现的少孢根霉菌株最适生长温度 30～35℃,50℃不能生长,甚至死亡。而 RT-3 最适温度 40℃,50℃仍能生长。经产毒试验证明,RT-3 在大米粉、麸皮、玉米粉和豆饼粉等规定基质培养后,均不产生黄曲霉毒素。少孢根霉具有很强蛋白质水解酶系,这对富含蛋白质的原料进行正常天培发酵很重要。该酶最适 pH3.0~5.5,深层发酵最适 pH 为 3.0,最适温度 50~55℃。在 pH3.0~6.0 其酶活性相当稳定,但在 pH2.0 以下和 pH7.0 以上很快失活。在制作天培时以 pH5.5 为好。

(二)少孢根霉中的酶系

少孢根霉可以利用木糖、葡萄糖、半乳糖、麦芽糖、海藻糖、纤维二糖、可溶性淀粉和豆油作为碳源,对水苏糖、棉子糖、蔗糖和淀粉的利用率很差。少孢根霉不能利用淀粉的原因,在于其淀粉水解酶活性很弱或者没有。这和米根霉不同,米根霉的淀粉水解酶是很强的。如果把少孢根霉长期培养在淀粉质基质上,可以诱导并逐渐加强淀粉水解酶。

由于大豆中只含少量的淀粉或不含淀粉,从天培发酵的角度来说,就没有必要去计较它丧失淀粉酶活性的问题了。

少孢根霉的果胶酶也很弱,远不如少根根霉的果胶酶强。少孢根霉具有较强的脂肪酶。大豆中除了含有水苏糖、棉子糖和蔗糖外几乎不含其他单糖、低聚糖和淀粉。少孢根霉又不能利用水苏糖、棉子糖和蔗糖,因此少孢根霉在天培发酵过程中,主要是以大豆中的脂肪作为碳源。

(三)少孢根霉的蛋白酶

少孢根霉具有很强的蛋白质水解酶系。这对天培的发酵很重要,因为大豆的蛋白质含量很高,只有蛋白酶活力强才能保证发酵的正常进行。Hesseltine 发现,大豆中含有一种水溶性的对热稳定的物质,这种物质能够抑制少孢根霉的生长和它的蛋白酶的形成,因此用大量的水浸泡和煮大豆对制作天培是非常必要的。因为这样做可以大量地浸出这种抑制物,以保证少孢根霉的正常生长。

少孢根霉的蛋白酶系最适 PH 是 3.0~5.5,深层发酵的最适 pH 为 3.0,但是制作天培时以 pH5.5 为最好。所以有的科学家在制作天培时,在浸泡大豆的水中加入适量的乳酸。这不但能使大豆具有少孢根霉起作用的最适 pH,而且还可以抑制杂菌的滋生。其蛋白酶的最适温度为 50~55℃。在 pH3.0~6.0 其酶活性相当稳定,但是在 pH2.0 以下和 pH7.0 以上很快失活。其蛋白酶可分为 5 个组分,已由其中两个最大组分中制得结晶酶制剂,正进一步研究。

少孢根霉蛋白酶作用于大豆蛋白质,产生各种氨基酸和氨,为少孢根霉的菌丝提供了氮源。少孢根霉可以利用铵盐和氨基酸中的脯氨酸、甘氨酸、丙氨酸和亮氨酸作为氮源,对其他氨基酸则利用得不好或者不能利用。它还可以利用天冬酰胺作为氮源。

三、天培发酵过程中物质的变化

天培的发酵周期很短,48h 内即可完成。在其微生物生化活动盛期,其品温急剧上升,可以高于周围环境的温度,随后出现平静阶段和品温下降阶段。这和我国酿制酱油和酒时制作盒曲具有同样的规律。紧随着生化活动盛期,出现 pH 的骤然上升,pH 由5.0 上升至 7.6,这可能与原料中的蛋白质的降解有关。

制作大豆天培时,大豆只是稍加蒸煮(30min),子叶相当坚硬,要把它煮软最少得6h。但经根霉发酵后大豆,软得像充分蒸煮一样,原以为大豆组织软化,主要靠蛋白酶分解蛋白质造成,后经组织切片研究发现,根霉菌丝可渗入到大豆子叶 742μm 深度,相当于子叶厚度 1/4 以上,因此,菌丝本身在大豆组织中具有很大机械分割能力。随着菌丝不断渗入到大豆子叶中,菌丝分泌的各种酶渗透到大豆组织内部的途径大大缩短,酶解作用必然明显加速。这就不难想象天培发酵时为什么其物理和化学变化是那么的迅速了。

(一)天培发酵过程中的蛋白质变化

1. 蛋白质与肽的数量变化

跟大豆相比,天培中的蛋白质总量并没有变化,但是可溶性蛋白质急剧增加,可溶性氮含量由原来的 3.5mg/g 上升到 8.7mg/g。但是当发酵时间达到 48h,可溶性氮含量会降低 3.62%～27.9%,这可能是因为菌种需要消耗部分氨基酸作为其氮源。当 Rhizopus 跟细菌作混菌发酵时,产生的游离氨基酸含量要少些,但是总的氨基酸含量是上升的,而跟细胞内蛋白酶相比,Rhizopusspp 细胞壁上的细胞外蛋白酶对菌种的蛋白质水解能力的影响是最大的。

此外,发酵豆制品中的肽含量要高于未发酵豆制品。其中部分肽是由菌体蛋白酶的水解作用产生的。在天培的发酵过程中,根霉中的蛋白酶将大豆蛋白质降解成多肽,而一部分多肽随后被进一步降解成单体。Bernard、Gibbs 等用内蛋白水解酶处理 Tempe,得到了若干具有生物活性的多肽(主要是从大豆球蛋白中得到),其生物活性包括:抑制血管紧缩素转换酶(ACE),抗血栓,表面活性及抗氧化特性。

2. 蛋白质消化率变化

未发酵大豆消化率为 60%～70%、大豆粉 75%、大豆组织蛋白 83%～85%、豆浆 84.9%、肉类 92%～94%。经大鼠氮代谢实验结果表明,天培表现消化率达 94.4%,真实消化率为 91.4%。化学评价结果表明,发酵后蛋白质的氨基酸分(AAS)、化学生物价(CBV)、必需氨基酸指数(EEAI)及计算蛋白质功能比值(CPER)依次为 63.0、67.1、83.0 和 2.91,分别比大豆高 27%、12%、19.8% 和 38.1%。

3. 游离氨基酸含量变化

天培的总氮含量在发酵前后始终处于比较稳定的状态,整个氨基酸的组分也变化不大。但是,天培发酵 72h 后,游离氨基酸量明显增加,可高达总氨基酸量的 76%,而水泡过的大豆的游离氨基酸量只有总氨基酸量的 13%。很显然,天培成品如采取水煮的方式捞出来食用,会损失大量的氨基酸,幸好各国都没有采取这种吃法。

江汉湖等研究发现,去皮大豆经 RT-3 菌发酵成天培后,粗蛋白含量虽无显著增加 ($P>0.05$),但可溶性蛋白、氨基酸态氮和可溶性固形物含量分别增加 3.1 倍、2.4 倍和 19.6 倍,可溶性指数从 22.2% 上升至 62.1%。

游离氨基酸总量增加 14.5 倍,其中必需氨基酸增加 34.8 倍,亮氨酸、苯丙氨酸、异亮氨酸和甲硫氨酸分别增加 129.4 倍、124.7 倍、69.0 倍和 60 倍。这表明少孢根霉有较强蛋白质分解能力,分解产生许多小肽和氨基酸,易被人体消化吸收,从而也改善了大豆蛋白质消化吸收性。

(二)天培发酵过程中的脂肪酸变化

在发酵过程中,菌种产生脂肪酶,降解甘油三酯成游离脂肪酸作为其碳源,从而引起脂肪含量的下降(26%),游离脂肪酸含量的增加。J. C. deReu 等用 *Rhizopus oligosporus*(37℃,69h)作纯种发酵,发现三甘油酯脂肪酸的量从 22.3% 下降到 11.5%,游离脂肪酸的量上升,但是在最后的成品中,游离脂肪酸的量下降了 6.5%,这是因为 *Rhizopus oligosporus* 利用了部分游离脂肪酸作为其碳源。用 *Rhizopus oryzae* 作纯种发酵也可以得到相似的结果。

此外,甘油脂肪酸的组成在发酵过程也发生了变化,用 *Rhizopus oligosporu* 作纯种发酵后,C18：1/C18：2 的比例略有上升,而 C18：3 的量略有下降。Graham 等报道,*R. oligosporu*、*R. stolonifer* 在发酵过程中利用亚油酸、油酸、棕榈酸作为能量来源,因此棕榈酸、硬脂酸、亚油酸会分别下降 63.4%、59.25% 和 55.78%。B. Bisping 等也指出,在发酵过程中,亚油酸、α-亚麻酸含量会下降。*Rhizopus* spp. 在发酵过程只产生 γ-亚麻酸,而不是 α-亚麻酸。

(三)天培发酵过程中的低聚糖变化

大豆中的低聚糖(主要是棉子糖和水苏糖)能引起人体的胃肠胀气。而在天培的制作工艺中,胀气因子的去除率较高,基本上认为食用天培是不会引起胀气的。在天培的制作流程中,低聚糖的降解情况仍有争议,但前期处理中的渗透机制是公认的,即低聚糖在前期的浸泡、去皮、蒸煮工序中会渗透出来随水流失,但是发酵过程对低聚糖的影响,目前仍有一定的分歧。

N. R. Reddy 报道,*Rhizopus* spp. 在发酵过程中能产生 α-D 半乳糖苷酶和 α-D 葡萄糖苷酶及少量的淀粉酶。这些酶能降解大豆中的碳水化合物,特别是低聚糖及淀粉。而在天培的发酵过程中,半乳糖含量很高,表明 α-D 半乳糖苷酶对低聚糖起到了水解作用。M. Egounlety 等的研究表明,前期的处理过程(浸泡 12～14h,去皮,蒸煮 30min)可去除 50% 左右的棉子糖和 60% 左右的水苏糖,水苏糖的含量在发酵过程中会继续下降,而棉子糖基本保持不变。发酵过程结束后(30℃,48h),棉子糖的去除率达到 55.4%,水苏糖的去除率达到 83.9%。而 Francisco Ruiz-Teran 采用 *Rhizopus oligosporus* NRRL2710 作严格的纯种发酵,发现低聚糖的下降全部是在前期处理出现的,棉子糖和水苏糖的去除率分别达到 80% 和 77%。而发酵阶段中,其量没有变化。对于文献上关于发酵过程能降解低聚糖的报道,Francisco Ruiz-Teran 认为可能是细菌污染的结果(常见的天培的制作往往会感染一定的细菌)或是可能采用了另外的菌种。

(四)天培发酵过程中的维生素变化

1. 脂溶性维生素的变化

Jutta Denter 研究了 14 种 *Rhizopus* sp(*R. oligosporus*、*R. oryzae*、*R. stolonifer*)菌株在发酵过程对大豆脂溶性维生素和维生素原含量变化的影响。研究发现 14 种菌株在发酵过程均能产生少量的麦角固醇-D_2 的前体,但只有 6 个菌株(其中 5 个菌株是属于 *R. oligosporus*,1 个是属于 *R. stolonifer*)能产生 β-胡萝卜素——维生素 A 的前体。而未发酵大豆中的 β-胡萝卜素含量很少,且不含有麦角固醇。当发酵时间为 34～48h 时,β-胡萝卜素的含量最高。发酵时间为 34h,β-胡萝卜素的麦角固醇含量达到 750μg/g。发酵时间为 96h,β-胡萝卜素的麦角固醇含量达到 1610μg/g。而 V_{K_1} 的含量在发酵过程中并没有很大的变化。

此外,Sudarmadji S 报道,在发酵过程中,除 α-生育酚以外,β-生育酚、γ-生育酚和 δ-生育酚的量均有增加,虽然 β-生育酚的生物活性只有 α-生育酚的 40%,但是 β-生育酚 222.5% 的增加量增强了天培的抗氧化活性。

2. 水溶性维生素的变化

由于真菌和细菌的代谢作用,在发酵过程中,除 V_{B_1} 以外,B 族维生素含量均上升,特别是核黄素、烟酸、V_{B_6} 和 $V_{B_{12}}$。而 $V_{B_{12}}$ 有可能是细菌产生的,而不是根霉。在浸泡过程中,*Klebsiella pneumonia* 菌生长,可产生 $V_{B_{12}}$。Jutta Denter 等在制作天培的浸泡过程

中接种 *Citrobacter freundii*、*Klebsiella pneumoniae*、*Pseudomas fluorescens* 及 *Streptococcus* spp.（天培中分离得到的），$V_{B_{12}}$ 的含量显著增加。

(五)矿物质的变化

微量矿物质(铁、钙、铜等)在发酵过程中溶解度急剧增加了。大豆中的铁大都是以有机铁形式存在,发酵后总的可溶性铁含量从 24.29％上升到 40.52％,增加了 66.51％。这是因为发酵过程中,蛋白质水解成游离的氨基酸、肽和小分子的蛋白质,因此铁从铁-蛋白质的结合状态中释放出来,可溶性铁含量增加。而钙含量在发酵过程中是下降,其机制目前不确定,可能是在大分子化合物的降解过程中,钙从肌醇六磷酸-蛋白质键桥中释放出来,跟自由水一起在发酵过程中流失。其他微量矿物质溶解度增加的原因也大都是由于其在发酵过程中从结合态改变为离子态而产生的。

(六)天培发酵过程中的抗营养因子的变化

大豆中含有胰岛素抑制剂、植物血凝素、植酸等抗营养成分。天培的制作工艺能有效降低胰岛素抑制剂、植物血凝素、植酸。M. Egounlety 等的研究表明胰岛素抑制剂在大豆浸泡过程中(12～14h)并没有变化;在蒸煮过程中(100℃,30min)则能被有效去除,去除率达到 82.2％;在发酵过程中则得到轻微的降低。此外,植物血凝素在发酵过程可降低 95％,而丹宁酸则能在去皮过程得到有效的去除。大豆中的植酸含量为 1.27％,浸泡、蒸煮过程能轻微降低植酸的量(去除率分别为 1.71％和 9.9％),而发酵过程中 *R. oligosporus* 能产生植酸酶,植酸的去除率达到了 30.7％(30℃,36h),矿物质的生物利用率得以提高。

(七)天培发酵过程的生物活性物质的变化

1. 天培发酵过程中异黄酮的变化

非发酵豆制品中的异黄酮主要以大豆苷元糖苷(daidzin)和染料木素(genistin)为主,而发酵豆制品以不含有葡萄糖苷的异黄酮为主:大豆苷元(daidzein)、染料木素苷元(genistein)和黄豆素苷元(glycitein)。孙兴民等的研究表明,少孢根霉 RT-3 可分泌 β-糖苷酶,作用于糖基,使苷元游离,导致发酵后异黄酮苷元含量增加。发酵优良的天培,大豆中绝大多数异黄酮糖苷解离为苷元,游离的苷元具有更广泛、更强烈的生物学活性,包括抗菌活性、抗氧化活性,雌激素活性,抗溶血活性,抗血管收缩活性,强心作用,以及增加毛细血管坚韧性。此外,有报道指出,游离的苷元对肿瘤也有抑制作用。徐德平等的研究发现异黄酮的抗氧化作用主要取决于染料木素异黄酮的活性,其中苷元的活性高于糖苷,而大豆苷元及糖苷几乎没有活性,这表明天培的异黄酮比大豆异黄酮具有更强的抗氧化活性,证实天培异黄酮生理活性是由于大豆在发酵过程中异黄酮由糖苷转变成苷元所致。

Andrea 等比较了食用发酵豆制品天培和未发酵豆制品豆腐后,人体尿液中异黄酮重吸收率。虽然天培中的异黄酮含量下降,但是人体尿液中的异黄酮重吸收率却上升了,这表明发酵过程能增加异黄酮的利用率。

2. 天培发酵过程中超氧化物歧化酶的变化

Astuti 等发现,天培在发酵过程中能产生超氧化物歧化酶(能有效去除自由基离子)。在发酵的早期阶段,并没有产生超氧化物歧化酶,但是 24h 后,超氧化物歧化酶的量渐渐增加,直到 60h 后,开始下降,这可能是由于霉菌进入了衰老期。

(八)产生抗生素

由于少孢根霉不能利用大豆中的蔗糖、棉子糖和水苏糖,因而天培含有和大豆相同量的低聚糖,按理说吃了它会造成胀肚现象。但科学家观察后指出,食用天培不会产生胀肚,或者不超过一般情况。这是天培产生的抗生素在一定时间内抑制肠道微生物的缘故。

研究发现,少孢根霉在天培发酵过程中能产生抗生素,这类抗生素特点是:有多肽结构和碳水化合物结构,其活性不受胃蛋白酶和少孢根霉自身蛋白酶影响,胰蛋白酶和肤酶对它稍有影响,可是链霉蛋白酶(pronase)能使它全部失活。

这些抗生素对一些革兰氏阳性细菌有抑制作用:乳酪链球菌(*Streptococcus cremoris*),枯草杆菌(*Baeillus subtilis*),金黄色葡萄球菌(*Staphylococcus aureus*),产气英膜梭菌(*Clostridium perfringens*),生抱梭菌(*Clostridium sporogens*)。

四、天培的保健功效

天培除了改善大豆营养外,具有比大豆更强的生理活性,主要表现在抗菌、抗癌、抗氧化和增强免疫等方面的活性大大提高。目前研究报道天培的生理功能集中在抗菌、降脂、缓解更年期综合征、抗癌等。也有人报道,天培提取物具有缓解腹泻,降低餐后血糖的作用。这与天培提取物中的酚类物质及其抗氧化活性有关。

(一)降脂作用

天培的成分能抑制合成胆固醇的酶活性,防止 LDL 的氧化,从而减少动脉中斑块的形成,这也可能与天培中的天然抗氧化剂有关。

Gorcia Hermosilla 等的研究表明,天培中的游离脂肪酸能抑制羟甲基 glutaryl-CoA 还原酶的活性,从而降低肝脏中胆固醇的合成。而 Hcjha 等发现异黄酮能与铁形成螯合化合物,有效抑制亚铁态的铁引起的血脂的过氧化。此外,天培提取物能显著抑制血管紧缩素转换酶的活性,具有潜在的抗高血压活性。

(二)缓解更年期症状

亚洲,特别是日本,中国和印度尼西亚等大量摄入豆制品国家的更年期症状的发病率比较低。但是对于天培并没有相关的流行病学研究。

(三)抗癌

最近研究表明豆制品能降低癌症的发病率,亚洲国家的乳腺癌、前列腺癌、结肠癌的发病率是最低的,这可能与亚洲国家的饮食中富含豆制品有关。Kiriakidis 等报道,天培,尤其是其糖脂能抑制老鼠中的癌细胞的繁殖。但是目前尚无关于天培与癌症的发病率的流行学研究,尤其是针对天培摄入量最多的印度尼西亚。

(四)缓解胀气和腹泻

在天培整个制作过程中,棉子糖和水苏糖量得到有效的去除,食用天培基本上是不会引起胀气的。有关研究表明,天培具有缓解腹泻的功能:给兔子感染大肠杆菌后,一组的饮食中有天培,另一组没有天培,观察 4 周后,发现食用天培的兔子有 36% 出现腹泻,而没有食用天培的兔子中有 64% 患有腹泻。

五、天培的产品应用与开发

天培是一种传统的印度尼西亚发酵豆制品,是价廉物美的蛋白质食源。在印尼,天培可以用植物油或人造奶油煎炸或用作汤料,也可作为早餐或加入色拉、三文治、汉堡、沙司或汤中在中餐或晚餐食用。而在西方,天培以前主要为素食者食用,现在主要作为肉的代用品用于快餐食品中。

除了直接食用以外,天培发酵过程中产生的一些活性物质也有大量的应用。N. Watanabe 通过改变发酵条件,使天培发酵过程中的氨基丁酸含量大大增加,用于生产抗高血压、增进脑机能及肝功能的功能食品。同时,天培在发酵过程中,$V_{B_{12}}$ 含量大大增加,因此也有文献介绍将天培中的 $V_{B_{12}}$ 提取或者将天培作为 $V_{B_{12}}$ 的补充来源。除此以外,由于天培发酵过程中少孢根霉 RT-3 可分泌 β-糖苷酶,作用于糖基,使苷元游离,导致发酵后异黄酮苷元含量增加。发酵优良的天培,大豆中绝大多数异黄酮糖苷解离为苷元,游离的苷元具有更广泛、更强烈的生物学活性,因此欧美一些国家提倡妇女更年期大量食用天培,以摄入高活性的大豆异黄酮,缓解更年期症状。

天培产品的开发,目前主要有两个方面。一个方面是改变天培的发酵原料。一般天培的原料是大豆,但其发酵原料也可多样化,如利用其他豆类、玉米、豆渣、大麦、小麦、花生饼粕、谷物或其一定比例的混合原料。既可以改善发酵原料的营养价值,也可以利用其功能性开发相应的健康食品。E. O. Cuevas-Rodríguez 等开发了优质玉米天培,并对其营养成分进行了分析。玉米缺乏必需氨基酸——赖氨酸和色氨酸,而 *Rhizopus oligosporus* 的固体发酵过程增加了玉米必需氨基酸的含量,有效改善了玉米的营养价值。另一个方面是对天培发酵过程中的各种相关活性物质进行提取,或者将天培作为一种功能性活性物质,添加到其他食品中。如在美国,天培可以干燥后添加到美国人普通的燕麦早餐 granola 中,提高早餐的蛋白质含量,同时可以摄入其他活性物质。

(一)天培的生产工艺

天培最早是由家庭采用自然发酵形式制作,后来采用接种发酵,且规模不断扩大,虽然天培的生产工艺各异,从家庭作坊到小工业规模生产都有,但其基本的工艺流程是一致的。

迄今为止,天培的生产工艺有多种,其根本区别在于采用何种发酵方法及用何种方法使大豆基质酸化。在印度尼西亚传统工艺中酸化是依靠大豆在长时间浸泡过程中产酸菌(主要是乳酸菌)的生长来完成的。后来的纯种发酵工艺,是在浸泡水中加入乳酸进行了人工酸化。而在我国,是将乳酸直接加到煮过的大豆上进行酸化处理。江汉湖,吴定等人在天培生产工艺的研究中,就采用把乳酸直接加到水煮过的去皮大豆上进行酸化,结果表明酸化效果很好,且节约了大量的乳酸,也降低了天培的生产成本。

目前,国外多采用固态发酵制备孢子粉接种生产天培,发酵周期较长。而在我国有人采用液体发酵制备菌丝接种生产天培,大大缩短了发酵周期。

1. 传统天培生产方法

先将大豆浸泡一夜,用手搓下豆皮,或把浸过的大豆装在筐内在河边用脚踩,使豆皮脱掉并随河水漂走,豆瓣留在筐内。大豆去皮是因根霉不具备分解大豆外皮的酶系,在未去皮的大豆上根霉生长不好。去皮大豆用水煮沸 0.5h,控去水,晾至豆瓣表面不带水,取一块新鲜天培把它搓碎作为起子接种，混匀后摊在竹席上，摊成 2～3cm 厚度，盖上香蕉叶子或其他大型叶片，放在温暖地方发酵 1～2 天，直到整个豆子都长满白色菌丝，成为白色饼块，天培即已发酵成熟。

2. 纯培养天培生产工艺

（1）原料

大豆、面粉、马铃薯、麸皮、细豆饼。

（2）菌种

少孢根霉。

（3）生产方法

工艺流程

精选大豆→清洗→浸泡→脱皮→蒸煮（趁热与面粉混合）→冷却→接种→发酵→成品

菌种→活化→扩大培养

1）菌种的扩大培养

菌种的活化采用 PDA 培养基，121℃灭菌 20min。接种试管菌种 1～2 环，37℃恒温箱中培养至孢子生成。

三角瓶扩大培养将细豆饼和麸皮以 1∶1 的比例混合加入 100％水，润料 30min 分装到 250mL 三角瓶中（2～3cm）即可。灭菌备用。

接种活化后试管菌种 2～3 环。37℃恒温箱中培养至孢子生成。

液体发酵剂的制备在无菌室内，向培养后的三角瓶中加入无菌水，然后用无菌玻璃棒搅拌用灭菌纱布过滤到灭菌的三角瓶中便得液体发酵剂。

2）大豆处理

精选、清洗颗粒饱满的大豆，去尽杂质、发霉变质的豆。洗净泥沙和其他杂质。将大豆在室温条件下浸泡，以大豆充分吸水膨胀为度，并除掉大豆的外皮。压力锅 120℃蒸煮，蒸 20min 左右。沥干、冷却、酸化沥干、冷却，使温度在 37～40℃，按湿重添加乳酸酸化，使 pH 降低抑制杂菌生长。接种前一般要添加一定量面粉，可作微生物生长的碳源，提供根霉营养。

3）接种

将制得的发酵剂按一定比例均匀拌入大豆中。

4）装袋、发酵

接种后基质装入带小孔塑料袋中（孔间距为 2cm）厚度为 2～5cm，在一定温度下进行发酵。

5）感官评定

新鲜天培豆瓣表面菌丝致密呈白色，使豆瓣固结成糕团状，质地结实有弹性。具有酵母清香气味。通过实验使产品达到一定感官指标，见表 8-19。

表 8-19　天培的感官指标

项目	指标
色泽	白色
香气	酵母清香
滋味	入口细腻，有类似于坚果香味
体态	糕团状、结实有弹性

六、天培营养与安全性

对于每一种新开发的食品来说,其基本要求是安全性和营养性,确保对消费者身体无害,且有较高的营养价值。天培是我国新开发的一种大豆发酵食品,为了给他的生产和食用提供科学依据,按照我国食品安全性毒理学评价程序,董明盛等对国产脱水天培进行毒理学试验,结果表明天培为无毒级物质,是一种高营养价值的安全食品。

(一)天培的营养

表 8-20 表明,天培粗蛋白含量按无水物计为 56.4%,显著高于原料大豆(为48.2%),并比国外同类产品的粗蛋白(按无水物计为 47%~54%)含量略高。

表 8-20　营养成分分析(单位:%)

成分	天培	大豆
水分	4.0	6.5
蛋白质	54.1(56.4)*	45.1(48.1)*
粗脂肪	16.5	18.2
粗纤维	3.7	3.9
灰分	3.3	3.5
碳水化合物	18.4	22.8

* 按无水物表示的含量

(1)脂肪酸组成

天培中脂肪酸构成和大豆相似,不饱和脂肪酸占脂肪酸的 8.4%,这对老年人有一定的保健功效,但脂肪含量较低(表 8-21)

表 8-21　天培和大豆的脂肪酸种类和比率(单位:%)

脂肪酸	天培	大豆
软脂酸	9.75	12.52
硬脂酸	1.84	2.43
油酸	25.04	26.29
亚油酸	54.98	52.19
亚麻酸	8.39	6.57

(2)天培蛋白质的必需氨基酸组成和评分

表 8-22 结果表明,天培氨基酸总量虽为 53.1%,显著高于原料豆的氨基酸总量(43.5%),和 WHO/FAO 模式比较,两者的第一限制氨基酸均为含硫氨基酸,计算得的天培氨基酸评分(AAS)、化学生物效价(CBV)和生态营养转换效率(EAAI)分别是 63.4、67.1 和 83.0,而原料豆分别是 49.7、59.9 和 69.3,这一结果表明大豆发酵后氨基酸组成更趋于合理。

表 8-22 试样每克蛋白质的必需氨基酸组成(单位:mg/g)

氨基酸	天培	大豆	WHO/FAO 模式
异亮氨酸	48.8	38.3	40.0
亮氨酸	81.7	63.0	70.0
苏氨酸	39.2	31.1	40.0
缬氨酸	46.4	36.8	50.0
色氨酸	24.4	22.9	10.0
赖氨酸	60.2	50.3	55.0
甲硫氨酸+胱氨酸	22.1	17.4	35.0
苯丙氨酸+酪氨酸	87.3	87.0	60.0
总氨基酸(%)	53.1	43.1	—

(二)天培的安全性

为了给天培生产和食用提供科学依据,南京农业大学的董明盛等按我国《食品安全性毒理学评价程序(试行)》,对脱水天培进行国内外首项毒理学研究。

1. 动物实验结果

表 8-23 表明无氮组大鼠经 10 天喂养后体重明显下降,而试验组大鼠体重显著增加。净蛋白质比位(NPR)为 2.6,比 Agosin 等报道的 Lupine 天培 NPR(为 1.64~1.73)高 2.5。

表 8-23 饲喂天培粉的大鼠增重和食物效能

组别	体重变化/g	摄食/g	食物效能	NPR
试验组	22.6±12.7	160.0±24.2	14.1±1.2	2.6±0.2
无氮组	−19.4±10.4	142.0±17.2	—	—

表 8-24 表明,天培蛋白质消化率分别为 94.35%(TD)和 91.35%(AD),高于国外同类产品(86.1%)。

表 8-24 大鼠对天培蛋白质的消化率

组别	氮摄入量/g	粪氮/g	真实消化率/%	表观消化率/%
试验组	0.81±0.12	0.07±0.02	94.35	91.35±1.85
无氮组	0.00	0.02±0.01	—	—

2. 天培的毒理学评价

用灌胃法对昆明种小鼠进行急性毒性实验,结果,当天培剂量达 21.5g/kg 时,一周内动物未见任何中毒症状和发生死亡,急性经口毒性试验 LD50>1500mg/kg 体重。

根据国际通用的六级分类法,天培属无毒级物质。大体病理检查也均未见任何病理变化。

(1)污染物致突变性检测(Ames 试验)

表明,在受试剂量范围内(0.1~5000μg/皿),无论是否用肝匀浆液的去线粒体上清液(S),活化系统均未见各测试菌株回复菌落数显著增加($P<0.05$),故 Ames 试验阴性。

（2）小鼠骨髓细胞微核试验

小鼠骨髓 PCE 细胞微核试验表明,天培处理组畸变细胞数为 1.4%、1.2%和 2.4%,阴性对照 1.8%,阳性对照 10.8%。各天培剂量组(1500~6000mg/kg)雌雄昆明小鼠的 PCE 微核率与阴性对照组无显著差异($P>0.05$),而和阳性对照组差异极其显著($P<0.01$),故结果为阴性。表明天培对细胞无致突变作用,对精子无致畸作用,对供试 4 个菌株无致基因突变作用。故可认为天培是一种无毒、无致突致畸作用的安全食品。

（3）小鼠精子畸变试验

该试验表明,阴性对照组精子畸变率为 21.2%,阳性对照组 75.3%,而天培各组为 20.4%、16.8%和 33.65%。故结果为阴性。

依天培毒理学研究表明,天培制品属无毒级食品,是一种高安全性食品。

（三）天培的潜在安全隐患

1. 制造操作不当带来的

1933 年,印度尼西亚民间曾出现天培错误操作、制造不良天培导致村民死亡。Van-Veen 研究小组研究并成功分离了可以致命的两种物质——毒性黄素和天培酸。1950 年,他又证明二者之一的毒性物质也是一种强抗生素,但是这种情况并不多见。

2. 原料中的黄曲霉毒素、砷等有害元素

这主要与原料采购把关不严有关。

第九章 大豆发芽食品——豆芽

第一节 豆芽概述

一、概述

豆芽是大豆发芽食品,发芽后的大豆,是我国传统的菜肴,其营养价值比大豆更高。古人赞誉它是"冰肌玉质"、"金芽寸长"、"白龙之须",豆芽的样子又像一把如意,所以人们又称它为如意菜。大自然为人类提供了种种赖以生存的食物,人类对天然食物的认识过程就是人类文明的发展过程。我国早在2000多年前的秦汉时期就发明了豆芽菜的生产技术,以其特有的智慧为饮食文化谱写了辉煌的一页,中国人能以"发芽"这一简捷的方法,将上苍赐给的天然食品,转化成美味的佳肴,这不可不称为奇迹。

黄豆蛋白质含量虽高,但由于大豆种子体内存在胰蛋白酶抑制剂等抗营养因子,使它的营养价值受到限制;而黄豆在发芽过程中,胰蛋白酶抑制剂类物质大部分被降解破坏。因此,经过发芽后而成的黄豆芽的蛋白质利用率,较未发芽的黄豆要提高10%左右。另外,黄豆中含有的不能被人体吸收,又易引起腹胀的棉子糖等物质,在发芽过程中急剧下降乃至全部消失,这就避免了吃黄豆后腹胀现象的发生。黄豆在发芽过程中,由于酶的作用,更多的钙、磷、铁、锌等矿物质元素被释放出来,这又增加了黄豆中矿物质的人体利用率。黄豆生芽后天门冬氨酯急剧增加,从而发现豆芽中含有一种干扰素生剂,能诱生干扰素,增加体内抗生素,增加体内抗病毒、抗癌肿的能力。

1. 芽苗菜的定义

从蔬菜分类上讲,豆芽是一种芽苗菜。所谓芽苗菜是各种谷类、豆类、树类的种子培育出可以食用的"芽菜",也称"活体蔬菜"。

1994年,中国农业科学院蔬菜花卉研究所在前人定义的基础上,对芽菜的定义给予了适当的扩充,修订为:"凡利用植物种子或其他营养贮存器官,在黑暗条件下或光照条件下直接生长出可供使用的芽、芽苗、芽球、幼梢或幼茎均可称为芽苗类蔬菜,简称芽菜。"

2. 芽苗菜的分类及其种类

芽菜类蔬菜一般分为种芽菜和体芽菜两类。

(1)种芽菜

指利用植物种子(如黄豆、绿豆、赤豆、黑豆、蚕豆芽及香椿、豌豆、萝卜、黄芥蕹菜、荞麦、苜蓿等)中贮藏的养分直接培育成幼嫩的芽或芽苗。豆芽就是种芽菜的一种。

(2)体芽菜

指利用2年生或多年生作物的宿根、肉质直根、根茎或枝条中累积的养分,培育成芽球、嫩芽幼茎或幼梢。

3. 豆芽的定义

豆芽,又名巧芽、豆芽菜、如意菜、掐菜、银芽、银针、银苗、芽心、大豆芽、清水豆芽。

豆芽是芽苗菜——种芽菜中的一种,因此,仿照种芽菜的定义,豆芽的定义可以表述为:利用大豆种子中贮藏的养分,在适当的温度湿度条件下,用无土栽培的方式,直接培育成的幼嫩芽或芽苗,是一种可以食用的"芽菜",也称芽苗菜、"活体蔬菜"。

4. 豆芽的起源与历史

豆芽起源于中国。西方称豆芽是中国食品的四大发明之一,另外三个分别是豆腐、酱和面筋。豆芽作为芽菜的一种,在我国已有几千年的制造和食用历史,并由我国传到日本、泰国等周边国家。最初生产的豆芽并不是今天广泛食用的黄豆芽,而是以黑大豆作为原料制造的黑豆芽,主要用途是药用。名字也不叫豆芽,而是称作"黄卷"。古代中医书籍《灵枢经》和《神农本草经》记载将大豆发芽后晒干作药用,称作"黄卷",用以入药。

南宋开始食用鲜豆芽。最早记载见于本朝林洪的《山家清供》:温陵(今福建省泉州)人家,中元前数日,以水浸黑豆,曝之。及芽,以糖皮置盆中,铺沙植豆,用板压。长则覆以桶,晓则晒之,欲其齐而不为风日损也。中元则陈于祖宗之前,越三日出之。洗,焯以油、盐、苦酒,香料可为茹,卷以麻饼尤佳。色浅黄,名"鹅黄豆生"。

明朝开始用绿豆芽入菜,称为"豆芽菜"。苏颂《图经本草》:"绿豆,生白芽为蔬中佳品。"《东京梦华录》中也屡次提到豆芽菜,如:"以绿豆、小豆、小麦,于瓷器内,以水浸之,生芽数寸,以红篮彩缕之,谓之种生。"

《神农本草经》称豆芽为"大豆黄卷"。《神农本草经》中,把"大豆黄卷"列为"中品",记做法说:"造黄卷法,壬癸日(指的是冬末春初之时),以井华水浸黑大豆,候芽长五寸,干之即为黄卷。用时熬过,服食所需也。"对其名解释为:"大豆作黄卷,比之区萌而达蘖(niè)者,长十数倍矣。从艮而震,震而巽矣,自癸而甲,甲而乙矣(此句指豆芽发生的过程)。始生之曰黄,黄而卷,曲直之木性备矣。木为肝藏,藏真通于肝。肝藏,筋膜之气也。大筋聚于膝,膝属溪谷之府也。故主湿痹痉挛,膝痛不可屈伸。屈伸为曲直,象形从治法也。"

早时豆芽首先是用于食疗,其次用于道家养生,道教人士用发芽大豆做养生食品。《东京梦华录》中称豆芽为"种生":"又以绿豆、小豆、小麦于瓷器内,以水浸之,生芽数寸,以红蓝草缕之,谓之'种生',皆于街心彩幕帐设出络货卖。"

陈元靓《岁时广记》中,则称"豆菜"为"生花盆儿":"京师每前七夕十日,以水渍绿豆成豌豆,日一二四易水,芽渐长至五六寸许,其苗能自立,则置小盆中,至乞巧可长尺许,谓之'生花盆儿',亦可以为菹。"

在宋朝时,食豆芽已相当普遍。豆芽与笋、菌,已并列为素食鲜味三霸。宋元时食豆芽,主要用于凉拌。《易牙遗意》记其方:"将绿豆冷水浸两宿,候涨换水,淘两次,烘干。预扫地洁净,以水洒湿,铺纸一层,置豆于纸上,以盆盖之。一日洒两次水,候芽长,淘去壳。沸汤略焯,姜醋和之,肉燥尤宜。"

明清之后,有"芼(mào 可供食用的野菜或水草)之为羹者,有以油炸之,亦有以鸡汁和豚汁烫而食之。"

食豆芽须掐去根须及豆,因此到清代称作"掐菜"。到了明清,文人们就开始讲究豆芽要入汤融味。《随园食单》有豆芽条称:"豆芽柔脆,余颇爱之。炒须熟烂,作料之味才能融洽。可配燕窝,以柔配柔,以白配白故也。然以其贱而陪极贵,人多嗤之,不知惟巢由正可陪尧舜耳。"巢父与许由,此两人都是隐士,尧要把君位让给巢父,巢父不受,尧要把君位让给许由,巢叫许由隐居。

二、豆芽的现代发展概况

　　我国的豆芽生产,在农村多以陶缸作为培育暗室,家庭作坊式生产。近年来,也有用豆芽机生产豆芽菜的。20世纪80年代以来,北京等地的一些单位已开始试种新型芽菜,但未能将产品投放市场。20世纪80年代中期,北京航天部长青公司从日本引进全封闭式植物工厂,并对萝卜芽等芽菜作为试种蔬菜进行无土栽培,但终因耗能大,成本高而失败。1989年,中国农业科学院蔬菜花卉研究所开始对芽菜进行进一步研究。1993年,"绿色食品——芽菜营养及规范化栽培技术的研究"被正式列为农业部科研项目,根据边研究边进行产品开发的要求,于1994年秋,先后在郑州、长沙及上海、北京等地建立了半封闭式、规模化、集约化芽菜生产基地,使我国大陆的芽菜生产步入工厂化生产。我国台湾省的蔬菜无土栽培的发展是以芽菜生产为先导的,生产面积达13hm²,台湾省桃园县平镇乡的青山芽菜工厂是近几年较为成功的半自动化生产豌豆苗的工厂,工厂占地0.5hm²,栽培设施分为浸种消毒室、播种室、暗室、绿化室及采收包装室五部分,从播种到采收6~8天,日产量大约2000kg,年利率达30%左右。

第二节　豆芽的制作原理与发芽过程中的物质变化

一、豆芽的制作原理

　　豆芽是我国传统的豆芽菜,品质脆嫩,营养丰富,在我国生产的历史悠久。豆芽生产具有无区域性、季节性,以及生长周期短的特点,对蔬菜供应堵缺补淡起着一定的作用。

1. 豆芽的形态标准

　　豆芽的形态标准是下胚轴充分伸长,明显增粗,黄豆芽长度6~7cm,粗0.3~0.5cm。

2. 豆芽的生长发育规律

　　黄豆是双子叶植物,种子包括种皮、胚和子叶(豆瓣)等部分。胚的外形可以分为胚芽、胚根和胚轴三个部分,胚轴的上端连着胚芽,下端连着胚根。子叶着生点以上的胚轴叫上胚轴,以下的叫下胚轴。豆芽的食用部分就是子叶和胚轴。

　　豆芽生长情况如图9-1所示。黄豆种子结构如图9-2所示。

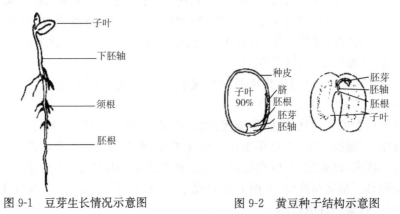

图9-1　豆芽生长情况示意图　　　　　图9-2　黄豆种子结构示意图

人工培育豆芽的生长规律大体可分为四个生长期：

1）根-胚根生长期豆芽自种子萌动至胚根生长到约 0.3cm（图 9-3 中 1）。

2）轴-胚轴生长期当胚根伸长 0.3cm 即停止生长。胚轴开始迅速生长到 1.5cm 左右（图 9-3 中 2）。

3）根-胚根伸长期当胚根加胚轴共长 1.8cm 以后，胚根开始继续生长（图 9-3 中 3）。

4）根、轴-胚根、侧根和胚轴同时生长期（图 9-3 中 4）。

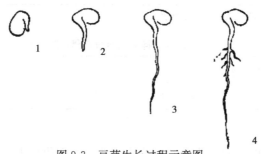

图 9-3　豆芽生长过程示意图

1.胚根生长期；2.胚轴生长期；3.胚根伸长期；4.胚根、须根、胚轴同时生长期

二、大豆发芽过程中营养成分变化规律

豆类的营养价值非常高，我国传统饮食讲究"五谷宜为养，失豆则不良"，意思是说五谷是有营养的，但没有豆子就会失去平衡。现代营养学也证明这一点。豆类作为我国的主要粮油作物之一，是主要的蛋白质和脂肪来源。然而，豆类作为一种植物性食品不可避免地存在营养不平衡和抗营养成分等不利因素，降低了人体对其营养物质的吸收。如在大豆等大多数豆类中含有胰蛋白酶抑制剂、植酸、寡糖、红细胞凝集素和脂肪氧化酶等多种抗营养因子。

大豆等经适当发芽处理后，其化学成分均有所改变，营养价值得以提高。因此，近年用豆芽加工的产品也在不断问世。发芽大豆中的有害成分（如植酸、胰蛋白酶抑制剂等）含量降低，并可形成独特的风味和口感。大豆在发芽过程中总糖、脂肪含量的降低，满足了人们对于低糖、低脂肪、高蛋白质大豆的需要。

研究者发现经过发芽处理后的豆类，化学成分均有所改变，具有良好的风味与口感及较高的营养价值。埃及和巴基斯坦等以豆类作为主要植物蛋白质来源的国家，很早就以发芽处理来提高豆类的营养价值和消除其不良特性。

大豆在发芽过程中，发生了一系列生理和化学变化，使大豆中的许多不良性质，如气味、抗胰蛋白酶消化因子等得以克服和改进。发芽过程也使大豆的营养价值得以提高。加工中所用发芽大豆，常常需要大豆胚芽刚刚萌动或发芽一两天的大豆，发芽时间过长，一是生产周期长，二是急剧增多的植物纤维等影响成品的质量。

1. 发芽对大豆基本营养成分变化的影响

大豆发芽过程中化学成分变化见表 9-1 和表 9-2。

表 9-1　大豆发芽过程不同时期对大豆粉化学成分的影响（单位：%）

发芽时间	蛋白质	脂肪	总糖	还原糖	粗纤维	灰分
种子（对照）	40.66	23.04	25.46	10.12	5.7	5.19
12h	39.15	22.37	27.73	9.86	6.0	4.76
24h	40.24	23.05	25.22	9.54	6.4	4.59
36h	40.40	22.41	25.72	9.27	7.0	4.90
48h	40.66	22.06	25.06	9.10	7.6	4.20

注：每个数据是二次平行试验的平均，以干基表示

表 9-2　每 100g 样品的水分含量（单位：g）

发芽时间	种子（对照）	12h	24h	36h	48h
水分	10.2	59.28	60.01	61.10	64.00

2. 水分含量的变化

由图 9-4 可以看出，大豆在发芽过程中水分含量的变化分为三个阶段。第一阶段，浸泡前干燥大豆含水量很低，仅为 8.2%；第二阶段，浸泡过夜后大豆充分的吸收水分，水分含量陡增，水分含量达到 57.13%；第三阶段是种子的发芽期，此阶段水分含量有所增加但增加趋势缓慢。分析出现这三个阶段的原因是：大豆在收获后为了便于储藏防止其发霉变质，以及其体内的各种生化反应，要将大豆晾干使水分含量降到安全范围。而大豆在浸泡过夜后其体内的干物质充分地吸收水分，为大豆生长的各种生理生化反应提供了溶液环境，此步骤使大豆体内各种酶系得到了活化。第三阶段是大豆的发芽生长期，这个阶段只需要满足豆芽生长的一定量的水分，因此水分含量增长缓慢。

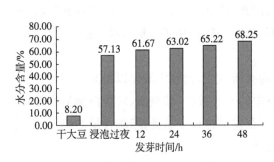

图 9-4　大豆发芽过程中水分的含量变化

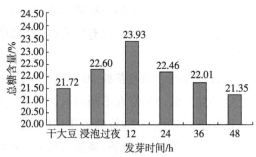

图 9-5　大豆发芽过程中水分的含量变化

3. 发芽过程中大豆总糖含量的变化

由图 9-5 可以看出，大豆发芽过程中总糖含量在发芽 12h 之前是升高的，12h 之后随发芽时间的增长，总糖含量有所降低。分析原因可能是 12h 之前，大豆体内的淀粉酶和纤维素酶等酶被激活，将大分子多糖分解为小分子糖，为大豆生长提供能量；另外，糖作为各物质之间转化的中间体——碳骨架，也使得总糖的含量有明显的升高趋势。在发芽12h 以后，豆芽生长迅速，需要大量消耗能量，而且其他营养物质的合成都需要以糖作为碳骨架，所以总糖含量会有所下降。总糖转化为其他营养物质不仅提高了豆芽的营养，更主要的是总糖减少，黏稠度降低，给豆芽的加工带来了许多便利。

4. 发芽过程中大豆还原糖含量的变化

豆类发芽实际上是一个酶促反应的启动过程。发芽时,豆类内源淀粉酶被激活,导致豆类淀粉发生降解,引起直链淀粉和支链淀粉含量的下降,淀粉在淀粉酶的作用下逐步分解为葡萄糖等小分子糖类,为幼芽和幼根生长提供能量,所以随着淀粉酶活力的升高,淀粉含量逐渐减少,还原糖含量迅速升高(图9-6)。

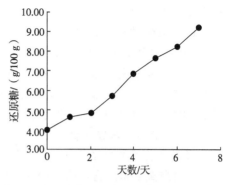

图9-6　大豆发芽过程中还原糖含量的变化

从图9-6也可以看出,大豆的还原糖含量在其发芽的过程中平稳地上升,在第7天的时候达到9.38g/100g,比未发芽前增加了2.32倍。也就是大豆发芽前期还原糖含量增加,这可能是由于其淀粉酶活性提高,使胚乳中淀粉分解,降解成小分子可溶性的糖类。

5. 发芽过程中大豆蛋白质含量的变化

（1）总蛋白质量的变化

根据图9-7的变化,大豆在发芽1天时,总蛋白质的含量有所下降,但下降的幅度不大;但发芽1天后,蛋白质含量增加,且增幅较大;到了第3天增加速率开始减缓;第7天的蛋白质含量比未发芽前增加了11%。其原因是由于发芽前的浸泡,种子中的可溶性氮溶于水中,另外,种子在刚萌动时要消耗一部分蛋白质,故发芽1天时,蛋白质含量减少,而随发芽时间的延长,蛋白质含量逐渐增加。这主要是由于蛋白酶的激活,在蛋白酶的作用下,贮藏蛋白质被分解成供胚发育的氨基酸,从而使游离氨基酸增加,再将氨基酸运转到胚的生长部分,然后以各种不同的方式重新结合起来,形成各种性质的蛋白质。由于发芽种子中氨基酸的新形成,必然造成种子氨基酸的种类不同,氨基酸的比例及蛋白的组成发生变化,使发芽种子的营养价值可能有别于萌发以前的干种子,使其营养价值得以大幅提高。

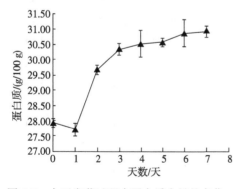

图9-7　大豆发芽过程中蛋白质含量的变化　　图9-8　大豆发芽过程中可溶性蛋白质的含量变化

（2）可溶性蛋白质含量的变化

由图9-8可以看出,可溶性蛋白质含量在发芽12h时迅速降低,而后随发芽时间的增长,蛋白质含量有所升高,但是其绝对增加量并不多。分析原因可能是浸泡过夜后种子中的部分可溶性蛋白质溶于水中,同时蛋白酶的作用使蛋白质分解,这些作用导致大豆中可溶性蛋白质减少,在发芽中后期为了满足豆芽生长的需要,蛋白质的合成大于分解,因此豆芽中的可溶性蛋白质增加。

6. 氨基酸的含量变化

(1)水解氨基酸含量变化

大豆发芽过程中部分氨基酸含量增加,部分氨基酸含量减少,总的水解氨基酸的含量略有增加变化不明显。这可能是大豆发芽过程中存在着蛋白质的合成与分解及氨基酸之间的相互转化,此转化是遵守分解合成平衡的。

(2)总游离氨基酸含量

总游离氨基酸含量增加是大豆发芽的主要好处之一。由图9-9可以看出,大豆发芽48h时总游离氨基酸含量明显增加,这对于人体必需氨基酸的摄入和快速补充具有重要的意义。

从表9-3和图9-10可看出,大豆发芽使游离氨基酸含量大为增加,未发芽的大豆种子游离氨基酸含量很少。随着发芽时间的增加,游离氨基酸总量和必需氨基酸总量都大幅度增加,36～48h增加最为明显。统计分析结果表明,游离氨基酸总量和游离必需氨基酸总量之间存在显著的线性相关关系,回归方程为 $y=305.46+3.78x$,相关系数为0.9436,此处 y 为游离氨基酸总量(mg/100g 干物质),x 为游离必需氨基酸总量(mg/100g 干物质)。

表9-3 不同发芽时间水解氨基酸含量(单位:mg/g)

氨基酸	干豆粉	发芽时间/h			
		12	24	36	48
天冬氨酸	4.73	4.91	4.72	5.68	6.21
苏氨酸[a]	1.61	1.65	1.51	1.64	1.60
丝氨酸[a]	2.05	2.10	2.00	2.22	2.20
谷氨酸[b]	8.49	8.84	7.89	8.47	8.05
甘氨酸	1.84	1.87	1.66	1.81	1.73
丙氨酸	1.84	1.91	1.73	1.96	1.96
胱氨酸	0.50	0.55	0.54	0.55	0.56
缬氨酸[a]	1.99	2.11	1.82	1.99	1.94
甲硫氨酸[a]	0.54	0.59	0.56	0.57	0.56
异亮氨酸[a]	1.92	1.97	1.71	1.90	1.84
亮氨酸[a]	3.24	3.33	2.99	3.31	3.23
酪氨酸	1.25	1.27	1.16	1.27	1.21
苯丙氨酸[a]	2.06	2.17	1.95	2.15	2.13
赖氨酸[a]	2.70	2.77	2.48	2.73	2.61
氨峰(非蛋白氮产生的峰)	0.86	0.97	0.85	0.96	0.98
组氨酸	1.71	1.22	1.11	1.22	1.22
精氨酸	3.42	3.54	3.20	3.37	3.23
脯氨酸	2.40	2.45	2.23	2.50	2.44

注:a 必需氨基酸;b 谷氨酸含量下降明显

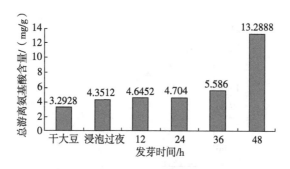

图 9-9　大豆发芽过程中总游离氨基酸的含量变化

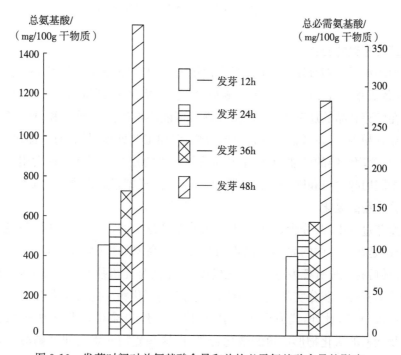

图 9-10　发芽时间对总氨基酸含量和总的必需氨基酸含量的影响

7. 发芽过程中大豆脂肪含量的变化

脂肪作为贮藏物质存在于种子中,是一种良好的能源,每克脂肪在完全氧化时产生 9.3kcal热量。

图 9-11 的结果表明,大豆在发芽过程中,大豆的脂肪含量大幅度降低,第 7 天的脂肪含量与未发芽前相比降低了 24.93%,随着发芽时间的增加,脂肪含量减少明显。这说明大豆在发芽过程中要消耗脂肪,可能作为能源或分解成小分子作为其新芽的成分。研究表明,种子在发芽过程中,脂类含量变化明显。其主要原因为种子中的脂肪分解酶、脂酶和脂肪氧化酶在萌发过程中逐渐激活,使种子中的脂类发生了一系列复杂的变化。种子中脂肪被分解成甘油和脂肪酸,使游离脂肪酸增加,同时脂肪中饱和脂肪酸的比例也增加。这可能与种子萌发时首先利用不饱和的亚油酸、亚麻酸有关。另外,脂肪酸经过代谢,最后生成碳水化合物。对发芽种子的分析结果表明,随着种子发芽,脂肪酸逐渐消失,碳水化合物和纤维素增加,这种现象存在于各类种子中。

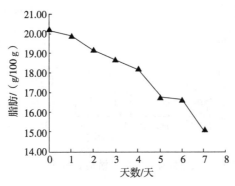

图 9-11　大豆发芽过程中脂肪含量的变化

8. 粗纤维含量的变化

豆芽中的粗纤维随着发芽时间增长,含量增多,与对照相比,发芽 48h 后,粗纤维增长33.3%,每天增长 16.6%。曾有人测得,发芽 3 天后,粗纤维增长 53.6%,每天增长17.8%。在发芽制品的加工中,由于粗纤维有可能影响产品的质感和风味,所以以发芽大豆制作豆乳粉等,必须考虑纤维含量的影响,但如工艺处理得当,对产品风味不会带来不良影响时,食用纤维的增加,有助于制品营养价值的提高。膳食中的食用纤维,有助于降低血清中胆固醇含量和肥胖病人减肥和消化,有助于糖尿病人改善葡萄糖的代谢。

9. 灰分含量的变化

大豆发芽过程中,灰分含量从总体趋势上看是减少的,尽管随着时间有所波动。所谓灰分,指的是在大豆中的固体无机物的含量。在高温灼烧时,大豆发生一系列物理和化学变化,最后有机成分挥发逸散,而无机成分(主要是无机盐和氧化物)则残留下来,这些残留物称为灰分。灰分实际上是各种矿物元素的氧化物。主要元素有 Ca、Mg、K、Na、Si、P、S、Fe、Al、I 等,此外,尚有微量元素,总数不少于 60 余种。大豆种子中的植酸能够与这些矿物元素的氧化物形成植酸磷化合物,即这些矿物元素与肌醇磷酸的复合盐(肌醇六磷酸酯)。其中一些是不溶性的,如植酸与 Ca^{2+}、Mg^{2+} 等金属离子形成不溶性盐。大豆种子在发芽过程中,植酸与这些矿物元素的氧化物形成的不溶性复合物,被新形成的植酸酶所分解,变为可溶性成分,在发芽过程中溶于水中,从而将金属元素释放出来,因而使得豆芽和总的灰分含量减少。

10. 发芽对大豆维生素含量变化的影响

(1)发芽过程中大豆 V_C 含量的变化

图 9-12 的结果表明,V_C 的含量在大豆发芽过程中呈上升趋势,在第 3~5 天的时候V_C 的含量增加极为显著,增幅达到最大。大豆在未发芽时,V_C 的含量很低,近似为零,而到第 7 天的时候,每 100g 的黄豆芽中含有 9.7mg 的 V_C。大豆发芽过程中 V_C 含量的变化与物质代谢的酶类随之产生或被活化使机体内物质代谢不断增强,参与 V_C 合成代谢的酶类也随之增强,从而在其豆芽组织中 V_C 含量不断增加。徐茂军研究发现,大豆发芽后抗坏血酸含量增加,其合成的关键酶是半乳糖酸内酯脱氢酶(GLDH)。

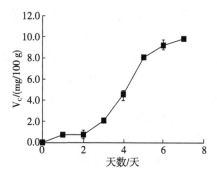

图 9-12　发芽过程中大豆 V_C 含量的变化

（2）V_A、V_E 的变化

表 9-4 列出了不同发芽时期豆芽中三种维生素 V_A、V_E、V_C 的含量的变化结果。从表 9-4 可看出，随着发芽时间增加，V_A、V_E、V_C 含量都成倍地增长，发芽 12h 后，V_A 含量就达到原大豆的 2.57 倍；V_E 达到原大豆的 4.42 倍；V_C 达到原大豆的 3.72 倍。发芽 48h 后，V_A 达到原大豆的 14.70 倍、V_E 达到 6.40 倍。在大豆粉的生产厂家，为了增加豆乳粉中的维生素含量，常常将 V_A、V_E 溶解在植物油中添加进豆乳粉，但由于油水互不溶性，添加 V_A、V_E 的同时，还要添加乳化剂，并进行均质等强行乳化。这样做，一方面增加工艺过程的复杂性，另一方面，得出的产品在油水稳定性方面常不能达到理想的效果。如果将大豆发芽后再生产豆乳粉，由于维生素含量的大大提高，这些问题就迎刃而解了。

表 9-4　发芽对大豆中维生素含量的影响（单位：mg/100g 干物质）

维生素	种子（对照）	12h	21h	36h	48h
V_A	1.736	4.455	21.474	17.478	25.525
增长率（倍）	—	2.57	12.37	10.07	14.07
V_E	0.796	3.534	4.697	2.488	5.114
增长率（倍）	—	4.42	5.88	3.11	6.40
还原型 V_C	2.546	9.481	9.647	15.064	18.643
增长率（倍）	—	3.72	3.79	5.92	7.32

对发芽对维生素含量影响的统计分析发现，发芽时间与维生素（包括 V_A、V_E、V_C）的含量都具有线性关系。V_A 含量与发芽时间也有明显的线性关系。V_E 与发芽时间之间没有明显的线性相关关系。

（3）发芽对大豆中植酸含量的影响

在大豆种子中，磷主要以植酸态磷的形式存在，在种子中的磷化合物可以分为植酸态磷、无机磷、磷脂、核酸态磷和磷蛋白，但其他磷化合物含量比较少。植酸磷化合物是钙和镁与肌醇磷酸的复合盐（肌醇六磷酸酯）。植酸离子能与二价、三价金属离子（Zn^{2+}、Ca^{2+}、Mg^{2+}、Fe^{2+} 和 Fe^{3+}）结合，形成不溶性化合物，在生理 pH 范围内，与锌形成最稳定的化合物，这些植酸锌化合物是不溶于水的，不能被动物及人体的小肠黏膜所吸收。膳食中的植酸也能与 Ca^{2+}、Mg^{2+} 等金属离子形成不溶性盐，导致这些矿物质吸收下降。大豆种子在发芽过程中，植酸被新形成的植酸酶所分解，从而将金属元素释放出来。由表 9-5 可知随着发芽过程的进行，植酸含量逐渐下降，到发芽 48h 时，大豆中植酸分解了

25％。有研究发现种子发芽至第 10 天,植酸分解了 50％。统计分析表明,植酸分解率与发芽时间也存在明显的线性关系。植酸分解和植酸酶活性从第 4 天开始下降,植酸分解在发芽前四天比较快。从表 9-5 还可看出,植酸态磷是种子中磷的主要存在形式,占总磷的 76.48％,随着发芽过程的进行,由于植酸分解,植酸态磷在总磷中的含量也逐渐下降,发芽至 48h,植酸态磷占总磷的含量为 64.44％,下降了 12.04％。在发芽过程中,总磷含量也有所下降。这可能由于在浸泡和浇淋过程中,无机磷溶于水中,使磷含量损失所致。发芽中的植酸分解酶主要有两种,一种为植酸酶,主要功能是将植酸分解为肌醇单磷酸酯(通过中间体,先分解为肌醇五磷酸酯,肌醇四磷酸酯、肌醇三磷酸酯,肌醇二磷酸酯);另一种磷酸酶则将肌醇单磷酸酯分解为肌醇和磷酸。

表 9-5 发芽过程中大豆植酸含量的变化

时间/h	总磷 /(mg/g)	植酸态 P /(mg/g)	植酸 P 占总 P 百分比/％	植酸/％	分解率/％
0	4.72	3.61	76.48	1.28	0
12	4.45	3.33	74.83	1.18	7.81
24	4.26	3.15	73.94	1.12	12.50
36	4.11	2.94	71.53	1.04	18.75
36	4.19	2.70	64.44	0.94	25.00

注:每个数据均为两次试验的平均,以干基表示。

大豆在发芽过程中,随着发芽时间的增长,蛋白质含量增加,脂肪、总糖,还原糖含量减少,粗纤维含量增加,但在发芽两天后,蛋白质、脂肪、总糖、还原糖含量的绝对变化量不大,与对照组相比,蛋白质含量增长率为 0.05％,脂肪减少率为 4.25％。总糖增加 1.57％,还原糖减少 10.07％,粗纤维净增 1.9％,增加率为 33.3％。所以发芽两天后,对大豆中的化学成分的绝对含量没有多大影响。

随着发芽时间的增长,大豆中的 V_A、V_E、V_C 含量明显增多,发芽两天后,V_A 含量达到原大豆的 14.70 倍,V_E 达到 6.40 倍,V_C 达到 7.32 倍,其含量与发芽时间有着显著的线性关系,V_A 与发芽时间的回归方程为 $y=2.013+0.505x$,相关系数 r 为 0.9113,V_E 的回归方程为 $y=3.522+0.3148x$,相关系数 r 为 0.9737。

发芽过程使大豆中游离氨基酸含量大为增加,未发芽的大豆种子游离氨基酸太少,几乎为零。随着发芽时间的增加,氨基酸总量与必需氨基酸总量都大幅度增加,36～48h 增加最为明显,游离氨基酸总量与游离必需氨基酸总量之间存在显著的线性相关关系,回归方程为 $y=305.46+3.78x$,相关系数 r 为 0.9436。

发芽过程使大豆中植酸分解,发芽两天时,植酸分解率为 25％,植酸是大豆中 P 的主要储存形式,在大豆种子中达 76.48％,植酸态 P 和总 P 之间存在明显的线性关系,回归方程为 $y=2.354+0.633x$,相关系数为 0.9096,植酸分解率与发芽时间也存在明显线性关系,回归方程为 $y=1.264+0.523x$,相关系数 r 为 0.9723。

11. 功能性因子异黄酮、γ-氨基丁酸等成分的变化

大豆发芽过程中一些功能性因子的生物合成和积累更应该引起人们的关注。

(1)发芽过程中大豆异黄酮含量的变化

1986 年,美国科学家首先发现大豆中有能够抑制癌细胞的异黄酮之后,陆续有科学家证明了大豆异黄酮是大豆生物活性物质中最有医疗价值的活性成分。大豆异黄酮在恶性肿瘤的孕育中可有效地阻滞新血管的生成,切断恶性肿瘤的营养供应,从而延缓或阻止肿瘤变成癌症。

从图 9-13 可以看出,发芽 1 天的大豆异黄酮含量变化不大,只增加了 0.11g/100g,这表明大豆在发芽前经过了几小时的浸泡使其异黄酮溶解,发芽时又进行了异黄酮的合成。第 2~5 天增加 0.51g/100g,这表明异黄酮的合成代谢仍在进行。发芽 5 天后异黄酮的含量趋于稳定,之后略有下降。因为大豆在发芽过程中呼吸作用增强,酶的种类和数量显著增加,苯丙氨酸氨基裂解酶(PAL)就是其中之一,而它又是异黄酮生物合成代谢的关键酶。因此,通过发芽可以提高大豆中异黄酮的含量。

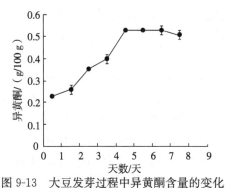

图 9-13 大豆发芽过程中异黄酮含量的变化

(2)大豆发芽过程中 γ-氨基丁酸的含量变化

工业生产上,γ-氨基丁酸主要是通过乳酸菌将谷氨酸发酵转化而成的,但是在大豆发芽过程中,γ-氨基丁酸在大豆体内的自动生物合成的机制还没有得到证实。已有文献证明,谷氨酸是氨基丁酸的主要来源,另外,谷氨酸的含量明显下降可以推测,在大豆发芽过程中由于乳酸菌代谢产生的谷氨酸脱羧酶和大豆内源的谷氨酸脱羧酶的存在及大豆发芽时外界环境的刺激等各种因素都可能造成大豆内氨基丁酸的积累。

近年来日本学者发现在大豆发芽过程中产生了 γ-氨基丁酸。发芽过程中 γ-氨基酸含量变化见表 9-6。γ-氨基丁酸是一种广泛分布于动植物体内的非蛋白质氨基酸,它对人体具有多种生理功能,γ-氨基丁酸是哺乳动物的神经系统的主要抑制性递质,介导了中枢神经系统 64% 以上的抑制性神经传导,参与脑循环生理活动。具有抗心律失常、降血压、抗惊厥、镇痛、改善脑功能、精神安定、促进长期记忆功能,可作为少年儿童智力的营养补充剂和促进剂。最新研究表明,除具有上述生理作用外,还有调节激素分泌,改善更年期综合征,促进酒精代谢和消臭、减肥的效果。

表 9-6 同发芽时间与 γ-氨基丁酸含量

发芽时间/天	大豆	12	24	36	48
含量/(mg/100g)	3.30	16.60	20.10	19.50	23.10

12. 大豆发芽过程中抗营养因子的变化

豆类等经适当发芽处理后,其化学成分均有所改变,营养价值得以提高,并可形成独特风味和口感。然而,大豆中各种抗营养因子的存在影响了大豆蛋白的营养价值和消化率。大豆中所含的几种主要的抗营养因子(ANF,antinutritional factor)有蛋白酶抑制因子、致甲状腺肿素、血球凝集素、抗原蛋白和抗维生素因子等。其中胰蛋白酶抑制因子(TI,trypsin inhibitor),血球凝集素(lectins)和抗原蛋白的含量或生物活性较高,是大豆中重要的抗营养因子。它们的存在有碍营养素的吸收,导致身体的不适或豆制食品感官上的缺陷,严重时造成死亡。

(1)发芽对大豆中胰蛋白酶抑制因子活性的影响

大豆中抗营养因子的含量与发芽时间密切相关,随着发芽时间的延长,抗营养因子的含量逐渐减少,但不同品种大豆中抗营养因子的降低程度和幅度不同。

(2)发芽对大豆中血球凝集素活性的影响

血球凝集素的含量变化与胰蛋白酶抑制因子的变化类似,在第4天发芽时出现不同程度的降低。凝集素含量随发芽天数的延长而降低,但发芽4天后,降低缓慢甚至有所回升。

种子萌发过程中,贮存蛋白质经过水解释放出能量供种子萌发和生长需要。同时蛋白酶的活性增加,以分解贮藏的蛋白质供生长所需。大豆中的抗营养因子多为蛋白质,它们存在于大豆的贮存器官中,作为贮存蛋白质在种子萌发时参与种子的复杂的生理生化变化。抗营养因子也可被种子自身产生的酶系所作用,它们在发芽过程中含量的降低即说明是大豆本身的酶将其利用或降解,这种酶应属蛋白酶。而且,萌发时抗营养因子含量降低最大时的大豆芽含有的酶活性也应最高。因此,可以利用这时的豆芽来提取所希望的有效而特异性的失活抗营养因子的酶。

13. 大豆发芽过程中酶的含量变化及营养变化

大豆子叶中的贮藏物质有蛋白质、脂肪和碳水化合物,在种子萌发过程中它们提供氮源、碳源和能量。大豆蛋白质含量高、构成蛋白质氨基酸平衡性好,是世界上最经济的食物蛋白质来源,人类获取植物蛋白质来自于大豆。大豆经发芽处理后,营养价值进一步提高,并可形成独特的口感和风味。大豆种子的发芽是一个需要巨大能量的过程,种子中贮藏了富含化学能的有机物,发芽时转化为容易被胚吸收的形态,这些变化必须有酶的作用。种子发芽时酶的活化是最明显的现象。大豆子叶中的贮藏物质有蛋白质、脂肪等,种子萌发过程中它们提供氮源、碳源,故蛋白酶、脂肪酶对种子的萌发尤为重要。

(1)大豆发芽过程中脂肪氧化酶活性的变化

发芽0天、1天、2天、3天、4天的大豆粉脂肪氧化酶活力见表9-7。

表9-7 大豆发芽过程中脂肪化酶的活性变化

发芽天数/天	0	1	2	3	4
脂肪氧化酶活性/(U/mg)	4685	3139	2891	2604	2456

由表可以看出,随着大豆的发芽,脂肪氧化酶的活性逐渐降低,从大豆浸泡到大豆发芽4天,脂肪氧化酶的活性降低了47.5%。

(2)大豆发芽过程中内源蛋白酶活性的变化

不同发芽时间的大豆粉内源蛋白酶活力如图9-14所示。

由图可以看出,从大豆浸泡阶段内源蛋白酶活力开始逐渐增强,在发芽第3天活力有所降低,而后又略有升高。从大豆萌发的第 3 天开始,大豆芽生长较快,可能与内源酶的活性有关,内源酶的活性越高,为豆芽生长提供越多的营养物质,豆芽生长越快。

　　同时发现,在大豆发芽的前 2 天(48h 内),游离氨基酸的含量不断增加;在 48h 后,游离氨基酸含量出现降低的趋势。大豆种子萌发过程中游离氨基酸含量变化如图 9-15 所示。分析认为,大豆萌动期,子叶中蛋白质开始部分酶解成游离氨基酸,为发芽过程提供可供幼芽吸收的能量,发芽 2 天后,大豆胚根生长则导致氨基酸的进一步降解,到第 4 天,可能又有新的氨基酸合成。游离氨基酸的含量与内源蛋白酶的活性也密切相关。

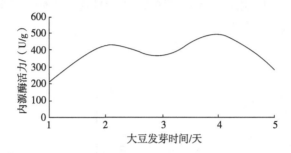

图 9-14　大豆种子萌发过程中内源蛋白酶含量的变化

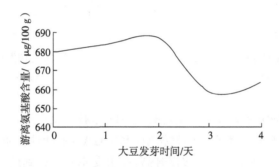

图 9-15　大豆种子萌发过程中游离氨基酸含量的变化

（3）大豆萌发过程中谷氨酸脱羧酶活性变化研究

　　γ-氨基丁酸(aminobutyricacid,GABA)是广泛分布于动植物中的一种非蛋白质氨基酸,是存在于哺乳动物脑、脊椎中的抑制性神经递质,是非常值得关注的一种功能性成分。据报道,它具有抗惊厥、营养神经、促进生长激素分泌、抗高血压、增强免疫力等生理作用。一些富含 γ-氨基丁酸的食品,如茶、米胚、大麦等都已被开发,富含 γ-氨基丁酸的大豆产品更是被国内外学者看好。日本学者 Nagatoishi 等发现大豆在萌发过程中会产生 γ-氨基丁酸,并获得了由萌发大豆制备富含 γ-氨基丁酸和异黄酮豆乳的美国发明专利。毛建、李振艳等也通过大豆浸泡、萌发,富集 γ-氨基丁酸。

　　大豆中的 γ-氨基丁酸来源于大豆中自身的谷氨酸脱羧酶(GAD)对大豆中游离 L-谷氨酸的催化。谷氨酸脱羧酶可以专一的催化 L-谷氨酸脱羧产生 γ-氨基丁酸,它是大豆中富集 γ-氨基丁酸的关键酶。谷物浸泡发芽是种子开始萌发生长的一个过程,其中糖、脂肪、蛋白质、氨基酸、矿质元素成分都会发生变化,这些变化都需要相应的酶类进行催化。

　　大豆在浸泡、萌发过程中,γ-氨基丁酸的增加与大豆中谷氨酸脱羧酶的活性变化密切相关。研究大豆中谷氨酸脱羧酶的性质尤其是酶活性变化对富集大豆中 γ-氨基丁酸有着重要的意义。大豆在浸泡、萌发过程中 γ-氨基丁酸含量是有所增加的。大豆在浸泡、萌发两个过程中谷氨酸脱羧酶的活性变化,揭示了大豆谷氨酸脱羧酶的变化规律,解释了大豆在浸泡和萌发中 γ-氨基丁酸增加的原因。

(4)不同浸泡时间大豆中谷氨酸脱羧酶(GAD)活性变化

大豆在储藏期间,种子处于休眠状态,酶活性比较低,约为 0.25U。从图 9-16 可以看出,在浸泡初期,特别是在 0~10h,GAD 活性迅速升高。浸泡 10h,大豆中的 GAD 活性达到最高水平,酶活性为 2.45U,提高到浸泡前的 9 倍。在浸泡 10~20h 时,酶活性缓慢下降达到平台期,为 2.4U。随着浸泡时间增加,酶活性逐渐下降。但即使在浸泡 30h 时,酶活性仍然高于储藏期的水平。

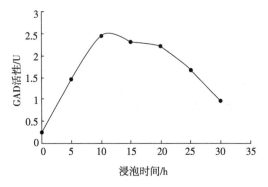

图 9-16 大豆浸泡过程中谷氨酸
脱羧酶(GAD)变化

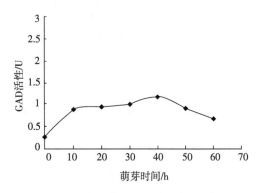

图 9-17 大豆萌发过程中谷氨酸脱羧
酶(GAD)变化

(5)不同发芽时间大豆中谷氨酸脱羧酶(GAD)活性变化

从图 9-17 中可以看出,大豆在萌发初期,大豆 GAD 的活性在萌发 10h 内迅速升高,高于大豆贮藏期水平。在 10~40h 缓慢升高,在萌发 40h 时达到最高,酶活性为 1.28U。随后逐渐下降。从上述结果可以明显看出,大豆在萌发中的酶活性总体水平比浸水期低。

大豆中 GAD 可以催化大豆中的游离 L-谷氨酸脱羧生成 GABA,这个反应需要 H^+ 的参与。从植物生化反应来看,大豆中游离 L-谷氨酸的增加、H^+ 浓度的增加,都可以使大豆 GAD 的活性增加。

植物来源的 GAD 是一种钙调素(CaM)结合蛋白,其活性受 Ca^{2+}/CaM 调节,Ca^{2+}/CaM 存在下,植物中 GAD 活性明显增加。日本学者 AyaMstsuyama(2009)研究了大豆中谷氨酸脱羧酶基因序列,证实大豆中存在钙调素蛋白结合序列。所以在大豆中游离 L-谷氨酸、H^+ 浓度、Ca^{2+}/CaM 增加的情况下,大豆 GAD 的活性都会增加。相反,当酶反应底物不足,不在最佳 pH、最佳温度等条件时,大豆 GAD 的活性都会下降。

大豆处于贮藏期,大豆自身中的酶都处于休眠状态,大豆中的 GAD 也不例外,仅为 0.25U,Kurkdjian 和 Guern 的报道证实,低氧可使细胞质 pH 下降 0.4~0.8。大豆浸泡就是处于低氧条件,浸泡处理不仅使大豆体内休眠的 GAD 酶激活,也使 H^+ 浓度增加。这可能就是大豆在浸泡 0~10h,大豆中 GAD 活性迅速增加的原因。在随后的 10~30h 大豆 GAD 活性逐渐下降,其原因可能是底物 Glu 减少,H^+ 被消耗,使 GAD 处于底物不足、不是酶的最适

pH 等。

大豆萌发是大豆种子开始生长的一个过程,其中糖、脂肪、蛋白质、氨基酸、矿质元素成分都会发生变化,蛋白质在蛋白酶的作用下开始分解,增加了游离 Glu 的含量,大豆萌发过程中总植酸的分解使得 Ca^{2+} 的含量增加。这些变化都是逐渐进行的,大豆从休眠期到萌发期,大豆中 GAD 活性在萌发 10h 迅速升高。随着底物 Glu 逐渐供给、Ca^{2+} 的浓度增加等,大豆中 GAD 在大豆萌发 40h 达到萌发时最大值 1.28U。后期酶活性下降可能是底物逐渐被利用、Ca^{2+} 的浓度下降、H^+ 降低等综合作用的结果。大豆萌发时期的酶活整体水平没有大豆在浸泡时期酶活性高。试验得出以下结论:大豆在浸泡这个过程中的 GAD 的酶活总体水平要高于大豆在萌发过程中的酶活总体水平。其中大豆在室温条件下浸泡 10h,大豆中 GAD 的活性最高,为 2.45U。

第三节　豆芽生产工艺与技术

正常的黄豆、绿豆、蚕豆都是生命有机体,豆种育豆芽,是生命体从休眠、苏醒到发育、成长的过程。这些生命体呼吸、释热的程度,随周围温度、湿度的变化而变化。因此,豆芽生长时间的长短、产量的高低、质量的优劣与豆种的老嫩、室温和水温的调节、浇水时间的掌握有着十分密切的关系。在豆芽生产前,要做好发芽试验和种子纯度的测定,以便计算实际需要的种子量。生产豆芽用的容器先用石灰水消毒,清洗干净。其他用具也必须洁净,不能沾上油腻,防止豆芽感染腐败细菌而腐烂。豆芽的生产工艺依种类不同而异,目前普遍生产的有黄豆芽、绿豆芽和蚕豆芽,其传统的生产工艺如下。

1. 生产流程

黄豆→过秤→装箩→淘洗→下缸→浇水→浸豆→浇水→小芽→盖包→浇水→二芽→浇水→中芽→浇水→长菜→采收→装篮→漂洗→过秤→出售。

2. 规格质量

芽身挺直,颜色洁白,胚轴长 10～20cm,直径 3～5mm,基本无豆壳。一般 1kg 黄豆(或黑豆)可生产黄豆芽 7～9kg,高产的可达 13kg。

3. 原料选择

黄豆皮色有白黄、淡黄、黄、金黄、暗黄等,以色泽黄亮为好;黑豆皮色有褐色、黑色。豆粒要饱满,胚芽突出,其中瘪豆、嫩豆、碎豆、缺豆一般不能超过 5%。未成熟而收割的晒干豆,容易发热霉烂;贮藏受热的走油豆,生命力衰竭,不能作豆种。黄豆隔年使用,要求贮存温度在 0℃以上、14℃以下,相对湿度 65%～75%,因为在高温、高湿条件下贮藏的豆种,发芽势弱,发芽率低,发芽过程中易发生腐烂。因此,选用当年秋季采收的新鲜豆种,这是生产黄豆芽成败的一个关键。

4. 操作方法

生产黄豆芽的室内温度以 21～23℃最为适宜。为了便于管理,一般在高温季节以后才生产黄豆芽,如上海、浙江等地主要生产期在每年 1～4 月和 11～12 月的 6 个月内,黄豆芽质量比较容易掌握。但在 5～10 月生产时,气温变化比较大,操作要特别留心。天热室内温度在 28℃以上时,除浙江梅青、常州牛皮黄和东北的旗新等耐热品种八九月可以生产黄豆芽外,其余的黄豆容易受热走油,豆芽受热易烂,如没有温度调节设施,最好停止生产。现将 3 种不同室温的操作方法分述如下。3 种不同室温的操作方法分别见

表 9-8、表 9-9、表 9-10。

表 9-8　室温 10～15℃、生产周期 10 天左右的操作方法

阶段	水温	浇水时间·次数	生长特点及注意事项
浸豆	10～11℃	8h 1 次	整个生产过程中，每次浇水 1 遍。因室温低，要注意保持缸内豆芽温度，水温逐渐提高，水量逐渐减少，必要时可用温水
小芽	12～13℃	48h 12 次	芽长 2cm，水过豆面 5cm
二芽	14～15℃	24h 4 次	芽长 4cm，水过豆面 1.5cm
中芽	16～17℃	48h 8 次	芽长 5cm，表面见水，不要超过豆面
长菜	18～19℃	48h 7 次	水占缺体 70% 即可。最后 6h 的一次水停止浇，最后 3 次水温要调高至 20～21℃
出售			过 4h 后出缸

表 9-9　室温 21～23℃、生产周期 6 天左右的操作方法

阶段	水温	浇水时间·次数	生长特点及注意事项
浸豆	17～18℃	4～8h 1 次	豆身湿润，豆壳从皱到胀。淘净沙泥、嫩籽，豆种要摊平豆身发胖，豆嘴明显突出，处于萌芽状态
小芽	19～21℃	48h 12 次	芽头从顶到 1.5cm 是关键阶段，切忌受冷、受热、伤芽、脱水。豆面开始盖蒲包或麻袋，保暖、避光，防止豆芽发青。每次 2 遍，第一遍水浇至豆面见水，第二遍水盖豆面，让豆芽浮起。要求进出水温接近
中芽	22～23℃	24h 6 次	芽长至 5cm，生长逐渐稳定。注意按时浇水，每次 2 遍，防止漏缸、漏角
长菜	24～25℃	24h 5 次	芽长接近标准规格。每次 2 遍，最后 4h 的一次水停止浇（俗称收一次水头）
出售			过 4h 后起缸。自近而远、自上而下依次将豆芽扠起，放进筛篮在水缸内淘洗，轻轻抖松，散热去壳，防止折断。沉于缸底的无梗豆瓣用笊篱捞出，最后用竹篮清洗去壳

表 9-10　室温 28～33℃、生产周期 4 天半的操作方法

阶段	水温	浇水时间·次数	生长特点及注意事项
浸豆	24～25℃	24h 8 次	天热水温高，豆芽自身温度更高，隔 3h 浇水 1 次。有条件可用井水。要选择耐热品种作原料。自来水水温超过 30℃ 时，最好掺入井水，小芽尤为需要
小芽	26～27℃	24h 8 次	每次 2 遍，第一遍豆面见水，第二遍水过豆面 5cm
二芽	27～28℃	12h 4 次	每次 2 遍，每遍都以水露豆面为限
中芽	29～30℃	24h 8 次	每次 2 遍，第一遍水占缸体 70%，第二遍豆面见水
长菜	31～33℃	12h 4 次	每次 2 遍，第一遍水占缸体 50%，第二遍豆面见水。出售前最后一次水不减少，但只浇 1 遍，水占缸体 30%
出售			过 3h 后出缸

　　室温 10～15℃ 和 28～33℃ 时，以缸内生产为宜。黄豆的种皮薄而柔软，且蛋白质含量高，浸水后易皱缩。黄豆浸水后，吸水速度比绿豆快，一般在 25℃ 水中浸泡 3h，吸水量为本身重量的 82%，因此，黄豆在 25℃ 水中浸泡 2～4h 即可。水温低，可适当延长，浸种

约 8h。如果浸泡时间过长，反而影响发芽势和降低发芽率。豆种经过清洗和浸泡后，平铺于容器中，黄豆体积一般比绿豆增加 1/4 左右。浇水次数要根据气温来决定，如在冬春季间隔 6~8h 浇水 1 次，当黄豆芽长到 1.5cm 时，要特别注意不能让温度过高或过低，以免伤芽，发生红根或烂芽。当黄豆芽胚轴长到 10~20cm 时，真叶尚未伸出，即可供应市场。在正常温度和良好培育管理条件下，一般培育时间为 7~9 天，而冬天则需 10~15 天，温度较高的 5~10 月只需 5~6 天。采收时要自上而下，轻轻将豆芽叉起，放入水池或水缸内，洗去种皮和未发芽或腐烂的豆粒。有些地方培育黄豆芽，当芽长 1~2cm 时即取出炒食，此时豆芽品质好，维生素 C 含量最多，营养价值很高，但产量较低。

第四节　豆芽的品质特点与化学成分

黄豆芽是营养丰富，味道鲜美的蔬菜，是较好蛋白质和维生素的来源。

每 100g 黄豆芽中基本营养成分的含量为：水分 88.8g，热量 44kcal，能量 184kJ，蛋白质 4.5g，脂肪 1.6g，碳水化合物 4.5g，膳食纤维 1.5g，灰分 0.6g。

1. 维生素含量

除此之外，豆芽含有丰富的维生素，每 100g 黄豆芽中维生素成分的含量为：维生素 A 5mg，维生素 B_1 0.17mg，维生素 B_2 0.11mg，维生素 C 20mg，胡萝卜素 30mg，硫胺素 0.04μg，核黄素 0.07mg，烟酸 0.6mg，维生素 E 0.8mg。

2. 无机与微量元素

钙 21mg，磷 74mg，钾 160mg，钠 7.2mg，镁 21mg，铁 0.9mg，锌 0.54mg，硒 0.96μg，铜 0.14mg，锰 0.34mg。

3. 氨基酸含量

异亮氨酸 191mg，亮氨酸 148mg，赖氨酸 189mg，含硫氨基酸 109mg，甲硫氨酸 36mg，胱氨酸 73mg，芳香族氨基酸 286mg，苯丙氨酸 191mg，酪氨酸 95mg，苏氨酸 141mg，色氨酸 56mg，缬氨酸 199mg，精氨酸 247mg，组氨酸 107mg，丙氨酸 185mg，天冬氨酸 879mg，谷氨酸 426mg，甘氨酸 126mg，脯氨酸 167mg，丝氨酸 173mg。

4. 豆芽的营养特点

大豆籽粒在萌发生长过程中，从吸水膨胀开始，随着胚和子叶含水量的增加，细胞内部便发生一系列的生理变化和复杂的化学变化。其中有从贮存状态下活化起来的细胞器、大分子及酶系统，也有在细胞水合状态下重新形成的细胞器、大分子及酶系统。由于发芽的过程中，大豆体内进行着一系列的物质转化，与发芽前的豆子相比，豆芽不仅外观发生了改变，其贮藏物质成分也发生了一系列的生化反应：转化与转移，消失与产生。这就使得豆芽与大豆相比，具有许多营养上的独特之处。

(1)口感更好，更易消化

发芽过程中，产生的水解酶将大豆籽粒中的高分子贮藏物质转为可溶性的、人体易吸收的简单物质。在豆内所含各种生物酶的作用下，蛋白质和淀粉发生了量与质的变化。黄豆中的蛋白质水解后变成氨基酸和多肽，一些淀粉转变为单糖和低聚糖等，更容易被人体吸收。因而与大豆相比，豆芽不但色泽美观，而且食用口感脆嫩，易消化吸收。

(2)豆芽的蛋白质消化率高于大豆

虽然豆粒中的蛋白质含量比较高，但由于其中存在一种胰蛋白酶抑制素，使人们不能充分消化豆类蛋白质,从而使营养价值的利用受到一定的影响。通过培育豆芽,原有的有机营养物质消耗不多,而胰蛋白酶抑制素绝大部分被破坏,使人体对其中蛋白质的消化吸收率提高到 65%。

(3)抗疲劳成分——天冬氨酸含量增加

黄豆发芽后天冬氨酸急剧增加,所以经常吃黄豆芽能减少体内乳酸堆积,有助于消除疲劳。

(4)维生素含量高于大豆

研究证明,黄豆发芽后,胡萝卜素可增加 1～2 倍,维生素 B_2 增加 2～4 倍,维生素 B_{12} 是大豆的 10 倍,维生素 E 是大豆的 2 倍,烟酸、叶酸等物质也成倍增加。

豆粒中维生素含量极微,甚至没有,但当培育成豆芽时,维生素 C 含量大大提高,其中以子叶部分含量最丰富,幼芽次之。

维生素和无机盐都是人体内需要量较多而又容易缺乏的。倘若人体内缺少了它,就容易患上某些疾病。例如在正常情况下,成人每天需要维生素 C 50～100mg,幼儿 30～50mg,乳妇 150mg。然而,维生素 C 在人体中不能够积累,需要经常的补充。豆芽中维生素 C 的含量为梨、苹果、香蕉、甘蔗的 4～5 倍。因此,食用豆芽可以得到较多的维生素。

(5)无机盐利用率高于大豆

在豆种发芽时,由于酶的作用,磷、锌等无机盐被释放出来,使豆粒中的无机盐得到充分的利用。

(6)消除了大豆中的胀气因子和抗营养因子

在豆粒中还存在一种妨碍人体吸收食物营养的凝血素,以及不能被人体吸收的棉子糖、鼠李糖、毛类花糖等 3 种寡糖,但在豆芽发芽过程中以上物质就转化消失了。

(7)含有抗癌物质

大豆籽粒中不含叶绿素,而发芽后的豆芽含有叶绿素,能够分解人体消化道的亚硝酸胺,有助预防直肠癌、恶性肿瘤。除了叶绿素,豆芽含有若干强力的抗癌物质,具有意想不到的营养和医疗价值。

5. 豆芽的药用价值

豆芽不但营养丰富,而且还有很好的药用价值,可用来治疗多种疾病。豆芽性味甘平,入脾、大肠二经,能健脾宽中、润燥消水、排脓解毒、消肿止痛,又有清热、利湿之功效。可用于暑湿发热、胸闷不舒、肢体疼痛及水肿等症的医治。豆芽含有丰富的粗纤维素,可治疗便秘。绿豆芽还可以解酒毒与热毒。

黄豆芽用清水煮熟,连汤服食,每日 3 餐,吃饱为止,连食 3 天为 1 个疗程,治疗期间不吃其他任何粮食及油类,第 4 天改普通饮食,并可继续以豆芽为佐餐,能治疗寻常疣;用黄豆芽 250g、鲜猪血 250g 共煮而食用,可治疗脾胃湿热、大便干结难解或硅肺病。

豆芽还具有减少癫痫发作次数、减轻症状的作用。

此外,用黄豆芽配生甘草与化学抗癌药物同用,能减轻药物的副作用,故可作为化疗或放射治疗癌症的辅佐饮食。据美国得克萨斯州休斯顿防癌研究所营养学家介绍,豆芽所含的叶绿素能防治直肠癌和一些其他癌变。美国科学院的一个专家小组撰写的题为《饮食、营养和癌症》的报告指出,维生素 C 和胡萝卜素能抑制致癌物质在人体内形成,可以降低胃癌和食道癌的发生,减少肺癌、膀胱癌和皮肤癌的出现,特别是长期有吸烟嗜好的人,常吃豆芽,可大大减少肺癌的发生。

6. 豆芽的保健功能及原理

(1)豆芽美容原理

疲劳是容颜的大敌,大豆发芽后,天冬氨酸急剧增加,所以人吃豆芽能减少体内乳酸堆积,消除疲劳。同时豆芽富含极易被人体吸收的各种微量元素和生物活性水,可以防止雀斑、黑斑,使皮肤变白。冬天服用可以预防冷感和脸色变紫。

(2)豆芽抗癌原理

亚硝酸盐是食物中的致癌元凶。常见于各种腌制类的食物和工业加工食品中。而豆芽中的叶绿素能分解人体内的亚硝酸胺,进而起到预防直肠癌等多种消化道恶性肿瘤的作用。

豆芽还富含膳食纤维,是便秘患者的健康蔬菜,有预防消化道癌症(食道癌、胃癌、直肠癌)的功效。

(3)豆芽延寿原理

根据近代老年医学研究,在有益寿延年功效的 10 种食品中,排在第一位的就是黄豆及黄豆芽,排在第六位的是绿豆和绿豆芽。韩国的调查也表明,长寿老人中普遍没有高血压、心脏病、动脉硬化等疾病。专家分析,这是因为豆芽中含有大量的抗酸性物质,具有很好的防老化功能,能起到有效的排毒作用。

(4)豆芽减肥功用

绿豆芽所含的能量很低,却含有丰富的纤维素、维生素和矿物质,有美容排毒、消脂通便、抗氧化的功效。从营养学的角度看,绿豆芽的热量很低,每 100g 绿豆芽仅含 8cal 热量,而其所含的丰富的纤维素却可促进肠蠕动,具有通便的作用,这些特点决定了绿豆芽的减肥作用。

第五节 当前豆芽生产中的主要问题

目前市场上销售的豆芽以无根豆芽为主,要求豆芽下胚轴粗壮白嫩,为满足市场需求,生产中常常使用一些化学药剂,包括生长促进剂、增白剂、杀菌剂等,但这些物质对人体健康往往具有潜在的威胁。

一、生长促进剂

豆芽生产中使用的生长促进剂为人工合成的类似生长素、赤霉素、细胞分裂素等的物质,以促进细胞分裂和生长。抑制胚根的生长常用的有 4-氯苯氧乙酸钠、6-苄基腺嘌呤(6-BA)赤霉素、2,4-二氯苯氧乙酸(2,4-D)等。4-氯苯氧乙酸钠用于培育无根豆芽,可使豆芽肥嫩粗壮,提高豆芽产量和质量。在食品添加剂使用卫生标准(GB2760－1996)中规定:4-氯苯氧乙酸钠可用于豆芽生产,残留量应小于 1.0mg/kg。6-苄基腺嘌呤是一种生产无根豆芽的生长调节剂,食品添加剂使用卫生标准(GB2760－1996)规定,6-苄基腺嘌呤可用于豆芽生产,最大使用量 0.01g/kg,残留量应不大于 0.2mg/kg。豆芽生产中使用的 AB 粉,就是赤霉素和 6-苄基腺嘌呤的商品名称。2,4-D 又称防落素,可促进豆芽下胚轴膨大,有报道称该物质有造成细胞畸变的潜在危害,无公害蔬菜生产中已不再使用。

二、漂 白 剂

　　豆芽生产中使用的漂白剂主要是保险粉,保险粉的化学名称为低亚硫酸钠,又称连二亚硫酸钠、次硫酸钠、低亚硫酸钠,是一种强还原剂,有很强的漂白作用,低亚硫酸钠在纺织行业用作还原染色的还原剂及染缸的清洗剂等。医学实验证明,人体内服 4g 低亚硫酸钠,即可出现中毒现象,在豆芽生产中应严格禁止使用。

第三篇　新型大豆蛋白质食品

第十章 大豆蛋白质冲调饮用系列

第一节 豆 奶

一、概 述

1. 什么是豆奶

豆奶又称豆牛奶、豆乳、植物蛋白奶等,是一种利用现代科学技术生产的可与牛奶媲美的牛奶状营养饮料,是近十几年来开发的新产品。它克服了传统豆浆的许多缺点,如粗糙、不稳定、有豆腥味和不易消化等。其乳汁细腻,乳液稳定、不沉淀,稠度适中,新鲜可口,成分合理,营养丰富。

按照行业标准,豆奶的确切定义是:以大豆为主要原料,经加工制成的可添加糖、食盐,不添加其他食品辅料的产品。

豆奶是以优质黄豆、牛奶为主要原料,采用先进真空干燥技术精制成的速溶固体饮料。它充分利用动植物蛋白资源,应用动植物蛋白互补原理将二者有效搭配,提高蛋白效价和生物价,含多种维生素和矿物质,有较高营养价值。产品为淡黄色固体粉末状,用温开水冲调能迅速溶解,口感香浓醇和,滑而不腻,常饮有益,是一种健康营养的速溶豆奶饮品。

豆奶远比豆浆、速溶豆粉冲剂等同类食品优异。豆奶保留了大豆的丰富营养,含有高品质的蛋白质和人体所必需的八种氨基酸,以及多价不饱和脂肪酸;它具有降低高血脂病患者血中的胆固醇和防止动脉硬化等作用;它还含有较丰富的 V_A、V_E 及一定量的铁、磷等元素;它不含乳糖,因而不会引起任何因乳糖吸收不良而产生的消化障碍。

目前,市场上出售的豆奶,品种多,价格适宜,食用方便,因而很受消费者欢迎。据分析,豆奶含有丰富的营养成分,特别是含有丰富的蛋白质及较多的微量元素镁,此外,还含有 V_{B_1}、V_{B_2} 等,确实是一种较好的营养食品。豆奶还被西方营养学家称作"健脑"食品,因为豆奶中所含的大豆磷脂可以激活脑细胞,提高老年人的记忆力与注意力。

市场上买到的罐装、瓶装、盒装的豆奶,准确说是豆奶饮品,以及冲泡的豆奶粉,大多数是含有奶粉、牛奶的;而简单袋装的纯豆奶是没有任何牛奶、奶粉成分的,主料就是黄豆。

2. 豆奶的发展概况

在国外,豆奶早已成为欧美人们欢迎的饮料。第三世界国家也已开始生产豆奶。据介绍,在国外豆奶产品享有特殊的地位,例如,在邻近的市场(如新加坡、韩国)及远方的市场(如美国和澳大利亚等国家)均拥有广大的消费群,它们的人均包装豆奶的饮用量甚至已超过我国人均饮用量的十倍或更多。豆奶在香港已经变成非常受人喜爱的饮料。1974 年,一种豆奶饮料"维他奶"通过可口可乐公司而变成香港销售最佳的清凉饮料。目前,"维他奶"每日约生产 50 万包。

豆奶的营养价值高于牛奶,豆奶中含有牛奶没有的磷脂、核酸、异黄酮等多种抗癌物质,且没有牛奶中对人体有害的胆固醇、半乳糖、饱和脂肪酸等。因此,在国外有些地区,豆奶的销量远远超过了牛奶。

3. 豆奶的分类

目前,全球生产的豆奶名目繁多。首先,可将它制成多种浓度不同的产品。豆奶的浓度是决定豆奶品质和成本的关键因素。大体而言,浓豆奶(比牛奶略浓)被认为有最好的风味,但是它的成本也依浓度的增加而上升。

当作饮料的豆奶可以分为下列三种。

1)浓豆奶:水与豆的比例为 5∶1～6∶1。

2)牛奶状豆奶:浓度和营养成分与牛奶接近,水与豆的比例可为 7∶1 或 8∶1。

3)经济豆奶:适合做清凉饮料,水与豆的比例为 10∶1。

4. 豆奶的加工

(1)豆奶加工中常用的添加剂

豆奶一般都要添加植物油脂,以补充油脂的不足,增加豆奶的浓度及匀和畅口性。制作豆奶所用的调味剂有巧克力、麦芽、咖啡、杏仁、橘子、香蕉、柠檬、梨、草莓、椰子、花生和鸡蛋等。加入奶油可使豆奶具有牛奶般的风味,也有将豆奶与无脂牛奶混合。豆奶的口味因加入牛奶而得到改善,而混合奶的成本比全牛奶约减少三分之一。在一些发展中国家生产的豆奶中,大多添加维生素和矿物质来强化它的营养,使用最广泛的是 V_B 及钙。

豆奶也可以用于冰糕、冰激凌、汽水、饼干、糕点、面包等食品的生产,如豆奶冰糕就是一个值得开发的冰糕新品种。总之,豆奶可以制成许多不同风味的产品,也可作为添加剂用于其他食品的生产。

(2)豆奶加工中的注意事项

加工豆奶过程中,要破坏引起风味走样的脂肪氧化酶,除去引起胀气的低级多糖,使黄豆中的胰蛋白酶抑制素不活性化(黄豆胰蛋白酶抑制剂会抑制人类的胰蛋白酶,因而降低人利体用黄豆中大多数重要氨基酸的能力),去除豆腥味,但不要破坏大豆的蛋白质。

(3)豆奶制造工艺

大豆去杂清理→去皮→热水浸泡→研磨去渣→脱除酶活性→配制→乳化均质→高温消毒→脱豆腥味→均质化→豆奶。

(4)流程说明

豆奶的生产是将大豆粉碎后,萃取其中水溶性成分,经离心过滤除去其中不溶物,再经调配、微细化、罐装、杀菌等工艺处理而成。大豆中的大部分可溶性营养成分在这个生产过程中转移到了豆奶中,因此,长期饮用豆奶可以摄取大量优质的蛋白质、大豆油脂、维生素和矿物质。

二、豆奶和豆浆有何区别

1. 豆奶与豆奶饮料的区别

我国豆奶市场尽管发展多年,但相对于其他奶制品的发展,却显得迟缓,行业标准缺失一直是制约中国豆奶业发展的重要原因之一。目前,在国内市场盛行多年的豆奶、豆奶饮料将有规范的行业标准了,《植物蛋白饮料豆奶(豆浆)和豆奶饮料》行业标准已完成,根据该新标准,分为豆奶(豆浆、豆乳)、调制豆奶、豆奶饮料三种类型。

(1)定义不同

豆奶,是以大豆为主要原料,经加工制成的可添加糖、食盐,不添加其他食品辅料的产品;豆奶饮料是以大豆及大豆制品为主要原料,经加工制成的可添加其他食品辅料、大豆固形物含量相对较低的产品。

(2)蛋白质含量不同

根据该标准,豆奶的蛋白质含量需≥2％,豆奶饮料蛋白质含量只需≥1％。

(3)脂肪含量不同

豆奶、调制豆奶要求脂肪含量≥0.8％,豆奶饮料蛋白质含量≥0.4％。

2. 豆奶与豆浆的区别

豆奶和豆浆都是以大豆为原料,经过浸泡、磨浆、过滤、煮浆等工序制成的营养丰富的液态豆制食品,但它们却又是两种不同的食品,豆奶和豆浆的主要区别如下。

(1)工艺不同

豆浆是将大豆用水泡后磨碎、过滤、煮沸而成。在豆浆机盛行的现在,家用自制豆浆很普遍,豆浆主要面向家庭自制为主。

豆奶并不是通常人们所理解的豆浆中添加牛奶或者奶粉。豆奶是将大豆粉碎后,萃取其中水溶性成分,经离心过滤除去其中不溶物,再经调配、均质、罐装、杀菌等工艺处理而成。

从工艺可以看出豆奶主要以工业化生产为主。豆奶制作的重要步骤就是均质(均质是食品或化工行业生产中经常要运用的一项技术)。食品加工中的均质就是指物料的料液在挤压、强冲击与失压膨胀的三重作用下使物料细化,从而使物料能更均匀的相互混合,比如奶制品加工中使用均质机使牛奶中的脂肪破碎的更加细小,从而使整个产品体系更加稳定。除了均质以外,豆奶生产过程中还会有脱臭、脱腥等环节。微观来看,均质过后豆奶中的脂肪球颗粒更小,分散系稳定,同时豆奶脂肪球颗粒小易被人体吸收,这点是豆浆所没有的。在实际的生产过程中豆奶生产完成后都会进行调配从而可以生产出多种口味或者功能不同的调制豆奶。豆浆一般只加糖,很少有其他调配过程。

(2)所用辅料不同

豆浆是原汁原浆,经磨浆、过滤、煮浆后加糖即可食用,豆奶磨浆后还需精磨(用胶体磨),并加多种辅料、添加剂、维生素、微量元素、植物油、砂糖、奶粉等(不允许加糖精、色素、防腐剂)。

(3)蛋白质和脂肪的人体吸收率不同

豆浆的植物蛋白质和脂肪球颗粒较大,人体只能吸收 35％左右;豆奶的生产机制是利用了大豆蛋白质的功能特性和磷脂的强乳化性。因此豆奶需经均质乳化(用高压均质机)或超声波处理使蛋白质、油脂、磷脂及各种辅料等形成牢固的多元缔合体,得到极细而均匀的固体分散物和液体乳化物,在水中形成均匀的乳状分散体系,具有奶状的稠度,人体能吸收 75％左右。

(4)豆腥味的区别

大豆在磨浆过程中,大豆皮层下的脂肪氧化酶在空气和水存在的条件下与油脂发生作用生成酮、醛、醇类等物质产生豆腥味。又由于大豆的卵磷脂被氧化时产生内酯类、呋喃类、醇类、醛类等也出现多种不良气味。在豆奶生产过程中,有除腥、除臭等工序。而生产豆浆无此工序。

(5)抗营养因子去除不同

大豆中有很多抗营养因子,如胰蛋白酶抑制素、尿素酶、低聚糖、雌激素、氰类化合物等,这些抗营养因子有毒副作用,食用后会造成新陈代谢失常和抑制人体生长发育的不良后果。在生产豆奶时,采用高温高压灭菌或瞬间超高温灭菌,可以消除抗营养因子的毒副作用。生产豆浆时无此工序。

(6)强化营养不同

豆浆没有经过营养强化,其中钙含量偏低,维生素 A 和维生素 C 含量很低,维生素 B_1、维生素 B_2 和维生素 D 的含量几乎等于零,蛋白质中含硫氨基酸偏低,缺少甲硫氨酸。而生产豆奶时要强化营养成分,添加足量的维生素、微量元素和氨基酸。

(7)口感不同

豆浆口感粗糙,有豆香味也有豆腥味,营养单一,营养素只来源于大豆。而豆奶口感柔和、组织细腻、有豆香味、无豆腥味,营养全面、丰富、科学、合理。

(8)种类不同

豆奶是天然植物蛋白质保健饮料,可添加各种果汁制成各种果味豆奶,品种繁多。而豆浆品种单一。

(9)保质期不同

豆浆属于餐桌食品系列,保质期只有 24h。豆奶属于工业化生产饮料系列,保质期可达半年以上。

三、豆奶的营养成分

豆奶的主要营养组成见表 10-1。

表 10-1　豆奶的营养成分

成分名称	含量	成分名称	含量
水分/g	84.5	维生素 E/mg	1.11
能量/kcal	67	α-E	0
能量/kJ	280	(β-γ)-E	0.42
蛋白质/g	2.2	δ-E	0.69
脂肪/g	1.2	钙/mg	32
碳水化合物/g	11.8	碘/mg	0
膳食纤维/g	0	磷/mg	22
胆固醇/mg	0	钾/mg	70
灰分/g	0.3	钠/mg	18.6
V_A/mg	0	镁/mg	16
胡萝卜素/mg	0	铁/mg	0.4
视黄醇/mg	0	锌/mg	0.21
硫胺素/μg	0.06	硒/μg	0.2
核黄素/mg	0	铜/mg	0.08
烟酸/mg	0.7	锰/mg	0.12
维生素 C/mg	0		

1. 植物蛋白质

豆奶中的大豆蛋白质是优质的植物蛋白质,能提供人体无法自己合成必须从饮食中吸收的 8 种必需氨基酸。大豆蛋白质还能提高脂肪的燃烧率,促使过剩的胆固醇排泄出去,使血液中胆固醇含量保持在低水平,从而柔软血管、稳定血压、防止肥胖。

2. 脂肪

豆奶大豆脂肪的成分主要由饱和脂肪酸与不饱和脂肪酸组成,其中不饱和脂肪酸占 87.7%,且不含胆固醇,其中 50% 以上的亚油酸还能分解胆固醇,防止血管硬化,具有较高的营养价值。大豆中还含有卵磷脂、脑磷脂和肌醇磷脂,为人体大脑、肝脏所必需的物质。大豆还含有钙、磷、铁等无机盐和各种维生素,同样都为人体必不可少。

3. 皂苷

皂苷有强大的抗氧化作用,能抑制色斑的生成,还能促进脂肪代谢,防止脂肪聚集。

4. 亚油酸、亚麻酸

豆奶中的亚油酸能降低血液中的胆固醇和中性脂肪的含量,亚麻酸则有提高学习能力,抗过敏,让血液更清洁的作用。

5. 低聚糖

低聚糖能直接到达肠内,促进肠内乳酸菌等细菌的繁殖,提高肠的代谢,防止便秘,还能帮助预防食物中毒和大肠癌。

6. 大豆卵磷脂

卵磷脂对细胞的正常活动非常重要,它能促进新陈代谢,防止细胞老化,让身体保持年轻,还防止色斑和暗沉。

磷脂是人体细胞构成的基本物质之一,是组成大脑细胞和神经细胞必不可少的成分。生物体中磷脂的代谢与脑的功能状态有关。人在服用大豆磷脂后,经过体内水解而生成胆碱、甘油磷酸及脂肪酸,具有较强的生理活性和营养价值,因此,老年人经常服用大豆磷脂对改善神经化学功能和大脑功能起到了促进作用。适当补充磷脂可缓解脑细胞的退化与死亡,增强体质。

补充卵磷脂可以修补被损伤的细胞膜,改善膜的功能,提高人体的代谢能力、自愈能力和机体组织的再生能力,从而增强人体生命活力,从根本上延缓人体衰老,对人体衰老而引发的动作不协调等症有很大程度的改善,保持人类的健康、年轻与活力。因此,对于老年人来说,大豆磷脂是一种激发脑细胞活力效果比较明显的保健食品。

7. 大豆异黄酮

大豆里含有黄体酮等酮类物质,它是从天然大豆中提取的一种生物活性素,因为它与雌激素的分子结构非常相似,能够与女性体内的雌激素受体相结合,起到双向调节作用。在体内对雌激素激发过的子宫内膜有显著形态等影响,为维持妊娠所必需,因此女人多喝豆浆豆奶等是很有好处的。

8. 其他

豆奶含有丰富的微量元素镁,此外,还含有维生素 B_1、维生素 B_2 等,是一种较好的营养食品。

四、豆奶与牛奶的营养比较

1. 皆含有丰富的蛋白质

目前,豆奶在国内各大城市已成为大多数白领每日必不可少的饮料。豆奶含有丰富的优质蛋白质及多种人体所需的微量元素,素有"绿色牛乳"之称,其营养价值与牛奶相近,并且豆奶中的蛋白质为优质植物蛋白质。

2. 豆奶矿物质含量丰富

豆奶还富含钙、磷、铁等矿物质,铁的含量是牛奶的 25 倍。

3. 低聚糖不同

牛奶中含有乳糖,乳糖要在乳糖酶的作用下才能分解被人体吸收,但我国多数人缺乏乳糖酶,这也是很多人喝牛奶会腹泻的主要原因。

豆奶中不含有乳糖,含有大豆低聚糖。低聚糖(或寡糖)是指其分子结构由 2～10 个单糖分子以糖苷键相连接而形成的糖类总称。相对分子质量 300～2000,界于单糖(葡萄糖、果糖、半乳糖)和多糖(纤维、淀粉)之间,又有二糖、三糖、四糖之分。作为"特定保健用食品"的低聚糖是指具有特殊生物学功能,特别有益于胃肠健康的一类低聚糖,故又称"功能性低聚糖"。大豆低聚糖是大豆中可溶性糖质的总称。主要成分是指单糖数为 3～4 的蔗糖(双糖)、棉子糖(三糖)和水苏糖(四糖)等。

大豆低聚糖是大豆中所含可溶性碳水化合物的总称,它是 a-半乳糖苷类,主要由水苏糖、棉子糖和蔗糖等组成。成熟后的大豆约含有 10% 低聚糖,大豆低聚糖是一种低甜度、低热量的甜味剂,其甜度为蔗糖的 70%,其热量是每克 8.36kJ,仅是蔗糖热量的 1/2,而且安全无毒。大豆低聚糖主要分布在大豆胚轴中,其主要成分为水苏糖、棉子糖(或称蜜三糖)。水苏糖和棉子糖属于贮藏性糖类,在未成熟豆中几乎没有,随大豆的逐渐成熟其含量递增。但当大豆发芽、发酵,或者大豆贮藏温度低于 15℃,相对湿度 60% 以下,水苏糖、棉子糖含量也会减少。

大豆低聚糖的保温、吸湿性比蔗糖小,但优于果葡糖浆。水分活性接近蔗糖,可用于清凉饮料和焙烤食品,也可用于降低水分活性、抑制微生物繁殖,还可达到保鲜、保湿的效果。大豆低聚糖糖浆外观为无色透明的液糖,黏度比麦芽糖低、比异构糖高。在酸性条件下加热处理时,比果糖、低聚糖和蔗糖稳定,一般加热至 140℃时才开始热析,可用于需要进行加热杀菌的酸性食品。

大豆低聚糖的保健功能主要有以下几点。

(1)通便润肠

便秘患者多半是因肠内缺少双歧杆菌所致,尤其是老年人,随着年龄增长,肠内双歧杆菌逐渐减少而极易患上便秘。试验证明,健康人每天摄取 3g 大豆低聚糖,就能促进双歧杆菌生长,产生通便作用。大豆低聚糖还能促进肠蠕动加速排泄。

(2)促进肠道内双歧杆菌增殖

经实验研究证明,每天摄入 10～15g 大豆低聚糖,17 天后双歧杆菌可由原来的 0.99% 增加到 45%。在肠道内的双歧杆菌特别容易利用大豆低聚糖,产生乙酸和乳酸及一些抗生素物质,从而抑制外源性致病菌和肠内原有腐败细菌的增殖。双歧杆菌还可通过磷脂酸与肠黏膜表面形成一层具有保护作用的生物膜屏障,从而阻止有害微生物的入侵和定殖。

（3）降低血清胆固醇

双歧杆菌直接影响和干扰了 3-羟基-3-甲基戊二酰基辅酶 A 还原酶的活性,抑制了胆固醇的合成,使血清胆固醇降低。

（4）保护肝脏

长期摄入大豆低聚糖能减少体内有毒代谢物质产生,减轻肝脏解毒的负担,所以在防治肝炎和预防肝硬化方面也有一定的作用。

4. 豆奶的不足之处

一般来说,牛奶中含有的各种活性物质,对于消灭外来的细菌、病毒,修复我们体内损伤、死亡的组织细胞,维持机体内环境的稳定等都有着很大的作用。另外,鲜奶中含有大量的钙、维生素及其他营养素也都是补充钙质的良好来源。

鲜牛奶中含有很多人体所需的矿物质,如钙、磷、钾等,这些对孩子的发育和代谢调节都起着很大的作用。而其所特有的乳糖对于人体又具有重要的营养功能,因为乳糖降解后获得的半乳糖对于宝宝的智力发育尤其重要。另外,乳糖在人体肠道内能促进乳酸菌的生长和繁殖,从而促进钙和其他矿物质的吸收。

与鲜奶相比,豆奶的蛋白质含量与之相近,但 V_{B_2} 只有鲜奶的 1/3,V_A、V_C 的含量则为零,铁的含量虽然较高,但钙的含量只有鲜奶的一半。

五、豆奶的禁忌与副作用

1. 豆奶所含植物雌激素可能提升乳腺癌的风险

如果有乳腺癌的家族病史,就需要咨询医生能不能喝豆奶。

2. 加红糖

红糖中的有机酸与豆奶中的蛋白质结合后,会产生一种变性沉淀物,能分解和破坏红糖和豆奶中的营养成分,但在豆奶中加白糖则不会产生上述化学反应。

3. 加蜂蜜

豆奶蛋白质含量比牛奶还高,而蜂蜜含少量有机酸,两者冲兑时,有机酸与蛋白质结合产生变性沉淀,不能被人体吸收。

4. 婴幼儿不宜喝豆奶

吃豆奶长大的孩子,成年后引发甲状腺和生殖系统疾病概率很大。成年人经常食用大豆有利无弊,大豆内的成分能使体内的胆固醇降低,使体内的激素保持平衡,防止或减少乳腺癌或前列腺癌的发生。但是婴幼儿食用大豆并没有上述益处,这是因为婴幼儿对大豆中含抗病植物雌激素的反应与成人相比完全不同。婴幼儿摄入体内的植物雌激素只有 5% 能与雌激素受体结合。植物雌激素在体内积聚,这样可能对每天大量饮用豆奶的婴幼儿将来的性发育造成危害。

5. 豆奶食用指南

市场上的豆奶有袋装、瓶装和罐装的。袋装豆奶的保存期最短,一般仅数天时间。瓶装豆奶的保存期稍长些,有 3~6 个月。由于瓶子透明,受阳光照射后,豆奶中的一些维生素可遭破坏。罐装豆奶经过高压灭菌,保存期可达 6~12 个月。

观察豆奶是否变质,可以看豆奶中有无小颗粒凝块。若有凝块,表明豆奶已变质;也可以用鼻子闻,有酸臭味的,食之味道酸的,表明这种豆奶已不能食用。不过,有一种瓶上标明"酸豆奶"的产品,食之也有酸味,它并不是变质豆奶,而是一种助消化的豆奶制品；罐装豆奶如出现罐盖鼓起，说明豆奶已变质，则不能食用。

　　未煮熟的豆奶不能饮用，因为生豆奶中含有皂苷素，它可以使人体黏膜局部充血、肿胀和出血，并且破坏红细胞，产生溶血作用。而煮沸以后，皂苷素被破坏，食之就安全了。

六、豆奶工艺

1. 制作方法

　　1）磨浆：将水和已经热水浸泡 8～12h 的大豆同时置于磨浆装置内磨浆，至大豆全部磨成豆浆为止。

　　2）预热：把豆浆置于预热罐内预热至 55～70℃，同时打开均质泵，将预热罐内的豆浆进行搅拌剪切。

　　3）杀菌：经预热的豆浆置于杀菌罐内加热至 95～100℃后保温 15～20min，在保温的同时打开均质泵进行搅拌和剪切，并定时打开真空泵，抽除罐内物料的豆腥味。

　　4）贮存：杀菌处理后的豆奶置于贮存罐内，在 80～95℃的温度下保存待饮用。

2. 工艺特点

　　1）采用半湿法工艺，用干法（或略加水分）灭酶和湿法粉碎，兼有湿法和干法的优点，从而改变了我国一直延续着的古老的大豆浸泡制浆的加工工艺，原料利用率高、无废水处理，也无需过多的生产设备。

　　2）大豆加工成乳过程中首先进行干燥和脱皮，减少土壤菌的残留率，防止对豆奶的污染，同时减少苦味、涩味，从而改善豆奶风味。

　　3）用高压蒸气瞬间加热使酶失活，立即加水粉碎，可生产无腥味的豆奶。

　　4）采用粗粉碎和超微磨相结合，提高蛋白质的提取率和固形物的回收率。

　　5）将豆奶基料通过高温瞬时杀菌法杀死细菌和耐热菌，再连续进行真空闪蒸除去异味物质，并把杀菌液温度降至 65～80℃，减少蛋白质的变性。

　　6）整套设备生产加工过程符合食品生产要求，与物料接触部分均采用不锈钢材料 1Cr18Ni9Ti。

七、豆奶的发展现状

　　近几年，豆奶在发达国家发展十分迅猛。在美国，1988 年产值为 150 万美元，1990 年达5000多万美元，1996 年达 1.2 亿美元，到 1999 年达 3 亿美元，年增长率保持在 30％以上，1999 年豆奶约占大豆食品销售额的 25％；在日本，2003 年，市场仅豆奶一个产品的销售额就达 233 亿日元，日本全年的豆奶消费量在 18.2 万吨左右，接近人均消费 2kg。

　　不过，在中国市场上，豆奶行业的规模却远不及牛奶行业。据有关方面统计，2006 年居民每年人均奶类消费量约 21.7kg，估计到 2012 年这个数字将上升至 42kg，而豆奶消费量却仅为 1kg 左右，两者差距悬殊。不过在南方地区特别是广西中部，豆奶的消费量还是比较可观的。

　　豆奶行业要壮大发展，不得不考虑牛奶这个竞争对手。在"一杯牛奶强壮一个民族"的宣传下已有上千亿市场规模的牛奶。尽管牛奶的"三聚氰胺"风波给豆奶行业带来了发展的希望，但是与正在高速发展的牛奶行业相比，豆奶行业的市场规模要小得多，豆奶行业想要发展壮大，要看豆奶企业如何作为了。

第二节　豆　奶　粉

一、概　述

1. 何为豆奶粉

豆奶粉(soy milk with dairy product powder)是一种新型固体饮料,它综合了大豆和牛奶的营养成分,具有口感细腻,香味浓郁,营养丰富,携带方便等特点。豆奶粉的感官要见表 10-2。

在中华人民共和国国家标准 GB/T 18738—2006 速溶豆粉(instant soy milk powder)和豆奶粉中,主要包括两大类。

(1)豆奶粉

以大豆和乳制品为主要原料,经磨浆、加热灭酶、浓缩、喷雾干燥而制成的粉状或微粒状食品。

(2)速溶豆粉

以大豆为主要原料,经磨浆、加热灭酶、浓缩、喷雾干燥而制成的粉状或微粒状食品。

2. 豆奶粉的分类

(1)根据工艺将产品分成两类

Ⅰ类:大豆经磨浆,去渣,加入或不加入白砂糖,添加或不添加鲜乳(或乳粉)及其他辅料,加热灭酶、浓缩、喷雾干燥而制成的产品。Ⅰ类豆奶粉的质量要求见表 10-3。

Ⅱ类:大豆经磨浆,加入或不加入白砂糖,添加或不添加鲜乳(或乳粉)及其他辅料,加热灭酶、喷雾干燥而制成的产品。Ⅱ类豆奶粉的质量要求见表 10-4。

(2)根据添加的辅料和理化指标可以分为五种类型

普通型、高蛋白质型、低糖型、低糖高蛋白质型和其他型。

表 10-2　豆奶粉的感官要求

项　目	要　求
色　泽	淡黄色或乳白色,其他型产品应符合添加辅料后该产品应有的色泽。
外　观	粉状或微粒状,无结块。
气味和滋味	具有大豆特有的香味及该品种应有的风味,品味纯正,无异味。
冲调性	润湿下沉快,冲调后易溶解,允许有极少量团块。
杂　质	无正常视力可见外来杂质。

表 10-3　Ⅰ类豆奶粉的质量要求

项　目		Ⅰ　类				
		普通型	高蛋白型	低糖型	低糖高蛋白质	其他型
水分/%	≤	4.0	4.0	4.0	5.0	4.0
蛋白质/%	≥	18.0	22.0	18.0	32.0	18.0
脂肪/%	≥	8.0	6.0	8.0	12.0	8.0

续表

项　目		I	类			
		普通型	高蛋白型	低糖型	低糖高蛋白质	其他型
总糖(以蔗糖计)/%	≤	60.0	50.0	45.0	20.0	55.0
灰分/%	≤	3.0	3.0	5.0	6.5	5.0
溶解度/(g/100 g)	≥	97.0	92.0	92.0	90.0	92.0
总酸(以乳酸计)/(g/kg)	≤			10.0		
尿素酶　　　定性法				阴性		
(脲酶)活性　定量法/(mg/g)	≤			0.02		
总砷(以 As 计)/(mg/kg)	≤			0.5		
铅(Pb)/(mg/kg)	≤			1.0		
铜(Cu)/(mg/kg)	≤		10.0		20.0	10.0

表 10-4　Ⅱ类豆奶粉的质量要求

项　目		Ⅱ	类	
		普通型	低糖型	其他型
水分/%	≤		4.0	
蛋白质 /%	≥		15.0	
脂肪/%	≥		8.0	
总糖(以蔗糖计)/%	≤	60.0	45.0	60.0
灰分/%	≤	5.0	5.0	5.0
溶解度/(g/100 g)	≥	88.0	85.0	85.0
沉淀指数	≤		0.2	
总酸(以乳酸计)/(g/kg)	≤		10.0	
尿素酶　　　定性法			阴性	
(脲酶)活性　定量法/(mg/g)	≤		0.02	
总砷(以 As 计)/(mg/kg)	≤		0.5	
铅(Pb)/(mg/kg)	≤		1.0	
铜(Cu)/(mg/kg)	≤		10.0	

项　目		指　标
菌落总数/(cfu/g)	≤	30 000
大肠菌群/(MPN/100 g)	≤	90
致病菌(沙门氏菌、志贺氏菌、金黄色葡萄球菌)		不得检出
霉菌/(cfu/g)	≤	100

(3)豆奶粉按口味分

常见的有:原味豆奶粉;黑芝麻香型口味豆奶粉;红枣香型口味豆奶粉;核桃香型口味豆奶粉等。

（4）按含糖分

常见的有：有糖豆奶粉，添加蔗糖；无糖豆奶粉，不添加蔗糖，一般添加木糖醇、山梨糖醇、麦芽糖醇、甘露醇、低聚糖等食糖替代品，所以无糖食品也是甜的。

（5）按人群分

常见的有：婴儿豆奶粉；学生豆奶粉；中老年豆奶粉等。

二、豆奶粉营养

1）从营养价值上看，大豆蛋白质含量高达 40％，是优质蛋白质，含有人体所必需的氨基酸，其中赖氨酸的含量高于谷物，是植物性食物当中最合理、最接近于人体所需比例的。另外，牛奶甲硫氨酸含量较高，可以补充大豆蛋白质中甲硫氨酸的含量。动、植物蛋白质的互补，使氨基酸的配比更合理，更利于人体的消化吸收。特别是近年来，美国和英国先后发布健康声明：每天食用 6.25g 大豆蛋白质，可以预防心血管疾病，使人们更加重视大豆蛋白质的保健作用。

2）豆奶粉中的脂肪主要是植物脂肪，不饱和脂肪酸含量较高，并含有人体所必需脂肪酸亚油酸，胆固醇含量低，可预防动脉硬化。

3）豆奶粉中含有多种矿物质和维生素。

4）豆奶粉中含有大豆低聚糖，大豆低聚糖对肠道内的双歧杆菌等益生菌有增殖作用，有润肠通便的作用，可以预防直肠癌；双歧杆菌等益生菌可以提高人体免疫力，延缓衰老。

5）豆奶粉中含有大豆异黄酮，大豆异黄酮是植物雌激素，长期食用可以预防乳腺癌、前列腺癌；可以预防骨质疏松；可以减轻或避免引起更年期综合征。

6）豆奶粉中含有大豆卵磷脂，大豆卵磷脂可以抗衰老，健脑。

三、豆浆粉和豆粉的区别

豆粉是大豆脱脂或不脱脂直接研磨成粉的产品。国外还有一种烘焙豆粉，就是大豆烘焙熟后，再研磨成粉，加水后可以冲调成豆糊。

豆浆粉在工业生产中是先制成豆浆，即大豆经筛选、脱皮、加水磨浆、去渣、煮浆、调配、均质后，再浓缩、喷雾干燥、包装获得的产品。豆浆粉的制作工序比豆粉要复杂得多，口味、口感、营养的吸收性都好得多。豆浆粉比豆粉对设备、技术条件的要求高得多，所以附加值也应高得多。

由于以往有些豆浆粉类的商品使用"速溶豆粉"的名称，所以有些消费者和贸易商会将豆浆粉和豆粉混淆在一起。还有一个原因是我国食品分类中对豆浆粉没有固定类别，有些厂家把它作为豆类制品来归类，有些厂家把它作为固体饮料来归类，它的标准定义就不够明确，也导致消费者弄不清豆浆粉到底是什么东西。吴月芳表示希望未来豆浆粉也可以像豆浆一样，明确为豆浆粉、调制豆浆粉、豆浆饮品粉，豆浆粉和调制豆浆粉作为豆制品类，大豆固形物和大豆蛋白质成分更高，允许添加的食品添加剂种类较少；豆浆饮品粉，作为固体饮料，大豆固形物和大豆蛋白质成分含量可以低一些，允许添加的食品添加剂种类较多。这样便于消费者理解豆浆粉到底是什么，可以知情、理性选择。

四、豆奶粉的加工

1. 大豆选择

豆奶粉的生产主要利用大豆蛋白质。因此，如何正确选择蛋白质含量高的大豆，对豆奶粉质量起着决定性作用。一般情况下，凭借直观分析可进行大豆选择。凡皮薄色淡、光泽较浅的大豆，蛋白质含量高，反之则低；粒齐饱圆的蛋白质含量高，干瘪坚硬的则低。凡虫蛀、霉烂、受潮的大豆不宜于生产豆奶粉。

2. 大豆的浸泡

生产豆奶粉，首先提取大豆蛋白质溶液——豆浆。而大豆中蛋白质被种皮和组织膜所包裹，只有经过浸泡、粉碎，破坏其组织，才能在水中释放形成溶液。浸泡时应注意以下几个问题。

1) 大豆在浸泡前应先用水淘漂，以除去漂浮的坏豆、草棒等杂物，清除灰土沙石等，淘漂后再移入浸泡缸内。

2) 浸泡用水量。大豆的吸水量约为干豆重量的 1.5 倍，膨胀后的体积约为干豆体积的 2 倍，浸泡时的实际用水量应大于它的吸水量，必须使大豆膨胀后仍淹没在水中。

3) 蛋白质在等电点时溶解度小。生产中，一般多采用浸泡大豆时加入约为干豆重量 1‰ 的碱，提高浸泡液 pH 的方法来增加大豆蛋白质的溶解度。此外，浸泡液中加碱，还具有抑制酶和微生物的作用，能增强凝固物的保水性。

需要注意是，浸泡用的碱水一定要先调和好，然后再倒入浸泡缸内。

4) 浸泡时间。浸泡时间随水温、气温的变化而变化。一般大豆以泡开到两瓣合面的中央还留有一定黄色凹膛，皮瓣发脆时为最好。浸泡时间过短，大豆膨胀程度不够，蛋白质被纤维组织缠裹紧密，释放量低；浸泡时间过长，往往又会使豆浆糊黏性降低，豆浆质量下降。大豆在不同水温下的浸泡时间不同。一般水温在 0℃ 左右，浸泡时间为 48h，水温为 5℃、10℃、20℃、25℃、28℃，浸泡时间分别为 18h、12h、8h、5h。

3. 大豆的磨浆

浸泡后的大豆，要将其磨制成豆浆糊，使大豆组织彻底破坏，这样，大豆中的可溶性蛋白质、脂肪及其他营养成分才能释放出来。磨浆时应先将浸泡大豆时的浸泡液弃除，另加水调整大豆与水的比例为 1:10，加入约为干豆重量 0.5‰ 的碱后，进入砂轮磨浆机磨浆。磨出的豆浆糊以不干不稀、糙度均匀、无颗粒感、达 80 目为好。

4. 浆渣分离

豆浆糊主要是蛋白质溶胶和纤维的混合物，取用豆浆必须把浆渣分离开来。采用浆渣分离机进行分离，筛网使用 80～100 目比较合适。

5. 豆浆过滤

分离后的豆浆液中，往往还残留许多微细的豆渣。如不进行过滤，将会产生两个后果：第一，这样的豆浆液浓缩极易在加热管管壁上结垢，影响蒸发效率；第二，降低豆奶粉的溶解度，影响产品质量。一般采用双联过滤器进行豆浆过滤，使用方便，也可连续作业。

6. 脱腥灭菌

在大豆加工过程中很容易产生一种令人厌恶的豆腥味。产生豆腥味的物质主要是在加工和贮存过程中的脂肪氧化酶对不饱和脂肪酸的促氧化所产生的，其机制如下：亚油酸、亚麻酸经脂肪氧化酶的作用，变成氢过氧化物，最后变为醛类、醇类、酮类和呋喃类。此醛类、醇类、酮类、呋喃类等物质是致腥物质。

脱腥方法一般多采用对豆浆进行 140℃瞬时高温处理,以破坏其中的脂肪氧化酶、阻止脂肪的分解,为不致产生腥味的理想方法,也可达到豆浆的杀菌作用。

7. 调和

可以根据豆浆干物质含量按比例加入杀菌后的糖浆及牛奶。需要说明的是,比较理想的大豆蛋白质和牛奶蛋白质摄取比例为儿童 1:1,青年 65:35,老年人 80:20 为宜,根据此方案调和可制成不同年龄段的豆奶粉。

8. 真空浓缩

由于大豆蛋白质的热敏性,故应确定合适的操作条件。在长春市牛奶有限公司现场实验表明,选用条件为 600~630mmHg,料液的温度为 50~55℃,浓缩到所需浓度,效果理想。

9. 均质

用 3WRE 型均质机,180kg/cm² 压力下均质,可将脂肪球打碎,分散于调和液中,达到均质目的。

10. 喷雾

喷雾干燥是决定产品物理性能的关键过程。喷雾前物料黏度应低于 15cP,排风温度控制在 90℃左右,这样获得的喷雾豆奶粉水分保持在 3%以下,速溶性好,冲调后 30min 无分层现象。

第三节 大豆炼乳、冰激凌

一、炼 乳

1. 炼乳及其由来

(1)炼乳

炼乳是一种牛奶制品,用鲜牛奶或羊奶经过消毒浓缩制成的饮料,它的特点是可贮存较长时间。炼乳是"浓缩奶"的一种,是将鲜乳经真空浓缩或其他方法除去大部分的水分,浓缩至原体积 25%~40%的乳制品,再加入 40%的蔗糖装罐制成的。炼乳太甜,必须加 5~8 倍的水来稀释。但当甜味符合要求时,往往蛋白质和脂肪的浓度也比新鲜牛奶下降了一半;如果在炼乳中加入水,使蛋白质和脂肪的浓度接近新鲜牛奶,那么糖的含量又会偏高。

(2)炼乳的由来

在 19 世纪中叶的一天,一艘客船从海上驶向纽约。船上很多人扶着船栏,眺望水天一色的大海,欣赏这壮观的大自然景色。忽然从甲板上传来一声尖叫,接着就是一阵嚎陶大哭。这突然发生的情景引起了一个名叫葛尔·波顿的美国人注意。他立刻疾步奔了过去,拨开围观的人群挤上前去,一看,他顿时觉得空气都凝固了。几名妇女正在为几个可爱的婴儿举行海葬仪式。葛尔·波顿忍着悲痛,向那几位妇女询问婴儿的死因。事情原来是这样的:当时的人们虽然已经普遍采用牛乳来喂养婴儿,但却不知道怎样保藏才能使牛乳总是那么新鲜而不变质,这些幼小的生命就是吃了变了质的牛乳而中毒夭折的。葛尔·波顿难过极了,整个航行过程中,那悲伤的场面总是深深地刺痛着他的心,那一个个可爱的小生灵的躯体总是浮现在他的眼前。

葛尔·波顿下定决心,一定要研究出一种保存新鲜牛乳的方法。回到纽约后,他立即投入了研制工作,每天起早贪黑,废寝忘食地钻研。他先后请教了许多人,经过无数次的试验,他终于找到了一种减压蒸馏的方法,能成功地达到保存新鲜牛乳的目的。葛尔·波顿并没有被这点成绩冲昏头脑,他一鼓作气,继续研究试验。他又在牛乳中溶入适量的糖,进一步提高了牛乳防止细菌腐蚀的能力。

葛尔·波顿把自己研制出的这种产品命名为"炼乳"。他又于1853年在纽约创办了世界上第一个炼乳加工厂。炼乳深受母亲们的欢迎。两年之后,葛尔·波顿又将问世不久的罐头包装用于鲜奶的保藏,炼乳就成了我们现在所常见的那样。

2. 炼乳的分类

炼乳加工时由于所用的原料和添加的辅料不同,可以分为加糖炼乳(甜炼乳)、淡炼乳、脱脂炼乳、半脱脂炼乳、花色炼乳、强化炼乳和调制炼乳等。中国以前主要生产全脂甜炼乳和淡炼乳。近年来,随着中国奶业的发展,炼乳已退出乳制品的大众消费市场。但是,为了满足不同消费者对鲜奶的浓度、风味及营养等方面的特殊要求,采用适当的浓缩技术将鲜奶适度浓缩(闪蒸)而生产的"浓缩奶"仍将有一定的市场。

3. 炼乳的营养成分

炼乳中的碳水化合物和抗坏血酸(维生素C)比奶粉多,其他成分,如蛋白质、脂肪、矿物质、维生素A等,皆比奶粉少。

二、大豆炼乳

1. 何为大豆炼乳

大豆蛋白质是人类重要的植物蛋白质资源,大豆食品在膳食结构中占重要地位。因此大豆食品的开发利用已引起国内外研究者的广泛重视。

大豆炼乳——大豆蛋白质浓缩饮料,是以大豆、白糖等为原料,基本保存了大豆的天然营养,去除了大豆腥味及营养抑制成分的大豆营养保健饮料。

2. 大豆炼乳的特点

1)技术指标达到:总固形物57.00%,脂肪4.20%,蛋白质7.20%,总糖40.20%,全豆乳固形物14.20%。

2)大豆炼乳完全去除了豆腥味,易溶解,黏度低,清新爽口,风味独特,营养丰富。

3)该产品的生产可利用乳粉厂或豆乳粉厂的厂房设备,既可缓解奶源紧张状况,又可利用我国大豆资源的优势。

4)大豆炼乳可冲调饮用,可代替奶油、果酱作涂抹料,还可应用于冷饮、糕点、糖果等的生产。

3. 工艺流程

大豆清选→浸泡→磨浆→杀菌→脱臭→酶解→真空浓缩→包装杀菌。

4. 工艺条件

(1)大豆清选

挑选新鲜完整大豆(无破粒、无脂肪氧化),除去杂质,以确保产品质量。

(2)浸泡

浸泡可使大豆内部组织软化,有利于研磨并使大豆中营养成分溶解于豆浆中,提高蛋白质吸收率。在一定温度下加入适量碱液，以抑制大豆脂肪氧化酶活性，去除苦涩味，防止大豆腥味产生。经浸泡使大豆细胞质间形成渗透压梯度，使部分低聚糖渗出，同时在此条件下激活大豆本身的 D-半乳糖苷酶，使其分解一部分低聚糖。浸泡用水量是大豆质量的 3 倍；浸泡时间：夏季 6～8h，冬季 10～12h；浸泡温度：15～20℃。

（3）磨浆

磨浆时应加热至 80℃以上，以提高蛋白质吸收率及钝化脂肪酶。加水量应适当控制，因为加水量少，蛋白质溶出率低，加水量多，豆浆干物质含量低、水分多，浓缩时间长，能耗高。

（4）杀菌脱臭

采用高温瞬时脱臭，灭活大豆本身及加工过程中带入的微生物，去除大豆中抑制成分胰蛋白酶抑制素、血球凝集素等，脱除部分苦涩味。

（5）均质

将所得料液通过均质机（胶体磨），使豆浆均匀地通过剪切、冲撞及空穴作用，使脂肪和纤维微细化（2μm 以下），以提高终产品的冲调性和稳定性。

（6）酶解

利用酶处理豆浆，使大豆中高分子降解成为小分子，改善了蛋白质的消化功能，降低成品黏度，提高成品的溶解性和冲调性。同时，可切断与蛋白质结合的豆腥味物质，改善了产品的口感。酶解时，先使酶活化，并将物料冷却至酶作用的最适宜温度范围，调 pH 至 7～7.4。

（7）真空浓缩

真空浓缩的条件为：压力 0.87～0.96MPa，温度 50～55℃。将蔗糖配成 75％溶液，杀菌过滤备用。当豆浆真空浓缩至干物质为 50％以上时即为浓缩终点，加入糖液及各种配料。

采用后加糖工艺主要是为了减轻美拉德反应，防止长时间高温条件下蛋白质中的氨基与糖上的羰基发生反应生成棕色物质；降低浓缩过程中黏度的增加，提高成品干物质含量。

（8）包装杀菌

浓缩至终点的豆浆物料即为大豆炼乳，灌装后采用超高温瞬时杀菌，95℃、15min，有条件的可采用 135℃、3s。

三、冰　激　凌

传统的冰激凌，是以饮用水、牛奶、奶粉、奶油（或植物油脂）、食糖等为主要原料，加入适量食品添加剂，经混合、灭菌、均质、老化、凝冻、硬化等工艺而制成的体积膨胀的冷冻食品，口感细腻、柔滑、清凉。

四、大豆冰激凌

1. 什么是大豆冰激凌

冰激凌已成为世界性的食品。冰激凌之所以受欢迎，主要因为它所含营养丰富，而且容易消化吸收，并有清凉爽口，提神健胃的作用。

1981 年美国开发了一种代替乳生产的冰激凌,轰动了西方,它实际就是豆乳冰激凌,是在牛奶冰激凌基础上衍生出来的新一代产品,当时称之为"无罪的非乳冷点心"。它无胆固醇,无乳粉,又不含饱和脂肪酸,是一种低热量的安全的保健食品。

2. 大豆冰激凌生产工艺

原料大豆→清理除杂→脱皮→浸泡→失活→粗磨→细磨→除渣→消泡→杀菌→脱臭→配料→均质→熟化→冻结→硬化→冷藏。

大豆冰激凌生产是一个综合的过程。首先是原料验收和储存,其次按品种配方进行混合,均质和巴氏杀菌,然后将混合物倒入模型冷冻、硬化、冷藏待售。

3. 大豆冰激凌的种类和规格

目前,大豆冰激凌尚无统一标准,其种类基本上是按牛奶冰激凌分类法,现在我们参照国际乳业联合会(IDF)提出规格,见表 10-5。

表 10-5　冰激凌的规格(国际乳业联合会,1967 年)

分类	脂肪	含固形物	其他
一般冰激凌	8%以上	32%以上	
果味冰激凌	6%以上	30%以上	果实或果肉 15%以上(柠檬<1%)
含蛋冰激凌	8%以上	32%以上	液状蛋黄 7%以上

4. 大豆冰激凌的原料

原材料是保证冰激凌质量的关键,因此要求原料必须符合食用标准,有异味或色泽不一有杂质的必须除去。

生产大豆冰激凌使用的原料有:大豆制品、蛋制品、糖类、稳定剂、调味料及香料等。

1)大豆制品包括:全脂大豆粉、大豆蛋白质、分离蛋白质、脱脂豆粉、淡豆粉、调味豆乳、大豆炼乳、豆油、精炼豆油等。

大豆冰激凌主要原料是豆乳,而大豆又是生产豆乳的原料,因此在选用大豆生产豆乳时一定选颜色新鲜、含蛋白质率高的当年产新大豆。不要用存放一年以上的陈豆,否则制得豆乳呈浆糊状,黏度将成倍增长,造成加工困难,影响产品风味。

豆乳的质量主要取决于豆乳加工工艺,所以,大豆的处理也非常重要。大豆清洗或脱皮,除去大豆表面的尘土及杂物,然后是失活。大豆在高温和碱性溶液中处理,使脂肪氧化酶失去活性,再通过研磨和分渣制得比较理想的豆乳。热水研磨时最适宜温度控制在 80℃。最后杀菌灭酶,以加热方法改善豆乳营养价值及风味,这种方法在豆乳加工上具有成熟的经验。一般常压下 100℃煮沸 30min,也可在加压 140℃下,进行 2s 超高温杀菌。

如果工艺条件达不到超高温杀菌的要求,也可采用 104.5℃,保温 10min 或 110℃下,保温 6min,120℃下保温 4min,要控制好时间,煮沸过度也会产生硫味。

豆乳以含大豆固体 8%为宜,如果浓度过小,在下道工序配料时就很困难,如果浓度过高,将影响大豆蛋白质的提取率。

2)糖类包括:蔗糖、淀粉、糖浆、葡萄糖转化糖浆、乳糖、蜂蜜、果葡糖、麦芽糊精等,其中以砂糖为最普遍采用。砂糖甜味较适宜,并对产品组织状态起到良好的调节作用。其次是淀粉糖浆,它是一种廉价甜味剂,而且可以改善冰晶体砂质结构。蜂蜜既是适用的甜味剂,也是冰激凌的风味剂,可作为一个独特的品种而选用。其他一些糖类也可选用,但考虑产品品种和经济效益,选用受到一定限制。

3)蛋制品包括:鸡蛋全粉、蛋黄粉、蛋白粉等。蛋制品在冰激凌中除产生香味外,还有发泡作用。由于豆乳本身具备发泡作用,因此一般大豆冰激凌很少选用。

4)稳定剂包括:动物胶、乳蛋白质琼脂、海藻酸钠,羧甲基纤维素、淀粉等。大豆冰激凌主要以羧甲基纤维素为稳定剂。

5)调味品及香料包括:香兰素、香瓜、草莓、橘子、可可、咖啡、茶及小豆、绿豆、果仁,以及各种水果果肉、果汁,各种瓜汁、瓜肉等,也可使用合成食用香精使制品有一特殊的香味。

5. 混合原料的调配

大豆冰激凌的原料以豆乳最重要,生产豆乳后加入固体原料,先将固体原料逐渐溶于豆乳中,在加温搅拌的同时使之溶解。必须注意稳定剂不易单独溶解,可与砂糖混合后分散溶解,各种原料添加应缓慢进行,到全部溶解后再进行过滤。值得注意的是,当添加植物油,特别是添加未经"三脱"的豆油时,应先将油通过均质机,使豆油通过机械作用更好地乳化,用乳化后的植物油进行配料。

根据配方将料进行混合后,把混合料进行过滤,滤液再经过均质处理,均质条件应为 $60\sim75℃$,如混合液的脂肪含量为 $8\%\sim12\%$,均质压力应维持在 25MPa;若脂肪含量在 15% 以上时,均质压力应维持在 12MPa。这样是为了防止黏度增加,以保持起泡性。

其次是灭菌。一般可采用 HTST 法,即 85℃,保持 16s。也可采用 UHT,即 135℃,$2\sim4s$ 的杀菌公式,此处理可以破坏微生物及解脂酶,并可以改善制品风味及组织状态,所以使用 UHT 杀菌,在配料中可以减少稳定剂使用量。

杀菌后的混合料由板式冷却器或管式冷却器迅速冷却至 $0\sim5℃$,放置数小时(由产品品种决定时间长短),使之老化。这一生产过程主要是使脂肪固化,稳定剂胶化,以改进制品的组织状态及起泡性。

最后将冷却好的混合料,调加各种调味料及香精。

混合料最终酸度应控制在 $0.25\%\sim0.30\%$,黏度在 $200\sim500cP$,冻结点约为 $-2.5℃$。这样,混合料中产生冰晶并起泡。

6. 大豆冰激凌质量

冰激凌质量主要取决于产品加工过程和选用的原材料,好的产品应具有下列特点。

1)外观:产品形态完好整齐,色彩清洁宜人,能引起食欲。

2)风味:具有丰润性。

3)组织:口感细腻、滑爽。

4)体质:保持形体适度,融解状态正常。

5)安全性:无异物或有害物混入,细菌数合格。

6)营养性:具有较好营养成分。

第十一章　新型大豆蛋白质方便产品

第一节　大豆蛋白质方便食品

一、方便食品概述

(一)方便食品定义

指以米、面、杂粮等粮食为主要原料加工制成,只需简单烹制即可作为主食的具有食用简便、携带方便,易于储藏等特点的食品。

(二)方便食品种类

方便食品的种类很多,大致可分成以下五种。

1. 即食食品

即食食品指的是一打开就可以食用的食品,比如罐头、袋装熟食,花生及各种糕点、面包、馒头、油饼、麻花、汤圆、饺子、馄饨等,这类食品通常买来后就可食用,而且各具特色。

2. 速冻食品

速冻食品是指把各种食物事先烹调好,然后放入容器中迅速冷冻,稍经加热后就可食用。

3. 干的或粉状方便食品

这些食品像方便面、方便米粉,方便米饭、方便饮料或调料、速溶奶粉等通过加水泡或开水冲调也可立即食用。

4. 罐头食品

罐头食品即指用薄膜代替金属及玻璃瓶装的一种罐头。这种食品较好地保持了食品的原有风味,体积小,重量轻,卫生方便,只是价格稍高。

另外,还有一部分半成品食品,也算是方便食品。

5. 方便菜肴

方便菜肴是指将中式菜品经过工艺改进批量生产,之后定量包装、速冻的方便菜品,水浴加热,开袋即食。它继承了传统烹饪工艺的色香味,满足了快节奏生活对美味的需求。

二、大豆蛋白质方便食品

(一)方便速食豆花粉

豆花,全名豆腐花,又称豆腐脑或豆冻,是由黄豆浆凝固后形成的中式食品。它是一种历史悠久的民间小吃,普遍流行于城市和农村,沿海城市鲜见。豆花的制法都是小型手工作坊,设备简陋,劳动强度大,成品只能鲜销,产品性质不稳定,且不能满足方便快捷的社会需求。

方便速食豆花粉是鲜制豆浆经均质、喷雾干燥制得的豆花粉,粉质细腻、溶解度高,冲调出的豆花口感好,保质期长,食用方便快捷,可以实现工业化、自动化、规范化生产。

速食豆花粉的保质期久,能长途运输和长期储存。其经过均质和喷雾干燥使得其粉质细腻,可溶性好,使用葡萄糖内酯作凝固剂,制成的豆花组织细腻保水性和保形性好。加工过程未加入其余添加剂,保持了大豆自身极丰富的营养价值,且食用方便、风味良好,满足方便快捷的社会需求。

1. 方便速食豆花粉工艺路线

原料豆类筛选→计量→浸泡→水洗→磨浆→浆渣分离→煮浆→标准豆浆→均质→喷雾干燥→加入葡萄糖酸内酯→成品。

2. 流程说明

(1)豆浆的制取

制得口感最佳的豆花的豆浆条件为:豆与水 1:5,室温下浸泡 7h,磨浆过滤后,煮沸得鲜制豆浆。

(2)均质条件对豆花粉质量

豆浆的均质压力、均质温度对豆花粉质量也有一定影响。采用 12～22MPa 的压力,在 50～70℃下均质一次。

(3)喷雾干燥制粉

喷雾干燥时,进风温度越高,豆粉的水分含量越低。随着进风温度的升高,豆粉的溶解度逐渐降低,色泽也越深。浓缩豆乳的喷雾干燥条件,以进风温度为 100～105℃,排风温度为 60～65℃为最佳。将干燥的豆花粉及时冷却,冷却最好采用流化床冷却到 25℃以下

(4)豆花粉冲调条件

冲调水温 90℃左右,葡萄糖酸内酯用量为:豆花粉与葡萄糖酸内酯量比例为16:1,冲调水量为豆花粉与水之比为 1:15。

冲调温度过高,易使豆浆中的蛋白质胶粒的内能增大,凝聚速度加快,所得到的凝胶组织易收缩,凝胶结构的弹性变小,保水性差,同时,由于凝胶速度太快,加入凝固剂时要求的技术较高,稍有不慎就会导致凝固剂分布不均,凝胶品质极差;若温度过低,凝胶速度慢,导致豆花含水量增高,产品缺乏弹性,易碎不成型。实验表明,100℃下冲调的豆花边缘泛白,弹性不佳;80℃下的豆花成型欠佳,含水量大;因 70℃温度低,使得豆花粉与葡萄糖酸内酯接触不够充分而凝胶速度慢,制得的豆花缺乏弹性,易碎不成型;60℃温度过低,凝胶不完全,豆清水不够澄清,形成的豆花稀散,不成型,弹性差。用 90℃开水进行豆花粉的冲调效果最好。

(二)珍珠蛋白

我国豆类加工的历史悠久,用大豆做豆腐的技术已有 2000 多年,但长期以来基本上都是手工作坊式经营,产品更新变化不大。在国外,日本等国对我国传统的豆制品生产技术进行了深入研究,研制开发出一批新的豆类副食品,如花色豆腐(芝麻豆腐、花生豆腐、海藻豆腐、鸡蛋豆腐)、干燥豆腐等,同时改进了传统的手工作坊式生产方法,使之适合现代化的流水线生产。

近年来,西欧各国也开始对中国豆腐发生兴趣,美国曾研究将中国传统的豆腐进行

美国化。但作为豆腐发源地的中国对此深入研究较少,目前市场上豆制品的品种仍较单一,保质期较短,豆腥味很重,不能直接食用,只能作为加工菜肴的原料。

随着人们生活水平的不断提高,对食品的花色品种提出了新的要求,特别是富含蛋白质的豆类食品尤其受到青睐。珍珠蛋白是目前开发出的一种营养丰富、使用方便的新型豆制品。

珍珠蛋白以大豆为主要原料,在磨浆前先对大豆进行脱腥处理,在调制豆浆过程中加入维生素含量高的水果或蔬菜汁,并根据需要加入调味料,采取科学的方法精制成直径6~8mm的圆形颗粒,表面光滑,形似珍珠,有各种水果蔬菜的天然色泽。珍珠蛋白富含蛋白质、维生素和微量元素,其中钙含量丰富,对儿童及老年人补充钙质尤为适宜。珍珠蛋白食用方便,口感滑爽,可与各种荤素类菜肴一起配菜烹饪或煮汤,也可加工甜羹类点心,烧煮后不碎不糊,深受消费者欢迎。它既可供宾馆、饭店等餐饮业作为烹饪原料,也可供应一般家庭食用,还可与饮料生产结合,将其悬浮于饮料中,生产别有风味的蛋白型饮料,市场前景较广阔。

(三)果蔬复合营养方便豆腐

本品以大豆为主要原料,在调制豆浆时加入牛奶、果蔬汁及有关调味料,采用新型的凝固技术和科学的方法精制而成。产品可根据需要任意调制成甜、咸、酸等各种口味,不用烹调直接就可食用,既可作方便菜肴,也可作为点心或冷饮,是一种开发前途很广的营养方便食品。加工前大豆先经过脱腥处理,产品完全没有传统豆腐的豆腥味,既富含蛋白质,又有果蔬类丰富的维生素,保留了果蔬的天然色泽和风味,是植物蛋白质和动物蛋白质相结合的纯天然的营养保健食品。

生产开发珍珠蛋白和果蔬复合营养方便豆腐设备简单,投资小,经济效益显著,适宜乡镇企业和个体专业户经营。

凡能生产普通豆腐的工厂或专业户,适当投资添置成形造粒机或自制简易造粒设施后,就可以生产珍珠蛋白。

生产开发果蔬复合营养方便豆腐的设备投资比前者高些,除豆腐生产的常规设备外,还需购置均质机和灌装封口机等。

(四)新型豆制品——果蔬蛋白丝

为适应人们对食品的新需求,以大豆蛋白质为原料制成了形似面条状的果蔬蛋白丝。果蔬蛋白丝既有豆腐类产品丰富的蛋白质,又有天然蔬菜、水果中丰富的维生素和自然色泽,营养价值高、色彩艳丽、口感好,深受消费者欢迎。

1. 原料选择

(1)大豆

大豆含蛋白质35%~40%,为完全蛋白质,其中必需氨基酸含量丰富,含脂肪18%左右,还含有丰富的钙、磷、铁和B族维生素。据近年来的研究报道,大豆有防癌、抗癌的作用。本项加工主要利用大豆的蛋白质。因此,要求原料的蛋白质含量高,籽粒饱满,无霉变的黄皮或青皮大豆。

(2)蔬菜

蔬菜中含有丰富的维生素和纤维素,而维生素类物质是人们生长发育必不可少的营养素,尤其是儿童和老人的保健更为必需。蔬菜中的纤维素有清洁肠胃,预防消化道疾病的作用。现代医学表明,不少蔬菜有食疗保健功能,有些蔬菜还有防癌、抗癌效果。可选用的蔬菜有绿叶菜类青菜、芹菜、葛芭、紫角叶等;果菜类南瓜、番茄等;块根块茎类胡萝卜、马铃薯和鳞茎类洋葱等,主要是利用其所含维生素、色素和其特殊的食疗保健功能。

(3)水果

水果中含有丰富的维生素、糖分和其他营养素,不少水果具有食疗保健功能。可选用的水果有苹果、梨、柑橘、香蕉、菠萝、草葛、西瓜等。

(4)食用调味品

主要用于调节产品风味,可选用烹调用的普通食用调味品,如食盐、蔗糖、味精等。根据需要可调味也可不调味。

2. 工艺流程

大豆→清洗→浸泡→去杂→脱腥→去皮→磨碎→过滤

水果、蔬菜→清洗→预煮→打浆→过滤→混合(调味)→半成品→包装→烧煮→成形。

3. 加工要点

(1)原料预处理

大豆去除杂质和霉变籽粒,用清洁水浸泡。浸泡时间,夏天一般 6~8h,春秋季节 10~12h,冬季再适当延长些。水果应清洗干净,去除腐烂、残次果并去皮、去核,打浆前先切片,并在开水中烫一下,以防褐变。

蔬菜洗净、去根并剔除枯黄叶,稍切成粗段,放到开水中烫一下,以保持原来的颜色。

(2)大豆脱腥处理

传统豆制品加工过程中产生的腥臭味,是由于大豆中的脂肪酸氧化酶在磨浆过程中接触氧气后形成的。杜绝产生腥臭味,一是加工豆浆过程中不接触氧气,二是使大豆中的脂肪酸氧化酶失活。第一个办法,设备要求较高,而使脂肪酸氧化酶失活的方法很多,主要是通过高温处理,如干豆瞬时高温焙炒、湿豆蒸气或热水处理等,也有采用其他方法的。本试验主要用热水处理,将浸泡好的大豆放到 95~100℃的热水中烫 6~8min,就可使大豆中的脂肪酸氧化酶失活,磨浆时不再产生腥味。

(3)调制豆浆

将经脱腥处理的大豆磨碎并去渣,按加工普通豆腐一样调制成豆浆备用。用打浆机将经过预处理的水果、蔬菜打成浆并滤去粗纤维。绿色蔬菜直接和豆浆一起打成豆浆菜汁,这样易于绿色稳定。根据不同产品的需要,将水果汁或蔬菜汁加入豆浆中,搅拌均匀后即可。如需调味的,同时加入调味料。

(4)成形

在已调制好的豆浆中加入凝固剂,用特制的成形设备将浆液制成圆形截面直径 1~3mm 的果蔬蛋白丝,根据需要粗细可任意调节。

(5)烧煮及包装

由于成形前豆浆是未经烧煮的生浆,若产品在 1~2 天内直接销售并用于烹饪的,可不必烧煮,如要包装出厂或要适当储存的,应烧煮灭菌处理后再进行包装。

4. 产品质量标准

(1)凝固性

要求凝固良好,质地细腻,无明显果蔬残渣;粗细均匀,表面光滑,形似彩色粉丝;烧煮后不碎不糊。

（2）色泽

由于水果蔬菜中含有天然色素,使产品在不添加任何人工合成色素的情况下,仍具有丰富多彩的天然色泽,如不加果蔬汁的为乳白色,加胡萝卜、柑橘汁的为橘红色,加南瓜汁的为金黄色,加番茄、草莓、西瓜汁的为粉红色,加绿叶蔬菜汁的为翠绿色等,色泽均匀自然。

（3）风味

口感滑爽,有各种天然水果、蔬菜的清香味,无传统豆制品的豆腥味及其他异味。可用于烹饪各式美味菜肴、制作凉拌菜或烧煮点心。

（五）方便型大豆酸凝乳粉

我国是世界上栽培大豆历史悠久的国家,也是利用大豆作为副食的首创国家。

大豆在我国分布极广,主要产地有东北三省和河北、山东、山西、河南等省。大豆具有丰富的营养价值,尤其是蛋白质含量高,价格便宜,在印度享有"穷人食的肉"之称。因此,充分利用大豆资源,开发大豆食品,已成为各国重视的课题。

近 20 年来,乳酸发酵已被应用到豆乳有关方面,美国农业部的北方地区研究所和威斯康星大学及康乃尔大学的科学工作者做了许多工作。近年来,国内一些科技工作者也在乳酸发酵豆乳方面做了大量工作。

在大豆制品中应用乳酸菌还能把豆乳中己醛及羰基化合物转化为有机酸而除去腥味,并赋予乳酸发酵香味。但问题是液态的嗜酸菌乳保存期短,不便运输,因而大量生产受到限制。若把接入菌种的豆乳制成保存菌种活力的干粉,制成便于运输携带、随时食用的大豆酸凝乳粉,则可解决这一问题。

1. 工艺流程

（1）制乳工艺流程

大豆→去杂→浸泡→洗涤去皮→粗磨→过滤→细磨→均质→豆乳。

（2）制粉工艺流程

豆乳→煮浆→真空浓缩→接种→喷雾干燥→成品。

　　　　　　　　　　　　　↑

菌种纯培养物→母发酵剂→工作发酵剂

2. 流程说明

（1）粗磨

称取一定量去杂的大豆,洗净放入容器,按豆水比 1∶3 浸泡,水中含 1‰ 的碳酸氢钠,20℃下浸泡约 12h 至豆瓣凹面平整,然后洗涤去皮,再按豆水比 1∶10 进行粗磨（采用 SM-20A 型砂轮磨）,然后离心过滤（采用 55-300N 型三足式离心机）。

大豆浸泡要充分胀润,但时间不宜过长。磨浆时调整砂轮磨间距,使浆内无碎片,无粒状而成糊状。

（2）细磨

将滤液倒入胶体磨（JTM50AB 型）的贮料桶,开冷却水,调节电压,缓慢升压至一定值,使浆体回流 5min 后放料,再缓慢将电压调至零。通过测定不同电压下浆体粒度来确定最佳工作条件。

（3）均质

将细磨好的浆体倒入匀浆泵的贮料斗内，先后调节一、二级压力到一定值后，回流5min后出浆。最佳工作压力条件为40～50MPa。

（4）煮浆

将豆乳放入铝锅中，加热至95℃恒温10～15min，徐徐搅拌。煮前调节pH6.5～6.8，煮时可加大豆磷脂油消泡。

（5）浓缩

将煮过的豆乳冷却至50℃，添加0.05%的亚硫酸钠固体后，在真空度为85～90.6kPa下进行真空浓缩，浓缩后期添加一定量添加剂B。

（6）接种

将浓缩豆乳冷却至40℃，接入一定量菌种搅拌5min后立即进入下一工序。

（7）喷雾干燥

条件为：进风温度为145～150℃、出风温度为55～65℃。

3. 复原实验

食用时，将豆乳粉以1∶10的粉水比混合均匀，放入恒温培养箱中在40～45℃培养6～8h，再移入冰箱冷藏12h，即成酸豆乳，非常方便。

（六）风味快餐方便豆腐

豆腐是我国的传统副食品，以其营养丰富、物美价廉而深受人们欢迎，为此我们进行了新型豆制品的开发研究，试制成了一种新型快餐方便豆腐。快餐豆腐与传统豆腐相比，其色泽和风味有了很大改变，由白色变为多种颜色，由一种风味变为多种风味，增加了豆腐的营养成分，其营养更丰富、更全面，广泛适应人们不同的爱好和口味，具有广阔的市场前景。用这种方法制作的快餐豆腐，凝固良好，质地细腻，表面光滑，富有弹性，风味多样，制作简单方便，适于宾馆、饭店、食堂及家庭制作。

1. 工艺流程

大豆→去杂→浸泡→去皮→脱腥→磨浆→煮浆→点浆（加配料）→成型。

2. 操作要点

（1）制备豆浆

取新鲜饱满的大豆去除杂质，用清水浸泡，使豆粒充分吸水膨胀。浸泡时间因季节不同而异，一般夏季6～8h，春秋季10～12h，冬季更长些。浸泡好的大豆经水洗、脱去外皮，然后进行脱腥处理。传统豆腐中往往含有豆腥味，这是由于大豆中的脂肪酸氧化酶在磨浆时接触氧气而产生的。为避免产生豆腥味，使豆腐的风味更纯正，采用热水烫煮法脱腥，即将浸泡好的大豆放入沸水中加热6～8min，使大豆中的脂肪酸氧化酶失活，磨浆时就不会产生腥味了。将经过脱腥处理的大豆按1∶4的比例加水磨浆。

（2）调味配料

配料的种类有多种多样，可根据需要调配。调制配料的一般原则是：配料应是熟的和热的；配料在豆腐中占的比例不要超过20%；对有可能影响豆腐凝固的配料的加入和加入方法应先进行试验；配料应根据营养、色泽和口味搭配使用。

配料的一般加工方法是：

果蔬类原料如青椒、芹菜、香菜、胡萝卜、洋葱、番茄、苹果、梨、柑橘、草莓、西瓜等，洗

净切成细丁或小块,在沸水中漂烫一下即可使用

虾仁、扇贝等海鲜煮熟后即可使用。

火腿等熟制品切成适当的小块,在沸水中焯一下即可使用。

食盐、味精、糖等调味品可在煮浆时加入也可在点浆时与凝固剂一起加入。酱油、醋、香油、辣椒油、麻辣酱等调味品最好成型后浇在豆腐上,过早加入会影响豆腐的凝固质量。

果、菜汁应在煮浆时加入。

(3)点浆成型

将磨好的豆浆加热煮沸。煮浆方法与加工普通豆腐相同,只是要掌握好煮沸的时间。

点浆用葡萄糖酸内酯作凝固剂、用量约为豆浆的 0.2%。点浆时先将凝固剂(还可加适量的食盐、味精、糖等)放入容器中,然后倒入煮好的豆浆,豆浆的温度控制在 85~95℃。然后加入热的配料加盖放置凝固。点浆后,大豆蛋白质在凝固剂作用下凝固成型,凝固时间一般在 20min 左右,与豆浆的浓度和凝固剂加入的量有关。待豆浆完全凝固后,即可食用。

3. 应用举例

取洁净的快餐杯,内壁涂一层香油(防粘壁),加 0.5g 葡萄糖酸内酯、1g 食盐、味精少许,浇入 250g 煮好的豆浆,稍后加入 10 只热虾仁、30g 熟青豆及少许香菜,加盖放置凝固。待完全凝固后,将豆腐扣入盘中,即可得到一份红、绿、白相间,光滑细腻,味道鲜美的快餐豆腐。

(七)赋香大豆粉

大豆经过蒸汽蒸煮处理后去掉豆皮。脱皮大豆焙炒后研磨成精细粉末。这种大豆粉可用作食品添加料,可以代替一部分可可、咖啡或焦糖作食品赋香料。大豆的蛋白质含量高、营养丰富。

但是为了使作出的大豆食品好吃并易于消化,则必须进行加工,使大豆蛋白质发生物理和化学变化。采用此法生产出的大豆食品适合作食品添加剂、赋香料,尤其是可代替一部分可可、咖啡或焦糖作食品赋香料。

这一加工大豆的方法包括蒸汽蒸煮、脱皮、焙炒、研磨成精细粉末。

大豆用蒸汽处理的最佳温度为 100~120℃,最佳处理时间为 5~35min。温度愈高,处理时间越短。蒸汽处理设备有好几种,例如,可用英国 1385303 号专利所设计的常压连续蒸煮设备或加压连续蒸煮设备处理大豆。采用常压蒸煮设备则用 100℃的蒸汽处理 30min;采用加压蒸煮设备则用 120℃的蒸汽处理 5min。

大豆蒸煮后还需干燥处理,一般采用 100~120℃,鼓风干燥 5~45min。温度愈高,处理越短。最好是 100℃处理 45min,然后冷却。例如,采用强制通风设备常温冷却,冷却约需 45min,然后将大豆脱皮。一般采用将大豆爆裂,去皮,最后吸出豆皮的方法。这些操作可使用一般的机器。

脱皮大豆加以焙炒。最适焙炒温度和时间为 125~235℃,35~60min。焙炒温度不同,则处理所需时间也不同。如用一般的炒锅,最好用 230℃,40min。如果用连续式焙炒设备,则需 190~200℃,55~75min,最好 190℃,65min。冷却后,研磨成所需粒度。如作为食品添加料、赋香料,其平均粒度不得超过 150μm,一般不超过 75μm。

下面举例介绍这一方法。

用一个常压连续蒸煮设备,100℃将全大豆蒸煮 30min。然后 10℃干燥 45min。接着用强制通风冷却设备常温冷却 45min,然后将大豆爆裂、脱皮、吸出豆皮。

脱皮大豆用炒锅 230℃焙炒 40min,然后冷却。再研磨成平均粒度不超过 75μm 的精细粉末。

用上述方法生产出的大豆细粉用途广泛。它可以代替一部分可可、咖啡或焦糖作食品赋香料。例如,现在有用这种大豆粉代替 2%～5%的可可粉作赋香料来生产巧克力味的食品。

(八)一品多用的豆脑粉

采用以下技术加工的豆奶粉既能用于生产豆腐、豆腐脑,也能用于自家调配生活。

(1)脱皮

为减少活性微生物(田间与仓库等转带)酶的作用,先将整粒大豆用脱皮机脱皮。

(2)加热

加热处理使脂肪氧化酶完全钝化方法是将蜕皮后的大豆铺成 3cm 厚,用 80～95℃的蒸汽(汽源可据生产能力任选)处理 35min 使之软化,将软化后的湿大豆用粉碎机破碎成 2～3 片(细些也可),再进行干燥处理(用太阳能干燥或低温烘干均可,但要严格控制卫生条件),干燥可使产品货架期达销售指标。

(3)制粉

用微碎机进行微粉碎,即得无腥味的全脂豆脑粉一般 20kg 原料得 18.4kg 粉。

(4)点脑

制作豆腐时,按地方习惯,每千克粉加入 50g 石膏粉点制即可。用户买回本品即可直接入锅制豆腐,或直接添加到系列面食品中,强化营养。

(九)大豆咖啡

用大豆制作咖啡,既为咖啡爱好者提供了一种营养丰富、有益于身体健康的廉价饮品,又避免了咖啡所含咖啡因使人上瘾、失眠等弊端,还提高了大豆的利用价值,具体加工技术如下。

1. 原料处理

把挑选的大豆用水反复冲洗 3～4 次,洗去其表面的泥沙灰尘等,沥净水再用热风吹干,用脱皮机(或碾米机)剥去豆皮,再用鼓风机吹去豆皮。

2. 加热炒制

把脱皮大豆置于旋转式炒锅中,在 220℃的温度下炒 30s;如果大豆数量较少,也可以放入一般铁锅内在 160℃条件下炒 10～20min,使豆类产生焦香味时即可出锅,冷却后用粉碎机磨成细粉,过 60 目筛即可。

(十)豆腐点心

豆腐点心是一种新型的风味小食品,它营养丰富,质地鲜嫩,可制成香、甜、辛辣等不同的风味,尤其适合老年人和儿童食用。

1. 原料选择及处理

挑选出无霉变、虫咬的大豆,用 20℃左右的温水浸泡到手指压无硬感为止,而后用豆浆机制成豆浆。

2. 配料

在豆浆里添加甜味剂、香料、调味料和琼脂,边搅拌边加热,甜味料可用白砂糖、麦芽糖、葡萄糖等,添加量一般为豆浆的5%～12%,香料可使用橘子、柠檬、菠萝、桂花、香草等各种食用香精。另外,还可以根据需要添加食盐、辣椒、虾仁、味精等调味料,并用食用色素调配成不同颜色,琼脂是作凝固剂使用,其添加量为豆浆的0.2%～1%。

3. 成型

把加热调配好的豆浆注入食用模具内,经过冷却、凝固,即成色香味俱佳的豆腐点心。

(十一)大豆素肉产品

以大豆素肉为产品概念的膨化豆制品近年来不断有新品推出,正在成为一个新的市场热点。这不再是传统豆制品中用卤味豆腐干、豆腐丝仿制的素肉产品,而是通过改进配方和挤压工艺及调味技术,有着越来越接近肉类的质地、纤维、风味、咀嚼感的一类产品。例如,2012年,徽记公司推出的好巴食"素牛肉棒"系列,有麻辣、烧烤、五香三种口味,目标指向就是替代牛肉干等肉制品零食的代餐产品。

仿生素肉类生产设备,实现从进料到挤压、膨化、调味、压模、熟制、包装连续化生产,通过不同工艺、不同模具可造型出多种花样的食品,如素牛排、素鸡翅、素海螺、素肉条、素鸡脯肉、豆虾等。

(十二)大豆膨化休闲食品

近些年来,大豆食品的开发利用,日益受到世界各国的重视。在发展中国家,由于动物蛋白质转化率低,动物蛋白质往往不能满足人均日食75g蛋白质的营养需求,从而人们把目光投向开发植物蛋白质。在我国,国家食物与营养咨询委员会发起了"大豆行动计划"。在1997年12月由国务院批准实施的《中国营养改善行动计划》中,还制定了大豆的具体发展目标。在发达国家,人们对动物食品中胆固醇的恐惧及最新营养学、流行病学研究表明:大豆食品具有降低胆固醇,防癌等健康功效。所以,对大豆食品的开发研究,正在不断加强,不断深入。

随着我国人民生活节奏的加快,对富有营养、美味可口的休闲食品需求也在增加。目前,市场上的休闲方便食品,大多为高脂肪和高碳水化合物、蛋白质含量低并且膨化多以淀粉为原料加工而成的食品。选用适宜蛋白质原料(大豆蛋白质含量约为40%),采用膨化加工技术生产出蛋白质含量高、口感松脆、便于消化的大豆膨化食品。

1. 大豆膨化休闲食品工艺

(1)提取与凝聚调制

1)浸泡:将大豆浸泡在3倍于其本身重量的自来水或0.5%碳酸氢钠溶液中。视季节不同,浸泡时间8～16h不一,浸泡程度以大豆重量约为原重的2.2倍,皮平滑胀紧为宜,之后冲洗、沥干。

2)制浆:为防止破碎大豆时产生豆腥味而采取热磨法,即将整粒大豆混入85～90℃的干净热水中后,再用打浆机磨碎成浆。大豆与热水比例为1:7～1:6,然后分离磨碎的浆体,除去豆渣,得到豆奶样制品。

3)调制:将豆奶加热并保持在75～80℃,然后按0.2%比例加入硫酸钙,混匀并静置10min,使大豆蛋白凝聚,得到豆腐样制品。

由于豆腐的消化率为 92.7%,较其他大豆制品(如焙烤大豆、蒸煮大豆)的消化率高,所以,以豆腐为基料做成的膨化食品,其消化率相应也提高。

（2）添加膨化助料和风味物质

为提高制品的膨化性能和营养品质,以增强其口感和风味,将适量添加下列物质。

1）淀粉:提高制品的膨化率添加一定量的淀粉,如木薯淀粉等。互补氨基酸组分由于大豆蛋白质缺乏含硫氨基酸,粮食作物如大米、小麦的蛋白质缺乏赖氨酸。所以,如将两者相混配,可使其混合物中蛋白质氨基酸组分互补,从而提高制品的蛋白质生理效价或生物有效性。磨成粉后均匀加入为宜。

2）绵白糖、洋葱和大蒜粉末:改善制品风味可加些许绵白糖、洋葱和大蒜粉末进去。

（3）糊化干燥技术处理

把豆腐与上述三种物质以一定比例混匀后,在微波炉中加热 1min,再用气蒸 15min 进行糊化。待糊化后的混合物冷却到室温后,切割成薄片。在 50℃下干燥数小时,制成类似虾片的半成品。

（4）二次膨化处理

将上述半成品经微波或油炸(180~190℃,6~10s)膨化加工,即可制得松脆、风味可口的大豆膨化休闲方便食品。油炸后多余的油,可用洁净的吸水纸巾擦去。

2. 产品包装

将膨化食品用线性低密度聚乙烯薄膜或铝箔包装,放于室温下贮放 10 周。每隔 2 周,测定产品的脆度和水分含量。结果发现,包装起来的膨化大豆食品,在室温下放置 6~8 周后,品质没有变化。

（十三）即食豆花粉

豆腐花又叫豆腐脑,是我国人民传统的食品。速食豆腐花是以大豆、蔗糖为主要原料,配以凝固剂精制而成。富含植物蛋白质、脂肪、碳水化合物、钙、磷、铁等矿物质,以及多种人体必需的氨基酸。有利于人体营养的补充和新陈代谢的平衡,其蛋白质在人体中的消化率可达 92% 以上。速食豆腐花无论在外形,还是口感和风味方而都与传统方法制成的豆腐花相似,香甜嫩滑,风味诱人,适宜人们居家旅游,只要用开水就可以随时冲调食用。下面着重介绍速食豆腐花的生产工艺及制作技术。

1. 原辅材料

1）大豆:选择颗粒饱满,粒大皮薄,表皮无皱有光泽,无杂质,无虫眼,无发霉变质的新鲜大豆。

2）白砂糖:要求用优级或一级白砂糖。

3）水:水质要清洁,pH6 以上。

4）品质改良剂:亚硫酸钠、碳酸氢钠。

5）消泡剂:选用豆类消泡剂。

6）麦芽糖。

7）凝固剂:葡萄糖酸内酯,硫酸钙。

2. 主要设备

脱壳机、磨浆机、浆渣分离机、真空浓缩锅、真空干燥箱、水力喷射器、真空泵、破碎机、混合机、包装机等。

3. 工艺流程

选料→大豆脱壳→浸洗→磨豆→分离豆浆→煮浆→调配→过滤→真空浓缩→
装盘→真空干燥→破碎→混合→包装→成品。

4. 操作方法

（1）生产配方

大豆 50kg，白砂糖 110kg，麦芽糖 10kg，碳酸氢钠、亚硫酸钠等适量。

（2）技术要求

1）选料：除去虫蛀及霉坏大豆，拣去泥块、沙石、铁丝及其他杂物。

2）脱皮：除去大豆种皮及胚轴 95％以上。从而可防止种皮上附着的耐热性芽孢菌混
入产品，胚轴中存在的苦涩及臭味物质也得以清除。

3）浸豆：大豆经水浸泡后，内部组织软化，磨豆时容易破碎，使大豆中的营养物质更
容易溶解在豆浆中。泡豆的水温不宜过高，如果水温高达 30～40℃，大豆的呼吸加强，消
耗本身的营养成分，相应降低了大豆的营养成分。理想的水温一般控制在 20～28℃。根
据水温的不同，选择合适的浸泡时间。夏季浸泡 3～4h，冬季浸泡 5～6h。

浸豆的水与豆比例为 2.5∶1，一般高出豆面 15～20cm。泡豆水加入纯碱调 pH 在
6.5～7，可防止产生豆腥味，缩短浸泡时间。

浸泡好的大豆应达到如下要求：大豆表面光滑，手感有劲，豆瓣的内表面略有塌坑，
手指掐之易断，断面已浸透无硬心。

浸泡好的大豆要除去豆衣，并漂洗干净。

4）磨豆、分离：浸后的大豆加适量水磨细，目的是为了破坏大豆的纤维组织，使蛋白
质易溶于水中。磨豆时要掌握出浆的细度，加水量必须稳定，磨出的豆糊始终保持均匀。
豆浆必须经过浆渣分离，要求过 100 目筛网洗浆 2～3 次。洗豆渣用水量以豆糊水量来
定，一般加水量是豆的 8～10 倍。如磨 10kg 大豆，磨得的浆量应在 80～100kg。

5）煮浆及配料：大豆制品口感差，主要是大豆的豆腥味。豆腥味主要是大豆中脂肪
族碳基化合物、挥发性胺、挥发性脂肪酸等成分。这些成分的产生，主要是在脂肪氧化酶
的作用下引起的，一般是在大豆浸泡后湿磨中产生。为除去豆腥味，除去氧化酶活性，最
好的方法是加热法。

磨出的豆浆要及时煮沸，防止变质，造成浪费。豆浆加热至 65℃左右时，加入少量消
泡剂，继续加热至沸，温度在 95℃以上 5min。然后把豆浆放入混合桶与白糖等辅料混合
溶解，并趁热再次过滤。

6）真空浓缩：真空浓缩是采用真空浓缩锅进行的。操作时，先开动水力喷射器的水
泵，利用高速水流从喷嘴喷出，使真空浓缩锅形成真空。当真空度到达 90.6～93.4kPa
（680～700mmHg）时，即可进浆浓缩。开始进浆速度可快些，吸入豆浆至适量时，即可开
启蒸汽阀门进行加热，保持真空度在 85.3kPa（640mmHg）以上，温度不超过 60℃。浓缩
过程中，要随时注意液面或泡沫升高，以免造成溢浆损失，必要时开启放气阀破除真空或
减少进浆量。

浆液浓缩到一定时间后（1～1.5h），观察浆液颜色变深，黏度变稠，即可从取浆处取
样，用糖度计观察浓度。当浓度达 63％～66％时，便可停机，在出料口上加一网筛将豆浆
中杂物去掉。浓缩后要及时清洗浓缩锅。

真空干燥采用豆浆晶真空干燥箱，一般内分 12 层，夹层板内有空洞，可通水或蒸汽，

用于冷却或加热真空干燥箱连接逆流冷凝器,下接真空泵。

操作时,首先将浓缩好的豆浆分别装入托盘内,每个托盘的豆浆重量要一致,平放均匀,然后小心放入真空干燥箱内,关闭干燥箱。立即开始抽真空,真空度到 79.98kPa(600mmHg)时,通入蒸汽加热,托盘中的豆浆开始沸腾,真空度继续上升,直至 95.98kPa(720mmHg),蒸发出的水分被抽走。真空干燥约需 3h,操作时应根据不同阶段控制真空干燥箱内的温度,使豆浆晶一直处在最佳膨胀干燥阶段。

7)沸腾阶段:从进汽到浆液沸腾直至开始胀发约需 30min,这期间蒸汽压力可控制在 0.0245MPa,温度上升至 70℃。

如发现浆液沸腾厉害,有浆液溢出盘外,应减小进汽量,并稍微破下真空。

8)胀发阶段:从开始起泡胀发到定型约需 1.5h。随着干燥的进行,浆液浓度越来越浓,并开始起泡胀发,此时应逐步减少进汽量,蒸汽压力应减小至 0.098MPa,温度从 70℃升到了 95℃。随着水分的进一步减少,浆液中的糖分子呈饱和状态,晶体析出与大豆蛋白质形成聚合状结晶。

9)烘干阶段:从晶体定型到出箱约 1h。晶体虽定型,内部仍含有少量水分,利用烘箱的余热使余下的水分全部蒸发。为防止豆浆晶烤焦,温度应逐渐降低,从 95℃下降到 70℃。

干燥完毕后通入自来水冷却,当箱内温度降至 55℃时,破除真空,取出托盘,将结晶倒入储存桶,立即送往破碎车间。

真空浓缩、真空干燥是速食豆腐花生产技术的关键环节,要认真操作,严格把关。

破碎、混合、包装车间应装有空调机、吸湿机;空气相对湿度 65%以下,温度 25℃。干燥后的晶体极易吸湿受潮,出箱后应立即破碎,破碎时先除去不干和烤焦部分,然后投入破碎机进行破碎。破碎后的晶体与适量的凝固剂混合均匀,通过自动包装机包装成定量的小袋,再装入外包装袋中,装箱、打包,封口后入库待售。

(3)成品质量

1)感官指标

色泽:呈均匀的浅黄色。

形状:疏松的晶粒,无杂质,不结块。

味觉:有纯正的豆香味,无其他异味。

2)理化指标

水分(%)≤2.5;蛋白质(%)≥10;脂肪(%)≥5;糖分(%)≤78;凝结度(g/cm³)≥3;脲酶定性试验:阴性。

(4)卫生标准

细菌总数≤2 万个/g;大肠菌群≤40 个/100g;致病菌不得检出。铅≤1.0mg/kg;砷≤0.5mg/kg;锡≤10.0mg/kg;铜≤10.0mg/kg。

第二节 即食大豆蛋白质食品

一、即食食品定义

即食食品是方便食品的一种,是指食品经加工、包装后,以售出的形态存在,无需进一步杀菌处理,打开即可食用或加调料、佐料拌匀后即可食用的产品。关于即食食品,不同国家和地区的规定稍有不同。

欧盟与英国的定义是,食品可直接为消费者食用,而无需采取热处理或其他处理措施以消灭或减少微生物水平。澳大利亚、新西兰的定义是,食品以售出的形态为消费者食用,但不包括有壳的坚果类,也不包括需要削皮、水洗后才可使用的新鲜水果和蔬菜。中国香港地区的定义是指,食物在出售地点即可食用,这些食物可以是生的或煮熟的,热的或冰冻的,无需进一步进行热处理即可食用。综上所述,即食食品是指直接食用,无需再采取任何杀菌处理措施的食品。

二、大豆蛋白质即食食品介绍

(一)即食豆腐脑

豆腐脑是我国人民喜爱的传统大豆食品,有很高的营养价值。但传统豆腐脑的生产一般为现做现卖,加工方法繁琐而且保鲜问题无法解决,给工业化生产带来不便。即食豆腐脑用开水冲调就可以迅速溶解,并在随后放置的较短时间内凝固成热的豆腐脑,满足了方便快捷的生活要求,有很广阔的发展前景。

(二)即食型大豆蛋白质素肉

即食型大豆蛋白质素肉以大豆分离蛋白质为主要原料,通过向其中添加一定比例的水溶性大豆多糖和不溶性大豆多糖,经过原料混配、调质、挤压组织化、切割、冷却、包装等工艺过程实现的。

1. 即食型大豆蛋白质素肉的营养特点

1)不添加任何外源成分。

2)产品中大豆分离蛋白质所占比例可达50%～83%。

3)产品色泽多样化。

4)产品的质地、品质可以通过改变可溶性大豆多糖和不可溶性大豆多糖在物料中所占的比例获得。

5)可溶性大豆多糖和不溶性大豆多糖具有不同的生理活性,两者混配可以起到营养互补的效果。

2. 即食型大豆蛋白质素肉的生产方法

(1)原料混配

将大豆分离蛋白质与可溶性大豆多糖、不溶性大豆多糖混配,混配方式和混配比例包括如下三种情况:a. 大豆分离蛋白质与可溶性大豆多糖混配,各成分所占质量百分比如下,大豆分离蛋白质50%～83%,可溶性大豆多糖17%～50%;b. 大豆分离蛋白质与不可溶性大豆多糖混配,各成分所占百分比如下,大豆分离蛋白质 50%～83%,不溶性大豆多糖 17%～50%;c.先将可溶性大豆多糖与不溶性大豆多糖混配,然后再将大豆多糖混合物与大豆分离蛋白质混配,各成分所占百分比为,可溶性大豆多糖与不溶性大豆多糖两者混配,可溶性大豆多糖占混配物的质量百分比在 10%～90%;大豆分离蛋白质与大豆多糖混配物进行二次混配,大豆分离蛋白质 50%～83%,大豆多糖混合物17%～50%。

（2）调质

将混配后的物料在调质机内与一定质量的水混合、搅拌,使物料充分吸水,物料水分含量为 55%～70%。

（3）挤压组织化

应用双螺杆挤压机进行挤压组织化,挤压机机筒各区采用的温度设置依次是物料、水混合输送区是 75～85℃,混合、柔捏形成均匀面团区是 115～125℃,熔融体形成区是145～155℃,熔融体冷却稳定、组织状态形成区是 130～140℃,非膨化挤出成型区是65～75℃。

（4）切割、冷却、包装

将挤出物应用切割器械,切成所需形状,经冷却包装后即为成品。

（三）大豆蛋白质素肉松

1. 大豆蛋白质素肉松的特点

肉松是动物肉类的干制品,营养丰畜,口味鲜美,因含有胆固醇不适于老年人食用。上海农学院用富含植物蛋白质的大豆、花生等为原料,制成的形似肉松状的大豆蛋白质（7.4%）素肉松,营养丰富,有类似肉松的咀嚼感,而不含胆固醇,无动物肉类的副作用,是一种新型的豆制健康食品。

鲜素肉松可用于烹饪各式美味菜肴,制作凉拌菜或烧煮点心等。口感清爽,无豆腥味。经过调味烘干的素肉松可直接食用,咀嚼感强,口味可视需要进行调节。凡能生产普通豆腐的工厂或专业户,基本上具备生产素肉松的条件。生产鲜素肉松每千克原料成本约 1.8 元,干素肉松每千克成本 7 元左右。

2. 生产大豆、花生素肉松的主要工艺流程

大豆→清选→浸泡→去杂→磨碎→烧煮→成形→烧煮调味→烘干→包装→干素肉松。

（四）豆腐点心

豆腐点心是一种新型的风味小食品,它营养丰富、质地鲜嫩,可制成香、甜、辣等不同的风味,尤其适合老年人和儿童食用。

（1）原料选择及处理

挑选无霉变无虫咬的大豆,用 20℃左右的温水浸泡到手指按压无硬感为止,而后用豆浆机制成豆浆。

（2）配料

在豆浆里添加甜味剂、香料、调味料知琼脂,边搅拌边加热。甜味料可用白砂糖、麦芽糖、葡萄糖等,添加量一般为豆浆的 5%～12%,香料可使用橘子、柠檬、菠萝、桂花、香草等各种食用香精。另外,还可以根据需要添加食盐、辣椒、虾仁、味精等调味料,并用食

用色素调配成不同颜色琼脂是作为凝固剂使用的,添加量一般为豆浆的 0.2%～1.0%。

(3)成型

把加热调配好的豆浆注入食用模具内,经过冷却、凝固,即成色香味俱佳的豆腐点心。

第三节　花色大豆蛋白质食品

1. 无奶酸豆乳

无奶酸豆乳是豆制品,因其与兽乳的营养价值相比较毫不逊色,所以深受人们欢迎。其制作过程分为浸滤、分离、均质与添加调料、加热消毒、接种培养等。

(1)浸滤

将大豆粕放入用食用酸或酸性盐(柠檬酸、盐酸等)调制成的水溶液中浸滤。溶液的 pH 最好保持在 4.2～4.6。如溶液酸性超过了这个限度,虽糖分仍可沥出,但作为大豆主要蛋白质的大豆球朊有一些也将被滤出。

(2)分离

用传统的固体-液体分离技术(即过滤法、离心分离法或沉降法)把滤液与无糖滤饼分离,排掉滤液。

按 6～10 份碱溶液对 1 份原大豆粕的比例将蛋白质从无糖滤饼中滤出。溶液中的碱是从氢氧化钠、碳酸钠、氢氧化铵或相应的钾化合物中提取的。水溶液的 pH 最好维持在 8～10。

用倾析法、真空过滤法、压滤机或离心分离法把固体从碱液中分出。此工序最好分两步进行,首先用倾析法或过滤法提取出大部分固体物质,然后进行离心分离。这样就得到了容易被进一步加工的清洗溶液。

最好用柠檬酸、盐酸等把溶液的 pH 调到 6.6～6.8。

(3)均质与添加调料

在豆乳中加糖进行均质。根据对产品特殊风味及结构的要求,也可在此加入其他添加剂,如加入水(调整蛋白质含量和改进组织结构)、淀粉、糖(增加甜味)、油脂、卵磷脂和其他稳定剂、调味剂、色素及水果香精等。

(4)加热消毒

大豆中通常有微生物生存,因它具有这些微生物生存的媒介物,豆乳也是如此。对豆乳要进行加热消毒处理,并通过加热破坏大豆中的抗消化因子。消毒时间要视温度高低而定,但不应使用过高温度,以免蛋白质发生沉淀。

(5)接种与培养

把生长在非奶介质上的乳酸培养基移植到无菌豆乳上。较理想的菌种有耐热链球菌和保加利亚乳酸菌等。

对接种消毒豆乳进行培养,使其结成块状体并形成最后风味。

2. 日本酸豆乳

豆浆在日本叫做豆乳,将它制成酸豆乳很受消费者欢迎。

(1)原料配方

豆乳(含大豆固形物 8%,大豆蛋白质 3.8%)27.5%,砂糖 10%,果胶 0.3%,枸橼酸钠0.2％，果汁（含固形物 10％～20％，pH3.8～3.9）10％，柠檬酸 0.5％～0.8％，水52.5％，香料适量。

（2）制作方法

先在经过干燥的器皿内把果胶、砂糖和枸橼酸钠混合均匀，再加入 60℃的温水，边加边搅拌使其充分溶解，冷却到 5～10℃时，再将此混合液倒入 5～10℃的豆乳中，继续搅拌 5～7min。然后，将用柠檬酸调整 pH 的果汁加入果胶豆乳中。再加温至 70℃后用均质机进行处理。灭菌后即可包装出售。

第四节　大豆蛋白质仿生食品

一、新概念食品与仿生食品

（一）"新概念"食品

在这个追求健康无极限的年代里，人们对食品的要求再也不局限于吃饱吃好的阶段上了，营养、安全成了人们首要考虑的因素。然而，环境的污染与高碳的消耗却和人们创造的财富成正比上升。于是，一些新型与新奇的新概念食品应运而生并走向市民餐桌，这些食品不仅可以果腹，对健康也有着某种程度的促进作用，但也有的潜藏着不小的危险。

（二）新概念食品介绍

1. 酵素食品

近期以来一种新的食品，即酵素食品进入各大城市商场和超市，其宣传的营养理念及健康功能，令人耳目一新。酵素又称为"酶"，是生物体本身所产生的具有催化能力的蛋白质，是维持生命与细胞活性不可缺少的物质。人体如同一个精密的化工厂，每天都在进行着不计其数的各种化学反应和变化，这些化学反应主要靠成千上万的各种酵素才能顺利进行。酵素可以增强人体新陈代谢能力，清除体内不完全代谢产物（体内垃圾或毒素），迅速活化生理功能，制造新的细胞，是人体健康的保障之一，被科学家称为"生命的魔术师"。酵素主要在体内合成，年龄的增长及污染都会使体内酵素合成减少。在化学变化过程中，部分酵素也是会损耗的，除了部分由人体自己制造补充外，大部分的酵素还要靠平时食物来补充，这才能使体内酵素维持平衡状态。又由于酵素在高温下会失活，故熟食习惯使得人对外源性酵素的摄入减少。

日本是最早开发酵素食品的，但是，最初产品价格居高不下，成为贵族食品。后来随着工艺的进步，开始了大规模批量生产酵素，受到日本消费者的喜爱。20 多年前，台湾的科学家利用植物学、细胞学、营养学、微生物学和现代生物化学科学技术，对这一传统的工艺进行改良，再加上台湾盛产热带蔬果的天然优势，使酵素食品更加符合现代人对营养的需要。由于工艺进一步改良，生产成本进一步下降，使原本只有富裕人家才能食用的酵素食品，成为普通人能够消费的保健佳品。

2. 仿生食品

所谓"仿生食品"就是仿生物食品，是用人工原料制作成类似天然食品口味的新型食品。仿生食品是一种新型食品，虾丸、蟹棒等海鲜丸都属于仿生海洋食品。它们从外形和口味上模仿天然海洋食品,价格低廉,外形、口味却很像。

3. 激素食物

好多食物中含有天然的植物雌激素。植物雌激素对人体激素能起到一种良好的平衡作用。比较典型的当属大豆,大豆含有天然植物雌激素大豆异黄酮,当女性体内雌激素水平偏低时,所摄入的大豆食品会增加人体雌激素水平。这就是为什么大豆食品可以帮助更年期女性稳定情绪,并且还可以降低乳腺癌发生的原因。研究表明,植物雌激素还可以减缓经期症状,帮助女性调整月经周期,如帮助月经周期太短的女性延长周期。

植物雌激素对心血管也起着很重要的保护作用。大豆异黄酮可以降低血液中的胆固醇水平,尤其是"不良"胆固醇的水平。大豆中含有至少 5 种抑制癌症的复合物,因此常吃大豆的日本女性乳腺癌的发病率比较低。

以大豆为主的豆类,包括豆芽都含有较多的植物雌激素,还有大蒜、芹菜、芝麻、葵花籽、燕麦、茴香及某些水果中也含有异黄酮。几乎所有的水果、蔬菜和谷物中都含有植物雌激素。但是,只有当植物雌激素以异黄酮的形式存在时,对人体才有益处。

4. 远亲食物

所谓远亲食物,是指在空间和生物学关系上距离人类相对较远的食物。如野生植物距离人类远于人工种植的植物;海洋中的食物距离人类远于陆地上的食物。螺旋藻,在生物学关系上距离人类十分遥远,其所含的营养是迄今为止人们所知的含量最丰富、最均衡的食物。据测定,螺旋藻所含的蛋白质及氨基酸高达 65%,是鱼类的 3 倍多,是肉类的 4 倍多,是鸡蛋的 5 倍多。螺旋藻中叶绿素的含量也为蔬菜的 10 倍多。其他距离人类较远的远亲食物,还有蘑菇等真菌类,沙棘等"第三代水果"等。人们正在逐渐认识远亲食物的健康作用,远亲食物也越来越受到欢迎。

(三)仿生食品

1. 何为"仿生"食品

"仿生"食品,是新概念食品中的一种,即用科学的手段把普通食物模拟成贵重、珍稀食物。它不是以化学原料聚合的,而是根据天然食品所含的营养成分,选取含有同类成分的普通食物作为原料,制成各种各样的仿生模拟食品,即人造食品。

2. 仿生食品的种类

(1)人造鸡蛋

是用玉米、蛋白质、牛奶、面粉、维生素 B_1、维生素 B_2 及人体所需的矿物质混合制成。有蛋清、蛋黄、塑料蛋壳,鲜味同真鸡蛋。其特点是不含胆固醇,运输、储存方便。

(2)人造对虾

食品专家利用小海杂鱼、小虾为主要原料,研制成的一种在外形、颜色、味道可与天然食品相媲美的人造对虾。其价格便宜、鲜嫩可口、营养丰富、易吸收,也受消费者欢迎。

(3)人造螃蟹肉

食品专家以海杂鱼肉、面粉、鸡蛋、盐、豆粉、土豆泥、酒、色素为主要原料,用蟹壳熬汁搅拌均匀,然后挤压成柔软的蟹肉。其色、形、味与真蟹无区别,在日本很畅销。

(4)人造瘦肉

食品专家利用农副产品提取蛋白质和其他营养物质,组合成胶状液体,并将其纤维素制成与瘦肉一样的纤维层结构。再向纤维中添加蛋白质、脂肪、色素及猪瘦肉的风味物质,制成一种色、香、味、形与瘦猪肉一样的人造肉。其蛋白质的含量高于天然猪肉。

（5）人造鱼翅

以鱼肉和海藻中的提取物为主要原料，再加上面粉、鸡蛋清、色素等人体必需的营养成分制成。它不仅价廉物美，而且烹制省时、方便。

（6）其他仿生食品

如人造大米、人造苹果、人造咖啡、人造花生、人造蜇皮、人造虾仁、人造菠萝、人造牛肉干、人造燕窝等等。人称仿生食品为 21 世纪大有作为的食品。

仿生食品产量最大的是海洋仿生食品，它是以低值鱼为原料经加工为鱼糜，并以此为原料，从形状、风味、营养等方面模仿天然海洋食品，而制取的一类海洋"仿生"食品。如各种鱼丸是最常见的海洋"仿生"食品，此外，还有虾球、虾仁、蟹肉、蟹足棒、蟹黄丸、蟹钳、干贝等，市场上此类产品一般都属于"仿生"食品或"模拟"食品。

3. 仿生食品用途

因其加工成本低廉，口感又类似天然食品，现在很多厂家生产仿生食品，如仿真发菜、仿真鱼翅、仿生蟹腿肉、仿生鱼子、人造海参等。

4. 仿生食品成分

仿生食品是用人工原料制作成类似天然食品口味的新型食品。它是生产商为了节省成本，添加了各种类似于海鲜的调试粉，使得销售者闻起来、吃起来有类似于海鲜的味道。

二、大豆蛋白质仿生食品

（一）大豆蛋白质仿生果脯

蛋白质是人体必需的营养物质之一。目前，我国人均蛋白质摄入量比世界公认标准少 10g/天，而质量上的差距更大。从经济性、营养价值和口感多方面来看，大豆组织蛋白质开发是改善我国人民蛋白质营养水平的有效途径。

仿生果脯的主要原料是组织化大豆蛋白质。用挤压法加工组织蛋白，可充分利用榨油后的副产品——低温豆粕。利用挤压机使含不同水分豆粕粉受强烈的高温、高压和剪切力等作用，制成不同结构的组织化大豆蛋白质，使其更易于被人体消化吸收。研究表明，大豆蛋白质是一种营养价效高，经济性的一种优质植物蛋白质，利用组织化大豆蛋白质采用仿生技术，可以制造仿生果脯。

1. 原料及设备

主要原料：组织化大豆蛋白质、淀粉、白砂糖、柠檬酸、西红柿香精、香蕉香精、菠萝香精、水果原汁等。

主要设备：熬糖锅、搅拌器、温度计、天平、电炉、烘箱、电热烘箱、榨汁机等。

2. 仿生果脯工艺流程

组织化大豆蛋白质→除腥味→糖制→调色、香、味→烘干→灭菌→修形→包装。

3. 操作要点：

（1）复水

组织化大豆蛋白质在使用前要复水，尽可能使复水程度略低于实际水果的含水量。

（2）除腥味

可利用酶制除腥剂，或在加工组织化大豆蛋白质前，用酸处理。

（3）糖制

方法一：把组织化大豆蛋白质加入到糖浆浓度在50%的溶液中，熬煮5min，再静置24h。

方法二：把组织化大豆蛋白质加入到糖浆浓度在50%的溶液中，熬煮10min，再静置24h。

方法三：把组织化大豆蛋白质加入到糖浆浓度在60%的溶液中，一直熬煮30min。

（4）调味料的加法

方法一：调香、调色料在熬煮时加入。

方法二：调香、调色料在静置时加入。

（5）烘干工艺

选取仿生西红柿果脯含水在16%、20%、24%，分析烤制后产品的质量。

选取仿生香蕉果脯含水在15%、16%、17%，分析烤制后产品的质量。

选取仿生菠萝果脯含水在15%、16%、17%，分析烤制后产品的质量。

（二）仿生蛋白质牛肉干

仿生蛋白质牛肉干是以组织化大豆蛋白质为主要原料，利用组织化大豆蛋白质的结构与牛肉结构相似的特点，再添加其他辅料，采用特殊工艺制成的。同时，有利于植物大豆蛋白质的开发利用。大豆蛋白质被认为是世纪最受欢迎的食品原料之一，在国外被称为天然的保健食品。它有降低人体血液中胆固醇含量、防止动脉粥样硬化的作用，是人类为防止心血管疾病而取代动物蛋白质的最好的植物蛋白质来源。

组织化大豆蛋白质是将脱脂大豆粕进行挤压膨化，使物料在水分、压力、热和机械切力的共同作用下发生塑性变形而制得的产品，它具有层次结构，可用于人造肉和其他仿肉制品的制作。

1. 原料与主要设备

材料：组织化大豆蛋白质、酱油、食盐、五香粉、鲜辣粉、胡椒粉、味精、干草粉、牛肉香精等。

设备：双螺杆挤压机、不锈钢锅、搅拌器、天平、电炉、烤箱等。

2. 组织化大豆蛋白质的制备

（1）工艺流程

冷榨豆饼→粉碎（80目）→加水混合（加2%～3%磷脂、加25%水）→双螺杆挤压机挤压组织化→切成一定长度→晾晒至干。

（2）流程说明

选用双螺杆挤压机，以冷榨豆饼为原料，经挤压得到组织化大豆蛋白质。

3. 仿生五香牛肉干的研制

（1）工艺流程

组织化大豆蛋白质→加牛肉骨头汤、牛肉香料初煮→配料→复煮→拌料→烘烤→包装→贮藏。

（2）操作要点分析

所制作的组织化大豆蛋白质属于咀嚼性好、多孔肉样组织结构的优质大豆蛋白质。将大豆组织蛋白质放入锅中，加清水、牛肉骨头汤和牛肉香料煮到大豆组织蛋白具有牛肉的味道后捞出，切成片，这是初煮。然后进行复煮，取原汤一部分，加入甘草粉、辣椒酱、砂糖、酱油、食盐、葱和姜,大火煮开后,改用小火。将初煮后的组织化蛋白放入锅内,同时不断地搅拌,在汤快干时取出。复煮后的仿生牛肉片稍加沥干后,加入五香粉、味精、辣椒面、花椒面、芝麻面后,充分拌匀。将加了调味料的仿生牛肉片置于烘箱中烘制,依照肉片厚薄掌握时间,再经常翻动,以防烤焦。烤到发硬变干、味道芳香时即成。

(三)植物蛋白质仿生食品——高蛋白质果脯的研制

随着大豆深加工等技术的发展,浓缩大豆蛋白质和分离大豆蛋白质等植物蛋白质产品,已成为新的具有良好功能特性的营养资源和重要的食品工业原料。开发植物蛋白质仿生食品,不仅能增加食品的花色品种,而且仿生食品具有良好的色、香、味,并能按消费者的口味进行调节,营养成分能根据不同的消费人群进行强化等优点,为能提供比传统食品在营养及口感等方面更加符合消费者要求的新型食品。

1. 高蛋白质果脯的特点

利用分离大豆蛋白质、海藻酸钠和蔗糖为主要原料加工成的高蛋白质果脯,不仅色、香、味、形酷似所模拟的杏脯、苹果脯及梨脯等天然果脯,而且有适当的韧性,具有果脯的质感。

高蛋白质果脯具有丰富的优质蛋白质和对人体有保健作用的海藻酸钠,而且可根据不同人群的需要强化维生素 B_2、维生素 C 和 β-胡萝卜素等。而天然果脯因蛋白质含量低,维生素在加工的过程中又大部分被破坏而不具备前者的优点。

2. 加工原理

高蛋白质果脯是以海藻酸钠为主要凝胶剂。大豆蛋白质等为填充剂制成的多组分凝胶体。海藻酸钠具有 D-吡喃甘露糖醛酸单位(M)和 L-吡喃古洛糖醛酸单位(G)。它的分子是由聚-M 和聚 G 单位交替连接成的共聚物。当存在少量钙离子或其他二价或三价金属离子时,能在室温下形成凝胶。利用海藻酸钠的这一性质,在海藻酸钠中加入分离大豆蛋白质,再加少量琼脂作辅助剂,在氯化钙的作用下,便可形成填充分离大豆蛋白质的藻酸钙-琼脂混合凝胶体。通过控制各组分的浓度和钙化时间等条件,可使得到的凝胶体的强度和性质类似模拟的果脯所具有的质感。

高蛋白质果脯的造型方法有二:一种是利用胶体液珠的表面张力形成球体。即把以海藻酸钠为主的混合胶体滴入氯化钙溶液后,胶滴必然形成表面积最小的球形,控制胶滴大小便可获得大小不同的球形果脯,还可以把球形果脯切成各种瓣形果脯。另一种方法是利用各种形状的模具来制造不同形状的果脯。高蛋白质营养果脯的色、香、味可通过添加蔗糖、柠檬酸、色素和香精等来调配。

3. 工艺流程及操作要点

(1)工艺流程

海藻酸钠、蔗糖、大豆蛋白质、琼脂→混匀后 90℃水浴→混匀(投放柠檬酸、色素、香精)→混匀→成型→漂洗→沥水→糖渍→烘干→成品。

(2)操作要点

1)原料混合:要在 90℃加热条件下进行。原料搅拌后注意排空胶体中的气泡,停止加热前 5min,不能再行搅拌。

2)钙化:浓度为 5%～8%,钙化时间为 15～20min. 视果脯大小而定。钙化后漂洗5min,沥水。

3)糖渍:蔗糖和水的重量比为 1:1,加柠檬酸将 pH 调至 3,配好后将其煮沸 15～

20min。使转化糖量为 50％左右。沥水后的果脯放入糖渍液中浸泡 8～12h。

4）烘干：浸泡后的果脯捞出沥干后，在 60～70℃烘烤 10～12h。

4. 参考配方

几种高蛋白质果脯的配方见表 11-1。

表 11-1　几种高蛋白质果脯的配方

品种	分离大豆蛋白/g	海藻酸钠/g	琼脂/g	淀粉/g	蔗糖/g	甜叶菊/g	柠檬酸/g	水/mL	香精、色素、防腐剂
杏脯	1	1.50	0.10	—	25	—	0.10	100	适量
苹果脯	0.5	1.60	—	3.50	30	—	0.05	100	适量
梨脯	2	1.60	0.10	—	25	—	0.05	100	适量
话梅	1	1.50	0.10	—	10	0.10	0.20	100	适量

三、仿生海洋食品

所谓仿生海洋食品，即是以海洋资源为主要原料，利用食品工程手段，从形状上，或从风味、营养上模仿天然海洋食品而加工制取的一种新型食品。这种食品的口感、风味与天然海洋食品极为相似，而营养价值则不逊于天然海洋食品，而且价格低廉，食用方便，一问世便受到广大消费者的青睐。仿生海洋食品是采用低值鱼类、虾类为主要原料，辅以大豆蛋白质、植物多糖、调味品、色素、黏合剂等配制而成，经过系统加工处理，从形状上或从风味、营养上模仿天然海洋食品而制成的一种新型食品。这种制品首先在日本试制成功，随后世界上许多国家也开始竞相研制仿生海洋食品，如美国、韩国、苏联、英国等国每年的出口量均居于世界前列。目前已生产出来的产品主要有仿生鱼翅、仿生蟹腿肉、人造虾仁、人造海胆、人造鱼子、海洋牛肉等。

仿生海洋食品味道鲜美，有光泽，咀嚼性好，弹性强，还具有医疗保健作用，是一种理想的食品。

我国是在 20 世纪 80 年代才开始着手研究和试制仿生食品，已取得显著成绩，一些产品如人造牛肉、仿生鲍鱼等一投放市场，便因其价廉物美而受到了广大消费者的欢迎。由此可见，仿生海洋食品在我国还有极大的市场可开发，进一步开发研制仿生海洋食品，有着十分重要的经济战略意义。

1. 仿生海洋食品的工艺流程

仿生海洋食品以魔芋精粉、大豆蛋白质为主要原料，加入一定的天然海产品提取物和其他辅料，经着色、定型等步骤制成，其基本原理较为简单，工艺流程如下：

魔芋精粉、大豆蛋白质、天然提取物、辅料→混匀溶胀→静置→挤压成型→加热蒸煮→漂洗→包装杀菌→成品。

2. 操作要点

选用优质精粉，要求外观洁白，凝胶性能较好，无杂质。精粉的品质会影响到最终成品的质地和口感。夹带杂质的精粉会给产品带来沙感，需先进行分离提纯。

为了使制品具有一定的弹性和硬度，可加入适量的卡拉胶和魔芋精粉混合。卡拉胶是一种无害而又不能被人消化的植物纤维，具有提高免疫功能的作用。

从天然产品中浓缩萃取水溶性部分与原料混合，或加入一些由低值鱼类、虾类制得的鱼糜,可使制品具有海鲜的风味,并接近天然产品。

将魔芋精粉、天然提取物、大豆蛋白质辅料等混合均匀,在室温下溶胀,静置2～3h。

将处理好的原料通过模具挤压或填充成型,如虾形模具成型,扇贝模具成型等,其他产品也都需要通过一定的设备,使其具有天然产品的外形。在90℃下加热蒸煮30min,冷却完再进行漂洗。

制品若需着色,则可将其浸于所需色泽的食用色素或天然有色的煮汁中浸泡,使其外表更为逼真。

制得的产品可用耐煮袋定量包装后,再投入沸水中煮15～20min,取出冷却后即得成品。

四、几种仿生海洋食品加工技术简介

目前各国为了竞争仿生海洋食品市场,都在不断地更新工艺、设备,以进一步提高产品的外观、风味、口感,吸引更多的消费者。以下简单介绍了国内外有关仿生扇贝、人造虾仁、仿生鱼翅的加工技术。

1. 仿生扇贝

选用魔芋精粉为原料,加水溶胀,与一定量的扇贝提取物和淀粉、大豆蛋白质等辅料搅拌混合均匀,静置2h,将制好的糊液用压力挤入成型模具内,在90℃下进行加热处理,冷却,漂洗,然后再按照天然扇贝的大小长度进行切分。经包装杀菌、冷却即可得成品。

2. 人造虾仁

天然虾肉组织是由直径几微米至几百微米的肌肉纤维紧密结合成的,在食用时其破断力强弱的不同作用产生了虾肉独特的口感。人造虾仁在国内外均采用冷冻鳍鱼糜和小虾肉为原料,再添加大豆蛋白质、淀粉、食盐、调味料等进行混合、擂溃、送入成型机中挤压成型,然后喷上一层钙液,色素作为“外衣”。为了使人造虾仁的口感更加细腻爽口,往往在鱼糜原料中加入一些可食性纤维。

3. 仿生鱼翅

鱼翅是海味八珍之一,不仅是有名的美味佳肴,而且还有多方面的食疗价值。但由于其天然资源有限,无法满足消费者的需要,因此仿生鱼翅一上市,便受到欢迎。最近,日本一家食品公司用鱼肉和从海藻中提取出来的物质为主要原料,再加上面粉、大豆蛋白质、食用色素及人体必需的其他营养成分制成仿生鱼翅食品,这是一种无色透明状长20～200mm,直径0.2～0.8mm的丝状物,在3%的盐水中煮1h,其形状及口感与天然鱼翅十分相似。

五、仿生海洋食品加工中的不安全因素

1. 二次污染

在食品加工过程中,二次污染是影响食品质量安全的重要因素,科学地对待冷却和包装环节,对生产场所定期进行消毒灭菌,是预防和控制食品二次污染的重要手段。引起食品二次污染的主要原因包括:食品生产车间工艺布局不合理、工艺间存在交叉污染、防虫防鼠防尘设施不足、作业人员不注意个人卫生或患有传染性疾病等。此外,食品冷却和包装车间洁净度要求很高,如果企业缺乏相关专业知识,消毒方法不当,生产车间的

空气、设备、工器具(包括操作台)、包装材料未经有效消毒或消毒不彻底,这些物品上残存的微生物与食品接触后迅速繁殖,也是引起食品二次污染的重要原因。

2. 添加剂

质地柔嫩、风味新鲜是海产品的主要质地特征,仿生海洋食品的质量要求除了外形逼真外,也主要体现在其质地和风味方面。在仿生海洋食品制造过程中,一般通过添加具有特定海产品风味的调味料,即可满足仿生海洋食品的风味要求。为了使这种海鲜风味保持得更加持久,一般还需要加入一些色香保留材料,如环糊精、魔芋葡甘露聚糖。与天然海产品相比,在仿生海洋食品加工过程中添加的各种风味、色素、色香保留材料等食品添加剂,目前使用较多的仍是人工合成的。这些添加剂的使用必须严格限制在安全限量范围之内,否则极易导致此类食品的安全问题。

3. 假冒伪劣

目前,仿生海洋食品在产品的外观、风味、弹性、口感上与天然产品还存在一定的差距,随着食品加工技术的不断改进和完善,在仿生海洋食品加工方面,还需在原料资源、加工工艺、产品质量、技术设备等方面不断改进。仿真食品是利用食品工程技术,对天然动植物原料进行加工,从形状、风味、营养上模仿天然食品,这类食品风味独特、价格低廉、食用方便,营养价值不亚于天然食品,一经问世便受到广大消费者青睐。目前已有仿真鱼翅、仿真虾仁等多种仿真食品,但仿真食品存在韧性和脆度不够,且色泽、香气及仿生材料的选择是仿生食品的工艺技术难点。

由于海洋仿生食品符合 21 世纪食品"简便、卫生、富含营养"的特征。因此一些海洋专家认为,21 世纪是名副其实的"海洋世纪",功能各异的仿生海洋食品将会获得更大的发展空间。

但是,科技界对于仿生食品的美好初衷遭遇部分不良工商业者的违背。掌握技术之后的工商业者出于对市场竞争的应对和对利润的追逐,开始随心所欲地为客户定制少用甚至完全不用鱼糜的"鱼丸"等海洋仿生食品。

第四篇　大豆功能性制品

第十二章　大豆低聚糖及其在食品中的应用

第一节　低聚糖与大豆低聚糖概述

一、低聚糖与大豆低聚糖

1. 低聚糖

低聚糖又名寡糖(oligosaccharide),一般是由 2~10 个单糖分子缩合而成,按水解后生成单糖数目的不同,寡糖又分为二糖(disaccharides)、三糖(trisaccharides)、四糖(tetrasaccharides)、五糖(pentasaccharides)等,食品中以二糖最为常见,如蔗糖(sucrose)、乳糖(lactose)、麦芽糖(maltose)等。

低聚糖由于单糖分子的结合位置和结合类型不同,种类繁多,功能各异,目前已知的达1000种以上,主要有功能性低聚糖和普通低聚糖两大类。在机体胃肠道内不被消化吸收而直接进入大肠内优先为双歧杆菌所利用的低聚糖称为功能性低聚糖。功能性低聚糖主要指低聚果糖、低聚木糖、低聚异麦芽糖、低聚半乳糖、低聚甘露糖、大豆低聚糖等,近年来备受重视,已开发出各种保健食品。

2. 大豆低聚糖

大豆低聚糖(soybean oligosaccharide)广泛存在于各种豆科植物中,如大豆、蚕豆、扁豆、豌豆和绿豆等,尤其是在大豆的胚轴中的含量非常丰富。大豆低聚糖的主要成分是水苏糖(stachyose)、棉籽糖(raffinose)和蔗糖(sucrose),占大豆总固形物的 7%~10%。大豆中的低聚糖含量因作物成熟度、加工条件、作物产地、作物品种不同而异。在未成熟的大豆中几乎不含大豆低聚糖,只有到了成熟期后,其含量才会显著增加,但随着种子的发芽而逐渐减少。浸泡、加热等加工过程都会引起大豆低聚糖的损失,如豆豉、豆酱、酱油制品中几乎不含大豆低聚糖。中国产的成熟大豆中大豆低聚糖含量约为10%,而美国产大豆的大豆低聚糖含量约为 9.5%,略低于中国所产大豆的含量。日本大豆的大豆低聚糖含量约为 10.9%。一般豆科植物中水苏糖占 2.7%~4.7%,棉籽糖占 1.1%~1.3%,蔗糖占 4.2%~5.7%。豆科植物种子中大豆低聚糖含量见表 12-1。

表 12-1　豆科植物种子中大豆低聚糖含量(干基)(单位:%)

植物种子	水苏糖	棉籽糖	蔗糖	植物种子	水苏糖	棉籽糖	蔗糖
蚕豆	2.0	0.7	2.5	豇豆	3.5	0.5	1.0
豌豆	2.2	0.9	2.0	扁豆	2.5	1.2	2.6

植物种子	水苏糖	棉籽糖	蔗糖	植物种子	水苏糖	棉籽糖	蔗糖
花生	0.9	0.3	5.9	美国大豆	3.7	1.1	4.5
赤豆	2.8	0.3	0.6	日本大豆	4.1	1.1	5.7
菜豆	2.5	1.2	2.6	中国大豆	3.8	1.0	5.2

大豆低聚糖具有稳定性好、甜度高和热量低等良好的理化性质,不会导致蛀牙和血糖反应,在一些食品加工中大豆低聚糖已部分和全部替代蔗糖,可供糖尿病人和肥胖病人食用。大豆低聚糖在一些食品中可以促进肠内双歧杆菌的增殖,以维持肠道菌群平衡。在儿童食品应用大豆低聚糖,可以防治儿童龋齿。因此,大豆低聚糖可用于生产各种保健食品。

二、大豆低聚糖的理化性质

1. 色泽

大豆低聚糖浆为无色或淡黄色、透明黏稠状液体;固体产品是淡黄色粉末,其极易溶于水。

2. 甜度

大豆低聚糖有类似于蔗糖的甜味,其甜度为蔗糖的 $70\%\sim75\%$,几乎与葡萄糖相同,能量仅为 $8.36kJ/g$(蔗糖的 50%),可以代替蔗糖用作低能量甜味剂。

3. 黏度

在相同的浓度下,大豆低聚糖的黏度高于蔗糖和高果糖浆(55% 果糖的果糖浆),而低于麦芽糖浆(含 55% 麦芽糖)。在不同温度下大豆低聚糖与其他甜味剂的黏度对比如图 12-1 所示。

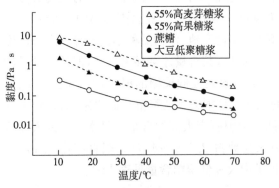

图 12-1 在不同温度下大豆低聚糖与其他甜味剂的黏度对比

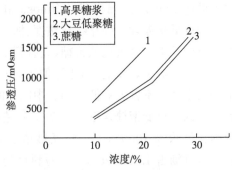

图 12-2 不同浓度下大豆低聚糖、高果糖浆与蔗糖的渗透压对比

4. 渗透压

大豆低聚糖的渗透压接近并略高于蔗糖,低于 55% 的高果糖浆。不同浓度下大豆低聚糖、高果糖浆与蔗糖的渗透压对比如图 12-2 所示。

5. 水分活度

大豆低聚糖浆浓度在 50％～70％时,其水分活度接近蔗糖。在 25℃下浓度 76％的大豆低聚糖浆,水分活度为 0.95。

6. 相对湿度

大豆低聚糖浆在高相对湿度为 80％的环境下,吸湿平衡湿度为 58％,吸湿性比蔗糖高,而比高果糖浆低;在低相对湿度为 30％的环境下,比蔗糖失水多,比高果糖浆失水少。

7. 热稳定性

大豆低聚糖在短时间内加热比较稳定,140℃下不会分解,在酸性(pH 为 5～6)条件下加热到 120℃稳定,pH 为 4 时加热到 120℃较稳定。大豆低聚糖在 150℃下有 10％的大豆低聚糖发生分解,加热到 160℃时所含的水苏糖和棉籽糖被破坏甚少,在 180℃下大豆低聚糖的残存率为 66％左右(加热时间为 15min)。大豆低聚糖的热稳定性如图 12-3 所示。

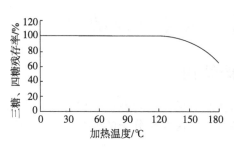

图 12-3　大豆低聚糖的热稳定性

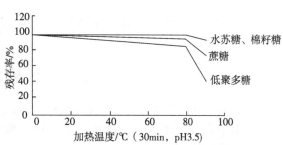

图 12-4　大豆低聚糖在酸性条件下的加热稳定性

8. 酸稳定性

在酸性条件下,大豆低聚糖具有良好的热稳定性,并且稳定性优于蔗糖和低聚果糖。酸性条件下对其进行加热处理时,稳定性也高于果糖和蔗糖,其基本上不会受到体内胃酸、胆汁和消化酶的作用,具有较好的耐酸性,并且具有比较好的酸性条件下的储存能力。精制大豆低聚糖在 pH<5 时热稳定性有所下降;在 pH=4、温度低于 100℃时仍比较稳定;而在 pH=3 时,保持稳定性的最高温度不能超过 70℃。例如,在 pH3.5、90℃时加热 30min 后,大豆低聚糖的残存率为 91％以上,蔗糖仅为 72％,而低聚果糖不足 50％。大豆低聚糖在酸性条件下的加热稳定性如图 12-4 所示。

9. 加热温度与着色

含有水苏糖和棉籽糖的大豆低聚糖浆无色透明,在 80℃以下不着色,在高于 80℃开始着色。蔗糖在 80～100℃加热 90min 着色率为 1.4 倍;而大豆低聚糖在 80～100℃加热 90min 着色率为 3.7 倍,加热 60min 着色率为 2.7 倍,加热 30min 着色率为 1.7 倍。

10. 美拉德反应

10％大豆低聚糖溶液与 0.5％甘氨酸混合后加热到 100℃维持 90min,于 720～420nm 下测定美拉德反应呈色的光密度变化,经实验测定在 pH4～5 酸性条件下呈色程度很小,而在 pH7～8 弱碱性条件下则色素迅速加深,高于蔗糖,低于高聚果糖。因此大豆低聚糖可应用于焙烤食品中代替蔗糖,使焙烤食品产生令人愿意接受的颜色。

11. 抑制淀粉老化

大豆低聚糖具有抑制淀粉老化的效果,将低 DE 值的淀粉水解液低温保存,会因老化而出现白浊,在溶液中加入大豆低聚糖,添加量越多,越能抑制白浊。抗淀粉老化效果如图 12-5 所示。

12. 难消化性

大豆低聚糖可以被 α-半乳糖苷酶所分解。但是,人体的消化道内并不存在 α-半乳糖苷酶,因此,大豆低聚糖在肠道中不会被消化和吸收,很容易产生气体,从而导致肠胀气。水苏糖和棉籽糖虽然不会被肠道消化吸收,但是能够到达双歧杆菌常在的消化器官下部被肠内的细菌所利用。

13. 结晶性

大豆低聚糖在 50℃ 下保存 180 天不

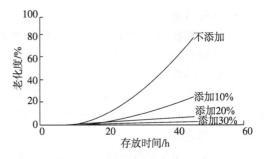

图 12-5 大豆低聚糖抗淀粉老化效果

会有晶体析出,因此大豆低聚糖具有抗结晶性。如果需要利用像蔗糖一样的甜度,但又不希望其产生结晶现象时,可以选用大豆低聚糖作为蔗糖的代替品。

第二节 大豆低聚糖的结构与保健功效

一、大豆低聚糖结构

大豆低聚糖的主要成分是蔗糖、棉籽糖、水苏糖及少量的毛蕊花糖。棉籽糖和水苏糖都是由半乳糖、葡萄糖和果糖组成的支链杂低聚糖,是在蔗糖分子的葡萄糖基一侧以 α-(1→6)糖苷键连接一个或两个半乳糖。

蔗糖的结构是 β-D-呋喃果糖基-(2→1)-α-D-吡喃葡萄糖苷,棉籽糖结构是 O-α-D-吡喃半乳糖基-(1→6)-O-α-D-吡喃葡萄糖基-β-D-呋喃果糖苷,水苏糖结构为 O-α-D-吡喃半乳糖基-(1→6)-α-D-吡喃半乳糖基-(1→6)-O-α-吡喃葡萄糖基-(1→2)-β-D-呋喃果糖苷。大豆低聚糖的化学结构如图 12-6 所示。

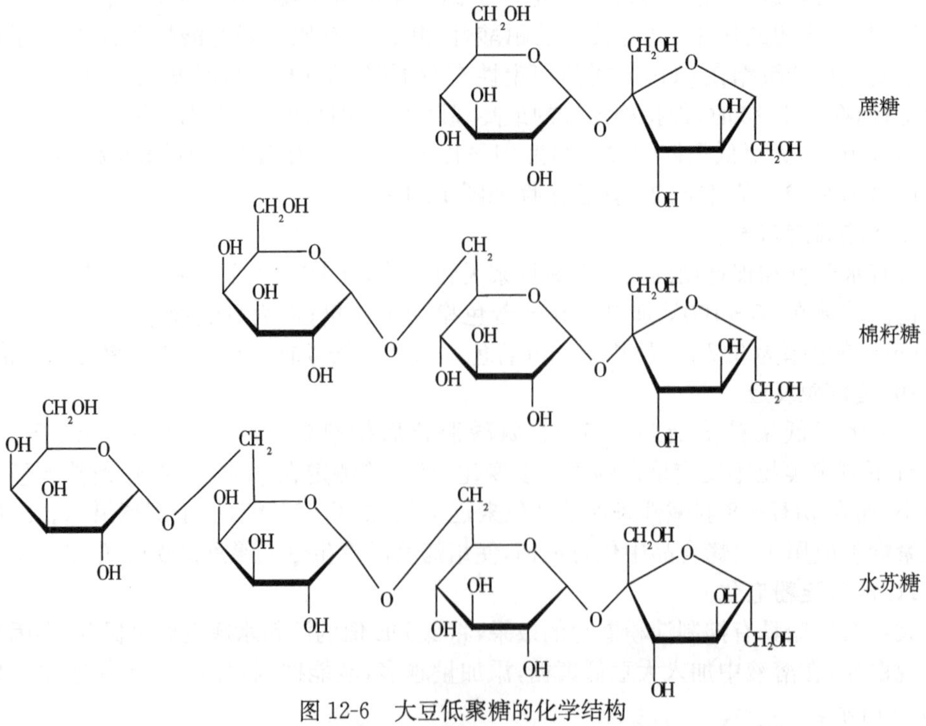

蔗糖

棉籽糖

水苏糖

图 12-6 大豆低聚糖的化学结构

二、大豆低聚糖的保健功效

1. 促进肠内双歧杆菌增殖

双歧杆菌是人体肠道内的有益菌种,双歧杆菌含量与人体的生长、机体的新陈代谢乃至生老病死都息息相关,但是,随着年龄的增长,人体肠道内双歧杆菌的含量会有减小的趋势。通过研究发现,大豆低聚糖能促进双歧杆菌的生长。由于动物消化道内缺乏分解大豆低聚糖中棉籽糖和水苏糖的 α-半乳糖苷酶,因此棉籽糖和水苏糖在小肠部位不能被降解成可吸收的单糖,但在肠道内的双歧杆菌特别容易吸收利用大豆低聚糖。

双歧杆菌能选择性地将大豆低聚糖水解成乙酸和乳酸,使肠内的 pH 下降,从而抑制肠道内有害细菌的生长,起到整肠作用。双歧杆菌还可以通过磷脂酸与肠黏膜上皮紧密结合,与其他厌氧菌一起共同占据肠黏膜,形成一层具有保护作用的生物膜屏障,阻止有害菌群的入侵,从而起到改善肠道环境和保护肠道的作用。

刘祥等采用自身对照,按照 60kg 体重的受试者服用 20mL 的大豆低聚糖为标准,在连续服用大豆低聚糖 14 天后,于第 15 天分别在无菌条件下采集受试者粪便 10g 进行 10倍系列稀释,选择合适的稀释度分别接种在各培养基上,按要求进行肠道菌群的培养然后对培养物进行菌落计数。同时对受试者服用前后的自觉症状进行询问和观察。服用大豆低聚糖 14 天前后人体肠道菌群数量的测定结果见表 12-2。

表 12-2　服用大豆低聚糖 14 天前后人体肠道菌群数量的测定结果

（单位:CFU/g 湿便,x±s,n=40）

组别	肠道菌群					
	肠杆菌	肠球菌	拟杆菌	乳杆菌	双歧杆菌	产气荚膜梭菌
服用前	7.64±1.15	6.10±1.67	6.52±0.89	7.81±0.93	7.98±1.18	6.80±1.33
服用后	7.53±1.13	6.38±1.41	6.64±0.73	8.08±0.77	8.59±1.21	6.83±1.44

由表 12-2 可知,受试者在服用大豆低聚糖 14 天后,体内的乳杆菌和双歧杆菌两种有益菌的数量显著增加,而肠杆菌、肠球菌、拟杆菌和产气荚膜梭菌的数量并无明显变化,说明大豆低聚糖能够促进肠内双歧杆菌的增殖。

2. 防止腹泻与便秘

人体在摄入大豆低聚糖之后,可以有效地抑制体内的病原菌,减少肠内有害细菌的数量,防止病原菌感染,从而防止腹泻的发生。败血症、呼吸道感染等患者常使用大剂量广谱抗生素,易使肠道菌群紊乱,有害菌数量增加,双歧杆菌明显减少,引起严重腹泻。口服大豆低聚糖或双歧杆菌能消除肠道菌群紊乱,恢复原有平衡而达到治疗腹泻的目的。

人体在代谢过程中产生大量难以消化的低聚糖,当低聚糖在大肠积累过多时,就会出现腹胀、便秘等症状。摄入大豆低聚糖后,能促进肠内双歧杆菌以 40 倍递增的速度增殖,肠道内增殖的双歧杆菌可发酵低聚糖,将其分解转化为大量短链脂肪酸,刺激肠道蠕动,增加粪便的湿润度并保持一定的渗透压,从而双向调节肠道内环境而防止便秘的发生。实验证明,健康人每天摄取 3g 大豆低聚糖,就能促进双歧杆菌生长,起到防止便秘作用。对于机体肠道内双歧杆菌数量本来就较少的老年人及功能性便秘的患者,如坚持食用大豆低聚糖,将会有效地防治便秘。

3. 提高机体免疫力

摄入大豆低聚糖后能促进人体肠道内双歧杆菌增殖,抑制肠道内腐败菌的生长和腐败物的形成,产生 B 族维生素。双歧杆菌和乳酸杆菌能分解致癌物 N-亚硝酸胺。大量动物实验研究表明,双歧杆菌诱导免疫反应,增强机体免疫能力,起到抵抗肿瘤和癌症作用。双歧杆菌具有促进各种细胞因子和抗体的产生,以及提高自然杀伤力和巨噬细胞活性的作用。同时,双歧杆菌增殖能减少肠道内能使前致癌物转变为致癌物的酶的含量,如 β-葡萄糖醛酸酶、硝基还原酶、偶氮还原酶。

4. 保护肝脏

腐生菌(如产气荚膜梭状芽孢杆菌和大肠杆菌等)能产生大量的吲哚、甲酸、氨、尸胺、硫化氢、胺和酚等代谢产物,这些产物在肝脏中用酸解毒,随尿以葡萄糖醛酸的形式排出。腐败变质或加工不当的食物也能引起有害物质在体内的积累,双歧杆菌却能利用这些物质作营养源,在分解这些物质、去除其毒害的同时,产生对人体有益的物质,促进人体的正常代谢。如不能及时解毒,将导致肝功能紊乱和循环系统失常,干扰神经系统并影响睡眠。

长期摄入大豆低聚糖,双歧杆菌利用大豆低聚糖产生很多有益物质,促进人体新陈代谢,抑制腐生菌生长和代谢,从而减少有毒代谢产物形成,并加快肠道内有毒代谢产物的排出,避免有毒代谢物质重吸收进入血液后由肝脏进行生物转化而增加肝脏负担,起到保护肝脏的作用。

有关实验证明,让一个 69 岁患有肝硬化的老年病人,每天摄入大豆低聚糖 3.0g,大约 5 天后其肝性脑病和便秘症状都有所缓解。

5. 降低血清胆固醇

胆固醇是一种脂溶性物质,和蛋白质分子结合成脂蛋白微粒在血液中运行,人体血液中胆固醇含量高会导致动脉硬化的发生。大豆低聚糖能促进双歧杆菌影响和干扰 β-羟基-β-甲基戊二酸单酰辅酶 A、还原酶的活性,能改变糖的代谢途径,阻断由糖转化为脂肪的途径,抑制胆固醇合成,降低血清胆固醇含量,从而降低血脂,保护动脉。实验证明包括双歧杆菌在内的乳酸菌及其他发酵乳制品可以影响胆固醇的代谢,将其转化为人体不吸收的类固醇,降低血清胆固醇水平,从而大大降低冠心病、高血压、动脉硬化的发病概率。

大豆低聚糖作为益生元在肠道中被双歧杆菌利用,生成的短链脂肪酸中的丙酸和乳酸经门静脉进入肝,可以阻止肝胆固醇和脂肪生成,调节血浆及肝胆固醇质量浓度,从而降低血清脂质水平。

6. 防止龋齿

龋齿主要是由突变链球菌引起的牙齿硬组织脱钙与有机分解导致牙齿破坏、崩解的一种感染性疾病。龋齿的发病率为 $30\%\sim80\%$,6 岁儿童乳牙龋齿发病率达 95%,大量研究表明:首先,突变链球菌产生的葡萄糖转移酶,不能将大豆低聚糖分解成黏着性的单糖,如葡萄糖、果糖和半乳糖等,不会导致龋齿的产生;另外,大豆低聚糖生成的乳酸也明显比蔗糖和乳糖生成的乳酸少,牙齿不易腐蚀脱灰,并且不提供口腔微生物沉积的场所,从而使大豆低聚糖起到预防龋齿的作用。

7. 促进钙吸收

食物中的结合钙必须经溶解变为离子钙后才能被吸收,而肠内容物的酸度对钙的吸收具有重要影响。在 pH 约等于 3 时,钙呈离子状态,最容易被吸收。大豆低聚糖进入结肠后,能够吸收更多的水分而溶解更多的钙。同时,由于大豆低聚糖在结肠内被生理性细菌酵解而产生大量短链脂肪酸(如乙酸、丙酸、丁酸和乳酸等),降低结肠内的 pH,提高钙离子的浓度从而促进 Ca^{2+} 的吸收。另外,大豆低聚糖还能与肠钙通过钙结合蛋白质的主动运转,通过调整肠道菌群来调节雌激素的代谢,改善膳食营养状况等途径来促进钙的吸收。

8. 促进肠内营养物质的生成与吸收

大豆低聚糖可在肠道内大量增殖双歧杆菌,而双歧杆菌能自身合成或促进合成维生素 B_1、维生素 B_6、维生素 B_{12}、烟酸和叶酸等;双歧杆菌还能通过抑制某些维生素分解菌来保障维生素供应,如:能抑制分解维生素 B_1 的芽孢杆菌的生长来调节维生素 B_1 的供应。双歧杆菌分泌的磷酸酯酶能有效分解人乳蛋白质中的酪蛋白,有助婴儿消化和营养物质的吸收,减少营养物质的损失。大豆低聚糖还能使乳糖转化为乳酸,通过调节肠道 pH 和结肠发酵能力起到改善消化的作用,提高各种营养素的利用率,有效缓解乳糖不耐受症状。

9. 预防癌症

肠道腐生菌在代谢中会产生许多致癌产物,如吲哚、胺、酚等,有的还能将一些致癌前体物转化为致癌物。大豆低聚糖在肠道内具有预防癌症的功能,其机制在于双歧杆菌的细胞、细胞壁成分及细胞外分泌物能够显著提高机体免疫力,分解破坏一些致癌物质,并能加速致癌物质排出体外。

大豆低聚糖可以有效地增加益生菌的数量揭示可溶性代谢产物的含量,从而达到抑制肿瘤细胞生长的作用。研究证实,益生菌所分泌的可溶性代谢产物可以明显降低人类肠癌细胞(HT-29)的存活率,并提高能分解 HT-29 的二肽多肽酶Ⅳ的活性,二肽多肽酶Ⅳ是分解 HT-29 的特性指标,说明乳酸菌可以促进这些肿瘤细胞的分解,从而证明大豆低聚糖具有预防癌症的作用。

第三节　大豆低聚糖的提取工艺与原理

一、乙醇沉淀法

根据来源不同,大豆乳清可分为两种:生产大豆分离蛋白质的乳清和生产浓缩大豆蛋白质的乳清。大豆分离蛋白质的乳清是加盐酸或磷酸调节至等电点产生沉淀,而排出的大豆乳清中低聚糖含量非常低,做原料不太适宜。而浓缩大豆蛋白质的乳清是将乙醇添加到脱脂大豆粉中,利用沉淀产生蛋白质后得到的乳清,然后回收乙醇后,再将大豆乳清浓缩,此方法的乳清中含有较高的大豆低聚糖。

1. 工艺流程

大豆低聚糖的生产工艺流程。

大豆→溶剂浸出→脱脂大豆粕→大豆乳清→前处理→膜分离→上清液→脱色→

　　　　　大豆油　　大豆蛋白质　　　　　　　　　　　乳清蛋白

脱盐(渗析、离子交换)→真空浓缩→大豆低聚糖。

2. 生产操作要点

(1)浸提

调节溶液的 pH 为 10~12,在 60℃下浸提 1.5h。

(2)大豆乳清的预处理

从大豆蛋白质废水中提取低聚糖,来自蛋白质车间乳清中仍然含有一定量的蛋白质,乳清蛋白质的存在既会影响大豆低聚糖的纯度,也会使反渗透膜的流量降低,因此必须首先将大分子的乳清蛋白截留出来。

为此,预处理工序采用热处理的工艺,将绝大部分乳清蛋白经热凝聚分离出来,将乳清液加热到 70℃以上,蛋白质遇热发生变形并形成大块的凝胶体,蛋白质充分变性沉积于下部,将下部蛋白质浆干燥即可得乳清蛋白。

(3)超滤分离乳清蛋白

经热处理分离的乳清还含有少量的相对分子质量低的蛋白质,采用超滤将其分离出来。超滤就是利用半透膜的微孔过滤,以截留溶液中大溶质分子的操作,可以用于分离溶液中相对分子质量不同的溶质。

(4)脱色

1%(对固形物)的活性炭用量在 40℃、pH 为 3~4 条件下吸附 40min。

(5)脱盐

大豆乳清经热处理、超滤分离蛋白质及活性炭脱色后,蛋白质等大分子物质被截留,渗出的糖液中含有的可溶性固形物主要是大豆低聚糖及残留的色素物质及盐类物质,可以采用反渗透工艺或离子交换除去盐类和某些色素物质。脱盐条件不同,对糖液脱盐效果有影响。

离子交换树脂之所以能用来分离糖类,是由于离子交换树脂经改性或改良后其功能基团与糖类形成的络合物或衍生物的强度不同。用 732 型阳离子交换树脂和 717 型阴离子交换树脂进行脱盐。离子交换条件不同,对糖液脱盐效果有影响。

(6)浓缩

提纯后的糖液真空浓缩到 70%(干物质)左右,浓缩过程中糖液沸点控制为 70℃左右。测定成品糖浆指标见表 12-3。

表 12-3　成品糖浆指标

因素	指标	因素	指标
浓度(干物质)/%	70.5	水苏糖(糖浆质量)/%	14.42
总糖(糖浆质量)/%	68.5	色值(色值指数)	7.64
蔗糖(糖浆质量)/%	29.87	灰分/(g/100g)	1.056
棉籽糖(糖浆质量)/%	5.2	总氮/%	0.0866

二、其 他 工 艺

1. 微波辅助法

微波提取时,温度迅速上升,使内部压力超过细胞壁膨胀承受能力,细胞破裂,大豆低聚糖在较低的温度条件下被提取介质捕获并溶解。在大豆低聚糖的乙醇沉淀提取过程中,采用微波辅助提取排除了细胞壁和细胞膜的影响,不仅能够提高大豆低聚糖的提取率,使大豆低聚糖的提取率达到 11.48%,更能有效地减少有机溶剂的用量,而且有利于产品的脱盐精制,提高产品质量。

2. 超声波辅助法

在大豆低聚糖的乙醇沉淀提取过程中,采用超声波辅助提取可以大幅度地提高大豆低聚糖的提取率,使大豆低聚糖的提取率达到 7.7%,且不影响提取大豆低聚糖的结构和理化性质。极大地缩短提取时间,避免了大豆低聚糖在长时间、高温条件下发生降解,提高工作效率,节省溶剂。且超声波辅助提取具有加热的作用,有利于大豆低聚糖的浸出。

3. 电渗透法

电渗析是一种电化学的膜分离过程,运用带电的离子交换膜,在电场的作用下,使离子发生定向运动,从而实现溶液的淡化、浓缩、精制和纯化的目的。在大豆低聚糖的提取过程中使用电渗析技术脱盐,具有脱盐效率高、操作连续、无环境污染、成本低廉等优点。

研究发现离子交换膜辅助的电渗析法对大豆低聚糖模拟溶液具有较好的脱盐效果,同时低聚糖的保留率也较高。使用电渗透法脱盐后,脱盐率达到 96.07%,低聚糖的保留率达到 83.82%。因此认为利用电渗析法对大豆低聚糖的粗提液进行脱盐处理具有一定的可行性,可以在工业上运用。

第四节　大豆低聚糖在食品中的应用

大豆低聚糖是功能食品的重要基料,具有高水溶性、低甜度,良好的保湿性,很强的耐热、耐酸稳定性等应用特点,可以被广泛地应用于多种食品生产。

一、大豆低聚糖在乳制品中的应用

大豆低聚糖在酸性条件下的稳定性优于蔗糖,可部分或全部替代蔗糖,以适于特殊人群需要,如在冰激凌和酸奶中应用。

1. 在酸奶中的应用

大豆低聚糖能促进双歧杆菌生长繁殖,不会引起龋齿,有利于保持口腔卫生。且使用量较少,价格相对较廉,同时对高血糖、高血脂具有较好预防和缓解作用,是酸奶配料蔗糖理想替代品。适量的大豆低聚糖与酸奶结合不仅不影响酸奶的口味、稳定性和组织状态,而且还赋予酸奶具有低聚糖的功能特性。

将大豆低聚糖应用于酸奶时,必须考虑其能否被微生物利用,以及在酸性条件下的稳定性,理论上大豆低聚糖在酸性条件下是比较稳定的,在 pH 大于 4、100℃下加热杀菌是没问题的。但在实际生产中,由于国产大豆低聚糖脱盐效果不好,导致盐分过高。在大豆低聚糖生产时又加入糊精,产品纯度低,不能在食品中随意添加,大豆低聚糖的加入量受到一定的限制。

经研究得出采用传统发酵工艺进行发酵时,酸奶中纯大豆低聚糖在发酵后第 7 天

(保质期内)损失率仅为 9.8％,没有被微生物利用,所以大豆低聚糖可以应用在酸奶行业。对于添加蔗糖总量为 7％的酸奶,其中大豆低聚糖添加量为 2％～2.5％,蔗糖添加量为 5.25％～5.4％,此产品的外观、质地与口感和普通酸奶完全一样,并能满足保健食品的需要。

2. 在冰激凌中的应用

冰激凌是乳制品的传统产品之一,以其特有的适口性和清凉感风靡世界,但由于传统冰激凌中脂肪和糖的含量高,可引起心脑血管、动脉血管硬化及肥胖症等。因此,低糖(或无糖)和低脂肪保健冰激凌的研制显得越来越重要。冰激凌中的糖是其适口性的主要原因之一,含量为 14％左右,如果单方面降低糖的含量会影响冰激凌的适口性和组织状态。因此,只强调降低糖含量是不行的,而大豆低聚糖因其甜味特性与蔗糖相近,不易被人体消化,所以可以用它代替部分蔗糖,生产出保健冰激凌。经研究用 3％～4％的大豆低聚糖替代部分蔗糖,不影响口感,使冰激凌还具有一定的保健作用。

二、大豆低聚糖在饮料中的应用

由于大豆低聚糖在酸性条件下具有一定的稳定性,而且在低于 20℃条件下保存 6 个月完全不分解、几乎不着色,因此应用于清凉饮料和需加热杀菌的酸性食品中,不必担心在酸化和加热条件下发生降解作用。用大豆低聚糖代替部分蔗糖既可以避免发胖和降低龋齿发病率,又能刺激体内双歧杆菌的生长和繁殖,使产品具有保健功效。

三、大豆低聚糖在粮油制品中的应用

大豆低聚糖可发生美德拉反应,特别在 pH7～8 的碱性条件下,色素迅速加深,所以将其应用于焙烤制品(如面包、饼干、糕点等)中,可使产品产生怡人的色泽。大豆低聚糖还具有抗淀粉老化的效果,所以在面包等面制食品中添加大豆低聚糖能延续淀粉的老化,防止产品回生变硬,延长其货架寿命。大豆低聚糖也可应用于馒头和挂面的生产,在人们天天吃的馒头、挂面中添加大豆低聚糖替代部分蔗糖,不仅可以增加保健作用,而且可以避免因食糖过多造成的肥胖和龋齿。

四、大豆低聚糖在糖果制品中的应用

大豆低聚糖有良好热稳定性,即使在 140℃高温下也不分解,故可用于高温杀菌食品,如软罐头食品。大豆低聚糖甜度为蔗糖的 70％～75％,是一种低甜度、低热量甜味剂,同时具有很强增殖肠内双歧杆菌效果。大豆低聚糖可代替部分蔗糖用于生产果酱、果冻、蜜饯等,还可用于高档糖果、巧克力、胶姆糖等制品中。不仅可保持制品甜味,又能防治龋齿适于儿童食用,并且能增强产品营养保健功能,广受消费者欢迎。

五、大豆低聚糖在功能性保健食品和营养食品中的应用

阿根廷与美国学者合作研制出的一种适合中、老年人食用的大豆低聚糖面包,用作双歧杆菌的增殖因子,从而起到营养和保健的作用。日本学者利用大豆低聚糖、食用纤维、果维、果胶、苹果粒等研制出一种叫做比菲斯特的功能性饮料,经常饮用本品,能滋润皮肤、健身美容,较受人们尤其是女性的欢迎。此外,大豆低聚糖还可以用于生产健美茶、运动员补充体力及临床胃肠功能障碍患者等的营养和疗效性食品。

第十三章 大豆异黄酮及其在食品中的应用

第一节 大豆异黄酮概述

大豆异黄酮是大豆生长过程中形成的一类次生代谢产物。早期研究认为,大豆中的异黄酮化合物是引起大豆食品产生苦涩味的主要因子之一,因此,人们在加工中都设法将它除去。直到1993年,L. Coward指出,大豆异黄酮可能是日本人癌症发病率比美国人低的主要原因,这就使得大豆异黄酮逐渐引起人们的关注。1995年,H. Adercreutz首次报道,异黄酮与哺乳动物的雌激素结构相似,故而具备雌激素的多种生理活性。至此,大豆异黄酮成为学术界乃至全世界关注的焦点。

我国是大豆的故乡,国务院于1995年开始批准实施"大豆行动计划",其中明确将大豆异黄酮列为豆资源优势,开发大豆异黄酮不仅为保健品市场提供新资源,也为人类健康提供一份保障。

一、大豆异黄酮的结构特点

目前已经发现的大豆异黄酮共12种,分为游离型的苷元(aglycon)和结合型的糖苷(glycosides)两类,其化学结构如图13-1和表13-1所示。苷元占总量的2%～3%,包括染料木素(genistein)、大豆苷元(daidzein)和黄豆黄素(glycitein)。糖苷占总量的97%～98%,主要以染料木苷(genistin)、大豆苷(daidzin)、黄豆苷(glycitin),以及乙酰葡萄糖苷和丙二酰葡萄糖苷形式存在,约占总量的95%。天然情况下它们大多以β-葡萄糖苷形式存在(主要是乙酰和丙二酰基化),只有少数以苷元形式存在。大豆中50%～60%的异黄酮为染料木素,30%～35%的异黄酮为大豆苷元,5%～15%的异黄酮为黄豆黄素。也有报道认为,总体上染料木素与大豆苷元、黄豆黄素的平均比值为1:1:0.2。

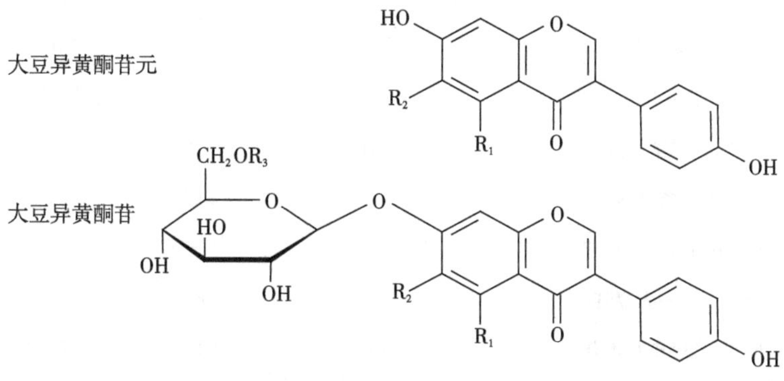

图13-1 大豆异黄酮的化学结构

表 13-1 大豆异黄酮的结构与种类

		R_1	R_2	R_3	分子量
苷元	Genistein(染料木素)	OH	H		270.24
	Daidzein(大豆苷元)	H	H		254.24
	Glycitein(黄豆黄素)	H	OCH₃		284.24
葡萄糖苷	Genistin(染料木苷)	OH	H		432.38
	Daidzin(大豆苷)	H	H		416.38
	Glycitin(黄豆苷)	H	OCH₃		446.41
乙酰基葡萄糖苷	6″-O-Acetyl Genistin	OH	H	COCH₃	474.32
	6″-O-Acetyl Daidzin	H	H	COCH₃	458.42
	6″-O-Acetyl Glycitin	H	OCH₃	COCH₃	488.45
丙二酰基葡萄糖苷	6″-O-Malonyl Genistin	OH	H	COCH₂COOH	518.43
	6″-O-Malonyl Daidzin	H	H	COCH₂COOH	502.43
	6″-O-Malonyl Glycitin	H	OCH₃	COCH₂COOH	532.46

二、大豆异黄酮的分布

异黄酮在自然界中的分布仅局限于豆科的蝶形花亚科等极少数植物中,如大豆、墨西哥小白豆、苜蓿和绿豆等植物中,其中异黄酮含量最高的只有苜蓿和大豆,一般苜蓿中异黄酮的含量为 0.5%～3.5%,大豆中异黄酮含量为 0.1%～0.5%。

大豆异黄酮主要分布于大豆种子的子叶和胚轴中,种皮中含量较少。子叶中异黄酮占整粒大豆中异黄酮含量的 80%～90%,浓度为 0.1%～0.3%。胚轴中所含异黄酮种类较多且浓度较高,为 1%～2%,但由于胚只占种子总重量的 2%,因此尽管浓度很高,所占比例却很少(10%～20%)。而大豆子叶中异黄酮的绝对含量远远大于胚轴。大豆种子中各部位的异黄酮的分布见表 13-2。

表 13-2 大豆种子中异黄酮的分布(单位:μg/g)

异黄酮类	室温提取(提取 24h)		80℃(提取 15h)	
	胚轴	子叶	胚轴	子叶
大豆苷	320	45	838	145
染料木苷	118	80	246	210
黄豆苷	485	—	1004	—
6″-O-丙二酰大豆苷	423	70	8	3
6″-O-丙二酰染料木苷	144	117	4	—
6″-O-丙二酰黄豆苷	445	—	11	—
6″-O-乙酰大豆苷	2	2	57	8
6″-O-乙酰染料木苷	105	1	39	1
6″-O-乙酰黄豆苷	6	—	89	—

续表

异黄酮类	室温提取（提取24h）		80℃（提取15h）	
	胚轴	子叶	胚轴	子叶
大豆苷元	102	53	35	11
染料木素	35	48	16	14
黄豆黄素	—	—	15	—
总量	2185	396	2362	392

注：—表示未提取出

三、大豆异黄酮的理化性质

（一）物理性质

1. 颜色

由于大豆异黄酮的 A、B、C 环共轭程度相对较小，故颜色较浅，一般为淡黄色或灰白色粉末，紫外线下多显紫色。大豆异黄酮中的染料木素呈灰白色结晶，紫外灯下无荧光；大豆黄素呈微白色结晶，紫外灯下无荧光。

2. 味道

大豆异黄酮具有苦味、收敛性和干涩感觉，其阈值见表 13-3。大豆异黄酮苷元比糖苷具有更强的不愉快风味，尤其是染料木素和黄豆黄素。豆制品中的风味与大豆异黄酮的味道相关，也受加工条件的影响。例如，在 50℃ 和 pH6 的条件下，大豆异黄酮在β-糖苷酶的作用下，有大量的染料木素和黄豆黄素产生，使得味感增强；而在低温和加入葡糖酸内酯（GDL）时可明显抑制β-糖苷酶作用产生染料木素和黄豆黄素。

表 13-3 大豆异黄酮阈值

异黄酮类	阈值/(mmol/L)					
	10^{-1}	10^{-2}	10^{-3}	10^{-4}	10^{-5}	10^{-6}
大豆苷元			●			
大豆苷		●				
6"-O-丙二酰大豆苷			●			
6"-O-乙酰大豆苷				●		
黄豆黄素				●		
黄豆苷			●			
6"-O-丙二酰黄豆苷					●	
6"-O-乙酰黄豆苷					●	
染料木素			●			
染料木苷	●					
6"-O-丙二酰染料木苷			●			
6"-O-乙酰染料木苷			●			

注：大豆异黄酮的阈值是指化合物的风味能够直接被味觉所辨认的最低浓度

3. 溶解性

大豆异黄酮苷元一般难溶或不溶于水,可溶于甲醇、乙醇、乙酸乙酯、乙醚等有机溶剂及稀碱中。葡萄糖苷型、乙酰基葡萄糖苷型、丙二酰基葡萄糖苷型的异黄酮则可溶于热水,易溶于甲醇、乙醇、吡啶、乙酸乙酯及稀碱中,难溶于苯、乙醚、氯仿、石油醚等有机溶剂。

4. 旋光性

大豆异黄酮的苷元不具有旋光性,但由于糖苷中引入了葡萄糖基,因而具有旋光性。

5. 酸碱性

大豆异黄酮分子中具有酚羟基,因而显弱酸性,可溶于碱性水溶液及吡啶中。由于染料木素比大豆苷元多一个酚羟基,因此酸性更强。

(二)化学性质

1. 显色反应

(1)钠汞齐还原反应

向含有大豆异黄酮乙醇液中加入钠汞齐试剂,放置 4h 后过滤,滤液用 1mol/L 的盐酸酸化,溶液显红色。

(2)锆盐-枸橼酸显色

加入 2% 二氯氧锆($ZrOCl_2$)的甲醇溶液到样品的甲醇溶液中,染料木素及染料木苷(因有 5-OH)出现黄色,再加入 2% 枸橼酸的甲醇溶液,黄色减退,加水稀释后转为无色。

(3)硫酸-茴香醛显色

将大豆异黄酮溶液加入到硫酸-茴香醛溶液中,染料木苷显深褐色,大豆苷显深蓝色,染料木素显橘黄色,大豆苷元不显色。

(4)乙酸镁显色

喷以 1% 的乙酸镁甲醇溶液,通过纸斑反应,大豆异黄酮呈褐色,且在紫外光下产生荧光。

2. 降解反应

异黄酮在大豆中的存在形式主要为丙二酰基异黄酮糖苷,乙酰糖苷和配基形式很少。但是丙二酰基一般不太稳定,在加热的情况下易被转化成相应的异黄酮糖苷,而异黄酮糖苷能被水解产生 1 分子的异黄酮苷元和 1 分子的葡萄糖。大豆异黄酮存在形式的转变机制如图 13-2 所示。

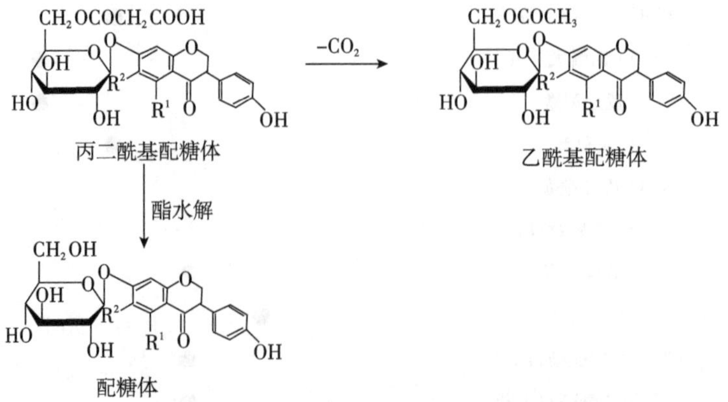

图 13-2 大豆异黄酮存在形式的转变机制

3. 还原性

还原性是酚类化合物的共性之一。大豆异黄酮分子中的多个酚羟基可以作为氢供体，使其具有还原性。如染料木素为 5,7,4'-三羟基异黄酮，其 7-位羟基上的氧原子同时受到 A 环大 π 键的 p-π 共轭效应和其对位吸电子基团的诱导效应，使得氧原子上的电子云向大 π 键方向转移，对氢原子的吸引力相对减弱。因此该酚羟基上的氢原子易与氧原子脱离而形成氢离子，发挥其还原作用。

第二节　大豆异黄酮的保健功效

大豆异黄酮是仅存在于自然界几种植物中的、具有特殊结构的生物活性物质，近年研究大豆异黄酮的生物学活性主要有植物雌激素样作用、抗癌、预防骨质疏松、调节血脂及预防心血管疾病等多种生理功能。大豆异黄酮独特的保健功能已受到世人的普遍关注，是一类颇具开发利用价值的天然活性物质。

1. 植物雌激素及雌激素样作用

大豆异黄酮的化学结构式和体内雌激素极为相似，在体内发挥生物作用时，可与雌激素受体结合，表现为类雌激素活性，是目前国际上被多数国家研究推崇的最安全、有效的天然植物雌激素。科学家们通过流行病学、临床实验、动物实验和体外实验等，对大豆异黄酮与心血管疾病、乳腺癌、绝经后骨质疏松和更年期潮热等疾病进行了研究，证明大豆异黄酮对上述激素依赖性疾病有预防作用。国内外临床实验研究表明：大豆异黄酮既能代替雌激素和雌激素受体（ER）结合发挥弱雌激素样作用，又能干扰雌激素和 ER 结合，表现抗雌激素样作用。雌激素活性或抗雌激素活性主要取决于受试对象本身的激素代谢状态。对高雌激素水平者，如年轻妇女及年轻动物，显示抗雌激素活性；对低雌激素水平者，如自然绝经或手术绝经妇女、幼小动物和去卵巢动物，显示雌激素活性。大豆异黄酮具有较温和的生理活性，长期服用，在体内不仅不会产生游离性雌激素，堆积在雌激素受体和脂肪多的部位，诱发雌激素受体发生癌变，反而具有防癌、抗癌的作用。

2. 抗肿瘤

流行病学调查发现与激素代谢密切相关的肿瘤，如乳腺癌、前列腺癌和结肠癌等均和大豆制品的摄入量呈负相关。亚洲居民大豆的高消费量是这类病症低发的主要原因，大豆中的异黄酮可能是其抗肿瘤作用的主要活性成分。

3. 预防骨质疏松

骨质持续丢失是衰老的自然过程，老年女性骨质疏松发病率较男性高，其中主要原因是女性进入更年期后雌激素水平快速下降，从而加速骨质丢失。由于破骨细胞上有 ER，雌激素可以与 ER 结合降低破骨细胞的活性，从而限制骨吸收，有利于绝经后骨质疏松的预防和治疗。WHO 对日本和欧美绝经女性骨质疏松发病率进行比较，发现日本骨质疏松和椎骨骨折发病率明显低于欧美等国。大量研究表明异黄酮含量高的大豆蛋白质能够提高大鼠股骨密度，而异黄酮含量低的大豆蛋白质则无效，说明大豆蛋白质对骨的保护与其中异黄酮含量相关。

4. 降低胆固醇和预防心血管疾病

女性进入更年期后，由于卵巢功能衰退，体内雌激素水平合成与分泌不足，雌激素的下降会导致脂肪和胆固醇代谢失常，使绝经女性脂肪和胆固醇升高，导致心血管疾病发病率和死亡率增加。据统计,绝经女性冠心病发病率较绝经前增加 2～3 倍,绝经女性使用雌激素替代疗法(ERT)后,心血管病的发病危险性下降 35%～50%。临床实验、动物实验及体外实验的研究结果表明,具有雌激素活性的大豆异黄酮在预防女性心血管疾病发病中可能发挥重要作用。人群膳食干预试验发现血胆固醇正常的女性每天摄入 45mg的异黄酮后,可使血胆固醇下降。

5. 抗氧化、抗衰老作用

大豆异黄酮的抗氧化作用是多方面的,它能够抑制自由基的形成,减弱脂质氧化,刺激抗氧化酶合成等。大豆异黄酮的抗氧化作用是减少活性氧自由基对生物大分子,尤其是对 DNA 分子的损伤,从而可能减少了肿瘤的发生。异黄酮的抗氧化功能还是保护神经的一个重要机制。脂质过氧化物是生物体细胞过氧化产物,在细胞内的含量与年龄正相关,是衰老的标志之一。有研究结果表明,较高剂量的大豆异黄酮可降低老龄小鼠全血脂质过氧化物含量。所以,大豆异黄酮对动物衰老有一定的抑制作用。

6. 提高机体免疫力作用

大豆异黄酮可提高机体非特异性免疫和特异性免疫功能。给大鼠喂饲大豆苷,发现大豆苷可提高大鼠的脾重量,使其脾脏生成 IgM 的作用增强,外周血淋巴细胞含量增多,还能提高 T 细胞和 NK 细胞的活性,以此抑制肿瘤细胞的生长。Wang 等在体外培养脾淋巴细胞的试验中发现,大豆异黄酮能显著提高伴刀豆素 A(ConA)或脂多糖(LPS)诱导的脾淋巴细胞增殖反应,与对照组相比,ConA 诱导组提高 22%～49%,LPS 诱导组提高11%～27%。通过酶联免疫测定发现,大豆异黄酮还能促进 ConA 诱导 T 淋巴细胞产生白细胞介素 2(IL-2)和白细胞介素 3(IL-3)。IL-2 在淋巴细胞的增殖过程中起轴心作用,可激发和维护淋巴细胞的生长,最终导致淋巴细胞的分化和增殖,维护免疫自身稳定,IL-3 则能刺激各类血细胞的增殖。

第三节　大豆异黄酮的提取工艺及原理

目前最常见的异黄酮分离及纯化方法有:有机溶剂萃取法、树脂吸附法、超声辅助提取法、微波辅助提取法、酸解法、酶解法等。

一、溶剂萃取法

溶剂萃取法是将复合物载体中的某些可溶物由固体转移到液体中去,从而得到含有溶质的浸提液,因此浸提的实质是由固相转为液相的传质过程。大豆异黄酮糖苷最常见的萃取方法是以含水乙醇或甲醇(60%～80%)为溶剂提取,提取液蒸去乙醇,再以正丁醇/水分配的方法萃取,以上萃取方法的得率与含量都不理想。王丽娟等以工业酱渣饼为提取大豆异黄酮的原料,采用乙醇为溶剂,70%的乙醇按照料液比 1∶30 在 80℃下提取 4h,二次提取异黄酮的得率为 0.384%,粗产品得率为 5.2%,粗产品的纯度为 7.5%。Graham(1998)提出一种新的提取方法,可将提取与水解一步完成:脱脂大豆粉在水中与足量的 β-葡萄糖苷酶混合,加入乙酸乙酯搅拌,水相中的异黄酮糖苷被酶解生成不溶于水的苷元,进入上面的乙酸乙酯层,充分接触后分出上层溶液,减压蒸去乙酸乙酯,以正己烷脱脂,然后得到异黄酮。最终产品的纯度达到 36%～70%,黄豆黄素,染料木素和大豆苷元的得率为 75%～80.3%。

二、树脂吸附法

吸附树脂是近10年来发展起来的一类有机高分子聚合物吸附剂,它具有物理化学选择性高、吸附选择性独特、不受无机物存在的影响、再生简便、解析条件温和、使用周期长、节省费用等诸多优点,避免了有机溶剂提取分离而造成的有机溶剂回收难、损耗大、成本高等缺陷,可广泛用于异黄酮物质的提取。

1. 工艺流程

这是目前比较成熟的提取工艺,其工艺流程如下:

原料→溶剂提取→分离→浸提液→超滤膜→吸附→解析→干燥→产品。

2. 操作要点

(1)原料

可用于提取大豆异黄酮的原料有很多,如大豆胚芽、脱脂豆粕、大豆乳清等,但作为工业化生产的原料仍以大豆胚芽和脱脂豆粕为佳。脱脂豆粕作为大豆异黄酮的提取原料,在浸提前需进行适当的粉碎,粒度最好在0.5～0.8mm,粒度过大不利提取,粒度过小给后续的分离工序造成困难。

(2)提取

提取所采用的溶剂有乙醇水溶液、甲醇水溶液、丙酮酸溶液和弱碱性水溶液等。考虑后续操作的难易程度、操作成本及溶剂毒性等因素,最常用的是乙醇水溶液,其次为弱碱性水溶液。采用乙醇水溶液提取,乙醇含量为40%～80%,溶剂与原料比为(8～16):1(体积 mL/质量 g),提取温度50～90℃,提取次数为1～3次,提取时间3～10h。采用弱碱性水溶液提取的杂质比较多,一般用于综合利用回收蛋白质等工艺。也有资料报道,采用丙酮(加酸)溶液提取,其大豆异黄酮的提取率高于采用乙醇水溶液的提取率。

提取方式一般有罐式浸出、逆流萃取及利用渗透方式提取等。在原料大豆粕的加热恒温醇萃取工序中,采用逆向恒提循环萃取技术,可使得萃取得率和效率提高。

(3)分离

溶剂提取后,进行分离除去溶剂不溶物,分离可采用离心分离或过滤分离。

(4)吸附醇化

此工序是采用吸附树脂吸附浸提液中的大部分大豆异黄酮,去除浸提液中的蛋白质、单糖、多糖及其他物质,从而提纯大豆异黄酮。利用柱层析时,聚酰胺柱和葡聚糖凝胶柱效果较好,而硅胶柱分离效果不理想,用聚酰胺柱分离样品时,以乙酸乙酯-甲醇为洗脱剂梯度洗脱异黄酮的纯度可达32.6%。所采用的吸附剂可以是非极性、弱极性和极性树脂。吸附树脂吸附后用解吸液进行解吸,所用的吸附剂不同,解吸液也不同。为了减轻吸附树脂的负担,可以在吸附之前增加一道超滤工序,去除部分杂质。超滤膜的截留相对分子质量为600～10 000。

(5)浓缩与干燥

解析液解析后需进行蒸脱与溶剂的回收,所有的溶剂回收均在负压下进行,以保证提取物不受高温的影响,以获得高浓度的大豆异黄酮萃取物。

大豆异黄酮的干燥采用履带式连续真空干燥器,与真空烘箱式相比其干燥效率高,与传统的喷雾干燥法相比,其可保证干燥品中的组分含量与干燥前的相等,避免真空高温喷雾时可能使某些易挥发组分的损失。在履带的表面采用新的处理技术,使履带与被干燥物品不会发生粘连,即所谓的"不粘面履带"。另外在履带回程与干燥品脱离处下方,装置有一可变换目数的破碎机构,使得干燥品在包装前按要求保持相同的粉末度。

干燥得到 40%～90% 的大豆异黄酮。

三、超声辅助萃取法

超声波辅助萃取(ultrasound-assisted extraction,UAE)是利用超声波辐射压强产生的强烈空化效应、机械振动、扰动效应、高的加速度、乳化、扩散、击碎和搅拌作用等多级效应,增大物质分子运动频率和速度,增加溶剂穿透力,从而加速目标成分进入溶剂,促进提取的进行。Rostagno 等通过比较混合搅拌萃取和超声波辅助提取,从冻干的大豆中提取大豆异黄酮(黄豆苷,大豆苷,染料木苷和丙二酰染料木苷)的提取效率,并在使用两种方法的同时考虑不同的溶剂和提取温度对提取率的影响。研究表明超声提取是快速、可靠的提取异黄酮糖苷的提取方法,其提取效果更好,但是其提取效果更依赖于提取的溶剂,采用的 50% 乙醇在 60℃下超声波辅助提取 20min,大部分异黄酮被提取出来。潘廖明等利用超声辅助提取大豆异黄酮,当超声频率为 25kHz、超声功率为 160W,乙醇浓度为 50%,料液比为 1:6,60℃超声处理 60min 时,大豆异黄酮得率可达 4.23mg/g,较之醇提法提高了 3.93%;谢明杰等利用超声波从脱脂豆粕中提取大豆异黄酮,并与乙醇加热回流法进行了比较,证明了此方法具有一定的优越性。

超声波辅助萃取快速、价廉、提取率高。在各种样品中,无论是对有机物还是无机物,超声波辅助萃取都有较广泛的应用。但这种应用目前还多是手工操作,而且主要用在小型实验室,应用于大规模的工业生产,尚需解决工业设备放大的问题。尽管超声萃取技术的应用时间不长,但已受到广大科技工作者的关注。超声波辅助萃取可以说是一项符合可持续发展有利于环保的"绿色技术"。

四、微波辅助萃取法

微波辅助萃取技术(microwave-assisted extraction,MAE)是天然产物提取中一种非常有发展潜力的新技术。微波产生的电磁场能够加快被提取成分向提取溶剂界面扩散的速度,且由于吸收了微波使得被提取物细胞内部温度迅速上升,细胞内外形成压力差导致细胞壁破裂,从而胞内成分在较低温度下便可进入提取溶剂并溶解。

张永忠用微波法预处理提取大豆异黄酮,通过二因素三水平的正交试验确定微波处理后的最佳浸取物料比为 1:15,浸取时间为 9h,浸提率为 97.42%。Terigar 等采用微波法从豆粉中提取异黄酮,在豆粉与乙醇的料液比为 3:1、73℃下微波加热提取时间 8min 时,大豆异黄酮提取率为传统加热提取工艺的 2 倍。与传统加热溶剂提取法相比,微波处理在提高提取率及提取选择性的同时,还可以减少浸提剂的用量,这在一定程度上,降低了生产成本,是一种经济效益较好的提取方法。

五、加压液体萃取法

加压液体萃取(pressurized liquid extraction,PLE)是一种新的萃取方法。它是采用常规有机溶剂作为萃取溶剂,在温度高于溶剂常压沸点,压力在 10～20MPa 的条件下用溶剂对固体或半固体样品进行萃取的样品前处理技术。PLE 利用中高压使溶剂保持在液体和分子簇团蒸汽状态,而处于此种状态下的有机溶剂,其溶解能力、扩散性及渗透性都有很大的提高,使用少量溶剂就能达到高效萃取。PLE 与其他溶剂萃取技术相比,具有如下优点:提取过程自动化、大大缩短萃取的时间、明显降低萃取溶剂使用量、萃取过程在密闭系统中进行减少溶剂挥发和对人体伤害、减少污染环境等。Rostagno 等在下列条件下:0.1g 样品、100℃、100atm[①]、7min 提取循环三次和 70%乙醇做溶剂,提取率最高达到了 93%,同时在实验中没有观察到大豆异黄酮的降解现象。

六、酸　解　法

利用大豆异黄酮苷和大豆异黄酮苷元在分子极性上的明显差异,采取非极性溶剂提取和酸水解相结合的方法选择性的提取出低分子极性的大豆异黄酮苷元成分,可有效地提高提取的专一性和产品纯度,为粗提产品的进一步分离纯化提供了有利条件。汪海波等采用以硫酸-乙醇水溶液为水解溶剂,酸度 0.9mol/L、60%乙醇在 50℃下提取 90min,酸水解法提取的提取率和产品纯度均高于常规的有机溶剂浸提法。张炳文等通过正交实验确立了糖苷型大豆异黄酮转化为游离型大豆异黄酮的最佳酸水解工艺条件:盐酸甲醇溶液的浓度为 2mol/L,水解温度为 80℃,水解时间为 60min,水解前后大豆黄素的含量由 0.22%增加至 14.01%,染料木素的含量由 0.02%增加至 23.45%。

七、酶　解　法

能够水解大豆异黄酮糖苷的酶有 β-葡萄糖苷酶、葡萄糖酸酶、α-半乳糖苷酶、乳糖酶、真菌乳糖酶和乳糖酶 F 等,研究最多的是 β-葡萄糖苷酶。酶水解大豆异黄酮常采用 β-葡萄糖苷酶,它是水解 1,6-糖苷键的专用酶,可使大豆异黄酮由糖苷型转化为苷元型。自然界中 β-葡萄糖苷酶广泛存在于人的消化道、植物(大豆、杏仁等)和 400 多种微生物中,大豆自身含有的内源性 β-葡萄糖苷酶水解活性不强,水解效率只有 22%～29%。采用微生物发酵法获得一类外源性的 β-葡萄糖苷酶,它具有非常高的生物活性,用这种酶来水解大豆异黄酮糖苷,水解效率高达 96%。但通过酶或化学合成的方法处理生产苷元的成本都很昂贵,而利用微生物发酵的方法直接生产大豆异黄酮苷元可大幅度降低成本。

Liggins 等利用曲霉中产生的水解酶将大豆粉中的结合型大豆异黄酮水解为游离型大豆异黄酮,再用乙酸乙酯萃取后,经衍生化反应后,气相色谱质谱联用进行定量,该法不仅效率高,也有利于大豆异黄酮的定量。

八、超临界 CO_2 抗溶剂法

国内的异黄酮生产线多采用溶剂萃取法、柱层析法,其规模小、工艺复杂、收率低并采用多种溶剂,生产成本高。本研究利用乙醇提取大豆豆粕中的异黄酮并做了较详尽的实验工作,在此基础上采用超临界流体抗溶剂法原理(gasantisolvent,简称 GAS 法)纯化大豆异黄酮。超临界流体抗溶剂技术是利用超临界流体在有机溶液中有较大的溶解度,能引起溶剂体积膨胀,以降低其溶剂化能力,从而使溶剂中溶解的物质析出这一原理而开发的新兴分离技术。大豆异黄酮是强极性物质,溶于多种极性溶剂,但不溶于超临界

①1atm≈1.01×10⁵Pa

CO_2 流体。根据这一性质,可用超临界流体抗溶剂法进行异黄酮的分离和纯化。

1. 提取与分离

与吸附法相似。

2. 丙酮浸提

采用丙酮-水溶液浸提法,可将样品中异黄酮转移到溶液中。丙酮的浓度不同,会导致浸提成分有一定的差异,对后面的 CO_2 抗溶剂分离有一定的影响。采用 85% 和 95% 两种不同含量的丙酮水溶液进行研究,HPLC 分析表明,含量为 85% 的丙酮溶液可将样品中的异黄酮全部转移到溶液中。溶液中染料木苷含量约为 1.3mg/mL,大豆黄苷的浓度约为 1mg/mL。

3. 第一次 CO_2 抗溶剂分离纯化

10% 大豆粕是复杂的混合物,含皂苷、蛋白质、糖、脂肪、甾醇等一系列物质。第一次分离纯化目的是沉淀杂质,产品是上层清液干燥。CO_2 抗溶剂过程第一次膨胀除去了提取物中的杂质,使产品纯度有一定程度的提高。

上层清液中大豆异黄酮的含量经历了一个由低到高再降低的过程,即存在最大值,而后随着 CO_2 的继续通入大豆异黄酮含量急剧降低。对应着上清液异黄酮含量最大值时的膨胀倍数为 2.48,此时 CO_2 压力为 3.73MPa,略低于该条件下染料木苷和大豆黄苷的雾点压力。另外,比较 35℃ 和 45℃ 两种温度下的纯化效果,在膨胀倍数接近的情况下,35℃ 可得到较高的异黄酮含量,因此温度以 35℃ 较好。

4. 第二次 CO_2 抗溶剂分离纯化

CO_2 抗溶剂过程第一次膨胀使产品纯度有一定程度的提高,如需进一步纯化,还需要进行第二次抗溶剂膨胀过程,旨在沉淀提取物中的大豆异黄酮。随着 CO_2 压力超过雾点压力,大豆异黄酮开始逐渐沉淀析出,沉淀中大豆异黄酮含量急剧增加。此时,二次膨胀的膨胀倍数应以高于 2.5 为宜,实验温度选用 35℃,溶剂选用 85% 丙酮。实验过程与第一次膨胀过程相同,区别在于所加入的溶液为第一次膨胀后得到的上层清液。

综上所述,CO_2 抗溶剂法纯化大豆异黄酮经两次膨胀,可将异黄酮含量从 10% 纯化至 90% 以上,总收率达 74% 以上,远高于传统的溶剂萃取法和树脂吸附法,且具有操作简单,不污染环境等优点,展现了较好的工业应用前景,并为天然产物中有价值极性物质的分离提供了新的研究思路。

九、超临界 CO_2 流体萃取

超临界 CO_2 流体萃取(supercritical fluid CO_2 extraction,SFE)是采用 CO_2 做溶剂,在超临界状态下,将超临界流体与待分离的物质接触,使其有选择性地把极性大小、沸点高低和相对分子质量大小不同的成分依次萃取出来。同传统的溶剂相比,超临界流体萃取具有显著地提高产品回收率和纯度、改进产品质量、降低能耗等优点。如压力为 35MPa,温度在 60℃ 时,6″-O-丙二酰糖苷和糖苷的溶解度最大;而在压力为 35MPa,温度在 80℃ 时,6″-O-乙酰基糖苷和苷元的溶解度最大。另外,在超临界状态下的 CO_2 流体不仅对某些物质的溶解度有选择性,且溶剂和萃取物非常容易分离,可快速分离出所要提取物的有效组分,此法具备无有机溶剂残留、天然植物中活性成分和热不稳定成分不易被分解破坏等优点。但是在单一超临界系统中,异黄酮的苷元溶解度非常低,在此系统中添加乙醇,甲醇等夹带剂可以提高异黄酮的苷元溶解度。如在压力 50MPa,温度 40℃,CO_2 流速 9.80kg/h,夹带剂为 7.8% 的 80% 的甲醇溶液的提取条件下,异黄酮的回收率高达 87.3%。

第四节 大豆异黄酮在食品工业中的应用

近年来大豆食品的健康保健作用引起人们的高度重视,越来越多的证据表明,富含异黄酮的大豆制品可作为功能食品。目前,美国、日本等国家把异黄酮作为添加剂用于保健食品、医药制品及功能助剂等方面产品和制品的生产。

一、保 健 食 品

在保健食品领域,利用较多的大豆异黄酮形式主要为一些具有较高含量的大豆异黄酮素材,特别是其配基形式。日本市场上已出现较多此类产品,但主要是用于调节骨代谢功能的保健食品,利用其预防骨质疏松症。在这类健康食品中,与矿物质、维生素等配合使用特别有效,对于已闭经女性来说,此类健康食品最合适,还可作为年轻女性的补钙食品。如将大豆异黄酮与钙或锌一起制成速溶颗粒,用于预防骨质疏松症;将大豆异黄酮与葡萄籽提取物配伍,制成抗动脉硬化的保健食品。日本开发出的富含异黄酮的大豆胚芽茶功能饮料,被列入日本特定保健用食品名单。日本一家公司开发出水溶性高、大豆异黄酮苦涩味很少的制品,称之为富士黄酮,可应用于饮料、甜点心一类的健康食品。

美国有数十家公司生产上百种大豆蛋白质粉、大豆卵磷脂和大豆异黄酮类的保健食品。用脱脂大豆经过蒸煮、发酵等工艺制成了保健饼干,具有预防癌症、骨质疏松及免疫调节等作用。欧、美市场上存在多种大豆异黄酮补充剂产品,推荐食用量一般为 50～100mg/天。

Gergely 等于 2000 年申请了制备含有大豆异黄酮和钙的速溶颗粒的保健品的专利。该速溶颗粒的主要成分是:粉末状的含异黄酮的大豆原料(如脱脂豆粉或大豆蛋白粉)、无机钙(如 $CaCO_3$、$CaCl_2$ 等)、有机钙(如苹果酸钙、柠檬酸钙等)、V_{D_3} 或一氟代磷酸钠。黏合剂是聚乙烯吡咯烷酮或聚乙二醇或葡萄糖浆,或者加入一种表面活性剂,麦芽糊精、糖醇等作为填充物。此外,也可添加维生素、微量元素和矿物质,也可富含赖氨酸、肌醇及其他氨基酸,还可以添加甜味剂及香精。食用该颗粒可以治疗和预防骨质疏松症。

Patel 等在 2002 年申请了一个含大豆蛋白质、异黄酮含量比较高,并且营养完全的保健品的制造专利。在此产品中,每克大豆蛋白质中至少含有 0.7mg 异黄酮,其中至少有 0.5mg 染料木黄酮。该产品中除了含有大豆蛋白质外,还含有红花油、豆油等物质,还含有水解玉米淀粉、麦芽糊精等碳水化合物及各种维生素和矿物质。

Tsuzaki 等(1999)用烘烤的大豆下胚轴、大麦、薏苡、绿茶及桂皮种子、竹叶等为原料制作保健饮料也已申请专利。下胚轴中保留了异黄酮和皂苷等活性成分。

澳大利亚开发出一种供中年妇女食用的大豆营养补充剂,每日使用 5g,其中含有大豆异黄酮 80mg,大豆蛋白质 4000mg,野生山药 250mg。

我国现已批准的以大豆异黄酮为原料的保健食品共计 81 个,其中单独以大豆异黄酮为原料的产品 2 个,其余均为与其他原料成分配伍的产品。保健功能主要集中在增加骨密度、延缓衰老(抗氧化)、美容、调节血脂、免疫调节等方面。其中,增加骨密度产品,大豆异黄酮多与钙、维生素 D 组合；延缓衰老产品中，多与葡萄籽提取物、珍珠、银耳等组合；调节血脂类产品，多与红曲、灵芝、山楂配伍组合；免疫调节类产品，大豆异黄酮多与人参、西洋参、黄芪等配伍组合。在这些产品中大豆异黄酮每日推荐食用量最低为 1mg，最高为 380mg，大多数产品的大豆异黄酮用量集中在 30～150mg/天，这与国际上大豆异黄酮安全食用量范围是大体相符的。

二、一般食品

各种富含大豆异黄酮的大豆蛋白质的开发，大大地拓宽了大豆异黄酮在食品领域中的应用，人们平时就可以通过饮食摄入大豆异黄酮。特别是大豆分离蛋白质或浓缩蛋白质，在食品中应用很广泛，包括应用于如饮料、冷冻食品、糕点等一般加工食品。此外，许多传统食品如各种大豆发酵制品中也都含有一定量的大豆异黄酮，而且此类制品中含有的大豆异黄酮形式大都为其配基形式，很易为人体所吸收。

我国大豆产量丰富，大豆异黄酮除在传统保健功能上的优势外，在开发抗癌、抗动脉硬化、减缓更年期症状等新产品方面具有较大潜力。随着人们对大豆异黄酮保健作用认识上的不断深入，大豆异黄酮必将在促进人体最佳健康状态方面发挥更为重要的作用，也会为生产企业带来更为丰富的商业价值。

第十四章 大豆多肽及其在食品中的应用

第一节 大豆多肽概述

近些年来,人们发现许多小分子质量肽在经人体消化道时不被水解,可直接被人体吸收利用,并且具有各种各样的生理活性。人们称这类肽为生物活性肽。大豆多肽即是一种生物活性肽,它是以大豆蛋白质为基本原料,经酶法水解、化学方法水解或微生物发酵,分离纯化得到的 3～6 个氨基酸组成的低分子质量肽的混合物,平均分子质量小于1000Da,主要分布在 300～700Da,同时含有少量的游离氨基酸、糖类、水分和无机盐等成分。大豆多肽在原大豆蛋白质序列中并无活性,一般通过胃肠道时释放出来的很少,但在体外可通过水解将这些活性肽释放出来并加以浓集。

与大豆蛋白质相比,大豆多肽除氨基酸组成与大豆蛋白质一样具有优质蛋白质的特点以外,还具有良好的溶解性、低渗透压、受热不凝固、酸性条件下不沉淀、低黏性、易吸收、低过敏原性、高流动性、良好的乳化性等独特的理化性质,尤其是具有抗氧化、降血压、抗疲劳、降血脂减肥、免疫调节、血糖调节等独特的生理功能,且安全无毒,不显示遗传毒性和亚遗传毒性的作用,使大豆多肽已在医药保健、食品、日用化工等领域中显示出了诱人的开发应用前景。

大豆多肽具有以下理化性质。

1. 溶解性

大豆蛋白质经过酶的作用以后,肽链断裂,形成多肽和小分子的短链物质,端基-NH_2 和-COOH 的数目增加,电荷密度增大,使亲水性增强,促使溶解性提高,并且水解度越高,多肽受 pH 的影响越小。因此,可以控制蛋白质的水解度,使得多肽在任何 pH 的环境下均具有良好的溶解性,可溶性氮指数(NSI)值达到 95％以上。

2. 乳化性

许多学者就不同酶在不同水解条件下所得水解物的乳化性进行了系统的研究,通常认为通过水解度(DH)的适度控制可以提高蛋白质水解物的乳化性,这是由于水解时包埋于内部的疏水性残基暴露,提高了在界面的吸附,形成了内聚性膜。同时,疏水性残基与油相互作用,而亲水性残基则与水相互作用所致。但随着水解程度的提高,蛋白质的极度降解也会导致水解产物乳化性的急剧下降,这是由于水解物分子质量过小的缘故。因为肽链至少应具有大于 20 个氨基酸残基才能具有良好的乳化性,尽管小肽能迅速扩散,并在界面吸附,但它们不能折叠,因此不能有效地降低界面张力,且小肽能被界面吸附趋势更强的大肽分子取代,所以小肽分子的乳化稳定性较差。蛋白酶的选择对产物乳化性及其稳定性影响较大,疏水性残基在远处(3～5 个残基)的成簇,对于肽在界面的有效吸附和良好乳化性能是有必要的。实践证明,酶水解大豆蛋白质得到的大豆多肽的乳化性能比原先的大豆蛋白质大大地提高了。

3. 起泡性

大豆多肽在一定程度上可以增大大豆蛋白质的起泡性,发泡能力可以达到普通蛋白质的 4 倍。研究表明,大豆蛋白质的水解度不同,其发泡性也不同,水解过度对起泡性反而不利。图 14-1 是大豆蛋白质的水解度与发泡性的关系。

4. 渗透压

大豆多肽溶液的渗透压处于大豆蛋白质与相同组成的氨基酸混合物之间。当一种营养液的渗透压比体液高时,就会发生人体周边组织细胞中的水分向胃肠移动,这样易引起营养素吸收的失衡,由高渗透压导致的腹泻就是这个原因。由于大豆多肽的渗透压比氨基酸低得多,因而大豆多肽比氨基酸易于在肠道吸收,这样就极大地减少了患腹泻脱水等不适症的可能性。

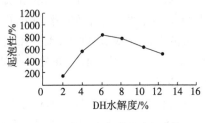

图 14-1　大豆蛋白质的水解度与
发泡性的关系

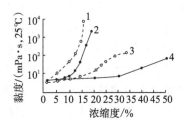

图 14-2　大豆多肽及各种蛋白质
溶液的黏度
1. Na-酪蛋白;2. 大豆蛋白;3. 乳白蛋白;4. 大豆多肽

5. 黏度

大豆多肽比大豆蛋白质作为食品原料的更合适性在于它的高浓度时的低黏度和高溶解度。大豆蛋白质黏度随浓度的增加而显著增加,在等电点 pH4.5 左右几乎完全沉淀。由图 14-2 表明,大豆蛋白质的浓度在 0～10％变化时,黏度变化较为平缓,但是,当浓度提高到 10％以后,黏度曲线上升,而 30％大豆多肽的黏度与 10％大豆蛋白质的黏度相当。大豆蛋白质的浓度在 13％以上时,蛋白质溶液就失去了流动性,浓度在 15％时黏度就高达 9Pa·s,很难继续将其浓缩。而采取酶法制备大豆多肽溶液,当浓度达到 65％时,黏度只有 2.2Pa·s,仍具有较好的流动性。大豆多肽在高浓度时具有低黏度的特性,特别适合应用在需要高蛋白质含量而又无法添加大豆蛋白质的流体食品中,既可以作为食品中氮源的良好补充,又不会影响食品的流体性质。

6. pH 稳定性

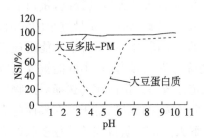

图 14-3　大豆多肽的 pH 稳定性

大豆蛋白质在酸性或加热的条件下会发生凝固沉淀,特别是 pH4.5 左右蛋白质的等电点附近时,10％浓度的大豆蛋白质溶液经加热就会凝固产生凝胶化现象,而很多酸性饮料的 pH 正好为 pH4～5,因此就无法添加大豆蛋白质予以营养强化。

精制的大豆多肽能够在大豆蛋白质的等电点 pH4.5 附近保持良好的溶解状态(图 14-3),成为透明的溶液,并且不受 pH 的变化和加热的影响,具有很好的热、酸稳定性。这为开发酸性大豆蛋白质饮料及其他富含蛋白质的酸性食品创造了条件,不再受蛋白质的易沉淀性、热凝固性、高黏度等因素的影响。

7. 吸湿性、保湿性

图 14-4 是各种肽的吸湿性和保湿性的比较。由图可知,大豆多肽具有良好的吸水性及保湿性。面包、蛋糕等焙烤食品在储存时易失水干燥,其食用价值降低,添加大豆多肽的产品可以具有更好的食用品质并延长其货架期。大豆多肽能明显地抑制蛋白质形成凝胶,并且当鱼肉、畜肉及大豆蛋白质加热已经形成凝胶或面粉形成面团时,添加少量的大豆多肽还可以促使已经形成的凝胶软化、强度降低(图 14-5)。

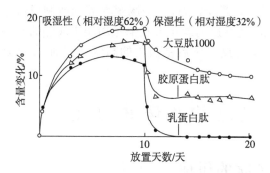

图 14-4　各种肽的吸湿性和保湿性的比较

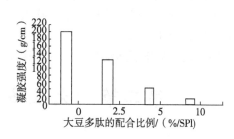

图 14-5　大豆多肽对大豆蛋白质因加热而形成的凝胶强度的影响

利用大豆多肽的这种性质可以软化食品、调整食品的硬度,从而改进食品的口感。例如,可以用于生产抑制凝固的豆腐,用于火腿、香肠、鱼糕等高蛋白质食品的软化等(表14-1)。

表 14-1　大豆多肽对各种凝胶的影响

食品	有无软化作用	食品	有无软化作用
大豆蛋白质	+	明胶	－
鱼肉蛋白质	+	魔芋	+
畜肉蛋白质	+	琼脂	
小麦面筋	+	果胶	－

8. 促进发酵作用

大豆多肽具有促进微生物生长发育和活跃代谢的作用,可以促进双歧杆菌的生长发育,对乳酸菌等其他菌类也有增殖作用,且能增强面包酵母的产气能力。从图 14-6 中可以看出,在发酵液中加入 0.2% 的大豆多肽就能显著地加快发酵的速度。

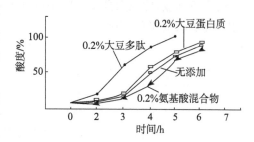

图 14-6　各种蛋白质源对乳酸菌发酵的影响

9. 易吸收性

蛋白质并非必须通过消化道中的多种蛋

白酶水解后,最终以氨基酸的形态才能被人体吸收,而是大部分在多肽(特别是二、三肽)形态时就能被直接吸收。在用合成肽做的实验中,发现二肽和三肽的吸收速度比同一组成的氨基酸快。短肽的吸收率比氨基酸大,比氨基酸更易、更快被机体吸收利用;短肽的低抗原性使得食后不会引起过敏反应;且短肽的渗透压比氨基酸低,食后也不会引起痢疾等不良反应;短肽还具有良好的感官效应。

大豆多肽不仅具有与大豆蛋白质相同的必需氨基酸组成,以及与大豆蛋白质相比更易被消化吸收,而且其吸收速度和吸收率与其他蛋白质和氨基酸混合物相比都是最高的。大豆多肽吸收速度较氨基酸快80%,以完整的形式被小肠全部吸收,进入人体细胞、组织、器官,发挥生物活性作用;作为载体,将氨基酸、维生素和对人体有益的微量元素输送到人体组织、器官,发挥营养作用。

因此,大豆多肽可以用于维持和改善蛋白质营养状态,作为肠道营养剂或制成流态食品。一方面可以提供给康复期病人、消化功能衰退的老年人及消化功能未成熟的婴幼儿等胃肠功能较弱的人群;另一方面可以作为过度疲劳后蛋白质的高效补充剂,尤其是可用于运动员剧烈运动后体能的迅速恢复。

第二节　大豆多肽的结构及保健功效

一、大豆多肽的组成

大豆多肽氨基酸组成与大豆蛋白质的氨基酸组成基本相同,所含必需氨基酸丰富,每100g大豆多肽的必需氨基酸含量分别为:赖氨酸6.26g、甲硫氨酸1.31g、亮氨酸8.18g、异亮氨酸4.48g、苏氨酸3.99g、缬氨酸5.30g、苯丙氨酸5.54g。

分子质量的大小直接决定着大豆多肽可被人体吸收利用的效率,大豆多肽相对分子质量分布如图14-7所示。现代营养学研究成果表明,蛋白质被人体摄入后,经胃肠消化系统消化分解成小分子蛋白肽类物质和氨基酸被人体吸收,其中以肽形式被人体吸收的蛋白质占蛋白吸收总量的70%以上,相对分子质量小于1000的肽的吸收率高达90%以上。分子质量的检测可以判定产品中蛋白质及其水解产物的分子质量分布状况,直接显示出产品中大豆多肽的纯度。因此,分子质量分布应作为大豆多肽的一项重要检测项目。分子质量的测定通常采用高效液相色谱法(HPLC),但其运行和维持费用高,不适合经常检测。大豆多肽是一类分子质量在数百至数千道尔顿的小分子肽类物质的混合物。其中一些肽具有各种各样的生理活性和保健作用,大豆多肽产品的肽含量即产品的纯度直接影响到产品的功能的强弱,从而决定了产品的用途和价值。参考国内外大豆多肽产品的质量标签,优质大豆多肽的相对分子质量分布以低于1000的为主,主要出峰位置在相对分子质量300～700。

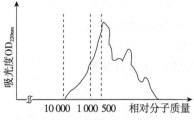

图14-7　大豆多肽相对分子质量分布

二、大豆多肽的生理功效

与传统大豆蛋白质相比较,大豆多肽具有易消化吸收、能迅速给机体提供能量、无蛋白质变性、无豆腥味、无残渣、相对分子质量小、易溶于水且在酸性条件下也不产生沉淀、溶液黏性小和受热不凝固等特性,因而大豆多肽可作为那些日常饮食不能充分满足蛋白质营养需求的特殊人群食品的原料或配料。

1. 抗氧化性

人类的许多慢性疾病及衰老现象都和人体内的自由基含量失衡相关联,当机体代谢和外界刺激产生过多的自由基时,体内自由基的大量积累会导致 DNA、脂质和蛋白质等生物大分子的氧化性损伤,进而可以导致衰老,增加肿瘤、心血管疾病、糖尿病的发生率。抗氧化肽则是很好的清除自由基的物质。来源于植物蛋白质的抗氧化肽,不仅具有良好的抗氧化活性而且安全性极高。大豆多肽具有清除自由基、抑制脂质过氧化和与金属离子螯合的能力,具有一定的抗氧化特性。

国内外学者研究发现,大豆多肽的抗氧化能力与水解用酶及大豆多肽的分子质量大小等有关。以大豆分离蛋白为原料,通过比较六种蛋白酶制备的大豆多肽的抗氧化作用,得出碱性蛋白酶制备的大豆多肽抗氧化作用最好。经过正交实验优化工艺条件,得出其羟自由基抑制率为 36.43%,清除超氧阴离子自由基的能力为 317.73U/g,过氧基自由基的抑制率为46.24%。郁晓敏等对米曲霉诱变菌株发酵制备的大豆多肽进行分离纯化,得出分子质量在1200～1400Da 的大豆多肽抗氧化能力最好。以胃蛋白酶和胰蛋白酶作为水解酶,制备了分子质量主要分布在 1000Da 以下的大豆多肽,通过体内和体外抗氧化性的研究,表明该大豆多肽具有清除二苯基苦基苯肼自由基的作用和显著地抑制亚油酸氧化过程中的脂质过氧化作用。大豆多肽具有清除体内自由基,抑制体内自由基大量积累的作用。因此大豆多肽可以作为天然的抗氧化剂添加到食品中,也可以用于抗衰老食品、化妆品和医疗保健品等的开发。

2. 降血压作用

血管中的血管紧张素转换酶(ACE)在血压调节方面起着重要的生理作用,其能使血管紧张素 Ⅰ(Ang Ⅰ)转换成 Ⅱ(Ang Ⅱ),后者能使末梢血管收缩,外周阻力增加,从而引起高血压。抑制 ACE 酶活性,可以防止血管末梢收缩,有效预防和缓解高血压。大豆蛋白质经特殊酶水解后得到大豆多肽可抑制 ACE 酶催化水解血管紧张素 Ⅰ 成为血管紧张素 Ⅱ,从而防止血管强烈收缩,降低血压。其作用机制为,大豆蛋白质经特殊酶水解后得到降压肽可与 ACE 酶活性中性的 N 区和 C 区结合,从而竞争性地抑制了 ACE 酶催化水解血管紧张素 Ⅰ 成血管紧张素 Ⅱ。大豆多肽降血压机制如图 14-8 所示。

利用体外 ACE 酶抑制实验筛选获得的自制大豆多肽,灌胃自发性高血压大鼠,结果表明灌胃自制的大豆多肽对大鼠的肺、肾、大脑等组织中 ACE 酶的表达或激活起到显著的抑制作用。在大豆多肽发酵液中提取的 ACE 抑制肽,其 ACE 抑制率 IC$_{50}$(半抑制浓度,可引起 50%试验动物死亡的毒物浓度)为 1.46mg/mL,再经过超滤和连续色谱,其ACE 抑制活性提高了 66 倍,且其氨基酸序列为 Leu-Val-Gln-Gly-Ser,这为大豆多肽的开发提供了理论依据。M. Kuba 等在大豆蛋白质酶解液中分离出了四种 ACE 抑制肽,其氨基酸序列和抗 ACE 活性的 IC$_{50}$分别为:LAIPVNKP(Leu-Ala-lle-Pro-Val-Asn-Lys-Pro70μm)、LPHF(Leu-Pro-His-Phe 670μm)、SPYP(Ser-Pro-Tyr-Pro 850μm)和 WL

（Trp-Leu 65μm），即 LAIPVNKP 和 WL 具有较高的 ACE 抑制活性，说明不同氨基酸的组成、排列顺序、数量对 ACE 抑制活性具有显著影响。

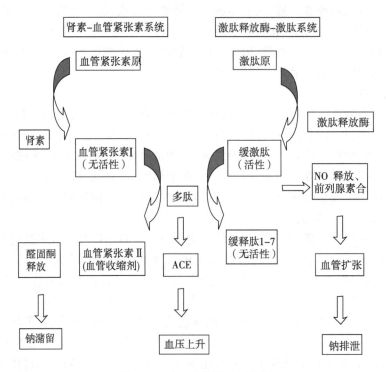

图 14-8 大豆多肽降血压机制

大豆多肽能抑制 ACE 的活性，具有降血压作用，其降压作用平稳，不会出现药物降压过程中可能出现的大的波动，尤其对原发性高血压患者具有显著地疗效。同时，大豆多肽对血压正常的人没有降压作用，对正常人是无害的。

3. 降低胆固醇

高胆固醇血症是诱发动脉粥样硬化和冠心病的一个重要危险因素，抑制饮食中的胆固醇吸收是降低血液中胆固醇的有效方法。临床医学表明，通过药物或膳食来降低血清胆固醇水平，能够有效地降低冠心病的发病几率。大豆多肽能够阻止肠道中胆固醇的重吸收并将其排出体外，还能使甲状腺激素分泌增加，促进胆汁酸化，使粪便胆固醇排泄量增加，进而降低血清胆固醇水平。另外，大豆多肽只对于胆固醇值高的人具有降低胆固醇的作用，对胆固醇值正常的人，可以起到预防胆固醇升高的作用。更重要的是大豆多肽可以使血清中的总胆固醇（TC）和低密度脂蛋白胆固醇（LDLC）值降低，但不会使有益的高密度脂蛋白胆固醇（HDLC）值降低。

观察大豆多肽对高脂饲料喂养的大鼠血脂的影响，检测到高脂大鼠的总胆固醇含量极显著（$P<0.01$）降低，三酰甘油含量显著降低，高密度脂蛋白含量无显著变化。采用大豆多肽对 Wistar 大鼠进行降血脂实验，得出 Wistar 大鼠血清总胆固醇、甘油三酯、低密度脂蛋白均低于对照组，实验结果亦表明大豆多肽具有降血脂功能。

第三节 大豆多肽的提取工艺及原理

一、大豆多肽的制备工艺

制备大豆多肽的原料主要有三种：大豆分离蛋白、大豆粉和大豆粕。降解大豆蛋白质获得大豆多肽的方法技术很多，不同的方法和使用不同的技术及在同一技术中不同条件的选择，所获得大豆多肽的品质和生化性质也各不相同。目前，生产大豆多肽所用的方法和技术主要有化学水解法、酶水解法和微生物发酵法三种。

1. 化学水解法

化学水解法包括酸水解法和碱水解法，最初的大豆多肽生产方法是采用酸、碱化学试剂在一定温度下促使蛋白质分子的肽链断裂形成小分子多肽物质。酸碱水解法相对简单、生产成本低，但存在许多缺点，如水解工艺很难控制、水解无特异性、产品质量不稳定，同时氨基酸易发生破坏、营养成分损失、对环境污染大等。除日本不二油脂株式会社外，大都仅用于实验室，未见用于工业化生产，因此这方面的研究进展缓慢。

2. 酶水解法

酶水解法是利用蛋白酶在最适温度和 pH 条件下进行大豆蛋白质酶解反应，把大分子蛋白质降解为小分子肽类，再经加工精制生产出大豆多肽产品。与酸碱水解法相比，酶水解法具有水解反应温和、生产条件易控制和对氨基酸破坏小等优点。酶水解法常用于生产食品级蛋白质水解物和从蛋白质前体中释放生物活性肽，产生的大豆多肽分子质量主要分布在200～1000Da，人体易消化吸收，蛋白质利用率高。因此，酶水解法已成为目前制备大豆多肽的主要方法之一。但是，酶水解法制备的大豆多肽会有苦味产生，其中的苦味物质主要是亮氨酸、甲硫氨酸等疏水性氨基酸及其衍生物和一些小分子的肽类。另外，高价格的酶的使用，提高了大豆多肽的生产成本，限制其在饲料行业中的广泛应用。

酶水解法常用的蛋白酶主要有动物蛋白酶、植物蛋白酶和微生物蛋白酶。其中动物蛋白酶主要有胃蛋白酶、糜蛋白酶和胰蛋白酶等；植物蛋白酶主要有木瓜蛋白酶、菠萝蛋白酶和无花果蛋白酶等；微生物蛋白酶主要有枯草芽孢杆菌蛋白酶、地衣芽孢杆菌蛋白酶、霉菌蛋白酶、嗜热菌蛋白酶、放线菌蛋白酶等。

酶水解使用的酶种类不同、酶的选择与配方不同、酶解的大豆蛋白质不同，所获得的大豆多肽的品质、分子质量分布和氨基酸组成也大不相同，值得注意的是制得的大豆多肽的生理功能也会有较大差别。大豆多肽酶解的工艺随蛋白酶选择、在不同行业对产品的要求不同而不同。酶水解法生产大豆多肽又可分为单酶水解法、双酶水解法和复合酶水解法。例如用中性蛋白酶、木瓜蛋白酶和菠萝蛋白酶 3 种复合酶同时水解底物，酶解度可以达到约 84％。比单酶水解法，成本更低、效率更高。为提高大豆多肽的产品质量，现在多采取复合蛋白酶水解法。酶解法产肽率相对发酵法低，而且成本高，限制了酶解法在多肽生产中的应用。酶解法生产大豆多肽的工艺流程如下：

大豆→浸泡→磨浆分离→胶体磨→精滤→超滤→预处理→酶水解→搅拌反应→灭酶处理→分离→脱苦、脱色→脱盐→杀菌→浓缩→喷雾干燥→成品。

3. 微生物发酵法

微生物发酵法是通过微生物生命活动中产酶将大豆蛋白质降解为大豆多肽，其分子质量分布大多在 3000Da 以上,产品中的小肽以营养性小肽为主。此法生产的大豆多肽不是将大豆蛋白质简单切成小肽,而是将小肽移接和重排的过程,通过微生物作用可对某些苦味基团进行修饰、转移和重组,制得的大豆多肽具有溶解性好、无苦味和异味、口感好、溶解黏度小、受热不凝固等优点。大豆发酵产品,如纳豆、酱油、豆酱中也发现源于大豆球蛋白水解产物,如 ACE 抑制肽、凝血酶抑制肽、抗菌肽,其分子质量多分布在 2000Da 以上,属于大豆多肽。微生物发酵的菌种有芽孢杆菌、米曲霉、酵母菌、乳酸菌等。微生物发酵不能完全水解大豆蛋白质,肽段相对分子质量较大,但大分子肽段进入动物体内在胃肠道蛋白酶的作用下,转化为小肽易于吸收,发挥生理作用。

微生物发酵法把蛋白酶的发酵生产和大豆多肽的酶解生产有机地结合在一起,降低了大豆多肽的生产成本,同时,克服了酶水解法制备大豆多肽产品的苦味大和口感差等缺点。目前利用微生物发酵法生产大豆多肽被认为是一种较先进有效的方法,应用前景较好。微生物发酵法生产大豆多肽的工艺流程如下:

豆粕→粉碎→配料→灭菌→冷却→接种→发酵→分离→过滤→真空浓缩→喷雾干燥→筛分→成品包装。

二、大豆苦味肽产生及脱苦方法

(一)苦味肽产生

天然蛋白质疏水性结构常常被掩蔽在天然蛋白质分子内部,经酶水解,当大豆蛋白质被水解成分子质量低于 6000Da 的多肽时,疏水性结构就会较多暴露出来而与味蕾接触,因而产生苦味。研究表明,大豆苦味肽随水解逐步加深而先升后降。因随水解度增加,疏水性氨基酸暴露苦味基团也就越多;当水解度非常高时,苦味肽被继续水解成分子质量很小短肽或游离氨基酸,这时苦味又会减弱或消失。苦味肽其实就是带芳香侧链或长链烷基的疏水性氨基酸的肽,它的链长可以短至 2~3 个氨基酸残基,也可以长达数十个氨基酸残基,但是链中至少有一个疏水性的氨基酸(如缬氨酸、色氨酸、亮氨酸、异亮氨酸、酪氨酸、脯氨酸等)存在,疏水性的氨基酸一般位于肽的末端。

(二)脱苦

为得到口感和风味较好的大豆多肽产品,必须进行脱苦,大豆多肽脱苦方法有很多,主要有以下几种。

1. 酶法脱苦

由于蛋白质水解物的苦味强度与小肽末端的疏水性氨基酸有密切的关系,因此,蛋白质水解物的酶法脱苦基本原理就是采用各种形式的蛋白酶去除小肽末端的疏水性氨基酸或是掩盖末端的疏水性氨基酸。

（1）氨肽酶

氨肽酶是可以选择性从多肽或蛋白质 N-末端水解释放氨基酸的一类蛋白酶。研究发现猪胰脏均质物能降低酪蛋白水解的苦味,后经研究发现这主要是由于猪胰脏中的氨肽酶 P 的作用。此后,相继有很多文献报道不同来源氨肽酶对蛋白质水解物苦味脱除的研究。包括氨肽酶 T(来源于 *Thermus aquaticus* YT-1)、氨肽酶 N(来源于 *Lactococcus lactis* subsp. *cremoris* WG2)等。采用来自 *Aeromonas caviae* T-64 氨肽酶水解乳蛋白和大豆蛋白质酶解物中 N-末端含疏水性氨基酸残基苦味肽,使苦味降低,游离氨基酸含量增加。从 *L. lactis* subsp. *cremoris* 中纯化出氨肽酶 P，该酶专一性水解 N 末端第二位为脯氨酸的肽，对酪蛋白水解产物有较好的脱苦效果。

（2）羧肽酶

羧肽酶是能选择性从多肽和蛋白质 C-末端水解释放出氨基酸的一类蛋白酶。1970年，Arai 等发现采用黑曲霉羧肽酶处理大豆蛋白质水解物后，其多肽苦味有明显下降。Umetsu 等采用小麦来源的羧肽酶用于酪蛋白水解物苦味脱除，结果发现，随着游离氨基酸增加，其苦味也不断下降，释放出的氨基酸主要是疏水性氨基酸（$\Delta f > 61\ 698 \text{kJ/mol}$）。采用从鱿鱼肝脏中分离丝氨酸羧肽酶处理胃蛋白酶、胰蛋白酶水解大豆蛋白质，脱苦效果明显。从多肽苦味形成的机制来看，在实际应用中，可采用氨肽酶和羧肽酶结合水解脱苦。

（3）类蛋白反应脱苦

类蛋白反应是指在一定条件下，采用蛋白酶催化蛋白质水解物或低聚肽混合物反应，生成一种弹性胶状蛋白类物质的过程。在这一过程中多肽通过转肽作用将疏水性氨基酸富集生成不溶于水的疏水性肽，浓缩成小颗粒后形成不溶于水的类蛋白。由于疏水性的小肽比例降低，因此类蛋白反应在一定程度上有利于蛋白质水解物苦味的降低。如 Muro 等就报道对苦味肽溶液（Phe-Val 或 Val-Phe）采用来自 *Streptomyces cellulosae* 蛋白酶处理，会产生不溶浓缩混合物；采用蛋白酶处理含肽和乳酪蛋白溶液、大豆蛋白质溶液或它们水解产物也能产生沉淀，与原混合物相比，苦味大大降低。

（4）微生物法

万琦等筛选到一株能在发酵过程中产蛋白酶和外肽酶的枯草芽孢杆菌，利用此菌所产蛋白酶的作用将大豆蛋白质水解成短肽，利用此菌所产羧肽酶的作用将短肽末端的疏水性氨基酸切除，从而实现了酶解和脱苦一步完成的大豆多肽发酵生产。此法集制备与脱苦于一体，简化了工艺流程。

2. 吸附

有很多种吸附剂可以用做大豆多肽的脱苦，例如琼脂、改性纤维素、酚醛树脂、微晶纤维素、活性炭等，其中活性炭是性能很好的最为广泛使用的吸附剂。

Marray 和 Baker（1995）最先使用活性炭处理水解酪蛋白进行选择性分离。报道中提出活性炭使用量在 0.5g/g 酪蛋白时，就能有效地使酪蛋白脱苦。其脱苦机制是活性炭可吸附疏水性氨基酸，因为苦味结合肽和自由氨基酸主要是疏水性的，具有非极性，而活性炭就可看作是非极性溶剂。处理过的酪蛋白，可用过滤的方法除去活性炭。活性炭吸附法是最有效的分离大豆蛋白质水解物中苦味肽的方法，因而生产中通常采用活性炭吸附来进行水解物的脱苦、脱色。经活性炭处理后，水解物的口味得到明显改善，色泽透明澄清。最佳工艺条件是水解液∶活性炭＝1∶10，t＝40℃，pH＝3.0。但是活性炭吸附疏水氨基酸后，会造成近 26% 蛋白氮的丢失，其中很多是必需氨基酸，这样就影响了肽的氨基酸组成，降低了蛋白质水解产物的营养价值。

另外，若采用双酶水解，再配合活性炭吸附处理，不仅可以有效地减轻或消除苦味肽带来的苦味，使大豆多肽口味清淡，还能缩短酶水解的时间，水解效果也明显优于单酶水解。

采用吸附剂来脱除苦味肽，具有脱苦有效、操作简单、成本低的特点，但也会不同程度地造成蛋白氮的损失，特别是一些含有疏水性残基如色氨酸、苯丙氨酸等的多肽。

3. 共沸异丁醇提取

72.8%异丁醇和27.2%水的混合物称为共沸异丁醇。用共沸异丁醇提取酶蛋白水解产物可取得很好的效果，是一种可普遍使用去除苦味复合物的方法。但是要达到完全脱苦的目的，将丢失5%～10%的蛋白质水解物，大大影响其营养价值。

4. 等电点沉淀

苦味肽在水溶液中的稳定性不如亲水性多肽，因而可以通过调节水溶液的pH使苦味肽沉淀下来，再将其分离除去，以减少苦味。

5. 超滤法

大豆蛋白质水解物中的苦肽相对分子质量一般都比不苦的多肽要小得多，因此可以使用超滤膜来选择性地分离除去苦味肽。

6. 掩盖法

利用许多物质对于蛋白质水解物的苦味有掩盖作用这一特点，通过适量添加这类物质以达到降低苦味阈值的目的。当苦味物质与聚磷酸盐、柠檬酸、苹果酸、环状糊精、淀粉等混合，苦味就会减弱。

第四节　大豆多肽在食品工业中的应用

大豆多肽的应用领域如图14-9所示。与传统大豆蛋白质相比较，大豆多肽具有易消化吸收、能迅速给肌体提供能量、无蛋白质变性、无豆腥味、无残渣、分子质量小、易溶于水、在酸性条件下不产生沉淀、溶液黏度低、受热不凝固等特性，可以广泛应用到食品加工业。在保健品中应用于低过敏食品、运动食品、运动饮料、降压食品及恢复体力食品等。在食品饮料中用于生产冷饮食品、酸性饮料、营养饮品、汽水、速溶固体饮品、豆奶粉、啤酒、雪糕及冰激凌等冷饮食品；在糕点和焙烤食品的加工过程中加入大豆多肽，可增加产品的风味和香气，使其质构疏松，口感好；在肉制品中添加大豆多肽，能突出肉类制品的风味，提高香鲜度，同时改善产品的弹性、质地、口感和风味；在糖果和巧克力生产中能降低甜度、黏度和成本，香气增加，提高产品氨基酸的含量；大豆多肽在发酵工业可提高生产效率、稳定品质及增强风味等；还可应用于红薯保鲜中。

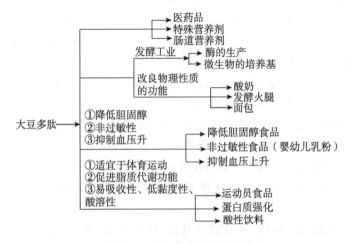

图 14-9　大豆多肽的应用领域

一、大豆多肽在病人营养食品中的应用

由于大豆多肽易消化、吸收快的营养特性,在医院里,大豆多肽可以作为肠吸收营养物和流态食物而直接被送入患者胃中,使患者迅速获得营养上的补充。这一个特点使大豆多肽对那些作过肠道手术的、因疾病的原因对蛋白质吸收及消化不良的、或因体内缺乏酶系统而不能分解和吸收蛋白质的患者来说,成为很重要的蛋白质营养供应源。

有些人(特别是婴幼儿)对牛乳蛋白质或大豆蛋白质易发生过敏反应,研究证明分子质量在 3400Da 以下的肽类不会引起过敏反应。因此,大豆多肽可以满足这些人对氨基酸的需要,保证他们的健康和成长。

所以,大豆多肽作为肠道营养剂和流动食品,对于处于恢复期的病人、消化功能衰退的老年人及消化能力未成熟的婴幼儿是非常有益的。

二、大豆多肽在老年人保健食品上的应用

老年人常常由于疾病或衰老的原因导致食欲缺乏,因而从食物中摄取的蛋白质数量往往低于生理的需求量,这样更容易引起疾病和衰老。由于大豆多肽能很容易地被机体所吸收,因此大豆多肽是老年人及体弱的人补充体内蛋白质最理想的方法。

大豆多肽还能够阻碍肠道内胆固醇的再吸收,促使其排出体外,所以还具有降压、防止血清胆固醇升高的作用,这一点对老年人来说也尤为重要。

补充蛋白质最好的形式是以饮料的方式。因此可以将大豆多肽添加到乳粉中,并对大豆多肽的限制性氨基酸甲硫氨酸及重要维生素和矿物元素铁、钙、锌等予以强化,生产出适合老年人生理需要的高蛋白质、低动物性脂肪、容易消化的老年人乳粉。

三、用于双歧杆菌促进剂

大豆多肽对肠道内双歧杆菌和其他正常微生物菌群的生长繁殖具有促进作用,能保持肠道内有益菌群的平衡,对防止便秘和促进肠道的蠕动具有显著的作用,使排便顺畅。如果发生便秘,一些有毒害的物质就会在肠道内累积浓缩被吸收进人体,对健康不利。实验证明:便秘严重的人每天服用 30g 大豆多肽,连续服用 7 天便秘得到明显缓解,面部肤色也有明显改善,继续服用,便秘则完全消失。据统计,人群中便秘的人达到 40％以上,如果利用大豆多肽的通肠润便排毒功能,制成防止便秘的产品,其市场前景非常可观。

四、大豆多肽在饮料中的应用

一般蛋白质不能溶于酸性饮料中,大豆多肽却能在酸性(pH3.5～4.0)饮料中溶解,因而可以开发出高蛋白质的酸性饮料,其具有黏度低、爽口的特点。根据大豆多肽的溶解性不受 pH 变化的影响,还可以开发出高蛋白质的果冻,而这些对大豆蛋白质来说也是无法实现的。大豆多肽饮料的生产工艺流程如下。

脱脂大豆粕→浸泡→磨浆、分离→板框过滤→超滤→预处理→酶分解→分离→

脱色、脱苦→脱盐→调配→灌装→杀菌→成品大豆多肽饮料。

↑

辅料

大豆多肽饮料具有醒酒功能。大豆多肽能够通过提高血液中的丙氨酸和亮氨酸浓度产生稳定的 NAD^+，有效地降低血液中乙醇浓度。酒精通过减少从肌肉中释放出来的丙氨酸，从而抑制谷氨酸产生和降低血浆中丙氨酸浓度。提高丙氨酸浓度，可以使氨基和含碳物从肌肉中转化到肝脏，要求有充足的 NAD^+ 加以补充和三羧酸循环。亮氨酸比丙氨酸更有效，亮氨酸是收缩骨骼肌的氨基酸，并产生丙氨酸作为肌肉中转化为丙酮酸的氨基。这说明摄入大豆多肽饮料对酒精代谢有积极影响。

五、用于运动营养食品

在运动前或运动中，由于大豆多肽的迅速吸收和补充，减轻了肌蛋白的降解，可维护体内正常蛋白质合成，减轻和延缓由运动引发的一些生理方面的改变，从而起到增强运动员的体力、耐力、迅速消除疲劳、恢复体力的作用。日本研究人员对柔道运动员进行大豆多肽饮服试验，每天除常规饮食外，再增加 20g 大豆多肽，连续进行 5 个月饮服试验，结果发现试验组的体能明显好于对照组。有学者给竞走运动员进行饮服大豆多肽试验，在运动前饮服 20g 大豆多肽竞走 20km 后，测定血液中肌红蛋白的变化情况。结果发现，饮服大豆多肽的试验组肌红蛋白减少值比未服大豆多肽的要小，即肌肉细胞破坏的少。

六、大豆多肽在发酵食品中的应用

大豆多肽对微生物有增殖效果，并促进有益菌的代谢分泌，促进微生物的生长、发育和代谢，被广泛应用于发酵工业。将其用于生产酸奶、干酪、醋、面包、酱油和发酵火腿等食品中，以提高生产效率、改善品质的稳定性、营养性及风味；还可以用于酶制剂的生产中。大豆多肽可满足微生物的生长需求，可使微生物的生长苗壮，活性提高。另外，酸奶中如果加入一定量的大豆多肽作为促进剂，乳酸菌则生长旺盛和健壮，菌种容易存活且口感较好。据统计，2000 年全国的酸奶产量 20 多万吨，需要大豆多肽作为发酵促进剂的量高达 5000 多吨，并且每年以 10% 的速度在增长。

在谷氨酸发酵中，大豆蛋白肽替代等量的氮源，镜检菌种生长旺盛，发酵周期缩短 4～6h，产酸率也得到了相应的提高，从而提高了生产率。在酸奶生产发酵剂的制备中，加入 1% 的大豆蛋白肽，不仅提高了产品的营养价值，而且在稳定产品质量方面也起到了积极的作用。

七、在其他食品加工中的应用

(1) 用于各种豆制品

由于大豆多肽吸湿性和保湿性能好，可使产品软化、改善口感，故用来生产各种豆制品，品质和风味更佳，且营养丰富，易吸收消化；用于鱼、肉等高蛋白质制品。在鱼、肉制品中加入大豆多肽，能突出肉类制品的风味，提高香鲜度，同时改善产品的弹性、质地、口感和风味。

（2）用于焙烤食品

在焙烤食品的加工过程中加入大豆多肽，可以增加产品的风味和香气，使其质构疏松，口感好。

（3）用于糖果、糕点

在糖果、巧克力生产中使用大豆多肽，能使产品甜度降低，降低黏度和成本，增加香气，提高产品氨基酸的含量。制作糕点时加入大豆多肽能明显改善其口味品质，降低成本，且可以延长产品的保质期，增加成品率。

（4）用于冷饮食品

大豆多肽能在水中迅速溶解，并能形成较低黏度的胶体，酸性条件不沉淀，具有较好的发泡作用，可用于生产酸性饮料、营养饮品、汽水、速溶固体饮品和奶粉、啤酒、雪糕及冰激凌等冷饮食品。

第十五章　大豆磷脂及其在食品中的应用

第一节　大豆磷脂的概述

磷脂是含磷酸根的单酯衍生物,是一种成分复杂的甘油酯,水解后可得甘油、脂肪酸、磷酸和一种含氮化合物。磷脂广泛存在于人和动物的体、脑、神经系统、心、肝等器官和各种微生物、禽蛋类及大部分植物种子中,而大豆在植物中是磷脂含量最多的。因此,大豆是研究最多、使用价值最大的原料,其中所含的磷脂称为大豆磷脂。

大豆磷脂是存在于大豆中的各种磷酸甘油酯及其衍生物的总称,包括甘油醇磷脂和神经醇磷脂两大类。大豆磷脂由于其特殊的化学结构而具有乳化、软化、润湿、分散、渗透、增溶、消泡及抗氧化等作用,从而被广泛应用于医药、食品、化妆品、饲料、纺织、制革及其他行业。

一、大豆磷脂的来源

大豆是世界性的粮食和油料作物,分布面广,产量高,加工量大,是人类和饲养动物不可缺少的油脂、蛋白质和磷脂资源之一。全豆中磷脂含量为 $1.2\%\sim3.2\%$,其油脚含量为 $2.7\%\sim3.2\%$,在几种常见油料种子中磷脂含量最高。目前,已开发的大豆磷脂产品有浓缩大豆磷脂末、大豆磷脂微胶囊化、高纯度大豆磷脂、大豆改性磷脂等。图 15-1 为浓缩大豆磷脂的加工工艺流程。

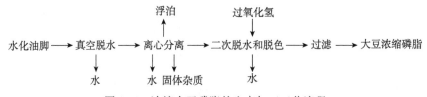

图 15-1　浓缩大豆磷脂的生产加工工艺流程

目前磷脂加工方向逐渐向高纯度、高功能性磷脂发展。随着提纯精制和化学改性工艺的不断完善,大豆磷脂应用范围越来越广。大豆磷脂以其质量好、数量多、易加工、成本低等优点引起全世界的关注。

二、大豆磷脂的理化性质

(一)物理性质

1. 颜色与气味

纯净的大豆磷脂无色无味,常温下为白色蜡状固体。但常常因为制备方法、原料种类等诸多因素使得制备的大豆磷脂产品往往呈现淡黄色至棕色。

2. 溶解性

大豆磷脂通常以钠盐形式存在,是非极性化合物,因此易溶于苯、氯仿、乙醚、石油醚等非极性的有机溶剂,难溶于丙酮和水等极性溶剂。利用该性质可以对磷脂进行分离、提纯。

3. 吸湿性

纯大豆磷脂在水中的溶解度很小,但它极易吸潮,吸潮后其体积增大,并形成磷脂水合物变为极性化合物而不溶于油,因此在磷脂的制备过程中常采用水化法脱胶将大豆磷脂从油中沉淀分离出来。

4. 乳化性

从其结构上来看,两个脂肪酸链为疏水基,磷酸及胆碱等基团为亲水基,部分溶于水,在水中可膨胀形成胶体溶液,是一种表面活性剂,具有一系列界面性质和胶体性质。天然的磷脂乳化性不强,HLB 值在 9～10,具有油包水(W/O)乳化性。在热水及偏碱性的条件下,乳化力增强。往往为了提高磷脂乳化液的稳定性,也可将磷脂与其他表面活性剂混合使用。

(二)化学性质

1. 水解反应

(1)碱性水解

大豆磷脂在碱性条件下煮沸可发生皂化水解反应生成脂肪酸钠盐、甘油磷酸酯、磷酸肌醇、有机胺和单甘油磷酸胆碱等复合产物,如果延长水解时间,则可进一步分解生成甘油、肌醇、磷酸盐等小分子水解产物。工业生产中需要通过控制反应条件对磷脂分子中的某一脂肪酸进行水解,从而改变磷脂的亲水性。

(2)酸性水解

在酸性条件下加热,可使大豆磷脂完全水解,生成游离脂肪酸、甘油、肌醇和磷酸盐等小分子产物。这些物质会导致水解产物颜色很深,得到的产品质量无法保证,因此在生产过程中要尽量控制水解程度。

(3)酶促水解

目前,已发现在动物体内至少有 4 种特殊磷脂酶可分解不同的酯键,使磷脂发生水解。如蛇卵磷脂酶,它能专一作用于磷脂的不饱和脂肪酸键,使其水解。当将大豆磷脂渗透到皮肤角质层后,可被其中的酶水解生成一些生物活性分子,从而产生护肤的特殊功效。

2. 加成反应

在酸、镍或过氧化物等催化剂存在下,大豆磷脂可与氢发生加成反应生成饱和大豆磷脂。磷脂氢化不但能提高磷脂的氧化稳定性和抗氧化性,并能改善其色泽和气味,然而磷脂的吸湿性和溶解度却有所降低。由于磷脂氢化成本较高,因此,其应用多局限于医药、化妆品行业。另外,在一定条件下,大豆磷脂还可与卤素、氢卤酸等发生加成反应生成相应的卤代大豆磷脂。

3. 氧化反应

大豆磷脂分子中存在大量不饱和脂肪酸,很容易被空气氧化,而温度的升高不仅加快了此种氧化的发生,而且使其颜色逐渐加深。因此,在使用或保存大豆磷脂时,应注意控制温度或加入适当的抗氧化剂。

4. 乙酰化反应

脑磷脂结构中的自由氨基,可与乙酸酐、乙酸乙酯等酰化剂发生反应,生成相应的乙酰化产物。乙酰化是工业上一种重要的磷脂改性方法,它提高了磷脂的溶解性、O/W 型乳化性和耐热性。

5. 其他反应

在醛或酮存在下,以硫酸或氯磺酸作硫化剂,大豆磷脂可与之反应生成硫化磷脂。磺化磷脂具有较高的 HLB 值(14～16),极易形成澄清的水溶液,具有良好的乳化性和渗透性,可用于纺织及鞣革工业。此外,大豆磷脂还可与 Cd、Pt、Hg 的氯化物及 Ca^{2+}、Mg^{2+} 等金属离子发生反应,生成相应的配合产物。大豆磷脂还可与糖、蛋白质、有机碱、酶等许多物质生成聚合物。

三、大豆磷脂行业发展现状

20 世纪 70 年代,全球大豆磷脂产品消费总量 10 万吨左右,80 年代 13.4 万吨,90 年代 15.6 万吨;20 世纪末大约 18 万吨。每年,全球大豆磷脂产品消费量的 70% 由美国、欧洲各国、日本等国联手贡献,主要应用于食品、饲料、医药化妆品、轻化工四大领域。

大豆磷脂的消费大户们同时也是大豆磷脂的主要生产者,国际上著名的生产磷脂的公司都集中在美国、欧洲各国和日本。像德国的汉堡磷脂加工厂,从 1923 年就开始生产大豆磷脂。美国更是强手林立,比如杜邦 SOLAE 公司、磷脂公司(Lecithin company)、ADM 公司、稻田公司(riceland company)。再看日本,味之素、丰年、日清、真磷脂等公司也都是历史悠久、实力不俗。

如今,得益于科研开发的持续深入,大豆磷脂产品已经形成系列化(品种多达百种以上)、精细化和专用化,产品不断升级,应用领域不断扩大。日本真磷脂公司、德国汉堡磷脂加工厂及美国 SOLAE 公司等,不断开发出酶解磷脂、酵素磷脂和磷脂脂肪乳剂、人造血浆、人造透析膜及复合营养袋等新产品。围绕高纯度磷脂展开的研发尤其活跃。以日本为例,有企业试图应用膜分离法制备高纯度磷脂产品(使用乙烷和低极性溶剂溶解磷脂,使磷脂形成胶束,然后依据磷脂分子质量的大小进行分离),只是由于膜材料的问题,此项目还在继续研究试验中;CO_2 超临界处理法也在考虑之列,但因成本高,仍处于试验阶段。

第二节 大豆磷脂的结构与保健功效

一、大豆磷脂的结构与组成成分

大豆磷脂是由卵磷脂、脑磷脂、磷脂肌醇、游离脂肪酸等成分组成的复杂混合物,其化学组成是甘油分别与脂肪酸、磷酸及取代磷酸混合形成的酯。取代磷酸基团最常见的是胆碱、胆胺、肌醇等。磷脂酸与这些基团酯化分别形成了磷脂酰胆碱(俗称卵磷脂)、磷脂酰胆胺(俗称脑磷脂)和磷脂酰肌醇(俗称肌醇磷脂)等,其中卵磷脂、脑磷脂各占含量的 30%,肌醇磷脂等其他磷脂占含量的 40%。图 15-2 显示了大豆磷脂的基本结构,R_1 和

R_2 为 C_{14}-C_{18} 长链脂肪烃,通常 R_1 为饱和脂肪酸,R_2 为不饱和脂肪酸。大豆磷脂的基本结构式及几种常见磷脂极性头部(图 15-2 和表 15-1)。

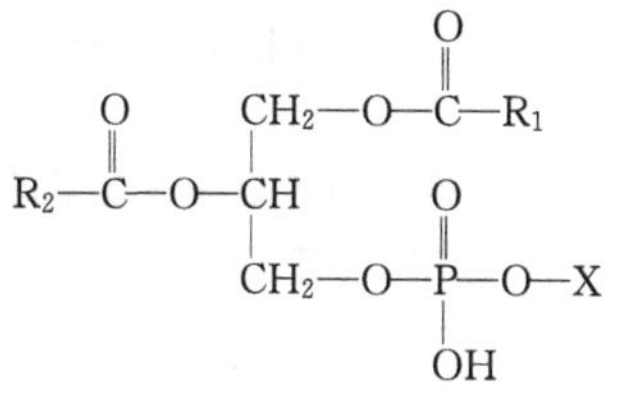

$$
\begin{array}{c}
O \\
\| \\
CH_2-O-C-R_1 \\
O \quad | \\
\| \quad | \\
R_2-C-O-CH \\
| \quad O \\
CH_2-O-P-O-X \\
| \\
OH
\end{array}
$$

图 15-2　大豆磷脂基本结构式

表 15-1　几种常见磷脂的极性头部

磷脂的种类(缩写)	X 的名称	X 的结构
磷脂酰胆碱(卵磷脂,PC)	胆碱	$-CH_2CH_2N^+(CH_3)_3$
磷脂酰乙醇胺(脑磷脂,PE)	乙醇胺	$-CH_2CH_2N^+H_3$
磷脂酰肌醇(PI)	肌醇	$-C_6H_6(OH)_5$
磷脂酰丝氨酸(PS)	丝氨酸	$-CH_2CH(N^+H_3)COO^-$
磷脂磷脂酰甘油(PG)	甘油	$-CH_2CH(OH)CH_2OH$

大豆磷脂中的卵磷脂、脑磷脂和磷脂酰丝氨酸均是既带正电荷又带负电荷的两性化合物,卵磷脂即磷脂酰胆碱,是大豆磷脂分子中既含亲水基团又含亲油性基团的一种良好的表面活性剂,具有很好的乳化、扩散、润湿等特性。

二、大豆磷脂的保健特性

大豆磷脂与唾液中的各种消化酶形成一种微囊化的物质——脂质体,该物质不仅极易被人体吸收,而且对食物中其他营养素消化吸收有着协同作用,从而使大豆磷脂的各种保健功效更加显著。大豆磷脂作为一种天然的多功能原料,具有乳化、软化、湿润、分散、渗透、增溶、消泡和抗氧化等多种作用,作为重要的营养保健品,已风靡美国、日本及欧洲各国。特别是卵磷脂被美国等发达国家列为蛋白质、维生素并列的三大营养素之一。大豆磷脂现已被联合国粮农组织及世界卫生组织(FAO/WAO)批准使用,被列为"重要的营养补助品"和"九大长寿食品之一"。国际社会将磷脂誉为"细胞和肝脏的保护神"、"脑的食物"、"血管的清道夫"、"长寿因子"。大豆磷脂不仅提供了人体大脑所需的神经递质——乙酰胆碱,而且提供了人体自身不能合成的许多必需不饱和脂肪酸。

1. 大豆磷脂可预防心脑血管疾病的发生

心脑血管疾病的主要原因是胆固醇在心脑血管沉积,导致血管壁变硬,脑及血管变窄,血管壁失去弹性而易破裂、栓塞,从而产生冠心病、高血压、心肌梗死、脑血栓、脑出血、糖尿病、肥胖症等。大豆磷脂可将附着在血管壁上的胆固醇、中性脂肪乳化成微粒,溶于血液,并随血液进入肝脏进而排出体外,从而改善血清脂质,降低血液中胆固醇及中性脂肪的含量,防止由胆固醇引起的血管内膜损伤,减少脂肪在血管内存留时间,保障营养丰富,使含氮充足的血液畅通无阻的流向大脑,故大豆磷脂是血管清道夫,可用于防治心血管疾病。

Morrison 等对 12 位血清胆固醇都在每 100L 300mg 以上的心血管病或心肌梗死患

者口服无油大豆磷脂进行了研究。在每天维持原饮食习惯不变的情况下,口服36g无油颗粒状大豆磷脂。三个月后,没有出现任何不适的副作用,血清检验结果血清胆固醇平均降低41%。Saba等人对22位高血脂患者进行了120天的试验,每天服用2次颗粒状磷脂(含23%卵磷脂),每次口服5g,120天后检查结果见表15-2。

表15-2 磷脂对患者脂蛋白含量的影响

项目	试验前含量/(mg/dL)	试验后含量/(mg/dL)	变化率/%
总类脂物	1070	872	−18.5
胆固醇	263	207	−21.3
甘油三酯	292	141	−51.7
低密度脂蛋白	639	518	−18.9
高密度脂蛋白	69	132	91

由此可见,补充大豆磷脂可使胆固醇中甘油三酯分解,降低低密度脂蛋白的含量,提高高密度脂蛋白的含量,从而达到有效调节血脂的目的。

2. 大豆磷脂可预防阿尔茨海默病的发生

磷脂是神经细胞的细胞膜和髓鞘的重要组成成分。人体缺乏磷脂会导致脑功能障碍,还会导致神经递质乙酰胆碱的不足,直接影响人的思维、记忆和全身肌肉的调控力,使人出现记忆力减退、反应迟钝等病态表现,从而导致阿尔茨海默病。英国的医生曾让患有记忆衰退的病人每日服用大豆磷脂,半年后,病人的记忆力都有明显好转。所以,专家把大豆磷脂誉为阿尔茨海默病的"克星",补充大豆磷脂,保证脑细胞的营养,可以减缓脑神经细胞的衰老速度,有效地预防和改善阿尔茨海默病。

3. 大豆磷脂可预防肝疾病的发生

肝脏是人体物质代谢的中心,人体物质代谢产物通过肝脏进行调节。当脂肪酸运动加速时,进入肝脏的脂肪酸不能迅速氧化分解或肝内酯肪合成过多,而磷脂或脂蛋白合成不能相应增加,将导致脂肪酸积聚于肝细胞内,发生脂肪肝,导致肝细胞破坏,结缔组织增生,肝功能衰竭,而引起肝硬化。大豆磷脂中的胆碱对脂肪代谢具有重要作用,因此我们可以用大豆磷脂制备保肝药物,不但可以防止脂肪肝,而且还可以促进肝细胞再生。另外,卵磷脂还可以降低血清中胆固醇含量,有助于肝功能的恢复,对于防止肝硬化有着较好的辅助疗效。卵磷脂对过量饮酒造成的慢性肝病变也有着良好的防治效果。

研究表明,肝硬化及慢性肝炎活动期病人的红细胞膜中的胆固醇/磷脂分子比明显增加,磷脂酰丝氨酸显著减少,膜流动性降低。Salviol报告称服用大豆磷脂,膜磷脂从32.16%增加到38.12%,膜流动性明显增加,因此证实了大豆磷脂有显著的防止肝内酯肪积聚的作用。

4. 大豆磷脂可预防糖尿病的发生

糖尿病是磷脂不足引起胰脏功能下降,无法分泌充分的胰岛素,从而不能有效地将血液中的葡萄糖运送到细胞中,导致糖尿病的发生。实践表明,如果每天食用20g以上的大豆磷脂,则糖尿病的恢复速度变化会很明显。很多病人可不必再注射胰岛素,特别是对糖尿病坏疽及动脉硬化等并发症患者更为有效。

5. 大豆磷脂可预防胆结石症的发生

胆结石的形成是体内过多的胆固醇发生沉淀造成的,胆结石中 90％是胆固醇。胆囊中的胆汁主要成分是磷脂,其他成分有水分、胆固醇、矿物质及色素等。胆结石患者胆汁中磷脂明显减少,磷脂/胆固醇比例失调。有研究表明,胆结石患者每日口服磷脂 10g,其胆汁中磷脂/胆固醇比值增加,胆汁磷脂含量由 3200mL/L 上升到 6200mL/L,表明口服磷脂能增加胆汁溶解胆固醇的能力,保持更多的胆固醇处于溶解状态而防止胆石的形成。关于胆结石的预防,不论经手术取石或经非手术疗法排石的病人,都存在一个预防复发的问题,每日口服一定量的大豆磷脂是预防复发的有力措施。

6. 大豆磷脂可促进神经传导,提高大脑功能

磷脂是神经系统必不可少的物质,磷脂约占人脑的 30％,磷脂的代谢与脑的功能状态紧密相关。人体有 150 亿～200 亿个脑神经细胞,神经细胞尤其是神经元之间依赖乙酰胆碱(acetylcholine,Ach)来传递信息,建立稳定的联系,形成良好的记忆和思维活动。机体消化吸收磷脂后,释放出的胆碱随着血液循环系统运输至大脑,当大脑中的 Ach 含量增加时,大脑中神经细胞之间的信息传递速度加快,注意力、思维能力得到提高,记忆力也得以加强。

毕洁琼等采用"Y"型电迷宫法测大鼠的学习记忆能力。以大鼠 9/10 次正确反应作为达标,记录达标所需电击次数,作为学习能力。训练达标 24h 后,测试记忆能力。记录 15 次电击中的正确反应次数,作为记忆能力。通过该法研究大豆磷脂对 D-半乳糖致衰大鼠学习记忆的影响,实验结果见表 15-3。

表 15-3　大豆磷脂对 D-半乳糖致衰大鼠学习记忆的影响(x±s,n=10)

组别	学习	记忆
正常对照	51.10±16.35	11.60±1.50
模型对照	66.80±11.29[a]	8.80±1.78[a2]
低剂量	50.00±19.14[b]	10.80±1.78[b]
中剂量	54.10±9.75[b]	11.40±1.36[b2]
高剂量	52.60±11.01[b]	10.50±1.50[b]

注:模型对照组与正常对照组比较 a・$P<0.05$,a2・$P<0.01$;低剂量组、中剂量组、高剂量组与模型对照组比较 b・$P<0.05$,b2・$P<0.01$

与正常对照组比较,模型对照组达标所需次数显著增加($P<0.05$),24h 后测的 15 次电击中的正确反应次数极显著减少($P<0.01$)。与模型对照组比较,灌胃大豆磷脂的各组达标所需次数显著减少($P<0.05$),24h 后测的 15 次电击中的正确次数亦显著增多($P<0.05$),其中大豆磷脂中剂量组极显著增多($P<0.01$)。同时大豆磷脂高剂量组与大豆磷脂中剂量组相比,15 次电击中的正确次数有减少的趋势,说明并不是灌胃大豆磷脂越多越好,而应控制在一定范围内。

实验结果表明,大豆磷脂能提高大鼠的学习记忆能力,但随着含量的增加,大鼠的记忆能力并不随之增加。因此,为了提高记忆能力,大豆磷脂的摄入含量要控制在一定的范围。

第三节　大豆磷脂的提取工艺与原理

大豆磷脂是大豆油生产过程中毛油水化脱胶时的副产物经进一步脱水、纯化处理得到的产物。根据加工工艺的不同，大豆磷脂可分为以下几种类型。

天然粗制磷脂也称为浓缩大豆磷脂，是大豆油的油脚经真空脱水制得，其丙酮不溶物（主要是磷脂和糖脂）含量为60%~64%，大豆油含量为36%~40%。

改性大豆磷脂由浓缩大豆磷脂经化学改性制成，可以通过酰化、氢化、羟基化及酶水解对磷脂进行化学改性，化学改性可以改善磷脂的耐热性、乳化性及在溶液体系中的分散性，经过改性的磷脂拥有亲水性强、HLB值高、稳定性好等特点，可改变原大豆磷脂遇水难溶的特点，对大豆磷脂进行改性，使大豆磷脂具有特定功能，增加其用途。改性大豆磷脂进一步精制提取可制成改性粉末大豆磷脂。

粉末大豆磷脂也称脱油磷脂粉，由浓缩大豆磷脂经丙酮脱油精制而得的纯天然高纯度磷脂混合物产品，丙酮不溶物含量较高，为95%~98%。粉末大豆磷脂经乙醇抽提纯化后分为醇溶部分和醇不溶部分。醇溶部分磷脂酰胆碱含量高，亲水性增强，是水包油型乳化剂，醇不溶部分为磷脂酰乙醇胺磷脂酰肌醇，是油包水型乳化剂。

一、粗大豆磷脂的制备

粗大豆磷脂的制取常采用水化脱胶法。水化脱胶是指大豆毛油经过滤后，在搅拌条件下，均匀加入80℃水，大豆磷脂胶粒从油中析出沉淀，分离底部沉淀物即为粗大豆磷脂。水化脱胶法分为连续式水化脱胶法和间歇式水化脱胶法。间歇式水化脱胶法分直接蒸汽法、低温水化法和高温水化法等。美国和日本的公司多采用连续式水化脱胶，而在我国和欧洲常采用间歇式水化脱胶。

间歇式水化脱胶是将大豆毛油用间歇蒸汽加热到60~65℃，而后泵入水化罐中，在转速为80r/min下搅拌，均匀加入10~15%（质量分数）的80℃热水中，待有大片絮状物生成后，降低转速搅拌20min，静置6~8h，使水化磷脂基本上沉入罐底，即可从水化罐底收集含磷脂的油脚。图15-3为间歇式脱胶流程图。

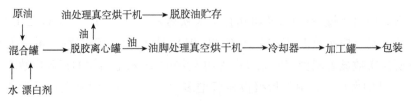

图15-3　间歇式脱胶流程图

连续式水化脱胶法，通常是直接将油加热到80~85℃，水加热到80℃，通常流量计以油水比51∶1进入混合，通过在管道内的搅拌器进行充分混合，离心分离出油脚。图15-4为连续式脱胶流程图。

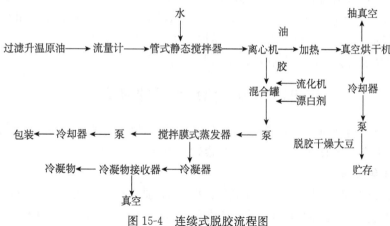

图 15-4　连续式脱胶流程图

水化脱胶时,应用的水化水必须是软化水,否则油脚中的磷脂成分(磷脂酸、脑磷脂)被水中的钙、镁离子絮凝变得失去活性。

二、浓缩大豆磷脂的制备

由于水化油脚中的水分含量较高(含有 25%～50% 的水分),很容易受到微生物的作用,在几个小时之内,即可开始发酵酸败,使制得的成品磷脂酸价升高,颜色加深,尤其在较高温度下,情况更加严重。所以,离心分离得到的粗大豆磷脂应尽快干燥。干燥过程不仅去除多余水分,还可以破坏过氧化物,降低产品的过氧化值,防止氧化变质。

工业上常用干燥器有两种:一种是油脚在间歇式干燥器内干燥,操作条件是:真空度 2.7～8.9kPa,用旋转的球状盘管提供 2h。另一种是连续式,搅拌薄膜蒸发器,蒸发器有卧式和立式,其中卧式使用较普遍。薄膜蒸发器的操作条件是 80～105℃,工作压力为 3.3～40.0kPa,物料停留时间很短,为 1～2min。磷脂油脚的干燥条件见表 15-4。

表 15-4　磷脂油脚干燥条件

过程参数	间歇式干燥器(Bollman 型)	连续搅拌式薄膜蒸发器
温度/℃	60～80	80～95
保留时间/min	180～240	1～2
绝对压力/kPa	2.7～8.0	6.7～40.0

三、粉末状大豆磷脂的制备

大豆粉末磷脂是精炼大豆毛油水化脱胶时产生磷脂,经脱水和脱油处理后所得粉末状磷脂产品。大豆粉末磷脂是一种性能优良、纯天然表面活性剂,已广泛用作食品添加剂。具有降血脂、抗脂肪肝、防衰老、儿童健脑益智等作用,已作为多种保健品组方关键成分;也是大豆磷脂深加工起始原料。

对大豆粉末磷脂研制,国外始于 20 世纪 50 年代,日本 70 年代末已有专利报道,即以大豆浓缩磷脂为原料,采用丙酮为溶剂,经精制提纯制成大豆粉末磷脂。再如当时西德专利(382.912),采用丙酮为溶剂,去除大豆浓缩磷脂中油,得到高纯度磷脂沉淀物,再加水乳化,经喷雾干燥制得大豆粉末磷脂。美国 Riceland Food Company 公司在 80 年代因开发成功流动型大豆粉末磷脂而获得食品加工奖。1998 年,美国 ADM 公司在德国法兰克福举行食品展览会上向公众展示超滤法制备粉末磷脂。

四、精制大豆磷脂的制备

精制大豆磷脂是纯度高的磷脂。近年来,随着科学技术的不断发展,磷脂的提取与精制在工艺上有许多改进与提高,这主要表现在以下几个方面。

1. $ZnCl_2$ 纯化法

利用 $ZnCl_2$ 制得高纯度大豆磷脂,首先将 $ZnCl_2$ 加入磷脂生成复合物,然后再用丙酮沉淀。例如,将 95% 乙醇与粗大豆磷脂(纯度为 45%)100g 混合,然后加入 $ZnCl_2$ 4.5g 沉淀。离心分离,收集 $ZnCl_2$ 磷脂复合物,加入丙酮 250mL,搅拌过滤后蒸去溶剂,可得到磷脂 36.7g,纯度为 99.6%。

2. 乙酸乙酯纯化法

将粗磷脂溶于乙酸乙酯中,将溶液冷却至 -10℃,然后离心分离沉淀,可以得到纯度很高的磷脂,其中卵磷脂含量为 50.8%。由于乙酸乙酯是安全溶剂,用这种纯化技术得到的产品可以用于食品、医药及化妆品。

3. 超临界 CO_2 萃取磷脂技术

将称好的原料装入萃取料筒中,放入萃取罐,将其旋紧。设定萃取器和分离器的温度。当冷冻槽温度在 0℃ 以下时,萃取开始前,需先开阀使 CO_2 从瓶中经陶瓷过滤器过滤,在冷冻槽冷冻成液体后,再经高压柱塞泵压缩,通过粉末冶金烧结微孔分布板进入萃取器,与其中物料接触,进行萃取溶解有组分的 CO_2 经减压阀至分离器,利用溶剂 CO_2 密度下降达到分离的目的。分离后的气体经转子流量计后循环使用,从分离器中取出萃取物。用超临界 CO_2 萃取技术获得的大豆磷脂,品质高,但生产成本高。

五、高纯度卵磷脂分离提纯方法

目前,我国多以浓缩大豆磷脂为原料,应用全溶剂法制取大豆卵磷脂。近年来,卵磷脂的提取方法迅速发展,新方法不断出现。提取方法有:溶剂法、超临界 CO_2 萃取技术、膜分离、色层分离技术等。下面主要介绍溶剂法、膜分离法和柱层析法。

1. 有机溶剂萃取法

磷脂的有机溶剂萃取法是根据混合磷脂中各组分在溶剂中溶解性的差异进行分离的。早期主要利用低级醇(C_1-C_4)进行分离。PC(卵磷脂)在低级醇中溶解度较大,而 PE(脑磷脂)和 PI(鞘磷脂)在低级醇中溶解度很小,利用溶解度的差异,可以得到富含 PC 或 PE 的产品。

以浓缩大豆磷脂为原料,用乙醇萃取富集卵磷脂馏分,经分离去毒、真空浓缩、丙酮脱油、吸附脱色、过滤、浓缩,即得到大豆卵磷脂。用全溶剂法以大豆油脚为原料,精制出符合药用(口服和注射)规格的大豆卵磷脂,卵磷脂含量达 78.66%。以脱油磷脂为原料,进行溶剂分提富集 PC,在较低的分提温度、较低的乙醇浓度下,有利于提高 PC 含量。利用丙酮溶解油的性质,把油脚中的油先除去,得到粗磷脂,再用低级醇(最常用的是乙醇)

把卵磷脂 PC 从几种磷脂的混合物中提取出来,得到高含量 PC 的产品。有机溶剂法提取卵磷脂分离效率高、生产能力大、生产周期短、易实现自动化。

2. 膜分离技术

膜分离法是根据磷脂中不同组分分子质量的大小及它们通过半透膜的难易程度来使卵磷脂从混合物中分离出来的。例如,用己烷-异丙酮混合溶剂溶解的粗卵磷脂溶液通过聚丙烯半透膜,可使卵磷脂浓度由 25％提高到 51％。但目前膜功能还不能完全分离分子质量相近的组分,还需要开发特定功能膜才能应用于工业化生产中。

3. 柱层析法

柱层析是以吸附剂为固定相,移动相中的溶质在通过固定相时由于它们的吸附和解吸能力的不同,从而达到分离的目的。常用的吸附剂为硅胶、氧化铝、硅藻土等。洗脱液常选用氯仿、低碳醇等几种溶剂的混合物。

曹栋等用 Al_2O_3 装柱,用单一的无毒溶剂 95％乙醇作洗脱剂制得的卵磷脂纯度和得率均大于 90％产品,为高纯度卵磷脂产品的制取提供了一定的试验基础。这一方法最大的特点是避免使用 CH_3OH 和 $CHCl_3$ 等有一定毒性的溶剂。李卫等以硅胶为吸附剂用梯度差为 1∶2 至 2∶1 的甲醇和氯仿的混合液对卵磷脂进行梯度洗脱,洗脱剂用量仅为柱体积的 5～6 倍,洗脱时间仅为 6h。柱层析虽然可以得到含量 90％左右的高纯度卵磷脂,但是处理量十分有限,而且其具有使用许多有一定毒性的有机溶剂、溶剂的蒸发消耗大量能源及产品中的溶剂残留等缺点。

六、改性大豆磷脂的制备

天然磷脂分子含有较多的不饱和脂肪酸,容易氧化,大豆磷脂的生理活性与其脂肪酸组成和极性末端组成密切相关,有些特殊结构的磷脂具有很高的药用价值,而这些磷脂在自然界含量较少,这些缺陷均影响了磷脂的应用。因此,要想拓宽大豆磷脂应用领域,除要降低生产成本外,对大豆磷脂改性非常重要。目前有关大豆磷脂改性的研究受到国内外学者的广泛关注。大豆磷脂改性方法主要包括物理法、化学法和酶法。

物理改性是利用某种溶剂和分离技术将大豆磷脂混合物中的具有特定功能的部分进行浓缩、纯化或富集的过程,在整个过程中磷脂本身的化学结构没有变化,影响不到磷脂的安全性。目前常用的物理改性方法有溶剂分提法、超临界流体萃取法、色谱柱分离法、膜分离法与复配改性等。

化学法改性是将某些化学试剂与磷脂反应,使磷脂发生化学变化,从而使磷脂的功能特性得到一定改善。目前常用的化学改性方法有氢化、乙酰化、羟基化、酰羟化、磺化等。

1. 氢化大豆磷脂的制备

大豆磷脂的化学结构中若具有不饱和的 C=C 双键,易被空气氧化,稳定性差。用催化加氢的办法使其饱和,从而得到氢化磷脂,浸润性和乳化性增加,稳定性高,适于长期存放。

氢化大豆磷脂以浓缩磷脂为原料,丙酮与浓缩磷脂按质量比 1∶3 投料,在搅拌的条件下连续萃取 3 次。经丙酮处理后的磷脂在 40℃温度下,以 1∶1 的投料量加入无水乙醇提取磷脂。经乙醇 3 次提取后,合并 3 次乙醇提取液,浓缩为原提取液的 1/3,即得到催化加氢用的大豆磷脂的主要原料。加氢时,先将已准确称重的氯化钯催化剂注入常压夹套加氢反应瓶中,并用超级恒温水浴控制温度。抽真空 3 次,用氮气置换 3 次,然后充入氢气,用注射器注入无水乙醇溶剂,转动三通活塞,使反应瓶与恒压气体量管接通,催化剂在溶液和氢气中搅拌 0.5h 后,注入处理后的大豆磷脂原料,即可与氢气发生氢化加成反应。

氢化大豆磷脂也可用适当的脂酶对磷脂部分水解而成。当达到所需的水解程度后,加热钝化残余的酶即可。产品颜色从淡黄色至棕色,取决于原料来源及品种,以及是否经过漂白。稠度状态是塑性体还是流体,取决于游离脂肪酸和油的含量,并与是否加有稀释剂有关。

2. 酰化大豆磷脂的制备

很多酸酐能与磷脂发生酰化反应,酰化时一般多选用乙酸酐,因为其他酸酐与磷脂的酰化速度慢,反应时间长,酰化时生成的相应酸不易除去,并且产品也无特殊优越性。乙酰化的主要工艺为在大豆磷脂中添加其总量 2.0%～3.0% 的乙酸酐,50～75℃ 水浴,剧烈搅拌 30min,再加入 1%～2% 的 30% 过氧化氢水溶液,再经真空脱水脱臭,便可得到乙酰化大豆磷脂。乙酰化大豆磷脂的亲水性较普通大豆磷脂明显得到提高。

3. 羟化大豆磷脂的制备

大豆磷脂在水中分散性不是很好,影响了其在某些领域的应用,工业上常用羟基化技术来提高大豆磷脂的分散性:在精制磷脂中加入 2% 的乳酸,然后滴加 30% 的过氧化氢,过氧化氢的量是磷脂总重的 5%～15%,在 50～70℃ 时搅拌反应 1h,真空脱水便可制得具有高度分散性的羟基化大豆磷脂。

4. 羟酰化磷脂的制备

大豆磷脂的羟酰化与乙酰化类似,只是中间多了一步。首先加入为磷脂 2%～4% 的乙酸酐,然后在 50～70℃ 下搅拌,反应 30min,再滴加 3%～6% 的 30% 的过氧化氢水溶液,50～70℃ 下反应 1h,然后脱水脱臭便可。

5. 羟氯化磷脂的制备

羟氯化的工艺路线为:50℃ 下,将占磷脂重量 22.5% 的次氯酸钠加入到纯净磷脂的乙烷溶液中,并用乙酸调节 pH 至 4.5,然后搅拌反应 30min,分离取其清液,将清液回收乙烷,即可得到羟氯化改性大豆磷脂。据测定,用该产品 0.3% 量加入全脂奶粉中测定它的润湿性和分散性,结果是 20s 内其润湿分散度高达 92%,从而提高了大豆磷脂的性能。

6. 磺化磷脂的制备

磷脂磺化是向磷脂中引入磺酸基,制备成一种阴离子表面活性剂。一般用普通的磺化试剂(如硫酸、氯磺酸)很难将磷脂磺化,因为硫酸和氯磺酸都是强脱水剂,容易使磷脂脱水炭化。然而,在醛、酮、苯酚等存在下,磷脂很容易与二氧化硫作用,发生磺化反应,生成磷脂的磺化衍生物,同时,醛、酮、酚则变成磷脂分子的一部分。磺化磷脂具有较高的 HLB 值(14～16),极易形成澄清的水溶液,具有良好的乳化性和渗透性,可用于纺织及鞣革工业。

酶法改性是指在特定的磷脂酶或脂肪酶作用下,磷脂分子会发生部分水解或酯交换反应,致使磷脂的组成或结构发生变化,从而使天然磷脂的理化性质和功能性质改变。用于磷脂改性研究的酶,主要包括专一性的磷脂酶 A_1、A_2、C、D 和脂肪酶。

第四节　大豆磷脂在食品中的应用

大豆磷脂分子既含有亲水性基团,又含有亲油性基团,是一种良好的表面活性剂,具有很好的乳化、扩散、润湿等特性,广泛应用于食品、医药、轻化工、饲料等行业。在食品业中,主要用于生产焙烤食品,增大面团体积,使面团质地具有均一性和起酥性,能延长食品的货架期;可用于糖果、巧克力、速溶食品、人造奶油和冷饮食品,能起到乳化、润滑和分散作用;用于面粉中可缩短揉面时间,增加韧性,防止淀粉老化。

一、大豆磷脂在焙烤食品中的应用

在焙烤食品中加大豆磷脂,主要是因为大豆磷脂具有表面活性作用,防止老化、起酥、降低糊化温度等作用。在焙烤食品中,与蛋白质结合能力是调制质量较好面团的基础,阴离子表面活性剂和磷脂酰肌醇与蛋白质结合,在面团中获得理想的延展性,并促进发酵作用,使焙烤食品松软可口。大豆磷脂与淀粉结合能力是保鲜剂发挥作用基础,在糕点中加入大豆磷脂可使糕点非常松软。

1. 面包

大豆磷脂添加在面包中,能与淀粉结成亲水基团,防止老化发硬。在欧洲、大洋洲等国家和地区,普遍把大豆磷脂加入面包中。在面包制作过程中,每100g小麦粉中添加0.1~1.0g大豆磷脂,可使面团内的水分均匀分散,并与小麦蛋白质形成蛋白质复合体。这是由于磷脂加入后,奶油流动性增加了很多,增加了面包的延展性、弹性和膨胀性,水分不易散失,保持面包的柔软性,软化了面包表皮,保持了面包霜、色泽和光泽,给面包加工带来了很大的方便。因为大豆磷脂具有吸湿性和抗氧化性,面包心的气孔均匀细小而膨胀,使面包更加松软,起到延缓面包硬化的作用。大豆磷脂极性结构产生了一种水合作用,和脂交换并与水结合,通过搅拌作用,转换成球状泡囊的双层结构从而促进淀粉之间的相互作用,保持面包新鲜。

2. 糕点

大豆磷脂添加到蛋糕里,具有防老化作用,能与淀粉结合成亲水基团,防止老化使蛋糕发硬;具有脱模作用,易于在焙烤中与加热器分离,防止焦煳炭化。在食用油中加入0.01%~2%的磷脂可增加其抗氧化性,增加动物油脂的润滑性和起酥性,还可防止维生素A氧化,并有效保存维生素E。起酥油对于糕点的体积和组织结构具有改善作用。大豆磷脂进行水合作用和机械搅拌时,卵磷脂可形成一种能在舌头上滚动的球形泡囊,产生一种类似于脂肪的口感,可减少产品中脂肪含量。

二、大豆磷脂在乳制品和巧克力中的应用

1. 乳粉

在乳粉中加入大豆磷脂,可起到加速溶解的作用,通常采用极性高、HLB值较大、亲水性较好的卵磷脂,消除脂肪和水之间的互相排斥性,降低润湿和分散度快的粉末在液体中的水合作用,有助于蛋白质成分的分散和稳定,同时还可以降低由于速溶性差对最终产品在口味和香味方面的影响。

2. 人造奶油

大豆磷脂添加在人造奶油中,具有稳定剂作用,防止油水分离。在西欧,大豆磷脂多用于人造奶油制造业中。因为西欧人所食用的油脂大部分是可可油、氢化鲸油和氢化棕榈油。在这些油脂中,添加大豆磷脂作为乳化剂,可使脂肪混合均匀,更像奶油,又由于大豆磷脂具有抗氧化性,防止人造奶油酸败,延长货架期,且烹调食品时添加大豆磷脂的人造奶油在热锅中不起沫,菜上的奶油不粘菜盘。大豆磷脂一般在人造奶油中添加0.1%~0.5%,添加大豆磷脂的人造奶油可防止析水现象,在煎炸时可减少喷溅,也有助于消化吸收。

3. 冰激凌

大豆磷脂是理想的乳化剂,可以改善冰激凌的口感,减少高熔点油脂的结晶,防止油脂上浮,和冰激凌浆料中的增稠剂相辅相成,防止冰激凌"起砂",增加冰激凌细腻、润滑、绵软、爽口的口感。

4. 奶油糖果

奶油糖果制造中,大豆磷脂起着非常重要的作用,通常奶油和糖混合均匀特别困难,即使混合均匀,冷却后奶油和糖又分离开。若添加0.3%~0.5%的大豆磷脂作为乳化剂,有助于糖、脂肪和水混合均匀,冷却后奶油和水不会分离。有助于防止起纹、粒化和走油现象发生,并且能有效控制其结晶速率和透明度,使糖果表面平滑不黏,阻止糖果在储存期间吸收水分而发生相互粘连现象。中国哈尔滨制作的各种磷脂糖果,营养丰富,易消化吸收,对儿童有着促进智力发育之功效。添加大豆磷脂的糖果组织细腻柔软,色泽淡乳黄色,外观十分淡雅,有持久香味。

5. 巧克力

一般加入0.3%~0.5%的大豆磷脂就可以改善巧克力的品质。在巧克力生产中,可可脂既不溶于水也不溶于糖的特性,使其很难分布在糖上,加入磷脂就解决了这一问题。在巧克力作为产品的涂层时,需要均匀,应用大豆卵磷脂能明显地降低巧克力浆料的黏度,增加表面涂层浆的流动性。卵磷脂用于巧克力中可以提高巧克力的柔脆性降低黏性并阻止表面起霜。大豆磷脂还可替代部分价格高昂的可可脂及辅料,降低成本;也可以改善巧克力的耐水性,使之爽口不粘牙。

三、大豆磷脂在面制品中的应用

在欧洲营养面制造业中,大豆磷脂已是一种必不可少的添加剂。大豆磷脂可抑制淀粉重结晶的性质,改善食品的质地和感官状态。溶血卵磷脂可与直链淀粉形成复合物,有效阻止因吸水及大豆水合作用和脂交换与水结合形成的球状泡囊的双层结构,从而防止其老化。大豆磷脂具有强烈的吸水性和抗氧化性,因此可保持面条的柔软,使面条不干裂,不抽缩变形。同时,将大豆磷脂添加到油炸类食品中可防止维生素A氧化,有效保存维生素E,增强营养品质。

四、大豆磷脂在保健食品中的应用

20世纪70年代以来,在美国、日本等发达国家相当流行大豆磷脂保健食品。首先发展磷脂保健食品的国家是美国,然后传入日本和其他国家。如前所述,大豆磷脂对动脉硬化、高血压、心脏病、糖尿病、癌症及由血中胆固醇和甘油三酯过高引起的心肌梗死、脑栓塞、脑出血、缺血性心脏病等起着治疗作用。世界卫生组织推荐,每日食用22～83g大豆磷脂,连续食用2～4个月,可降低血中胆固醇,而无副作用。在中国,北京大学医学部马文昭教授及其教研组,从20世纪30年代起就已研究磷脂与机体组织的关系,研究表明:大豆磷脂对防治各种慢性病有着相当的疗效。

随着新技术的不断引入,功能各异、形态不一的大豆磷脂产品不断问世。目前市场上出现的大豆磷脂保健品就有液态磷脂、粒状磷脂、胶囊磷脂、磷脂口服液和卵磷脂片等多种剂型。运用现代工艺手段把大豆磷脂制作成功能性食品进行销售是当下非常流行的做法。例如,在我国有人研究出了一种口服液,它是以精制大豆卵磷脂、刺五加为原料,辅以其他成分研制的大豆卵磷脂口服液,有较高的营养价值和药用价值,该产品为深褐色半透明液体,细菌总数<100个细胞/mL,大肠杆菌总数<3个细胞/mL,它不仅具有保健的功效还有药疗的双重作用,特别适于老年人长期饮用。

总之,大豆磷脂具有多种特性和功能,因此在食品领域有着不可估量的发展前景。我国盛产大豆,具有丰富的原料资源。在以往研究的基础上,还应继续在大豆磷脂的特性与应用、制备工艺的改进、改性产品的研制等方面深入开展研究,进一步开发大豆磷脂在有关行业中的新用途,尤其是食品领域,使之更好地服务大众,为国民创造更好的收益。

第十六章　大豆膳食纤维及其在食品中的应用

第一节　大豆膳食纤维概述

膳食纤维是经人体消化酶水解后的植物细胞残留物。过去,在很长一段时间里膳食纤维很少受到重视,被认为是食物中的垃圾。直到 20 世纪 70 年代初,英国医生贝尔克特等人在非洲进行流行病学调查时,发现西方发达国家发病较多的某些慢性疾病如糖尿病、心血管疾病、结肠癌等,在非洲农村地区却极为少见,研究认为这是由于西方国家饮食过精而缺少膳食纤维的缘故,并将这些疾病称为"文明病"。自此以后,膳食纤维开始受到各国学者的重视。1991 年,世界卫生组织(WHO)专家组在日内瓦会议上将膳食纤维推荐入"人群膳食纤维营养目标",列入继蛋白质、脂肪、糖类、维生素、矿物质和水之后的"第七大营养素"。在 20 世纪 80 年代后,世界掀起了一股膳食纤维热。

膳食纤维是存在于植物细胞壁的某些高分子化合物的总称,包括纤维素、半纤维素、木质素及各种多糖化合物。目前,国内外已开发出的膳食纤维有六大类:一是谷物类,二是豆类,三是豆类种皮,四是果蔬类,五是微生物类,六是合成类纤维。其中普遍应用的是大豆膳食纤维。目前,引进国外先进技术和设备进行规模化生产大豆膳食纤维的有黑龙江哈高科大豆食品有限责任公司、吉林正大集团、河南双汇集团等,产品也已进入国内市场,在食品行业中使用,效果比较理想,并与外商洽谈和联系有关膳食纤维的出口业务,销售前景看好。

一、大豆膳食纤维的定义

大豆膳食纤维主要是指大豆中那些不能被人体消化酶所消化的高分子糖类的总称,主要包括纤维素、果胶质、木聚糖、甘露聚糖等。

二、大豆膳食纤维的来源

大豆膳食纤维主要存在于豆皮中,而生产中得到富含膳食纤维的副产物有豆皮和豆渣两种,通常把由豆皮生产的产品叫豆皮纤维,把由豆渣生产的产品叫大豆纤维粉。

1. 大豆皮

大豆中大约含有 8% 的大豆种皮,其中纤维的干基含量约占 77.1%,是一种丰富的膳食纤维资源。大豆皮不仅可以直接应用于饲料中,而且可以提取有效成分,如果胶、膳食纤维等,应用于食品工业中。大豆皮中的纤维还可以发酵生产燃料乙醇,发酵残渣还可以作为蛋白质饲料应用于猪、鸡等单胃动物饲料中。

2. 豆渣

豆渣是大豆脱皮后,经过钝化、加水粗磨、细磨,使大豆部分蛋白质和淀粉溶于水中而剩余的固形物。豆渣中膳食纤维的干基含量为 50%～57%。长期以来,豆渣主要用做牲畜的饲料,附加值低,造成主产品成本高,经济效益低,困扰着加工企业。然而豆渣是难得的膳食纤维源,纤维含量高、纤维质感好、口感佳,可以加工成高纯度、高质量、高附加值、应用广泛的低热量的膳食纤维。

三、大豆膳食纤维的物化性质

膳食纤维的化学结构决定着其物化性质,而物化性质又与一系列生理学效应相关。现在普遍认为大豆膳食纤维具有以下几种物化特性。

1. 良好的持水性和膨胀力

实验表明,1g 的大豆纤维粉在 20℃水中可以结合 700％的水而自由膨胀,而且这种膨胀能保持 24h 不变。首先在胃和小肠段,大豆膳食纤维中有极性基团的部分吸水膨胀,延长食物在胃中滞留时间,因而使人产生饱感。进入大肠后,由于其持水作用,粪便含水量增加,并加快肠的蠕动,从而缩短排便时间,预防便秘。同时其吸水作用还可稀释肠道内致癌物质和其他有害物的浓度,缩短它们的停留时间,减少它们对肠壁黏膜的接触,有利于预防肠癌的发生。

2. 离子结合与交换能力

大豆膳食纤维的酸性多糖类具有较强的阳离子交换功能,在与 Ca^{2+}、Zn^{2+}、Cu^{2+} 等离子交换时改变阳离子的瞬间浓度,起稀释作用,故对消化道的 pH、渗透压及氧化电位产生影响,形成一个理想缓冲环境,而且它能与肠道中的 Na^+、K^+ 进行交换,从而降低血液中的 Na^+/K^+ 比值,直接产生降血压的作用。

3. 有机物化合物吸附及螯合作用

20 世纪 60 年代开始的许多试验表明,由于纤维表面带有很多的活性基团,可以螯合吸附胆固醇和胆汁酸之类的有机分子,从而抑制了人体对它们的吸收,这是膳食纤维能够影响体内胆固醇类物质代谢的重要原因。同时,纤维还能吸附肠道内的有毒物(内源性有毒物)、化学药品和有毒医药品等外源性有毒物,并促进它们排出体外。

4. 良好的乳化性、悬浮性及增稠性

大豆膳食纤维中含有瓜儿豆胶、古柯豆胶和洋槐豆胶等,它们属于可溶性纤维,具有良好的乳化性、悬浮性及增稠性,大豆膳食纤维能形成高黏度的溶液,将其添加到食品中还能提高食品的保水性与保形性,提高冷冻-融化稳定性等。

5. 选择性的被微生物分解

膳食纤维在哺乳动物小肠中不能被内源酶所分解,但在大肠中可被有益菌部分发酵或全部发酵,产生大量短链脂肪酸,如乙酸、乳酸等,可调节肠道 pH,改善有益菌的繁殖环境,使双歧杆菌、乳酸菌等有益菌增殖。

6. 具有填充剂的容积作用

大豆膳食纤维缚水后的体积更大,对肠道产生容积作用,易引起饱腹感。同时,由于有膳食纤维存在影响了机体对其他可利用糖类的消化吸收,使人不易产生饥饿感。

第二节 大豆膳食纤维的结构与保健功效

一、大豆膳食纤维的组成与结构

大豆膳食纤维与其他来源的膳食纤维如麸皮纤维、米糠纤维等的基本组成成分相

似,但各成分的相对含量、分子的糖苷键、聚合度和支链结构相差甚远,这些因素决定了它们的物化性质,从而影响其营养功能。

大豆膳食纤维是大豆中的不溶性碳水化合物,主要成分是非淀粉多糖类,包括纤维素、混合键的 β-葡萄糖、半纤维素、果胶及树胶,分为可溶性纤维和不溶性纤维两大类。可溶性大豆膳食纤维的多糖分散于水中,包括果胶、树胶、黏液和部分纤维素;不可溶性大豆膳食纤维的多糖在水中难以分散,包括纤维素、半纤维素和木质素,其中约 70% 的成分是由葡萄糖单体缩聚而成的直链高分子,而且都是以 β-1,4 葡萄糖苷键的形成连接起来的多糖类。

1. 纤维素

纤维素是由 β-吡喃葡萄糖基通过 β(1→4)糖苷键连接起来的聚合物,由于葡聚糖链内与链间强烈的氢键作用力,纤维素分子在植物细胞壁中呈结晶状的微纤维束(microfibril)结构单元。该结构并不是连续的,不同结晶间微纤维排列的规律差形成非结晶结构,非结晶结构内氢键结合力较弱,容易被溶剂破坏。

2. 半纤维素

组成大豆膳食纤维的半纤维素有阿拉伯木聚糖、木糖葡聚糖、半乳糖甘露聚糖和 β(1→3,1→4)-葡聚糖等。其中含量最多的是阿拉伯木聚糖,而木糖葡聚糖是最重要的不溶性半纤维素,它是由 β-吡喃葡萄糖通过(1→4)糖苷键连接起来的,在 C_6 分支点上连有取代基吡喃木糖、木糖、阿拉伯糖或甘露糖组成的低聚糖链。半乳糖甘露聚糖则是组成大豆膳食纤维最重要的水溶性半纤维素,是由 β-吡喃甘露糖通过 β(1→4)糖苷键连接而成,主链上的甘露糖残基在 C_6 位置与取代基吡喃半乳糖基相连接。

3. 果胶和果胶类物质

果胶是以(1→4)糖苷键连接的聚半乳糖醛酸为骨架链,主链中连有(1→2)鼠李糖残基,部分半乳糖醛酸残基经常被甲基酯化,在鼠李糖残基的 C_4 位置携带有取代基阿拉伯低聚糖、半乳低聚糖或阿拉半乳低聚糖。

果胶类物质主要有阿拉伯聚糖、半乳糖或阿拉伯半乳糖。阿拉伯聚糖是由吡喃阿拉伯糖通过(1→5)糖苷键连接成主链;半乳聚糖是由 β-吡喃半乳糖通过(1→4)键连接成的线性结构。若在 C_3 位置上连有取代基阿拉伯糖或阿拉伯低聚糖,成为阿拉伯半乳糖。果胶和果胶类物质均能溶于水,在大豆纤维中的含量是比较多的。果胶能形成凝胶,对维持大豆膳食纤维的结构有重要作用。

4. 木质素

木质素是一种名为苯丙烷聚合物的非碳水化合物,是加强木材纤维及有维管植物的纤维支架,由松伯醇、芥子醇和对羟基肉桂醇三种单体组成的大分子化合物。

二、大豆膳食纤维的生理保健功能

大豆膳食纤维是一种纯天然的膳食纤维,具有预防肥胖、肠癌、乳腺癌、高血脂、高血压、冠心病、动脉粥样硬化和糖尿病等作用,是一种理想的功能性食品。

1. 预防肥胖症

大豆膳食纤维的相对密度比较小,吸水后体积大,对肠道产生容积作用,容易引起饱腹感,并且大豆膳食纤维的存在影响机体对食物中其他可利用成分如碳水化合物的消化吸收,使人体不容易产生饥饿感,因此有预防肥胖症的作用。

2. 预防结肠癌的发生

大豆膳食纤维可以通过改善大肠的功能,抑制腐生菌的生长,减少次生胆汁酸的生成等。同时大豆膳食纤维能促进肠蠕动,使粪便变软并增加粪便体积,缩短排空时间,降低结肠压力,同时使肠道内致癌物及一些有毒物质随粪便排出,减少致癌物与结肠的接触机会,从而起到预防、治疗结肠癌、便秘及痔疮的功效。

Munoz 等报道,当每人每天摄入含 26g 大豆皮的食物,平均每天粪便明显地从 68g 增加至 128g。他们还报道,每天平均大便次数明显地从 4.3 次增加到 5.5 次。由此可见,大豆膳食纤维能增加大便的持水量,增加肠道的蠕动,可有效地预防便秘及结肠癌的发生。

3. 预防心血管疾病

长期的实验研究与大量的临床资料表明,高胆固醇是心血管疾病的诱发因子。血中胆固醇来源于食物的外源性摄取和体内内源合成,其主要分解代谢途径是转化为胆酸。胆固醇和胆酸是由粪便排出体外的,它们的排出与膳食纤维有着极为密切的关系。大豆中的膳食纤维具有明显降低血胆固醇浓度的作用。其作用机制可能有以下几种。

(1)增强胆固醇代谢

大豆膳食纤维可以吸附胆酸并能降低胆固醇和甘油三酯的溶解性,胆固醇主要的代谢途径是通过粪便,而胆酸是其代谢产物,为了补充被膳食纤维吸附而排出体外的那部分胆酸,就需有更多胆固醇进行代谢,体内胆固醇含量因此得以下降,从而达到预防与治疗动脉粥样硬化和冠心病。

(2)降低胆固醇吸收

大豆纤维还可以直接干扰胆固醇在肠道内的吸收。膳食胆固醇的吸收率与血浆胆固醇水平呈现正相关,膳食纤维的摄入可使胆固醇的吸收率下降,而随粪便的排出量却增加,从而也导致血清胆固醇水平的下降。据报道,大豆膳食纤维能显著降低兔子的血清及肝脏中胆固醇的水平,并能使高脂血症患者的血清胆固醇水平有一定程度的降低。Thomas 的实验表明,在摄入 12% 的大豆膳食纤维后,人的粪便中胆汁酸的排泄量增加了 21%,其中主要是脱氧胆汁酸增加了 32%。

(3)促进体内血脂和脂蛋白代谢

大豆膳食纤维在使血浆胆固醇水平降低的同时,还促进体内血脂和脂蛋白代谢的正常进行。在脂肪代谢的过程中,它能抑制或延缓胆固醇与甘油三酯在淋巴中的吸收,这是由于纤维不仅能缩短脂肪通过肠道的时间,还与它能吸附胆汁酸、降低胆固醇和甘油三酯消化产物的分子团的溶解性有关,它会阻止分子团向小肠吸收细胞表面转移,促进小肠细胞的物理功能和消化酶分泌功能发生变化。因而对预防和改善冠状动脉因硬化造成的心脏病、饮食性高脂质血症具有重要作用。

李荣和等对大豆膳食纤维防治"现代生活方式疾病"进行动物实验验证。以雄性大鼠为试验对象,研究大豆膳食纤维对大鼠血脂的影响。实验结果见表 16-1。

表 16-1　大豆膳食纤维不同灌胃量对雄性大鼠血脂的影响

组别	给药量/(mg/mL)	药物浓度/(mg/mL)	血脂含量平均值/(mg/100mL)	P 值
高	500	1.86	0.087 4	$P<0.01$
中	400	1.36	0.108 5	$P<0.01$

续表

组别	给药量/(mg/mL)	药物浓度/(mg/mL)	血脂含量平均值/(mg/100mL)	P 值
低	300	1.07	0.097 6	$P<0.01$
对照	0	0	0.132 5	—

由表 16-1 可知,试验组大鼠的血脂含量较对照组大鼠的血脂含量明显降低,而且差异极显著($P<0.01$),可见大豆膳食纤维具有降血脂、防治"心脑血管疾病"的功效。

(4)预防糖尿病作用

高纤维膳食对治疗胰岛依赖型糖尿病患者是有效的。大豆膳食纤维在肠内可形成网状结构,增加肠液的黏度,使食物与消化液不能充分接触,阻碍葡萄糖的扩散,使葡萄糖吸收减慢,从而降低血糖含量。还可以改善末梢组织对胰岛素的感受性,降低对胰岛素的需求,从而达到调节糖尿病患者的水平。因此,大豆膳食纤维可降低餐后血糖生成和血浆胰岛素升高的反应,改善葡萄糖耐量和减少血糖药物的用量,起到防治糖尿病的作用。

李荣和等人还研究了大豆膳食纤维对大鼠血糖的影响。其实验结果见表 16-2。

表 16-2 大豆膳食纤维对血糖的影响

组别	给药量/(mg/mL)	药物浓度/(mg/mL)	血液中葡萄糖含量平均值/μg	P 值
高	500	1.86	1003.5	$P<0.05$
中	400	1.36	981.83	$P<0.05$
低	300	1.07	876	$P<0.05$
对照	0	0	1418.5	—

由表 16-2 可知,试验组大鼠的血糖含量较对照组大鼠的血糖含量均有降低,而且差异显著($P<0.05$),其中每日灌服 300mg/(kg·天)组,效果最为明显,可见大豆膳食纤维具有降血糖、防治糖尿病的功效。

(5)具有排毒养颜

进入大肠内的纤维能被肠内的细菌部分选择性地分解与发酵,从而改变肠内菌群的构成与代谢,诱导大量有益菌的繁殖,增强机体的免疫力而延缓衰老,且能有效吸附体内毒物而被迅速排出体外,从而达到排毒养颜的功效。另外,大豆纤维不会影响矿物质的吸收,用同样剂量的大豆纤维和麦麸添加到饮食中,麦麸降低了锌、铜元素的吸收,而大豆纤维则不会,其他研究也表明大豆纤维不会对人体矿物质的吸收和分泌产生作用。

(6)增强人体的免疫功能

许多可溶性膳食纤维——多糖可显著提高机体巨噬细胞率和巨噬细胞吞食指数,并可刺激抗体的产生,从而增强人体免疫功能。膳食纤维还能减少体内某些激素,而具有防治乳腺癌、子宫癌和前列腺癌的作用。

(7)其他生理功能

除了上述所列的功能外,在有些文献中还提到膳食纤维的缺乏还与阑尾炎、静脉血管曲张、肾结石和膀胱结石、十二指肠溃疡、痔疮和溃疡性结肠炎等疾病的发病率与发病程度有很大的关系,摄入高纤维膳食可保护机体免受这些疾病的侵害。另外,膳食纤维能减少体内某些激素而具有防治乳腺癌、子宫癌和前列腺癌的作用。有调查发现,那些大量摄入富含有纤维食品的妇女同几乎不吃这些食品的妇女相比,似乎很少有患乳腺癌的可能。目前,对此的解释是,纤维可能会减少血液中能诱导乳腺癌的雌性激素的比率。

第三节　大豆纤维的提取工艺及基本原理

大豆膳食纤维分为可溶性膳食纤维(soluble dietary fiber,SDF)和不可溶性膳食纤维(insoluble dietary fiber,IDF)。膳食纤维的工业生产分为总膳食纤维、SDF 和 IDF 的生产。膳食纤维提取方法有生物法(酶法或发酵)、物理法、化学法,或综合处理法,这些方法各有优劣。目前膳食纤维制备大多采用化学方法和简单的水洗的方法,这些方法使所得纤维的主要生理活性物质损失很大,因为强烈的溶剂(酸、碱等)处理导致了几乎100%的水溶性纤维、50%~60%的半纤维素和10%~30%的纤维素被溶解损失掉,而膳食纤维中起重要生理功能的却是可溶性纤维和纤维素。因此,如何保持和提高膳食纤维中可溶性膳食纤维的含量具有特别重要的意义。本节将对大豆膳食纤维的几种提取进行阐述。

一、总膳食纤维的生产方法

(一)豆渣膳食纤维的生产

1. 生产工艺流程

豆渣→调酸→热水浸泡→中和→脱水干燥→挤压→干燥→冷却→粉碎→包装。

2. 操作要点

(1)脱腥

采用湿热处理法进行脱腥,包括对豆渣进行调酸、热处理、中和。

1)调酸:将豆渣用水浸泡,用 1mol/L 盐酸溶液调节 pH 为 3~5。因为在酸性条件下加热处理有利于除去豆渣的异味,且加酸还可以浸出部分色素物质,改善产品的色泽。

2)热处理:加热使浸泡的豆渣温度达到 80~100℃,进行湿热处理 2h 左右,使脂肪氧化酶失活,减轻豆腥味,并使抗营养因子钝化。

3)中和:以 1mol/L 的 NaOH 溶液调混合液的 pH 至中性。

(2)挤压蒸煮

挤压蒸煮是生产高品质多功能大豆纤维粉的重要工序,挤压蒸煮处理具有以下作用。

1)提高可溶性膳食纤维的含量:豆渣粉挤压蒸煮时,在各种强作用力下,部分半纤维素(如阿拉伯木聚糖)及不溶性的果胶类物质会发生熔融现象或断裂部分连接键,转变成水溶性聚合物,使可溶性纤维含量增加到 10%~16%,不仅达到了平衡膳食纤维的要求,更重要的是水不溶性膳食纤维促进肠道产生蠕动,而水溶性膳食纤维则更多地对人体的生理代谢发挥作用。因此,水溶性膳食纤维含量的增加有益于增加产品的功能特性。

2)改善大豆纤维的物化特性:挤压蒸煮处理使大豆纤维中各种聚合物成分的聚合

度、相对分子质量、单糖组成及其在纤维总量中的相对含量发生变化。水溶性膳食纤维含量的提高,可改善大豆纤维粉的一些物化性能(如持水力、离子交换能力及凝胶特性等)。由于水溶性聚合物成分都是凝胶多糖,可形成一定黏弹性的三维网络结构,起到类似面筋网络结构的作用,因此对面筋的流变学特性起到改良作用,成为面粉品质的改良剂,提高了它在食品中的使用价值。

3)降低植酸对微量矿物元素吸收的负效应:挤压能够降低植酸与金属离子的螯合作用,改善豆渣粉对机体微量元素吸收的影响,并提高膳食纤维与阳离子的交换能力,改善产品的功能性。

4)改善产品品质:挤压蒸煮过程中,通过热的作用,可进一步消除豆渣中的抗营养因子,杀灭脂肪酶,使豆渣中的蛋白质适度变性,从而改善产品的风味和储存性能,并且利于机体的消化吸收。

(二)豆皮纤维粉

1. 工艺流程

大豆皮→风选→粉碎→调浆→软化→过→漂白→离心→干燥→粉碎→豆皮纤维。

2. 操作要点

(1)除杂

在豆皮原料中可能混杂有完整的豆粒、豆胚芽碎片或粉状颗粒,可通过风选器将这些杂质与豆皮分离,得到颜色较浅、组织蓬松、较为纯净的豆皮。

(2)粉碎

为了增加豆皮的有效表面积,从而更好地除去不需要的可溶性物质(如蛋白质等),采用粉碎机将豆皮粉碎,使之通过 30～60 目筛。

(3)调浆、软化

加入 20℃左右的水,使豆浆浓度保持在 2%～10%,进行搅打,使其成为水浆,并保持一定的时间(6～8min),使豆皮充分软化,并溶解蛋白质和某些糖类。时间不宜过长,以免果胶类物质和部分水溶性半纤维素溶解损失,浆液的 pH 应保持在中性或偏酸性,产品的色泽浅、柔和,pH 过高时,易使之褐变,色泽加深。

(4)过滤

将软化后的浆液通过筛板(325 目)的振动器进行过滤。

(5)漂白

使过滤后的滤饼重新分散于 25℃、pH 为 6.5 的水中,固形物浓度保持在 10%以内,通入 100mg/kg 的过氧化氢进行漂白,25min 后经离心机或再次过滤得到白色的湿滤饼。

(6)干燥、粉碎

将湿滤饼干燥至含水分 8%左右,用高速粉碎机使粉料全部通过 100 目筛,即得天然豆皮膳食纤维。采用此工艺得到的豆皮纤维的最终得率可以达到 70%～75%。

(三)酶法提取大豆膳食纤维

1. 工艺流程

豆渣→漂白、软化→蛋白酶水解→漂洗→脂肪酶水解→漂洗→过滤脱水→干燥→磨细→过筛→漂白→漂洗→过滤脱水→干燥→粉碎→改性→成品。

2. 操作要点

（1）漂洗、软化

将标准称量的豆渣用清水漂洗并使之软化。

（2）蛋白酶水解

在豆渣中加入固液比 1∶10 的蛋白酶，温度控制在 50℃、用缓冲剂调节 pH8.0 保持不变，反应 8～10h。

（3）脂肪酶水解

在豆渣中加入固液比 1∶10 的脂肪酶，温度控制在 40℃、用缓冲剂调节 pH7.5 保持不变、反应 6～8h。

（4）漂洗

均用清水将处理后豆渣纤维冲洗至中性。

（5）过滤脱水

用板框过滤机将漂洗的纤维进行脱水处理。

（6）干燥

将脱水后的豆渣纤维均匀置于烘盘上，放入鼓风干燥箱中以 110℃烘 4～5h，以干透为止。

（7）漂白

准确称取细磨至 40 目的豆渣纤维，并按固液比 1∶8 加入浓度为 4% 的 H_2O_2，水浴加热至 60℃，恒温脱色 1h。

（8）粉碎、改性、强化

利用目前较为流行的增加膳食纤维中水溶性部分含量的方法——酶法和机械剪切法之一的机械剪切法，进行超微粉碎及强化 Ca^{2+}、Zn^{2+} 等微量元素。

此法由于采用的是食品酶解技术，所以在加工过程中一定要控制好生产的各种条件如温度、酸碱度、酶解时底物浓度与酶用量等。同时必须保持场地的清洁卫生，因为如果酶解液受污染会抑制酶的活性，从而影响生产。

（四）生物-化学法分离豆渣中膳食纤维

准确称取一定量的豆渣，加入 2% 的碳酸氢钠溶液，进行浸提、过滤，再将滤渣用相应浓度的溶液浸提 2h，过滤，合并两次滤液沉淀，用 10% 的乙酸调 pH 至 3，或出现白色絮状沉淀时静置，过滤沉淀，再用过氧化氢脱色。最后，用等量的无水乙醇凝析水溶性纤维，过滤、干燥、粉碎。将制备得到的非溶性纤维加水稀释，加一定量的纤维素酶，在 pH6.0、温度 50℃，水解 24h 后，重复上述操作，得到二次分离的水溶性纤维素和经酶解的非溶性纤维。纤维素酶解包括两方面的目的，一方面是增加水溶性纤维的得率；另一方面是软化非溶性纤维，该工艺成本低廉、操作简便、适合实际生产。

二、水溶性膳食纤维的生产方法

以豆渣为例，可采用直接水浸提法、碱浸提法、酶解法及磷酸盐缓冲液制取可溶性膳食纤维。

1. 直接水浸提法提取可溶性膳食纤维

首先将豆渣置于 50℃干燥箱中烘 5h，粉碎，过 20 目筛，加水，调 pH，在水浴中进行提取,再过滤,滤液以 4 倍体积无水乙醇处理,静置,通过已烘干至恒重的多孔玻璃漏斗进行过滤,并用乙醇清洗盛滤液的容器,将漏斗及沉淀物在 100℃烘干至恒重。

用本方法制备可溶性膳食纤维,工艺简单,成本低,无二次污染,乙醇可回收再利用。在制得可溶性膳食纤维的同时,也可制得不溶性膳食纤维,从而使豆渣得到更充分的利用。

2. 碱浸提法提取可溶性膳食纤维

豆渣经粉碎后,用水反复洗涤以去除附着表面的蛋白质。在一定温度下,用碱液回流进行剥皮后,将提取液进行过滤,滤液用乙醇作沉淀剂将水溶性膳食纤维沉淀下来。蒸发溶剂,于 90℃下干燥得粉末状水溶性膳食纤维白色,提取工艺流程如图 16-1 所示。

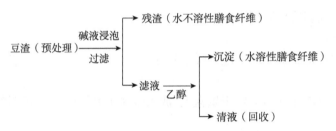

图 16-1　碱浸提法提取可溶性膳食纤维

以此方法提取得到的水溶性膳食纤维产率较高、质量好。在采用大豆豆渣提取水溶性膳食纤维时,原料的粉碎度要适宜,若豆渣太碎,用碱液提取易流失而造成产率降低。在提取过程中,水溶性膳食纤维随处理次数的增多而减少,因此,在提取水溶性膳食纤维时应该尽量减少中间环节。另外,提取液的 pH 对产率大小影响也很大。当 pH<12 时,剥皮反应很难进行,故提取液的 pH 应控制在 13 左右,有利于反应顺利进行。

3. 酶解法制取可溶性膳食纤维

称取一定量的豆渣加水,再加入乙酸-乙酸缓冲液混匀,在沸水浴中煮沸 1h,冷却,加入纤维素酶液,酶解 1.5h,加热到 85℃,灭菌 10min,降温后再加入木瓜蛋白酶溶液,酶解30min。迅速冷却、过滤,在 100℃烘干至恒重。

酶解法制取可溶性膳食纤维工艺研究表明,可溶性膳食纤维产率比直接水浸法提取有很大的提高,而且污染少,工序简单,便于推广应用。

4. 磷酸盐缓冲液提取可溶性大豆膳食纤维

将豆渣于 80℃烘 12h,粉碎后过 20 目筛,用工业己烷脱脂制得脱脂大豆渣。取一定质量的脱脂豆渣用磷酸缓冲液混匀,在 100℃沸水中振荡提取、离心,上清液真空浓缩到原体积的 1/2,加两倍体积的无水乙醇沉淀过夜,分离沉淀物,80℃干燥 8h,即得纯白的可溶性大豆膳食纤维。

磷酸盐缓冲液是从大豆渣中提取可溶性大豆膳食纤维的理想试剂,产品得率高、蛋白质含量少、色泽白,而常规溶液提取时为了减少蛋白质的含量则必须经过脱蛋白质处理。此工艺条件下得率可达到 50%,同时获得的可溶性大豆膳食纤维产品经糖组分分析得知其富含半乳糖含量 60%以上,从而证实了果胶类多糖为其主要成分。这类产品具有较高的水溶性、增稠性、保水性以及广泛的生理功能,它的深度开发利用必将带来很好的社会效益和经济效益。

三、水不溶性大豆膳食纤维的生产方法

同样以豆渣为例,采用化学法、酶法及化学与酶结合法生产提取水不溶性膳食纤维。

1. 化学法提取水不溶性膳食纤维

(1)酸性处理法

湿豆渣→加热→用 1mol/L HCl 调酸→放置(一定时间)→用 NaOH 调 pH 至中性→压滤除去大部分水分→烘干→粉碎→过 70 目筛→水不溶性膳食纤维。

(2)碱性处理法

湿豆渣→加缓冲液(5g 明矾,15gNaHCO$_3$,0.3gNa$_2$CO$_3$ 溶于 200mL 水)→在不同温度下浸泡(一定时间)→反复用清水洗至中性→压滤→烘干→粉碎→过 70 目筛→水不溶性膳食纤维。

(3)酸碱共处理法

湿豆渣→加 1mol/L NaOH 溶液→放置(一定时间)→加酸调至中性,再加 1mol/L HCl→放置(一定时间)→用水漂至中性→压滤→烘干→粉碎→过 70 目筛→水不溶性膳食纤维。

2. 酶法提取水不溶性膳食纤维

湿豆渣→加酶液[一般为木瓜蛋白酶,活性为(60～70)×10^{4}U/g],反应(一定时间)→漂洗→压滤→烘干→粉碎→过 70 目筛→水不溶性膳食纤维。

3. 化学与酶结合法提取水不溶性膳食纤维

先用木瓜蛋白酶将湿豆渣于 60℃下水解 30min。后续操作采用化学法,方法如上。

四、多功能大豆膳食纤维的生产方法

多功能大豆膳食纤维(multifunctional soy-bean fiber,MSF)是以新鲜豆渣为原料,经过特殊热处理而得到的高品质膳食纤维,主要成分是膳食纤维和蛋白质,含量分别为67.98%(干基)和 19.75%,是良好的蛋白—纤维添加剂。它在调节血糖、降低血脂和促进排便等方面都有较好的功效。研究表明,添加少量的 MSF 对中筋或低筋面粉有良好的强化作用。在一定添加量范围内,它不仅能提高产品的膳食纤维与蛋白质含量,而且对改善面包、面条和饼干等产品的品质十分有利。

1. 生产工艺流程

湿豆渣→调酸(1mol/L HCl 调 pH 至 3～5)→热水浸泡(80～100℃,2h)→中和(1mol/L NaOH 调 pH 至中性)→脱水干燥(65～70℃烘干或气流干燥至水分含量为8%)→粉碎→过 80 目筛→豆渣粉→挤压(喂料水分 16.8%,螺杆转速 150r/min)→冷却→粉碎→功能活化和超微粉碎→MSF。

2. 超微粉碎和功能活化

功能活化处理是制备高活性多功能膳食纤维的关键步骤,包括超微粉碎可达到纤维内部组成成分的优化与重组;纤维某些基团的包囊,可避免这些基团与矿物元素相结合,影响人体的矿物代谢平衡。只有活化处理的膳食纤维,才是真正的生理活性物质,可在

功能食品中使用。没有经过活化处理的膳食纤维,只能属于低能量填充剂。

（1）超微粉碎

最终产品的粒度越小,比表面积就越大,膳食纤维的持水力、膨胀力也相应增大,同时,还可以降低粗糙的口感特性。因此,将挤压蒸煮后的豆渣粉干燥到含水 6%～8%时,应进行超微粉碎,以扩大纤维的比表面积。

（2）功能活化

由于膳食纤维表面带有羟基活泼基团,会与某些矿物元素结合,从而可能影响机体内矿物质代谢,如用适当的壁材进行包囊化处理,则可以解决此问题,即完成功能活化。可使用亲水性胶体（如卡拉胶）和甘油调制而成的水溶液作为壁材,通过喷雾干燥法制成纤维微胶囊产品,入口后能给人一种柔滑适宜的感觉,提高了食用性。此外,还可以对多功能大豆纤维进行矿物元素的强化。

五、提高可溶性膳食纤维的生产方法

大豆膳食纤维中,不溶性膳食纤维占绝大部分,而真正具有生理功能的成分是可溶性的膳食纤维,因此,我们就要对不溶性的膳食纤维进行改性,使之转化为可溶性的膳食纤维。目前主要采用的改性方法有:化学改性、酶法改性、微生物发酵、高压处理技术及超微粉碎技术。

1. 化学法

化学法包括酸处理与碱处理。酸处理采用 pH3,4.5h;碱处理 pH11,4.5h。无论是酸处理还是碱处理都会使纤维的持水性、膨胀力减弱,同时还会使纤维颜色变暗。

2. 酶法

该法是比较理想的改性方法。能将可溶性膳食纤维含量由 4.9%提高至 13.7%。

3. 微生物发酵法

采用 *Lactabacillus* 发酵能将可溶性纤维含量提高 20%,原因在于乳酸发酵产生的酸性环境使多糖的糖苷链断裂,从而将不溶性膳食纤维转变为可溶性纤维。

4. 高压处理技术

采用 20～140MPa 高压均质处理大豆膳食纤维,可提高可溶性膳食纤维含量 10%～28%。均质过程中膳食纤维受到一定的剪切力,部分不溶性膳食纤维转变为可溶性的膳食纤维。

5. 超微粉碎技术

通过超微粉碎及空穴作用均能破坏多糖的糖苷键,从而使得可溶性膳食纤维含量增加。

目前,黑龙江哈高科大豆食品有限责任公司是国内唯一一家具有大豆膳食纤维粉生产线的厂家,它利用生产分离蛋白质的副产物豆渣,经过脱腥、脱色、过滤、干燥、微波杀菌、超微粉碎后,得到乳白色及粒度达 150 目的天然优质大豆膳食纤维粉,持水性（1∶9）高达 100 倍以上,且具有良好的持油和凝胶等性能。不仅开发生产了大豆膳食纤维,而且利用大豆纤维粉加工生产了人们食用方便的膳食纤维片,此产品现已推向市场,深受人们的关注和青睐。

第四节 大豆膳食纤维在食品中的应用

近年来,随着社会经济的发展和人们生活水平的不断提高,人们膳食结构和饮食习惯发生了巨大变化。饮食越来越趋精细,因而造成谷物食品精细度提高,从而导致了许多与膳食结构相关的疾病——糖尿病、心血管病、肥胖、肠癌、便秘等越来越普遍。

膳食纤维的主要来源是植物性食物,如谷豆类、水果类和蔬菜类。水果和蔬菜含纤维量很少,而且价高,只能作为辅助来源。膳食纤维的主要来源最多还是五谷杂粮。我国是大豆的发源地,产量一直是位居世界前列。大豆膳食纤维作为食品添加剂,将其添加到食品中,可作为稳定剂、结构改良剂,可控制蔗糖结晶,增稠,延长食品货架期及作为冷冻或解冻稳定剂。多功能大豆膳食纤维由于物美价廉,而且具有多项生理功能,并有品质改良作用,因此受到科研人员及消费者的普遍重视和欢迎,开发大豆膳食纤维食品市场潜力巨大。

一、大豆膳食纤维在焙烤食品中的应用

1. 大豆膳食纤维在面包生产中的应用

目前世界上大约 70% 的人是以面包为主食的。面包销售量巨大,是最便于强化添加膳食纤维的食品。欧美大部分国家以面包为主食,也是心血管疾病高发地区。在面包中添加膳食纤维,可有效地控制人们患病的几率。面包作为商品在储存过程中发生最显著的变化是"老化",而大豆纤维可以增加面团的含水量,减少淀粉的回生数量,从而减少面包的老化速率。

(1)改善面包外观与色泽

经过处理的大豆膳食纤维能够增强面团结构,在面包中加入大豆膳食纤维可明显改善面包蜂窝状组织和口感,还可增加和改善面包色泽。糕点在制作中含有大量水分,烘焙时会凝固,使产品呈松软状,影响质量,加入膳食纤维,因其具有较高的持水性,可吸收大量的水,利于产品保鲜和凝固。大豆膳食纤维加入量为湿面粉量的 6%。馒头中加入膳食纤维强化了面团筋力。为了改变大豆膳食纤维面食制品的外观质量,人们将膳食纤维与焦糖色素、动植物油脂、山梨酸、水溶性维生素、微量元素等营养成分及木糖醇等甜味剂混合后,加热制成膳食纤维馅料,可用于牛肉烙饼、点心馅、汉堡包等面食制品,效果较好。

(2)强化面包的营养和功能

由于大豆纤维本身的营养非常丰富,因而将大豆膳食纤维添加到面包中,不仅可强化面包中的膳食纤维含量、改善面包的营养品质,而且可以赋予面包以良好的功能特性。据文献报道,食用大量的膳食纤维面包可使体内胆固醇下降 12%～17%,这对以面包为主食的、心血管疾病高发的欧美国家有着重要的现实意义。

(3)延缓面包的老化

面包在贮存的时候发生的最显著的变化是"老化",老化后,面包风味变劣、由软变硬、易掉渣、消化吸收率降低等大大地降低面包的食用和使用价值。据研究,大豆膳食纤维可以延缓面包的老化速率,主要因为:

1)纤维具有较高的持水力,可以增加面团的含水量,起到延缓老化的作用。

2）大豆膳食纤维中的凝胶体能形成稳定的、具有三维结构的凝胶网络,同时含有的不溶性戊聚糖(半纤维素阿拉伯木聚糖复合物)能通过酚酸(阿魏酸)的活性双键与面粉蛋白质结合成更大的网络结构,包围部分淀粉和水,减少可以回生的淀粉数量,从而延缓淀粉凝胶的老化速率。

2. 大豆膳食纤维在饼干生产中的应用

饼干也是焙烤类的方便食品,相对于面包来说,饼干烘焙对面粉筋力质量要求很低,也便于较大比例地添加膳食纤维,有利于制作以纤维功能为主的多种保健饼干。开发大豆膳食纤维饼干不仅解决了大豆加工副产物的综合利用问题,提高了大豆的综合利用价值,而且为广大消费者提供了一种新型健康食品,能够产生良好的经济效益和社会效益。随着大豆纤维的加入,面团的可塑性增加,弹性降低,因而面团易成型,模纹清晰;同时,产品的咀嚼感好,酥脆性增加。在焙烤过程中,大豆纤维产生挥发性物质,从而增加饼干的风味使之具有特有的香味。由于大豆纤维中含有部分蛋白质,在焙烤过程中与饼干中的糖产生美拉德反应而加深产品表面色泽。

3. 大豆膳食纤维在桃酥生产中的应用

桃酥是高糖高油的传统糕点,与当代人们的饮食结构不相适应。因此降低桃酥中的糖油量,增加蛋白质和膳食纤维的量是必要的。大豆膳食纤维粉中不仅含有 19%～23% 的蛋白质,而且含有 50%～57% 的膳食纤维,是一种多功能的蛋白质纤维添加剂。与传统桃酥配料比较,低糖高纤维桃酥的配料中白砂糖量降低 50%、油量降低 22%、纤维含量提高约 7 倍。此产品不但营养趋于低糖高纤维,而且其成本价格降低,能收到良好的经济效益,用大豆膳食纤维来制造桃酥,使其营养趋于低热量高纤维。

二、大豆膳食纤维在挂面加工中的应用

在面条中添加膳食纤维,可以改善面条的烹煮品质。但不同种类纤维效果不同,有的添加后对生面条的强度有所减弱,可煮熟后反而强度增加,一般添加处理后的面条韧性良好,耐煮耐泡,有的添加后会使面条颜色变深。面条添加技术的关键是掌握添加量和不同的膳食纤维,如含果胶或葡甘聚糖较多,不仅不断条、不混汤,还比较滑爽。一般适宜添加量为 5%。

三、大豆膳食纤维在乳饮料及乳制品中的应用

1. 大豆膳食纤维在风味乳饮料中的应用

风味乳饮料在国内外市场已出现多年,由于它除了具有乳香味之外,又带有水果味,两种风味相融合使风味乳饮料的风味独特,加之具有一定的营养,因此备受消费者喜爱,尤其是受儿童和年轻妇女的欢迎。在风味乳饮料中添加水溶性膳食纤维不仅增加了其营养功能而且还具有多种生理保健功能。

2. 大豆膳食纤维在乳制品中的应用

乳制品,被认为是含有除膳食纤维以外人体所需要的全部营养素,"一杯牛奶能强壮一个民族"。有调查显示,到目前为止我国人均乳制品消费接近 10kg/年。在乳制品中添加膳食纤维不仅满足人们对蛋白质、脂肪等动物性营养成分的需求,而且还满足了人们对膳食纤维等植物性营养成分的需求,能进一步提高乳制品的营养价值应用范围。长期

饮用添加了膳食纤维的乳制品,能使肠道舒畅、防治便秘,并可降低胆固醇、调节血脂、血糖、辅助减肥,尤其适合中老年人、糖尿病人、肥胖者饮用。液态乳制品的膳食纤维的建议添加量为1%～5%,固态乳制品的建议添加量为1%～3%。

3. 大豆膳食纤维在奶粉中的应用

大豆膳食纤维比较适合添加在奶粉中生产婴幼儿配方奶粉和老年人奶粉中。由于婴幼儿和老人的消化功能均不是很好,而且容易缺钙,添加膳食纤维不仅能降血脂、降血糖,还能促进消化,帮助矿物质钙的吸收。如何生产一个营养均衡的健康奶粉是摆在每个乳品生产企业面前的问题。水溶性膳食纤维建议添加量为1%～3%。

四、大豆膳食纤维在肉制品中的应用

大豆膳食纤维含蛋白质18%～25%,经特殊加工后有一定的胶凝性、保油持水性,利于形成产品的组织结构以防脱水收缩,将其添加到肉制品(火腿、午餐肉、三明治、肉松等)中能够使肉制品中的香味成分发生聚集作用而不逸散。在鱼丸、牛肉丸等制品中作为胶冻使用,使肉丸不松散而富有弹性,同时强化蛋白质含量,部分替代大豆蛋白质粉,既增加了蛋白质和纤维含量,又提高了产品的保健功能。添加量为3%～6%。

五、大豆膳食纤维在其他食品中的应用

在早点食品中用于速溶类型的添加,如高纤维强化奶粉、高纤维营养粥、麦片、芝麻糊等。在各类膨化食品中都可添加一定比例的大豆膳食纤维,不仅可以改变食品风味,还增加保健功能。在糖果和馅料中也可添加,使蔗糖融化时糖液变稠,防止成品坍塌、漏糖,同时使馅料风味独特,组织更加柔软,滑而不腻。另外,还可以用豆腐渣膳食纤维作为添加剂制成食用纤维纸、纤维素片、纤维素胶囊和纤维素制剂等。

总之,大豆膳食纤维因既具有营养价值又能提供生理效用,故在国外,大豆膳食纤维已被广泛应用。美国、日本、澳大利亚等国家都已经实现了豆渣食品的产业化,如日本仁丹株式会社将大豆膳食纤维与低聚糖、双歧杆菌肠溶性微胶囊等科学地调配生产微生态制剂,供老年人和儿童食用,企业效益显著;澳大利亚的豆渣食品已畅销世界。在我国,富含大豆膳食纤维的豆渣来源广泛,价格低廉,如果加以开发利用,相信一定会产生很好的社会效益和经济效益。

参 考 文 献

安晓琼,李梦琴. 2006. 纳豆的生理功能. 食品与药品,1:68-71

白木,周洁. 2001. 我国大豆生产加工现状综述. 吉林农业,10:8-9

白卫东,王琴,李国富. 2004. 腐竹护色工艺的机理研究. 食品科技,3:29-31

白旭东,许琳,杜瑞卿,等. 2011. 钙与大豆异黄酮的联合作用对去卵巢大鼠骨生物力学特性的影响. 环境与健康杂志, 6:475-478

柏芳青,马新村,赵双梅. 2007. 酱油制曲过程中的分段控制法. 中国调味品,2:47-49

包启安. 1982. 酱及酱油的起源及其生产技术的发展. 中国酿造,1:3-14

包启安. 1983. 酱及酱油的起源及其生产技术的发展(续). 中国酿造,3:9-14

包启安. 1984. 中国腐乳生产技术概要. 食品科学,2:1-8

包启安. 1994. 论酱油的食用安全性. 上海调味品,3:3-10

包启安. 2002. 豆酱的功能性. 中国酿造,3:1-6

鲍艳霞,陈钧. 2012. 纳豆菌特性的研究. 镇江高专学报,2:51-53

毕洁琼,邵邻相,徐玲玲,等. 2011. 大豆磷脂对 D-半乳糖致衰大鼠学习记忆及抗氧化能力的影响. 中国粮油学报,2: 9-13

卞璨慧. 2008. 浅谈酱油的香气形成及改善酱油香气的应用技术. 中国调味品,7:24-26

蔡俊秀. 2007. 超临界 CO_2 萃取大豆磷脂的技术研究. 武汉工业学院学报,2:12-13

蔡曼儿,孙翰,薄芯. 2010. 中国传统发酵大豆制品的营养. 中国酿造,2:11-16

蔡鸣. 1994. 话食酱. 中国保健营养,5:20

曹栋,裘爱泳,王兴国,等. 2001. 三氧化二铝柱层析法分离大豆磷脂中磷脂酰胆碱的研究. 中国油脂,6:51-53

曹克嘉. 1986. 新型大豆食品. 食品工业科技,6:38-41

常汝镇. 1989. 关于栽培大豆起源的研究. 中国油料,1:1-7

陈琛. 2010. 大豆多肽的生物功能研究进展. 饲料研究,5:29-30

陈海华. 2009. 番茄汁花生豆腐的研制. 粮油加工,9:127-130

陈华洁,陈安国,尤佳. 2005. 肽的营养及其酶法生产的探索. 饲料工业,4:41-45

陈杰,丘明栋,刘立雄,等. 2000. 白酱油生产工艺的研究. 食品工业,5:21-23

陈静,王春艳,郁利平,等. 1995. 大豆皂甙对电离辐射诱发细胞遗传学损伤的影响. 实用肿瘤学杂志,4:77-78

陈静,王春艳,赵刚,等. 1999. 大豆皂甙抑瘤效应及对荷瘤鼠免疫功能的影响. 预防医学文献信息,3:209-210

陈九武,杨军. 1998. 发酵豆制品的保健功能. 大豆通报,4:25

陈敏,韩小丽,蒋予箭,等. 2009. 酿造酱油呈色机制及色泽评价研究进展. 食品与发酵工业,1:116-119

陈平,谭敏,赵艳萍. 1996. 酱油蛋白质利用率与全氮利用率计算公式的比较. 中国调味品,11:26-27

陈文华,郭爱菊,冯晓明,等. 2007. 大豆营养仿肉制品的开发研究. 肉类研究,9:19-20+29

陈文华. 1998. 小葱拌豆腐——关于豆腐问题的答辩. 农业考古,3:277-291

陈文仙. 2005. 腐竹生产与检验. 福建轻纺,3:15-19

陈治锟. 2012. 真假腐竹大揭秘. 健康博览,1:52-53

程广伟. 2008. 大豆活性肽降低高脂大鼠血脂功能的实验研究. 中国现代药物应用,9:12-13

程国强. 2005. 我国大豆加工产业的发展之路. 中国油脂,1:65

程丽娟,赵树欣. 2005. 豆腐乳中的功能性成分. 中国调味品,12:10-13

程闰达. 1993. 大豆蛋白质在豆腐制作过程的变化. 中国酿造,4:8-12

程三宝,朱俊玲,马俪. 2007. 微生物与发酵食品中的生物胺. 食品工程,1:11-13

仇农学,李建科. 2002. 大豆制品加工技术. 北京:化学工业出版社

褚斌杰,祁高富,梁运祥. 2011. 大豆多肽减肥降血脂作用的研究. 食品科技,11:65-68

褚弘斌. 1999. 大豆蛋白在肉制品中的应用. 肉类研究,4:39-43

楮龙,赵云学. 2011. 大豆磷脂的分类及应用价值. 养殖技术顾问,8:74

崔春,赵谋明,赵强忠. 2007. 腐竹揭皮过程中理化参数变化趋势研究. 现代食品科技,3:11-13

崔德卿. 2004. 大豆栽培的起源和朝鲜半岛. 农业考古,3:225-240+285

崔东善,宋洪亮. 1997. 大豆组织蛋白加工及其在食品中应用. 商业科技开发,2:20-21

崔洪斌. 2005. 大豆异黄酮——活性研究与应用. 北京:科学出版社:33

崔力剑,黄芸,詹文红,等. 2007. 发酵处理对大豆中总异黄酮含量的影响. 大豆科学,26(04):588-590+596

崔小明. 2001. 大豆磷脂的开发与应用前景. 甘肃化工,1:10-11

邓瑞君,徐荣雄. 1999. 影响腐竹形成的因素探讨. 中国调味品,2:15-17

邓旭,李清彪,孙道华,等. 2001. 从大蒜细胞中分离纯化出超氧化物歧化酶. 食品科学,9:47-49

丁霄霖,杨方琪. 1990. 豆制品加工的现状及发展. 无锡轻工业学院学报,2:98-105

丁燕,薛伟. 2004. 豆腐巧搭配营养增一倍. 烹调知识,12:38

丁玉群. 2001. 快速酿造酱油新法. 农村新技术,1:35

董怀海. 2001. 大豆分离蛋白的提取及其改性方法. 西部粮油科技,1:34-35

董明盛,江汉湖,张晓东. 1993. 天培的营养及其安全性研究. 南京农业大学学报,4:113-117

董文彦,张东平,高学敏,等. 2001. 大豆皂甙的免疫增强作用. 中国粮油学报,6:9-11

董英. 2001. 大豆渣营养价值及其综合利用. 粮食与油脂,12:41-42

杜琨,张百刚. 2005. 芦荟豆腐工艺研究. 安徽农业科学,2:302

杜琨. 2009. 豆乳的营养价值及不良风味的控制. 食品研究与开发,3:76-78

樊筑君,王琼芳,金学敏. 1990. 玫瑰酱油研制报告初探. 天然产物研究与开发,4:71-73

房翠兰. 2007. 豆豉加工过程中蛋白质和膳食纤维生物学变化的研究. 重庆:西南大学硕士学位论文

费英敏. 2010. 大豆拉丝蛋白素火腿的研究. 中国调味品,5:40-43

冯丽娟,丁立群. 2008. 酱油中营养生理活性物质的研究进展. 中国调味品,2:22-25

冯雅蓉,马俪珍. 2005. 生物胺对食品安全和人类健康的重要性. 肉类研究,12:25-28

冯艳丽. 2008. 酶法水解大豆异黄酮的研究进展. 四川食品与发酵,2:25-28

冯志成,张庆庆,阚清华,等. 2010. 酱油中主要风味物质的测定分析. 安徽工程科技学院学报(自然科学版),1:8-10

冯志成. 2010. 酱油多菌种发酵风味物质的形成与应用研究. 芜湖:安徽工程大学硕士学位论文

付敏,王继峰,牛建昭. 2003-05-14. 功能性食品——大豆研究进展. 中国中医药报

傅武胜,吴永宁. 2003. 泰国酱油氯丙醇污染与控制情况. 海峡预防医学杂志,4:80-81

高贵清,李忠云,陈亚光,等. 1984. 大豆皂甙对豚脂所致家兔高脂血症以及对小鼠常压耐缺氧的影响. 中药通报,4:40-41

高国强. 2006. 多功能大豆膳食纤维的生产及应用. 加工技术,7:34-35

高吉刚. 1999. 快餐豆腐的制作. 食品研究与开发,3:39-40

高岭. 1998. 四川豆瓣的加工工艺及发酵机理初探. 中国调味品,6:22-23

高士昌,李文军. 2008. 以氨基酸含量探索酱醅发酵成熟的程度. 中国酿造,1:51-54

高士昌,王宝印,吴佳茹. 2005. 酱醅色的剖析. 中国酿造,6:43-45

高同强,彭小勇. 2003. 新兴的古老食品纳豆. 中外食品工业,4:40-42

高文宏,石彦国,高大维,等. 2000. 超滤法提取大豆低聚糖前处理的研究. 中国粮油学报,5:49-52

高秀芝,刘慧,丁雪莲,等. 2004. 大豆异黄酮的研究与应用进展. 食品科学,11:386-391

高艳锋. 2003. 中国大豆市场现状、优势及对策. 黑龙江对外经贸,9:7-8

高阳. 2004. 纳豆的营养与医疗保健价值. 食品与生活,2:12

高玉荣,孙莹. 2005. 天培加工工艺研究. 中国调味品,12:39-42

高志贤. 2011-05-18. 辨别毒豆芽要看秆根豆. 赣东都市报

葛冬梅,宗雯雯,朱笑梅,等. 2008. 酱油中游离氨基酸成分分析. 中国酿造,13:75-77

葛文光. 1996. 大豆多肽的生理功能及作用效果. 无锡轻工业大学学报,3:276-277

龚淑俐,邓放明,张忠刚,等. 2006. 微生物在发酵豆制品生产中的应用. 农产品加工(学刊),3:41-45

贡汉坤,姚清海. 2003. 传统酱类自然发酵的微生物学分析. 中国调味品,10:9-12

谷大海,常青,刘华戎. 2009. 豆腐的研究概况与发展前景. 农产品加工(创新版),6:76-78

管风波,宋俊梅. 2008. 大豆多肽的开发及其在食品工业中的应用前景. 中国食品添加剂,2:51

广西壮族自治区质量技术监督局. 2006. 广西壮族自治区地方标准 DB 45320－2006 豆腐类腐竹质量安全要求

郭德军,孙晶东,肖念平.2005.纳豆加工工艺的研究.黑龙江八一农垦大学学报,5:69-72

郭凯,岳哲.1989.蘑菇酱油生产工艺.食品科学,9:15-17

郭鸽,霍贵成,贾振宝,等.2008.大豆发芽过程中抗营养因子的变化.食品与发酵工业,3:20-24

郭瑞华,霍文,刘正猛,等.2007.豆豉中大豆异黄酮及苷元降血糖活性及其机理的研究.时珍国医国药,7:1606-1607

郭心义.2004.我国大豆蛋白生产现状及前景展望.粮油加工与食品机械,3:13-15

国家质检总局.2008.腐竹产品质量国家监督抽查质量公告.商品与质量,14:7

国明明,华欲飞.2007.大豆多肽免疫调节作用的研究.食品科技,7:242-244

韩杰,施亚明.1997.豆腐乳史话.中国土特产,4:38

郝春雷,王立群,朱祥春,等.2004.根霉发酵大豆食品的研究——天培氮素营养物质的测定.东北农业大学学报,2:187-190

郝春雷.2004.根霉发酵大豆食品——天培的营养及安全性研究.哈尔滨:东北农业大学硕士学位论文

郝晓亮,孙月梅,江连洲,等.2007.大豆组织蛋白素火腿肠的研制.大豆通报,3:23-25

河川.2004.酱油标准将增氯丙醇限量指标.食品科技,3:28

何庆华,吴永宁,印遇龙.2007.食品中生物胺研究进展.中国食品卫生杂志,5:451-454

贺竹梅,张奉学,邓文娣,等.1998.大豆皂甙复合物抑制猴免疫缺陷病毒活性的观察.应用与环境生物学报,4:383-385

横塚保,佐佐木正兴,布村伸武,等.1981.酱油的香味(其二).上海调味品,2:36-46

侯利霞,阎洁.2009.胡萝卜彩色豆腐制作工艺的研究.农产品加工(学刊),3:114-116

呼晴,殷丽君,邹磊,等.2006.黄色毛霉腐乳发酵过程中主要成分的变化.食品工业科技,9:85-87

胡超越,王振民.2006.大豆油脂脂肪酸含量与主要农艺性状的遗传相关及通径分析.大豆科学,1:18-21

胡会萍,李秀娟,黄贤刚.2012.传统豆豉微生物学研究综述.中国调味品,6:4-7+13

胡少新,韩翠萍,江连洲,等.2007.豆酱的加工现状与安全性分析.大豆通报,4:26-29

胡兴中.2010-04-09.我国大豆磷脂行业发展现状与国际先进水平相比差距在哪里.中国食品报

华静言.2011.豆腐脑引发的战争.作文素材,14:60

黄持都,鲁绯,张建.2010.豆酱研究进展.中国酿造,6:4-6

黄进,罗琼,李晓莉,等.2004.大豆异黄酮的降血糖活性研究.食品科学,1:166-170

黄进.2003.大豆活性成分的结构鉴定与功能评价——肿瘤细胞凋亡、降糖、抗氧化作用.武汉:华中农业大学博士学位论文

黄舜荣.2001.源于大豆的功能性食品添加物.广州食品工业科技,3:70-72

黄欣,邓放明.2006.豆豉的研究进展.中国食物与营养,11:20-22

黄雨洋,李杨,肖志刚.2008.浅述大豆制品.粮食加工,4:36-38

黄志蕙.1991.低钠盐酱油的防霉变试验.上海调味品,4:20-22

籍保平,李博.2005.豆制品安全生产与品质控制.北京:化学工业出版社

季芳.1987.低钠盐酱油.食品科学,4:61

纪宁,孔繁东,祖国仁,等.2006.纳豆菌抗菌作用的研究现状与展望.食品研究与开发,1:138-141

贾树彪,李盛贤,马驰,等.1999.日本酱油的种类和基本制作工艺.中国调味品,11:5-8

姜爱莉,孙利芹.2003.大豆蛋白膜的制备及其性质研究.郑州工程学院学报,4:67-69+73

姜浩奎.2003.大豆与健康.北京:科学技术文献出版社:39-43

江洁,王文侠,栾广忠.2004.大豆深加工技术.北京:中国轻工业出版社

江连洲,夏剑秋.2003.国际大豆加工业发展现状与趋势.中外食品工业,7:10-14

江连洲,夏剑秋.2003.中国大豆加工业发展现状与趋势.中外食品工业,8:42-46

江连洲.2000.大豆加工利用现状及发展趋势.食品与机械,1:7-10

江连洲.2011.植物蛋白工艺学.北京:科学出版社

姜曼,宋俊梅.2009.大豆多肽营养功能及脱苦方法研究进展.粮食与油脂,4:42-44

江燕,高旭年.2004.复方大豆皂苷胶囊对高脂模型大鼠的降血脂作用.中药材,10:758-760

江英.2010.口味各异的大豆冰激凌.农产品加工,7:24-25

江玉祥.2003.论大豆及相关豆制食品的起源.四川大学学报(哲学社会科学版),6:113-119

姜元荣,吴嘉根,顾正彪.1997.传统豆腐衣的品质及量化研究.粮食与饲料工业,9:31-33

蒋建平.1999.让豆类食品天天入"席".四川省营养学会1999年学术会议专题报告及论文摘要汇编:91-93

蒋丽婷,李理.2010.白腐乳质构与其成分相关性研究.现代食品科技,8:797-800+854

焦文英.1997.腐竹生产工艺及影响腐竹形成的因素.运城高专学报,4:83-85

金朝霞,张春枝,金凤燮.2003.酱油曲菌的选择及酱油发酵条件.大连轻工业学院学报,1:32-35

金静芳,汪敬吉.1996.新型豆制品——珍珠蛋白的研制.农牧产品开发,4:13-14

金睿,王诗涵,睢博文,等.2012.大豆总黄酮对大鼠肾虚型骨质疏松病的药效学研究.中国实验方剂学杂志,5:159-163

金涛苏.1997.国外大豆加工利用新技术的研究动向.大豆通报,(04):24-25

金尉.2012.说说各地臭豆腐.中国检验检疫,8:63

金燕.2010.酱的发展与日本饮食文化.中国调味品,3:25-27

敬娟,黄艾祥.2011.橘子豆奶的调制.中国食物与营养,2:61-63

鞠洪荣.1995.日本、韩国酱油的成分浅析.中国酿造,4:7-9

鞠洪荣.2001.日本酱油工艺介绍.江苏调味副食品,4:24-26

康旭,乔鑫,李冬生,等.2011.豆酱中黄豆氨基酸变化与挥发性物质的关系.食品科技,6:281-286

康宇杰.2004.可食性大豆分离蛋白膜的制备研究.广东:暨南大学硕士学位论文

柯华.2003.美国大豆食品加工技术的新发展.中外食品工业,7:16-18

柯华.2004.国外大豆加工食品及加工技术发展趋势.江西食品工业,2:37-38

柯旭清.2007.大豆蛋白在食品加工中的应用.科技资讯,11:106-107

孔庆学,甄润英,李玲.2001.大豆蛋白质水解物——功能性低聚肽物质的开发研究.天津农学院学报,1:41

兰菲,顾永祥.2009.天培(Tempe)发酵过程中的成分变化及其功能性.科技通报,1:61-65+82

乐国伟.2006.大豆多肽的营养及其在食品工业中应用安全性探讨.中国食品添加剂,143-145

雷淑芳,晁芳芳,张雪苍.2004.大豆分离蛋白的生产工艺及其在食品工业中的应用.粮食加工,4:53-56

李百祥,刘家仁.2001.大豆皂甙对人胃癌细胞的生长抑制作用.癌变•畸变•突变,4:272-273

李博,李里特,辰已英三.2003.中国传统豆制品生产工业化过程中存在的问题.食品科技,1:1-4

李春琳,张甜.2003.芽菜类蔬菜的发展动态及其展望.北方园艺,2:12-13

李存新.1991.酱油配制的几种方法.中国调味品,(09):20-21

李大锦,王汝珍.2004.酱油的历史与发展(一).上海调味品,1:35

李大锦,王汝珍.2004.酱油的历史与发展(二).上海调味品,2:33

李大锦,王汝珍.2004.酱油的历史与发展(三).上海调味品,3:32

李大锦,王汝珍.2004.酱油的历史与发展(四).上海调味品,4:33

李大锦,王汝珍.2004.酱油的历史与发展(五).上海调味品,5:37

李大鹏,卢红梅.2011.微生物在腐乳生产中作用的研究进展.中国酿造,8:13-16

李福山.1994.大豆起源及其演化研究.大豆科学,1:61-66

李国昉,刘秀忱.1996.我国大豆制品的现状与开发前景.1996全国方便食品加工与包装技术交流会论文集:24-27

李红,孙东弦,刘延奇.2012.大豆磷脂改性研究进展.中国油脂,9:72-73

李红,武丽荣,史宜明.2011.大豆皮利用的研究.中国油脂,1:65

李红,武丽荣,史宜明.2011.大豆皮利用的研究进展.中国油脂,1:63-66

李红梅,赵丽颖,张学峰,等.2002.大豆膳食纤维的生理功能及研制.大豆通报,2:22

李华,冯凤琴,沈立荣,等.2009.豆豉生理功能的研究进展.科技通报,4:498-502

李华,李丹.2007.超声辅助法提取分离大豆皂苷的实验研究.食品工业科技,5:168-171

李会庆,金世宽,高雪芹,等.1998.大豆蛋白酶抑制物和皂甙抑瘤作用的实验研究.齐鲁肿瘤杂志,1:16-18

李金红.2005.日本酱油的特征及其酿造工艺.江苏调味副食品,5:33-36

李金林,刘林勇,黄丽.2012.腐竹硼砂本底调查及其加工过程中硼砂迁移研究.食品工业科技,24:177-179

李静波,王秀清,胡吉生,等.1994.大豆总甙对病毒的抑制作用及其临床应用的研究.中草药,19:524-526

李里特,陈明海.2003.发展传统大豆食品提高国产大豆的竞争力.粮油加工与食品机械,2:56-60

李里特,王海.2002.功能性大豆食品.北京:中国轻工业出版社

李里特,张建华,李再贵,等.2003.纳豆、天培与豆豉的比较.中国调味品,5:3-7+10

李里特.2003.传统豆制品的价值.中国食品工业,3:4

李里特.2006.中国传统大豆食品与我国大豆产业的战略选择.中国食物与营养,9:6-8

李里特.2006.中外大豆食品研发的观念取向.农产品加工,7:4-6

李里特.2009.中国传统豆腐类食品的养生价值.粮食加工,1:57-59

李立,傅景海.1999.大豆磷脂的生理效用.大豆通报,6:24

李莉峰.2011.我国大豆加工利用发展研究.农业科技与装备,1:6-8

李利华,田光辉.2003.影响腐竹生产因素的研究.汉中师范学院学报(自然科学),1:64-68

李默馨,王玉,李振岚,等.2010.我国大豆蛋白在食品加工中的应用及展望.粮食加工,1:83-86.

李宁.1996.纳豆的研究与应用.微生物学杂志,2:43-47

李麒.2002.纳豆的营养与保健价值.中国食物与营养,1:48-49

李清芳,范永红,马成仓.1998.大豆种子萌发过程中蛋白质、脂肪和淀粉含量的变化.安徽农业科学,4:299-300

李秋云,刘志成,张淑芝,等.1992.酶法与曲法酿造酱油的比较.中国调味品,6:13-15

李荣和.1999.大豆新加工技术原理及应用.北京:科学技术文献出版社:73

李荣和,高长城,梁洪祥,等.2010.大豆膳食纤维防治"现代生活方式疾病"的实验验证.中国食物与营养,8:68

李善仁,陈济琛,胡开辉,等.2009.大豆多肽的研究进展.中国粮油学报,7:142-147

李诗龙,丁文平,张永林,等.2007.腐竹的机械化生产关键技术研究.农业工程学报,10:224-228

李诗龙.2005.腐竹食品的现代加工技术.粮油加工与食品机械,3:72-74+77

李卫.2001.柱层析法分离卵磷脂和脑磷脂.湖北工学院学报,2:63-65

李卫平,赵景石,张秀兰.2002.营养强化(保健)酱油的开发研究.中国酿造,3:14-15+38

李霞.2005.追本溯源看美味酱油.农村百事通,9:54

李祥,杨百勤,丁红梅.2003.水解蛋白质调味液中氯丙醇的形成及其控制.中国酿造,3:1-4

李晓东,马莺,赖莹.2002.大豆低聚糖在乳酸菌饮料中的应用研究.食品科技,3:58-60

李晓东,马莺,赖莹.2002.改性大豆低聚糖及其预防龋齿作用的研究.营养学报,3:309-310.

李晓东.2006.功能性大豆食品.北京:化学工业出版社

李新华,刘星波.2010.大豆发芽过程中酶的含量变化及营养变化研究.食品工业科技,10:149-151

李新华,张振.2010.大豆组织蛋白在仿生火腿肠加工中的应用.食品科学,6:105-108

李兴泰.2010.酱油面包巧制作.农产品加工,7:35

李艳青.2001.玉米豆腐的制作技术.中小企业科技,8:6

李彦荣.2006.果汁豆奶的制备及其稳定性研究.无锡:江南大学硕士学位论文

李益民.1993.酱油的色泽形成机制及色度控制.中国酿造,2:1-8

李勇.2011.大米豆腐加工新技术.农产品加工(创新版),7:54

李永成,张湘娥,易美华,等.2011.利用罗非鱼加工废弃物生产鱼鲜酱油的研究.中国酿造,4:84-86

李幼筠.1997.腐乳是科学利用大豆的优质食品.中国酿造,4:1-3+14

李幼筠.1999.剖析毛霉及特性探索腐乳工艺新途径.中国调味品,10:5-9

李幼筠.2007-2-1.我国酿造酱油生产工艺的发展方向.中国食品报

李玉珍,林亲录.2005.大豆多肽的特性及其应用研究现状.中国食品添加剂,6:97

李运冉,朱科学,周惠明.2010.模糊数学评判苹果汁豆奶饮料的生产配方.食品工业科技,11:293-244

李振华,康玉凡,刘一灵,等.2011.绿豆品种豆芽产量形成的初步研究.种子,5:78-79+82

李振华.1996.利用豆渣生产发酵饲料.饲料工业,2:40-41

李振艳,张永忠,任红波.2009.大豆发芽过程中异黄酮、γ-氨基丁酸等成分含量变化的研究.食品工业科技,12:356-358+361

李治寰.1995.豆腐制法与道家炼丹有关.农业考古,3:221-222

李志军,吴永宁,薛长湖.2004.生物胺与食品安全.食品与发酵工业,10:84-91

李志明,郭洁,崔希勇,等.2008.黄豆酱类食品的微生物状况分析.中国调味品,12:75-76+87

李琢伟,刘芳,刘俊梅.2009.虾子酱油的研制.中国调味品,4:76-78+84

励建荣.2002.美国大豆食品.中国粮油学报,6:12-18

励建荣.2005.国内外大豆加工利用比较研究.中国粮油学报,6:62-67

梁琪.2007.豆制品加工工艺与配方.北京:化学工业出版社:278

梁瑞池. 2010. 广东生抽、老抽酱油的传统由来、演变用法和市场生命力. 中国调味品, 2: 27-30

梁伟, 戴京晶, 刘奋. 2005. 豆制品有害元素及防腐剂含量的分析. 实用预防医学, 3: 643

梁伟, 戴京晶, 刘奋. 2005. 豆制品有害元素及防腐剂含量的分析. 实用预防医学, 3: 643

梁晓丽, 许钰麒, 范志红. 2010. 豆浆对慢性病的预防与控制作用研究进展. 中国食物与营养, 11: 73-76

梁燕君. 1994. 前途无量的大豆食品. 食品与健康, 2: 26

梁燕君. 1996. 21 世纪的食品——大豆食品. 中国商检, 3: 42

辽河. 2006. 风味蘑菇酱的制作及质量标准. 农产品加工, 12: 31

廖兰, 赵谋明, 崔春. 2009. 肽与氨基酸对食品滋味贡献的研究进展. 食品与发酵工业, 12: 107-113

林中煌. 2000. 发展膏状腐乳的讨论. 中国调味品, 8: 16+27

蔺柯. 2011. 喝豆浆的 9 大好处与几项注意. 现代养生, 6: 60

刘殿宇. 2000. 即食豆腐生产工艺及设备. 食品与机械, 6: 21-22

刘方波, 刘元法, 王兴国, 等. 2009. 大豆粉末磷脂制备方法研究现状. 粮食油脂, 11: 2

刘福玉. 2004. 大豆食品的生理功能及保健作用. 大豆通报, 5: 18

刘戈衡. 2003. 大豆的营养及几种保健豆腐的开发. 食品研究与开发, 1: 64-65

刘功权, 李红梅. 2004. 大豆纤维. 大豆通报, 6: 32

刘井权, 郑喜群, 汤晓君, 等. 2010. 影响细菌型腐乳质量的因素. 中国调味品, 12: 35-36+59

刘丽萍, 邵悦. 2003. 姜汁保健豆腐的研制. 食品工业科技, 1: 69-71

刘频. 1999. 大豆发酵食品——天培. 食品工业科技, 6: 11

刘庆玮. 1988. 腐乳研究的历史及现状. 中国调味品, 2: 9-12+32

刘珊, 江连洲, 李杨, 等. 2012. 中性蛋白酶脱脂辅助提取大豆皂苷的研究. 食品工艺科技, 21: 168-171

刘思龙. 1999. 话说长沙"臭干子". 中国食品, 14: 39

刘薇. 1999. 日本淡口酱油生产技术. 农村新技术, 9: 37

刘祥, 余倩, 晓芳, 等. 2003. 大豆低聚糖对肠道菌群结构调节的研究. 中国微生态学杂志, 1: 10-12

刘晓艳, 张妍. 2005. 发酵调味料中氯丙醇的危害与检测. 中国调味品, 5: 7-12

刘巽明. 1996. 远航佳肴看绿豆芽. 航海, 6: 22

刘娅, 颜海燕, 韩新年. 2005. 天然补铁剂——血红素铁的研究概述. 海峡药学, 4: 114-117

刘艳民. 2011. 酱油中蛋白衍生物来源分析. 食品与发酵科技, 5: 75-77

刘颖, 吴伟祥, 闵航. 1999. 酒用脲酶的研究进展. 嘉兴高等专科学校学报, 3: 39-43

刘玉平, 苗志伟, 黄明泉, 等, 2011. 臭豆腐中挥发性香成分提取与分析. 食品科学, 24: 228-231

刘昱彤, 钱和. 2012. 豆腐凝乳形成机理及影响因素研究进展. 食品研究与开发, 10: 220-224

刘长贵. 2006. 国内外大豆蛋白质的应用发展概况及建议. 粮食加工, 3: 49-51

刘长海. 2003. 脱脂大豆粉对面包品质及加工特性的影响. 广州食品工业科技, 4: 43-45

刘昭明. 1994. 腐竹生产工艺原理研究. 广西工学院学报, 1: 67-71

刘振锋. 2011. 腐乳和臭干中生物胺的研究. 杭州: 浙江大学博士学位论文

刘志达, 赵毅, 霍俊霏. 2005. 关于低钠盐标准及检测. 海湖盐与化工, 5: 22-26

刘志华. 2004-10-5. 客家酿豆腐. 中国特产报

刘志胜, 李里特, 辰巳英三. 2000. 豆腐盐类凝固剂的凝固特性与作用机理的研究. 中国粮油学报, 3: 39-43

刘忠萍, 华聘聘. 2002. 大豆膳食纤维研究. 粮食油脂, 8: 11

柳琪, 滕葳, 孙梅娃, 等. 1998. 一种特鲜酱油营养成分的分析. 氨基酸和生物资源, 1: 22-24

卢大修. 1982. 日本包装豆腐制造方法. 食品科学, 12: 33-38

卢旭东, 刘晓军. 2007. 大豆加工副产品的开发利用. 农产品加工, 7: 18-20

卢亚萍, 冯杰. 2005. 大豆多肽的性质及其研究进展. 饲料添加剂, 11: 26-27

卢宇, 李百祥, 刘家仁. 2003. 大豆皂苷对环磷酰胺所致小鼠免疫失衡的保护作用. 军事医学科学院院刊, 1: 44-46

鲁绯, 孙君社. 2003. 对腐乳后酵过程中一些成分变化的研究. 中国酿造, 6: 14-17

鲁绯. 2007. 中国传统大豆发酵食品腐乳及其研究进展. 见: 2007 中国首届酱文化(绍兴)国际高峰论坛文集: 15

鲁伦文, 谭平, 赵克勤. 2011. 食品业中豆制类产品安全卫生现状. 北京农业, 30: 114-115

鲁肇元. 2002. 酱油生产技术(二)酱油的分类及主要成分. 中国调味品, 2: 45-46+42

鲁肇元. 2002. 酱油生产技术(十二)酱油的质量标准. 中国调味品,12:40-44

路来翠. 2006. 腐竹产品中二氧化硫残留量超标及相关漂白剂对人体有哪些危害. 监督与选择,4:50

路来翠. 2006. 腐竹主要有哪些营养价值. 监督与选择,4:48-49

陆胜民,刘春燕,邬应龙. 2007. 脱水豆芽加工工艺研究. 食品工业科技,12:158-160+162

陆文达,李剑英,陈光华. 2002. 优质大豆粉末磷脂制备与开发. 粮食与油脂,5:7-9

栾广忠,程永强,鲁战会,等. 2006. 豆乳凝固酶的研究进展. 农产品加工(学刊),10:41-43

栾金水,苏依科,陈林曦. 2002. 酱油中氯丙醇的研究进展. 山东食品科技,12:1-3

栾金水,吴海华. 2002. 酱油古今谈. 江苏调味副食品,5:26-28

罗贵伦. 2002. 氯丙醇产生的原因及清除办法. 食品科学,5:142-145

罗俊. 2002. 保健蔬菜话豆芽. 吉林农业,3:21

罗予,毛理纳,蔡访勤. 2007. 大豆低聚糖对肠道双歧杆菌和肠杆菌的促生长作用. 现代生物医学进展,3:399-400

骆光林,查理斯. 2000. 酶法提取大豆膳食纤维. 食品科技,4:61

大连市商业科技情况站,大连市商业机械化研究所. 1981. 大豆组织蛋白在食品中的应用. 食品工业科技,3:1-5

吕东津,梁姚顺,宋小焱. 2004. 酱油的色、香、味. 中国调味品,7:7-9+18

吕晓敏,代养勇,董海洲,等. 2009. 我国大豆加工业的现状和发展趋势. 中国食物与营养,12:23-25

马爱进,孙纪录,贾英民,等. 2000. 论提高酱油原料蛋白质利用率的途径. 中国调味品,6:3-5

马锋,李阳,冯佰利. 2010. 双青豆脲酶提取工艺研究. 陕西农业科学,5:56-58

马洪喜,李冬梅,汪军. 2003. 大豆皂甙对糖尿病大鼠血清激素水平的影响. 长春中医学院学报,2:35-35

马静萍. 2008. 饮用豆浆五注意. 农村百事通,8:24

马清和. 1982. 酱油鲜味及其由来的初步探讨. 调味副食品科技,5:6-9

马清和. 1983. 酱油鲜味及其机理的初步探讨. 西北大学学报(自然科学版),2:83-87

马寿春. 2011. 喝豆浆的 6 个小窍门. 食品与健康,2:21

马学曾. 1981. 酱油、食醋原料利用率简便计算法. 调味副食品科技,6:26-27

马勇. 2002. 腐乳生产过程中酶活力变化和理化性质的研究. 北京:中国农业大学硕士学位论文

马玉梅. 1997. 淡口酱油工艺简介一则. 中国酿造,5:30

马钟锦. 1999. 豆酱褐色色素. 中国食品,20:9

毛礼钟,毛昊. 1997. 大豆和豆制品的营养价值与豆腐的新品种. 中国烹饪研究,4:40-43

毛勇,邓媛,汪大敏,等. 2010. 霉菌型豆豉和纳豆中异黄酮含量的比较研究. 中国调味品,2:97-99

毛长喜. 1997. 课间豆奶对小学生营养状况影响的观察. 中国学校卫生杂志,4:304

孟宏昌. 2003. 食醋制作豆腐生产工艺技术研究. 江西食品工业,(04):25-26

孟丽. 2011. 发展大豆产业的对策. 农产品加工,8:8-9

孟旭,汤坚. 2004. 方便豆腐粉的物理化学特性及其生产工艺. 食品与发酵工业,4:58-65

孟旭. 2006. 方便豆腐粉微结构及其蛋白质溶解、凝胶机理的研究. 无锡:江南大学博士学位论文

孟永义,尹路阳,李卫卫,等. 2003. 一起因食用豆奶引起食物中毒的调查. 安徽预防医学杂志,1:38

孟岳成,杨桂清. 1994. 天培(Tempeh)的加工工艺及其营养价值. 食品工业,5:52-54

苗颖,马莺. 2005. 大豆发芽过程中营养成分变化. 粮食与油脂,5:29-30

苗志伟,官伟,刘玉平. 2012. 酱中挥发性风味物质的研究进展. 食品工业科技,8:390-394+397

明月,李锐,金模实. 2000. 大豆皂甙对肿瘤细胞 DNA 合成抑制作用研究. 长春中医学院学报,4:48-49

缪杰. 2004. 论酱油风味、香气的产生及形成. 中国调味品,10:5-7

莫重文,钱向明. 1989. 速凝豆花晶的研制. 郑州粮食学院学报,4:78-81

莫重文. 2001. 质构化蛋白及仿肉食品研制. 郑州工程学院学报,3:9-13

牟德华,崔福来. 1997. 高膳食纤维儿童食品的研制. 食品工业科技,2:43

穆慧玲,李里特. 2008. 大豆食品的地位和研究现状. 见:2008 中国豆制品行业自主创新高峰论坛论文集:26-29

南山秋. 2013. 留心! 孩子喝豆浆的九禁忌. 中华家教,3:35

聂凌鸿,宁正祥. 2001. 大豆膳食纤维研究开发与应用. 粮食与油脂,12:38

宁国辉,刘树庆,张笑归. 2003. 脲酶抑制剂的研究进展. 河北农业大学学报,1:137-138+141

欧锦强,王兴国,金青哲. 2005. 大豆组分对腐竹性能的影响. 中国油脂,2:37-40

潘廖明,姚开,贾冬英,等.2003.超声辅助提取大豆异黄酮的研究.中国油脂,11:85-87

潘欣,应铁进,黄斌.2005.大豆多肽方便面的研制.粮油加工与食品机械,5:77-78+82

彭明.1998.国外大豆食品研究发展动态.中国食物与营养,2:31-32+39+49

彭荣,彭洪光.2004.灵芝酱油的生产工艺研究.西南师范大学学报(自然科学版),6:1073-1076

彭述辉,冯爱军,庞杰.2010.浅析我国豆制品安全现状.广东农业科学,6:223-224

彭游,余盛禄.2012.大豆异黄酮提取研究最新进展.大豆科学,2:320-323

蒲藻祥.1994.发酵酸豆乳生产工艺条件的研究.重庆师范学院学报(自然科学版),3:78-84

漆定坤,唐传核,曹劲松.2006.大豆蛋白凝固机理.食品研究与开发,11:186-190

漆光琦.1984.酱油的各种呈味.上海调味品,1:18

亓顺平,翁新楚.2007.非发酵臭豆腐挥发性风味物质的研究.食品科学,12:400-404

齐文娟,岳红卫,王伟.2005.大豆磷脂的理化特性及其开发与应用.中国油脂,8:35-37

钱方,朱蓓薇,张彧.2000.多肽营养豆奶的工艺初探.食品工业科技,6:8

乔鑫,付雯,乔宇,等.2011.豆酱挥发性风味物质的分析.食品科学,2:222-226

乔支红.2004.天培的研究进展.山西食品工业,1:2-4

秦粉菊,张洁,王桃云,等.2011.大豆异黄酮对72h睡眠剥夺雌性小鼠认知功能的影响.卫生研究,4:499-502

秦慧生,刘志诚.1997.课间加食豆奶的营养效应观察.中国食物与营养,3:37-38

邱永军,孙中占,郭彦玲,等.2001.传统酱油与现代新观念.中国调味品,4:3-6

邱永太.1996.液态工艺生产酱油.专业户,7:42

全吉淑,程静,刘春彦,等.2011.大豆异黄酮联合顺铂对A549细胞增殖和凋亡的影响.营养学报,5:506-509

全吉淑,尹学哲,田中真实,等.2004.大豆胚轴提取物的降糖作用及其机制研究.营养学报,3:207-210

任广鸣.1982.新型大豆食品制作技术.粮油食品科技,3:36

任广鸣.1984.酿造低钠盐、高钾盐酱油(摘译).上海调味品,2:35-38

任广鸣.1989.国外腐竹生产工艺研究概况.食品科学,5:44-46

赛乐,彭蜀晋.2010.酱油的分类与化学成分探究.化学教育,11:1-2

邵伟,胡滨,刘敏,等.2000.豆腐冰激凌的研制.食品科学,12:72-74

沈德中.1989.海外腐乳的生产和研究.中国调味品,7:2-4+26

沈祥坤,应恺.2006.利用豆渣生产优质大豆膳食纤维的研究.现代食品科技,3:278

沈再春,沈群,费晓书,等.1998.国内大豆分离蛋白生产的现状、差距及建议.粮食与饲料工业,3:35-37

沈子林,翁本德,管有根.2003.浅谈腐乳的色、香、味、质的感官品评方法.中国酿造,5:39-40

盛国华.2003.日本食品原料综合利用发展新况之二:豆腐加工副产品——豆腐渣的综合利用.中外食品工业,8:48-49

盛辉,罗良,明月,等.2003.大豆皂甙对人肺癌细胞增殖抑制作用研究.中国老年学杂志,12:809-810

施安辉,周波.2002.真菌毒素与食品酿造工业.江苏调味副食品,4:1-5+7

施能浦.2011.粮油产品加工新技术与营销.北京:金盾出版社:107

石海英,孙春欣,胡晓,等.2006.阿胶酱油的开发研制.中国酿造,3:70-71

石俊.1999.真假酱油的鉴定方法的探讨.中国调味品,9:29-30

石守俊.1995.豆腐乳色香味体的形成及其营养价值.江苏调味副食品,1:23-25

石彦国,程翠林.2004.无渣豆腐工艺研究.粮油加工与食品机械,1:64-65+67

石彦国,孙冰玉.2003.传统豆制品食品安全性及发展前景探讨.中外食品.工业,7:40-43

石彦国.2005.大豆制品工艺学.北京:中国轻工业出版社

时长春,耿薇.1998.菜汁豆腐胶凝机理的探讨.中国调味品,2:8-9

史小峰,栾广忠,曹万新.2008.传统发酵豆制品中 γ-氨基丁酸的比色测定.中国调味品,3:76-81

史延茂,田智斌,张聪莎,等.2012.传统发酵大豆制品功能成分的研究进展.中国调味品,12:13-20

舒阳,张秀梅,张步秀.1987.果汁酱油的研制报告.中国调味品,8:6-8

四川省质量技术监督局.2010.四川省地方标准 DB51/T1061-2010 豆芽

宋国安,吕迎航.1999.大豆磷脂的开发及应用前景.武汉食品工业学院学报,1:39-43

宋俊梅,鞠洪荣.2002.新编大豆食品加工技术.山东:山东大学出版社

宋永生,张炳文.2004.中国豆豉与日本纳豆功能成分的比较.中国食物与营养,4:22-24

宋永生.2003.豆豉加工前后营养与活性成分变化的研究.食品工业科技,7:79-80+64

苏楣.1993.美国大豆食品加工发展现状.世界农业,7:57-58

孙常雁,李德海,孙莉洁.2009.传统酿造酱及酱油中酶系的作用.中国食品添加剂,3:164-169

孙常雁,马莺,李德海,等.2007.自然发酵黄豆酱酱曲培养过程中蛋白酶的形成及蛋白质的分解.食品科技,8:188-192

孙春光.1999.蛋香豆腐的生产工艺.中小企业科技信息,6:10

孙国英,宋光华.2004.大豆蛋白方便面的研制.大豆通报,1:22-23

孙华,徐豹,王宁.1989.大豆在东方大陆的历史.见:第一届妇幼营养学术研讨会资料汇编:143-145

孙加源,杜立坤,杜立杰,等.2004.复方大豆冲剂治疗高脂血症的临床研究.中医药学报,1:8-9

孙健.2010.提取与加工方法对菜豆中主要皂苷的影响.中国粮油学报,12:96-99

孙剑秋,刘井权,臧威,等.2005.制酱用蛋白酶产生菌的分离和鉴定.中国酿造,6:6-8

孙君社,鲁绯,韩北忠,等.2002.论腐乳的酶法生产.中国酿造,6:7-9+24

孙森,宋俊梅,张长山.2008.豆豉、纳豆及天培的研究进展.中国调味品,3:29-33

孙胜枚.2002.酱油营养与品质特色浅析.中国食物与营养,1:46-47

孙伟伟,王静,吴彩梅.2009.腐乳中存在的安全隐患.食品研究与开发,4:156-160

孙晓燕,李小林,钟振声,等.2005.功能性强化大豆膳食纤维的生理功效及其在食品中的应用.食品工业科技,10:184

孙学斌.2000.大豆皂甙及其抗肿瘤作用.木本植物研究,3:328-331

孙艳辉,董英.2007.响应面法优化以豆渣为基质发酵纳豆菌.食品科学,4:208-211

孙毅,魏金凤.1999.豆乳冰激凌和甜酒冰激凌.冷饮与速冻食品工业,1:31

孙约翰,周志方.1989.近代航海医学简史(二)——航海与坏血病.交通医学,3:36-38

孙月梅,郝晓亮,江连洲,等.2007.大豆组织蛋白素食肉块的研制.大豆通报,2:23-25

孙云霞.2003.豆渣中水溶性膳食纤维提取方法的研究.食品研究与开发,3:34

孙芝杨.2010.酱油的安全问题.中国调味品,5:32-34

索化夷,骞宇,卢露,等.2012.永川豆豉传统发酵过程中的大豆异黄酮变化.食品科学,8:270-273

谭敦民.2011.营养学家提醒:酱油最好买酿造的.健身科学,7:46

檀耀辉.1980.酱油中色、香、味、体形成的机理.调味副食品科技,1:17-21

汤慧娟,杨秋萍,韩翠萍.2011.传统发酵豆酱的风味物质研究进展.大豆科技,6:31-34

唐传核,杨晓泉,彭志英.2001.大豆皂甙最新研究概况.大豆科学,1:60-65

唐楠楠,濮江.2001.豆腐中的化学.科协论坛(下半月),5:21-22

田其英.2010.大豆制品在焙烤食品中的应用.粮食与饲料工业,7:32-34

田青,惠明,宫燕燕.2011.调味纳豆食品开发及工艺计算探讨.河南工业大学学报(自然科学版),3:26-30

田清震,盖钧镒.2001.大豆起源与进化研究进展.大豆科学,1:54-59

田三德,任红涛.2002.启动豆腐渣工程——我国开发与利用大豆加工副产品的方向构想.西北轻工业学院学报,1:79-81

田秀红,闫峰,刘鑫峰,等.2008.大豆功能性食品及其开发应用前景.中国食物与营养,4:48-51

万琦,陆兆新,吕风霞,等.2003.枯草芽孢杆菌生产大豆多肽溶液的加工功能特性研究.食品科学,11:99-102

汪海波,刘大川,李永明,等.2003.酸水解法提取大豆异黄酮甙元工艺研究.食品科学,4:98-101

汪江波,糜志远.2000.湖北风味霉豆渣酱的加工工艺.适用技术市场,8:25-26

汪敬吉,金静芳.1996.果蔬复合营养方便豆糊的研制.上海农业学报,2:87-90

汪敬吉,金静芳.1998.果蔬蛋白丝的试制.食品研究与开发,1:37-39

汪敬吉,金静芳.1998.植物蛋白素肉松的研制.食品研究与开发,4:18-19

汪霞,许惠仙,全吉淑,等.2009.大豆异黄酮甙元对结肠癌 HT-29 细胞增殖和凋亡的影响.大豆科学,2:310-313

王东玲,李波,芦菲,等.2010.豆腐渣的营养成分分析.食品与发酵科技,4:85-87

王尔惠.1999.大豆蛋白质生产新技术.北京:中国轻工业出版社

王凤翼,钱方.2004.大豆蛋白质生产与应用.北京:中国轻工业出版社

王革.1995.八宝豆豉生产方法.农村新技术,10:39-40

王海燕.2007.大豆组织蛋白的功能及在肉制品中的应用.肉类工业,12:33-34

王黑林,安红,陈志强,等.2001.大豆磷脂的系列研究与开发.精细化工,1:8-13

王红涛,罗立新.2010.腐乳安全性研究概述.见:2010第二届中国食品安全高峰论坛论文集:3

王菁文,刘涛.1997.豆腐凝固剂的种类与特点.大豆通报,3:25

王静,孙宝国.2011.中国主要传统食品和菜肴的工业化生产及其关键科学问题.中国食品学报,9:1-7

王静.2004.如何挑选酱油.农家顾问,3:61

王居伟,马挺军,贾昌喜.2012.超高压提取大豆皂苷的工艺优化及动力学模型.中国食品学报,4:8-18

王莉,金学年,金成哲,等.2008.纳豆发酵过程中纳豆激酶及活性物质的变化.大连工业大学学报,1:5-9

王丽娟,张永忠,杨薇薇.2008.从酱渣饼中提取大豆异黄酮的研究.食品工业科技,10:167-170

王闵.2012.大豆:领先的优质植物蛋白.农产品市场周刊,4:48

王明华,刘振华,丁卓平.1999.酸奶和发酵豆奶的营养分析与评价.食品工业,1:21-22+17

王楠,沈龙青,王亚平.2005.焦糖中的二氧化硫和亚硝酸盐对酱油食用安全性的影响.中国酿造,9:53-58

王秋霜,应铁进,赵超艺,等.2008.电渗析技术在大豆低聚糖溶液脱盐上的应用.农业工程学报,10:243-247

王嵘,王仲礼.2009.全面认识酱油.中国调味品,2:22-23

王瑞芝.2006.说中国腐乳.中国调味品,1:43-56

王少庸,费英敏.2011.植物拉丝组织蛋白在红肠中的应用研究.大豆科技,4:54-55

王莘,胡可心,汪树生,等.2003.豆类萌发期蛋白质和氨基酸含量的比较分析.吉林农业大学学报,1:21-23

王遂,李桂春,宫晓波.1999.酶法脱淀粉技术用于玉米膳食纤维制取工艺的研究.哈尔滨师范大学自然科学学报,3:73-77

王岁楼.1990.从蛋白酶性能看腐乳工艺.中国调味品,11:9-11

王薇.1996.我国大豆食品加工概况.中国食物与营养,2:36-38

王伟华,崔薇.2007.菠萝汁豆奶饮料的研制.广东农业科学,10:68-70

王文娟,潘海涛,于磊娟.2007.豆粕发酵制备大豆多肽的研究.粮食加工,2:55-56

王先秀.1984.东南亚的一种大豆发酵食品——天培.中国酿造,2:18-22

王祥初.2006.味噌日本人每餐必备.四川烹饪高等专科学校学报,3:13-14

王雅蓉.2004.芥菜汁营养豆腐的研制.福建果树,2:39-41

王银萍,吴家祥,张凤兰,等.1993.大豆皂甙和人参茎叶皂甙对糖尿病大鼠SOD和LPO的影响.白求恩医科大学学报,2:122-123

王银萍,吴家祥,王心蕊,等.1994.大豆皂甙和人参茎叶皂甙的抗糖尿病动脉粥样硬化作用.白求恩医科大学学报,6:551-554

王银萍,吴家祥,王心蕊,等.1994.人参茎叶皂甙和大豆皂甙对糖尿病大鼠血小板聚集率和TXA2/PGI2系统的影响.白求恩医科大学学报,2:118-119

王勇.1993.速食豆腐花的生产技术.食品科学,11:52-54

王章存,刘卫东,王绍锋.2006.微波法提取大豆低聚糖的研究.中国农学通报,6:102-104

王喆.2001.发挥大豆资源优势开辟精深加工新途径——在国际大豆加工技术研讨班上的讲话.大豆通报,6:1-2

韦红梅,周静,戎嵘,等.2012.大豆异黄酮激活PPARγ促进人前列腺癌DU-145细胞凋亡.第三军医大学学报,1:29-33

伟光.2000.发酵速冻大豆食品问世.粮油食品科技,1:45

卫祥云,吴月芳.2010.中国大豆食品产业发展状况.中国食物与营养,6:4-7

卫祥云.2002.国际调味品行业现状.中外食品,7:30-32

魏诗泰.1983.日本的大豆食品及其生产工艺.食品与发酵工业,5:70-77

魏诗泰.1992.纳豆与豆豉不同——对"有关纳豆几个问题的答复"一文的订正.中国食品,8:10

温光源,胡小中.2002.新兴大豆蛋白制品的营养、功能特性及应用.中国粮油学会.中国粮油学会第二届学术年会论文选集(综合卷).中国粮油学会:5

吴彩梅,王静,曹维强.2005.臭豆腐的不安全因素及其监控.食品与发酵工业,7:97-99+103

吴定,江汉湖.1994.高蛋白发酵食品天培研究进展.食品与发酵工业,3:72-74

吴定,江汉湖.2001.发酵大豆制品中异黄酮形成及其功能.中国调味品,6:3-6

吴定.1995.天培发酵食品研究进展.安徽农业技术师范学院学报,1:7-12

吴虹.2000.麻辣风味豆豉生产工艺.中国调味品,7:22

吴莉芳,秦贵信,孙玲,等.2007.大豆凝集素及其对动物健康的影响.大豆科学,2:259-263

吴立根,王岸娜.2006.大豆蛋白在面制食品中的应用.食品与药品,6:67-70

吴铭.2005.绿色豆腐的制作技术.湖北植保,3:37

吴彤.2003.日本酱油的特性与酿造工艺.中外食品工业,5:16-18

吴文涛.1983.液体袋装豆腐工艺初探.食品科学,12:55-57

吴献坤.2001.三款豆腐新品的制作.河北农业科技,11:40

吴晓红,李小华,马美华.2011.酱中总酸、氨基酸态氮和食盐的连续测定.中国调味品,6:78-79

吴晓琴,卢绪华.2001.浅析速酿大豆酱的工艺控制.食品与发酵工业,7:81-82

吴永慧,贾竞夫,唐波,等.2010.高速逆流色谱分离大豆皂苷和异黄酮.中国粮油学报,12:24-27

吴月芳.2006.从日本豆制品行业现状看中国传统豆制品行业发展.中国食品工业,4:38-39

吴正达.1997.谈豆腐制品加工技术.粮油食品科技,3:19-21

五明纪春,陈晓光,刘宇峰.2001.大豆豆酱、酱油中褐色色素的生理功能作用.大豆通报,1:28-29

夏恒连.1991.日本豆腐新品种.食品工业,4:35-37

夏恒连.1991.日本酱油新品种.中国酿造,2:10-11+46

夏恒连.1991.日本浓味酱油的制法.食品工业,2:36-37

夏恒连.1991.日本无色酱油的制法.上海调味品,2:28-29

夏剑秋,韩德权.1996.大豆加工副产物深加工制品及开发特点.大豆通报,1:20-22

线郁,张林,赵楠楠,等.2009.优质豆芽菜生产研究现状与展望.安徽农业科学,20:9446-9448

向辽源,齐晓丽,赵莉,等.2006.大豆皂苷药理活性研究进展.中国现代中药,1:25-27

肖文言,王岚,裴颜龙,等.1996.亚洲地区大豆加工与利用概况.作物杂志,3:36-37

谢碧霞,李安平.2006.膳食纤维.北京:科学出版社

谢伏.2008.喝豆浆的注意事项.中国城乡企业卫生,123:86

谢继志,顾瑞霞.1994.重视大豆仿乳制品的研究与开发.中国食品信息,8:21-22

谢继志.1993.大豆不同脱腥方法对豆乳中蛋白质含量及脱腥效果影响的研究.中国乳品工业,3:102-106

谢婧.2010.毛霉发酵豆渣过程中主要营养成分变化的研究.保鲜与加工,1:35-39

谢岚.2008.慈禧太后与炒豆腐脑.法制博览,13:39

谢丽娟,费英敏,吕育新.2011.植物拉丝蛋白的功能特性及其应用.大豆科技,4:35-38

谢明杰,高爽,邹翠霞,等.2004.大豆异黄酮生理功能的研究进展.食品与发酵工业,5:94-98

谢明杰,宋明,邹翠霞,等.2004.超声波提取大豆异黄酮.大豆科学,1:75-76

谢向机.2012.腐竹揭皮工艺的优化.江西农业学报,6:159-161

邢建荣.1998."蝍蛄豆腐"香常吃身体壮.中国食品,7:10

邢小鹏,吴高峻,孙华.2000.大豆分离蛋白的功能特性.食品工业科技,4:74-76

徐豹,郑惠玉,吕景良,等.1984.中国大豆的蛋白资源.大豆科学,3(04):327-331

徐豹,郑惠玉,吕景良,等.1984.中国大豆的蛋白资源.大豆科学,4:327-331

徐敬华,高保军,贾振宝.2002.豆制品中豆腥味的产生原理及消除方法.中国乳品工业,5:78-80

徐开生.2001.明明白白吃酱油.中国食品,8:1-4

徐琳娜,王璋,许时婴.2006.豆瓣酱后熟过程中氨基酸和风味物质的变化.中国调味品,9:21-25

徐默林.1994.大豆工业食品.吉林农业,11:18

徐生庚.2001.贝雷:油脂化学与工艺学.北京:中国轻工业出版社

徐小川.2011.纳豆的制作与食用.农产品加工,8:32-33

徐祖荣,范慧玲.1999.豆豉加工工艺及质量标准.农村实用工程技术,2:35

许晶,张永忠,江连洲,等.2009.超声波法提取大豆糖蜜中大豆皂苷的研究.中国粮油学报,9:23-26

许喜林,陈子健,吴声萍,等.2001.茶豆腐的研究.广州食品工业科技,1:53-54

许效群,王如福,刘志芳,等.2012.山药无糖酸豆奶的制备及降血脂功能研究.中国农业大学学报,3:131-137

玄悟.2011.大豆磷脂:老年痴呆症的"克星".营养饮食,5:35

闫景彩,陈金龙,陈瑜.2009.草蛋白豆腐的营养价值研究.草业科学,8:47-51

晏丽,张银志,王淼,等.2012.自然发酵黄豆酱生产过程中理化及微生物指标的动态分析.食品与生物技术学报,3:

271-275

燕平梅,薛文通,任媛媛,等.2005.豆腐凝固过程的研究概况.粮油加工与食品机械,3:75-77

杨成,胡爱军,林强.2010.大豆深加工研究进展.粮油加工,6:3-5

杨坚.1999.我国古代的豆腐及豆腐制品加工研究.中国农史,2:74-81

杨坚.2000.我国古代的大豆制酱技术.中国农史,4:76-81

杨坚.2001.我国古代大豆酱油生产初探.中国农史,3:83-88

杨坚.2004.中国豆腐的起源与发展.农业考古,1:217-226

杨静,李波,杨艳军.2005.胡萝卜豆奶生产工艺.现代化农业,7:40-41

杨克磊.1994.腐竹的生产工艺.河南农业,6:26

杨明.2006.臭豆腐最好少吃.小康生活,2:56

杨荣华,林家莲,周凌霄.2000.酱油、豆酱中褐色色素的生理功能.中国调味品,5:21-22+30

杨修仕.2011.大豆皂苷对急性酒精性肝损伤的保护作用研究.太原:山西大学硕士学位论文

杨奕博.2013.大豆异黄酮制备与提纯方法的研究.中国石油和化工标准与质量,2:25

姚茂昌.2009.实用大豆制品加工技术.北京:化学工业出版社:163-170

姚敏,张伟民.1994.营养保健豆腐的研究.食品工业科技,5:41-44

姚琪,刘淑欣,张永忠.2011.大豆萌发过程中谷氨酸脱羧酶活性变化研究.大豆科技,4:31-34

姚小飞,石慧.2009.大豆多肽的功能特性及其开发应用进展.中国食物与营养,7:21

姚英政.2010.霉豆渣粑发酵过程中营养及风味成分变化研究.武汉:华中农业大学硕士学位论文

姚占静,郭睿,李宁.2008.大豆与大豆芽中异黄酮提取工艺研究.大豆科学,2:357-360

叶丽珠.2010.HACCP在瓶装豆腐乳生产中的应用.福建轻纺,5:45-48

叶树山.2001.日本豆酱的生产工艺.江苏调味副食品,3:23-24

亦森.1999.30多年来首次改革工艺超滤法制取脱油磷脂.粮食与油脂,4:5

殷涌光,刘静波.2006.大豆食品工艺学.北京:化学工业出版社:172

殷涌光,刘静波.2006.大豆食品工艺学.北京:化学工业出版社:174-178

尹喆,汪建明,贾磊.2010.腐乳粉中的挥发性风味物质分析.见:第十四届中国国际食品添加剂和配料展览会学术论
　文集:4

印韵芝.1996.风味速食豆腐的研制.湖北大学学报(自然科学版),3:302-305

尤新.2004.功能性低聚糖生产与应用.北京:中国轻工业出版社:240-266

尤新.2004.天然提取物和功能性食品添加剂.食品科学,8:216-218

余浪,阚建全.2008.传统豆瓣的研究进展.中国调味品,5:26-31

于立梅,钟惠曾,于新,等.2010.大豆发芽过程中营养成分变化规律的研究.中国粮油学报,8:19-22

于仁文.2011.豆腐渣也是宝.饮食科学,2:15

俞智明.2011.蘑菇酱油制作技术.农村新技术,13:36

虞镇微,胡会萍,李里特.2012.浙江绍兴臭豆腐卤液中微生物菌群的分析.食品工业科技,14:183-187

郁利平,吕义,袁旭影,等.1993.大豆皂甙对YAC-1肿瘤细胞的杀伤作用及体外NK细胞活性的影响.实用肿瘤学杂
　志,3:16-17+13

郁利平,徐桂珍,邓伟国,等.1992.大豆皂甙对S180腹水肉瘤细胞表面电荷的影响及抑瘤作用.实用肿瘤学杂志,4:
　11-12

郁利平,于亚琴,吕品,等.1996.大豆皂甙对小鼠移植肿瘤生长的影响.中国癌症杂志,3:186-187

郁利平,赵清池,刘及,等.1992.大豆皂甙的抑瘤效应.白求恩医科大学学报,4:333-335

郁利平,赵清池,刘及,等.1992.大豆皂甙对小鼠细胞免疫功能的增强作用.中国免疫学杂志,3:191-193

郁利平,赵清池,鹿馨.1992.大豆皂甙对P815肿瘤细胞DNA合成的影响.实用肿瘤学杂志,1:59-60

袁永俊,陈宝琳.1998.改善豆奶粉冲调性能的技术研究.食品科学,11:24-27

袁振远.1982.豆腐乳酿造中的生物化学.中国酿造,4:1-7

袁振远.1983.豆腐乳酿制过程中蛋白质的变化.中国酿造,4:5-7+13

云无心.2012.豆浆不能与什么一起吃.语文世界(初中版),4:40

曾芳琴.2000.八宝豆豉制法.农村新技术,9:42

曾金赐. 2004. 一起由豆奶引起不良反应的调查. 安徽预防医学杂志, 2: 43

张兵. 1997. 探讨酱油滋味形成机理与保障人体健康. 职业与健康, 6: 11-13

张炳文, 郝征红, 黎荣静. 2001. 中国传统大豆食品及其发展前景. 粮食与食品工业, 2: 34-38

张炳文, 宋永生, 郝征红, 等. 2003. 大豆异黄酮酸水解工艺的研究探讨. 中国粮油学报, 3: 44

张春枝, 金朝霞, 陈莉, 等. 1999. 酱油曲菌酶系及其产酶能力. 大连轻工业学院学报, 1: 61-64

张德纯, 刘中笑, 林源, 等. 2010. 豆芽菜三个标准的比较分析. 中国蔬菜, 3: 12-14

张德纯, 王德槟. 1998. 芽菜种类发展与芽菜的定义. 北方园艺, 3、4: 45-46

张发柱. 1982. 豆豉制作史略考. 中国酿造, 1: 34-39

张芳, 鲁海波, 张铸成. 2011. 传统风味臭豆腐研究现状及其加工存在的问题. 现代农业科技, 3: 358-359

张国红, 肖纫秋. 1993. 大豆皂甙对动脉粥样硬化的影响. 吉林中医药, 3: 43-44

张海波. 2009. 浅析大豆的营养价值及其加工利用. 山西农业科学, 5: 73-75

张海德, 张水华. 1999. 酱油中的生理活性物质. 食品科学, 1: 7-9

张弘澧. 1992. 优质腐竹的工艺要求. 食品科学, 2: 23-25

章厚朴, 马中男. 1985. 生产无须根豆芽的原理及其工艺. 中国蔬菜, 4: 5-9

张焕胜. 2004. 浅谈酿造酱油及配制酱油的鉴别. 克山师专学报, 3: 96-127

张继浪, 骆承庠. 1994. 大豆在发芽过程中的化学成分和营养价值变化. 中国乳品工业, 2: 68-74

张佳琪, 吕远平, 谭敏. 2012. 三种大豆发酵制品——豆豉、纳豆及天培的比较. 食品工业科技, 9: 441-445

张建华, 李里特. 2004. 曲霉型豆豉发酵过程中的成分变化. 中国调味品, 3: 12-16

张建华, 沈翔, 于湘莉. 2007. 纳豆发酵过程中的生物胺. 上海交通大学学报(农业科学版), 1: 1-5

张建华. 2002. 酱油色、香、味、体及其影响因素的分析. 江苏调味副食品, 2: 12-14+18

张建华. 2003. 曲霉型豆豉发酵机理及其功能性的研究. 北京: 中国农业大学博士学位论文

张丽华. 2002. 豆奶与人体健康. 食品研究与开发, 5: 69-70

张岭, 刘景春. 2002. 浅谈腐乳的营养价值. 中国调味品, 5: 9-10

张倩, 刘代成. 2011. 野生大豆皂苷的提取与薄层色谱分析. 大豆科学, 5: 857-860

张芹. 2001. 饮用豆浆"九不宜". 解放军健康, 5: 20

张琴. 2002. 我国腐乳的生产概况. 中国调味品, 6: 9-13

张庆轩, 杨普江, 杨国华. 2005. 大豆种皮果胶的制备及果胶性质分析. 食品研究与开发, 5: 40-43

张世仙, 余永华, 张素英. 2011. GC-MS 分析自制豆豉中挥发性风味化合物的研究. 中国调味品, 7: 101-104

张微, 李秀缺, 张钟美. 2007. 留意食品中生物胺的危害. 监督与选择, 10: 30-31

张小弓, 卢进峰, 王雅静, 等. 2010. 大豆蛋白在调理肉制品中的应用. 肉类研究, 12: 34-36

张绪霞, 陈卫梅, 董海洲, 等. 2007. 大豆膳食纤维的营养功能特性及开发前景. 中国食物与营养, 2: 50

张雪梅, 蒲彪. 2005. 腐乳的研究概况与发展前景. 食品与发酵工业, 5: 94-97

张延坤, 高志贤. 1999. 大豆皂甙营养保健功能的研究进展. 中国畜产与食品, 3: 130-131

张咏莉. 1999. 大豆皂甙的生物活性及抗突变、抗癌研究概况. 卫生毒理学杂志, 2: 139-141

张永振, 顾振新, 张颖, 等. 2007. 豆芽生产中大豆浸泡条件与吸水率和发芽率的关系研究. 食品研究与开发, 11: 26-29

张永清. 2007. 发芽条件对豆芽生产的影响研究. 南京: 南京农业大学硕士学位论文

张永忠, 石冬冬. 2003. 微波法处理提取大豆异黄酮的研究. 粮油食品, 11: 8-10

张玉萍, 罗艳玲, 曹柏营. 2012. 电裂解大豆多肽抗疲劳作用的实验研究. 食品安全导刊, 6: 76-78

张振山, 叶素萍, 李泉, 等. 2004. 豆渣的处理与加工利用. 食品科学, 10: 400-406

张忠诚, 卫永弟, 魏俊杰. 1992. 大豆皂甙的药学研究进展. 国外医药(植物药分册), 3: 101-104

赵德安. 1997. 豆腐乳琐谈. 中国酿造, 5: 33-34

赵德安. 2008. 豆豉、纳豆和天培的简述. 江苏调味副食品, 3: 1-4

赵慧敏. 2012. 人体摄取牛奶和豆浆营养误区解读. 商品与质量, 3: 265

赵秋艳, 乔明武, 李宁, 等. 2012. 市售腐竹安全性的初步分析. 湖北农业科学, 2: 380-381

赵亚杰, 杨艳晖. 2007. 大豆低聚糖对高脂血症患者血脂调节作用的随机双盲对照试验. 现代生物医学进展, 10: 1526-1527

赵英, 朱秀清, 孙树坤. 2001. 北美大豆食品现状. 世界农业, 1: 31-33

赵哲勋. 1994. 无色酱油的制备. 食品科学,12:36-37

郑宝东,庄榕彬,郑长芳. 1998. 茶汁豆腐的工艺研究. 食品科学,2:31-33

郑高利,朱寿民,刘子贻. 1997. 大豆异黄酮的抗氧化作用. 浙江医科大学学报,5:196-199

郑海平,朱霄鹏,申利娟. 2012. 红枣豆奶饮料的研制. 现代食品科技,3:335-338

郑君玉,康天莹,纪汉,等. 1998. 自制豆豉减少黄曲霉毒素污染的干预研究. 海峡预防医学杂志,1:38

郑奇志,吴家祥,肖纫秋,等. 1998. 大豆皂甙对胰岛素下的平滑肌细胞脂质过氧化反应的影响. 白求恩医科大学学报, 5:455-457

郑云峰,周祖德. 2006. 大豆多肽及其加工工艺的概述. 饲料工业,9:13-14

钟芳,王璋,许时婴. 2002. 大豆蛋白质的酶促速凝. 无锡轻工大学学报,6:559-563+573

钟芳,王璋,许时婴. 2002. 大豆蛋白质的酶促速凝. 无锡轻工大学学报,6:559-563+573.

中国大豆产业协会. 2011. 大豆食品加工业现状及发展趋势. 农产品加工,8:6-7

中华人民共和国国家质量监督检验检疫总局,中国国家标准化管理委员会. 2008. 中华人民共和国国家标准 GB 22556— 2008 豆芽卫生标准

中华人民共和国农业部. 2002. 中华人民共和国农业行业标准 NY 5189-2002 无公害食品豆腐

钟堃,张金良. 2008. 中国儿童血铅来源及相关影响因素. 环境与健康杂志,7:651-654

钟南京,周海燕,尹红娜. 2012. 酱油渣中大豆皂苷的提取. 河南工业大学学报(自然科学版),5:34-36

钟青萍,王发祥,钟士清,等. 2006. 纳豆菌微生态制剂的稳定性研究. 食品科学,3:133-136

钟世荣,刘达玉,冯志平. 2003. 芦荟营养保健豆奶的工艺研究. 食品工业科技,11:39-41

周东凯,刘莹,马学良,等. 2008. 大豆脲酶的提取及其影响因素研究. 大豆科学,4:704-707

周坚,肖安红. 2005. 功能性膳食纤维食品. 北京:化学工业出版社:2-3

周泉城,申德超,区颖刚. 2008. 超声波辅助提取经膨化大豆粕中低聚糖工艺. 农业工程学报,5:245-249

周文凤,张铁楼,贺长生,等. 2003. 酱油的食品安全问题与预防措施. 中国酿造,01:17-18+33

周荧. 2010. 腐乳发酵过程中大豆异黄酮组分的变化及理化性质的研究. 武汉:华中农业大学硕士学位论文

周永治. 2008. 几种酱油的酿造方法. 江苏调味副食品,3:30-33

周渔. 2012. 腐竹,豆制品中的营养"冠军". 祝您健康,03:36-37

周玉兰,陈延祯. 2009. 毛霉豆豉生产工艺过程及营养价值分析. 中国调味品,5:89-91+94

周玉伦. 2007. 豆奶和豆浆有何区别? 大豆通报,3:48

周长海,徐文斌,贾友刚,等. 2011. 日本酱油种类及其酿造工艺特点. 中国酿造,3:13-16

周志,汪兴平,莫开菊,等. 2004. 姜汁豆奶复合饮料的加工工艺研究. 食品科技,8:56-58

朱翠萍,刘国庆,罗敏,等. 2003. 大孔吸附树脂对大豆皂苷的吸附研究. 离子交换与吸附,4:318-323

朱史齐. 2002. 欣谈酿造酱油中的功能性物质. 中国调味品,9:3-9+18

朱寿民. 2000. 充分利用大豆资源发展我国的大豆加工产业. 大豆通报,4:21

朱秀清,江连洲,富校轶. 2001. 国内外大豆加工利用的研究进展(一). 食品科技,6:1-3

朱秀清,宋莹莹,周健. 1997. 浅谈豆腐凝固剂. 大豆通报,11:10

朱秀清. 2001. 对大豆食品加工研究的展望. 大豆通报,2:22-23

祝世功,王绍,建春,等. 1997. 腹腔注射大豆皂甙在脑和外周组织中的分布. 白求恩医科大学学报,2:128-130

祝艳梅,张连富. 2009. DHA 豆奶的研制. 食品科技,4:26-29

庄学东. 2003. 桑汁营养保健豆腐的工艺研究. 福建热作科技,2:10-12

祖远. 2010. "国粹"臭豆腐. 文史月刊,2:72

左青. 2001. 美国大豆加工产业链及对我国大豆加工业的几点建议. 中国油脂,5:4-6

左玉. 2008. 从豆粕中提取大豆异黄酮的研究. 天津:天津大学博士学位论文

Berhow M A,Kong S B,Vermillion K E,et al. 2006. Complete quantification of group A and group B soyasaponins in soybean. Journal of Agricultural and Food Chemistry,54(6):2035-2044

Berhow M A,Wanger E D,Vaughn S F,et al. 2000. Characterization and antimutagenic activity of soybean saponins. Mutation Research,448(1):11-22

Chang W W,Yu C Y,Lin T W,et al. 2006. Soyasaponin I decreases the expression of α 2,3-linked sialic acid on the cell surface and suppresses the metastatic potential of B16F10 melanoma cells. Biochemical and Biophysical Research Communications,341(2):614-619

Czeczot H,Rahden-Staron I,Oleszek W,et al. 1994. Isolation and studies of the mutagenic activity of saponins in theAmes test. Acta Poloniae Pharmaceutica,51(2):133-136

Decroos K,Vincken J P,Heng L,et al. 2005. Simultaneous quantification of differently glycosylated,acetylated,and 2,3-dihydro-2,5-dihydroxy-6-methyl-4H-pyran-4-one-conjugated soyasaponins using reversed-phase high-perfomrance liquid chromatography with evaporative light scattering detection. Journal of Chromatography A,1072 (2):185-193

Donald J Hanahan. 1997. A guide to phospholipids chemistry. New York:Oxford University Press:39-40

Ellington A A,Berhow M A,Singletary K W. 2006. Inhibition of Akt signaling and enhanced ERK1/2 activity are involved in induction of macroautophagy by triterpenoid B-group soyasaponins in colon cancer cells. Carcinogenesis,27 (2):298-306

Gergely G,Gergely I,Gergely T,et al. 2000. Instant calcium/soybean granules,their use,process for their preparation:United States,6096343

Gu L W,Tao G J,Gu W Y,et al. 2002. Determination of soyasaponins in soy with LC-MS following structural unification by partial alkaline degradation. Journal of Agricultural and Food Chemistry,50(24):6951-6959

Gurfinkel D M,Rao A V. 2003. Soyasaponins:the relationship between chemical structure and colon anticarcinogenic activity. Nutrition and Cancer,47(1):24-33

Hayashi K,Hayashi H,Hiraoka N,et al. 1997. Inhibitory activity of soyasaponin II on virus replication in vitro. Planta Medica,63(2):102-105

Honma Y,Okabe-Kado J,Kasukabe T,et al. 1990. Inhibition of abl oncogene tyrosine kinase induces erythroid differentiation of human myelogenous leukemia K562 cells . Japanese Journal of Cancer Research,81(11):1132-1136

Hsu C C,Lin T W,Chang W W,et al. 2005. Soyasaponin-I-modified invasive behavior of cancer by changing cell surface sialic acids. Gynecologic Oncology,96(2):415-422

Hu J,Reddy M B,Hendrich S,et al. 2004. Soyasaponin I and sapongenol B have limited absorption by Caco-2 intestinal cells and limited bioavailability in women. Journal of Nutrition,134(8):1867-1873

Hu J,Zheng Y L,Hyde W,et al. 2004. Human fecal metabolism of soyasaponin I. Journal of Agricultural and Food Chemistry,52(9):2689-2696

Ikeda T,Udayama M,Okawa M,et al. 1998. Partial hydrolysis of soyasaponin I and the hepatorotective effects of the hydrolytic products. Study of the structure-hepatoprotective relationship of soyasapogenol B analogs. Chemical & Pharmaceutical Bulletin,46(2):359-361

Jun H S,Kim S E,Sung M K. 2002. Protective effect of soybean saponins and major antioxidants against aflatoxin B1-induced mutagenicity and DNA-adduct formation. Journal of Medicinal Food,5(4):235-240

Kim H Y,Yu R,Kim J S,et al. 2004. Antiproliferative crude soy saponin extract modulates the expression of IKBa, protein kinase C,and cyclooxygenase-2 in human colon cancer cells. Cancer Letters,210(1):1-6

Kinjo J,Imagire M,Udayama M,et al. 1998. Structure-hepatoprotective relationships study of soyasaponins I-IV having soyasapogenol B as aglycone. Planta Medica,64(3):233-236

Kinjo J,Yokomizo K,Hirakawa T,et al. 2000. Anti-herpes virus activity of fabaceous triterpenoidal saponins. Biological & Pharmaceutical Bulletin,23(7):887-889

Kitagawa I. 1983. Saponins from soybean. Kagaku to Seibutsu,21:224

Konoshima T,Kokumai M,Kozuka M,et al. 1992. Anti-tumor-promoting activities of afromosin and soyasaponin I isolated from Wistaria brachybotrys. Journal of Natural Products,55(12):1776-1778

Kudou S,Tonomura M,Tsukamoto C,et al. 1992. Isolation and structural elucidation of main genuine soybean saponin,BeA. Bioscience,Biotechnology,and Biochemistry,56(1):142-143

Kudou S,Tonomura M,Uchida T,et al. 1993. Isolation and structural elucidation of DDMP-conjugated soyasaponins as genuine saponins from soybean seeds. Bioscience,Biotechnology,and Biochemistry,57(4):546-550

Lee S O,Simons A L,Murphy P A,et al. 2005. Soyasaponins lowered plasma cholesterol and increased fecal bile acids in female golden Syrian hamsters. Experimental Biology and Medicine,230(7):472-478

Li B,Qiao M Y,Lu F. 2012. Composition,nutrition,and utilization of Okara (soybean residue). Food Reviews International,28(3):232-235

Liggins J,Blunk L J,Coward W A,et al. 1998. Extraction and quantification of daidzein and genistein in food. Analytical Biochemistry,264(1):1-7

Lu J,Zeng Y,Hou W,et al. 2012. The soybean peptide aglycin regulates glucose homeostasis in type 2 diabetic mice via IR/IRS1 pathway. Journal of Nutritional Biochemistry,23(11):1449-1457

Kuba M,Tana C,Tawata S,et al. 2005. Production of angiotensin I-converting enzyme inhibitory peptides from soybean protein with *Monascus purpureus* acid proteinase. Process Biochemistry,40(6):2191-2196

Miyao H,Arao T,Udayama M,et al. 1998. Kaikasaponin Ⅲ and soyasaponin Ⅰ,major triterpene saponins of Abrus cantoniensis,act on GOT and GPT:influence on transaminase elevation of rat liver cells concomitantly exposed to CCl4 for one hour. Planta Medica,64(1):5-7

Muro T,Yamaguchi T,Tominaga Y. 1992. Removal of bitter peptides by the protease from *Streptomyces cellulosae*. Kagaku to Kogyo,66:97-100

Nakashima H,Okubo K,Honda Y,et al. 1989. Inhibitory effect of glycosides like saponin from soybean on the infectivity of HIV in vitro. AIDS,3(10):655-658

Oda K,Matsuda H,Murakami T,et al. 2000. Adjuvant and haemolytic activities of 47 saponins derived from medicinal and food plants. Biological Chemistry,381(1):67-74

Oda K,Matsuda H,Murakami T,et al. 2003. Relationship between adjuvant activity and amphipathic structure of soyasaponins. Vaccine,21(17-18):2145-2151

Ohminami H,Kimura Y,Okuda H,et al. 1984. Effects of soyasaponins on liver injury induced by highly peroxidized fat in rats. Planta Medica,50(5):440-441

OhY J,Sung M K. 2001. Soybean saponins inhibit cell proliferation by suppressing PKC activation and induce differentiation of HT-29 human colon adenocarcinoma cells. Nutrition and Caner,39(1):132-138

Patel G C,Chandler M A,Cipollo K L,et al. 2002. Soy-based nutritional products:United States,6372782

Philbrick D J,Bureau D P,Collins F W,et al. 2003. Evidence that soyasaponin Bb retards disease progression in a murine model of polycystic kidney disease. Kidney International,63(4):1230-1239

Rao A V,Sung M K. 1995. Saponins as anticarcinogens. Journal of Nutrition,125(3 Suppl):717s-724s

Rivas M,Garay R P,Escanero J E,et al. 2002. Soy milk lowers blood pressure in men and women with mild to moderate essential hypertension. Journal of Nutrition,132(7):1900-1902

Rostagno M A,Palma M,Barroso C G. 2003. Ultrasound-assisted extraction of soy isoflavones. Journal of Chromatography A,1012 (2):119-128

Rostagno M A,Palma M,Barroso C G. 2004. Pressurized liquid extraction of isoflavones from soybeans. Analytical Chimica Acta,522(2):169-177

Shin J R,Lee J S,Chung Y I,et al. 2009. Purification and identification of an angiotensin I-converting enzyme inhibitory peptide from fermented soybean extract. Process Biochemistry,44(4):490-493

Nakajima S,Hira T,Eto Y,et al. 2010. Soybean β51-63 peptide stimulates cholecystokinin secretion via a calcium-sensing receptor in enteroendocrine STC-1 cells. Regulatory Peptides,159(1-3):148-155

Shiraiwa M,Harada K,Okubo K. 1991. Composition and structure of "group B saponin" in soybean seed. Agricultural and Biological Chemistry,55(4):911-917

Sung M K,Kendall C W,Koo M M,et al. 1995. Effect of soybean saponins and gypsophila saponin on growth and viability of colon carcinoma cells in culture. Nutrition and Cancer,23(3):259-270

Sung M K,Kendall C W,Rao A V. 1995. Effect of soybean saponins and gypsophila saponin on morphology of colon carcinoma cells in culture. Food and Chemical Toxicology,33(5):357-366

Terigar B G,Balasubramanian S,Boldor D,et al. 2010. Continuous microwave-assisted isoflavone extraction system: Design and performance evaluation. Bioresource Technology,101(7):2466-2471

Tsuzaki S,Ezaki M,Takamat su K,et al. 1999. Roasted soybean hypocotyles and beverage material containing the same:United States,5972410

Uemura T, Saqesaka Y M, Oku N, et al. 1995. Activation of retinoic acid (RA)-differentiated HL-60 cells by saponins. Yakugaku Zasshi, 115(7): 528-536

Umetsu H, Matsuoka H, Ichishima E. 1983. Debittering mechanism of bitter peptides from milk casein by wheat carboxypeptidase. Journal of Agricultural and Food Chemistry, 31(1): 50-53

Wei Z, David G P. 2009. Chemical and biological characterization of oleanane triterpenoids from soy. Molecules, 14(8): 2959-2975

Wu C Y, Hsu C C, Chen S T, et al. 2001. Soyasaponin I, a potent and specific sialytransferase inhibitor. Biochemical and Biophysical Research Communications, 284(2): 466-469

Yanagihara K, Ito A, Toge T, et al. 1993. Antiproliferative effects of isoflavones on human cancer cell lines established from the gastrointestinal tract. Cancer Research, 53(23): 5815-5821

Yanamandra N, Berhow M A, Konduri S, et al. 2003. Triterpenoids from glycine max decrease invasiveness and induce caspase-mediated cell death in human SNB19 glioma cells. Clinical and Experimental Metastasis, 20(4): 375-383

Yang G, Shu X O, Jin F, et al. 2005. Longitudinal study of soy food intake and blood pressure among middle-aged and elderly Chinese women. American Journal of Clinical Nutrition, 81(5): 1012-1017

Yang G, Shu X O, Li H L, et al. 2009. Prospective cohort study of soy food intake and colorectal cancer risk in women. American Journal of Clinical Nutrition, 89(2): 577-583

Yoshikawa M, Takahashi M. 1993. Immunomodulating peptide derived from soybean protein. Annals of the New York Academy of Sciences, 16(1): 375-376

Yoshiki Y, Kahara T, Okubo K, et al. 2001. Superoxide and 1,1-diphenyl-2-picrylhydrazyl radical-scavenging activities of soyasaponin βg related to gallic acid. Bioscience, Biotechnology, and Biochemistry, 65(10): 2162-2165

Yoshiki Y, Kim J H, Okubo K, et al. 1995. A saponin conjugated with 2,3-dihydro-2,5-dihydroxy-6-methyl-4H-pyran-4-one from dolichos lablab. Phytochemistry, 38(1): 229-231

Yoshiki Y, Kinumi M, Kahara T, et al. 1996. Chemiluminescence of soybean saponins in the presence of active oxygen species. Plant Science, 116(1): 125-129

Yoshikoshi M, Yoshiki Y, Okubo K, et al. 1996. Prevention of hydrogen peroxide damage by soybean saponins to mouse fibroblasts. Planta Medica, 62(3): 252-255

Yu B, Lu Z X, Bie X M, et al. 2008. Scavenging and anti-fatigue activity of fermented defatted soybean peptides. European Food Research and Technology, 226(3): 415-421